M

Freeman Dyson

Innenansichten

Erinnerungen in die Zukunft

1981 Birkhäuser Verlag
Basel · Boston · Stuttgart

Die Originalausgabe erschien 1979 unter dem Titel:
«Disturbing the Universe» bei Harper & Row, New York, N.Y.

Autorisierte Übersetzung aus dem Amerikanischen von Jeannette Zehnder

CIP-Kurztitelaufnahme der Deutschen Bibliothek
Dyson, Freeman:
Innenansichten : Erinnerungen in d. Zukunft /
Freeman Dyson. [Autoris. Übers. aus d. Amerikan. von Jeannette Zehnder].
- Basel ; Boston ; Stuttgart : Birkhäuser, 1981.
Einheitssacht.: Disturbing the universe ‹dt.›
ISBN 3-7643-1200-9

Umschlag- und Buchgestaltung: Albert Gomm swb/asg, Basel
Umschlagphoto: United States International Communication Agency, Bonn
Autorenphoto: Jim Kalett, New York, N.Y.
Printed in Switzerland by Birkhäuser AG, Graphisches Unternehmen, Basel

ISBN 3-7643-1200-9

Inhalt

Vorwort

Eines Tages erklärte der Physiker Leo Szilard seinem Freund Hans Bethe, daß er ein Tagebuch führen wolle: «Nicht um es zu veröffentlichen, sondern um Tatsachen, Umstände und Zusammenhänge festzuhalten, sozusagen als Bestandsaufnahme zur Information Gottes.» – «Glaubst Du nicht, daß Gott das alles schon weiß?» fragte Bethe. «Natürlich weiß er es», entgegnete Szilard, «aber *diese Version* kennt er nicht.»

In diesem Buch habe ich Erinnerungen aus den letzten fünfzig Jahren zusammengetragen und bin mir dabei durchaus bewußt, daß das Gedächtnis täuschen kann, daß es einzelnes herausgreift, manches in einen anderen Zusammenhang stellt, vieles ausschmückt und einiges dazu erfindet. Wann immer möglich, habe ich daher meine Version der Wirklichkeit mit den Erinnerungen anderer und mit Briefen und anderen schriftlichen Quellen verglichen. Ich habe dreißig Jahre lang regelmäßig an meine Eltern geschrieben, die fast alle meine Briefe aufbewahrten. Diese Briefe dienten als Quelle für viele Einzelheiten, die dem Gedächtnis normalerweise entfallen wären.

Der Alfred P. Sloan Foundation bin ich für die Finanzierung des Science Book Program dankbar, in dessen Rahmen dieses Buch erscheint. Ich danke dem Vize-Präsidenten der Sloan Foundation, Stephen White, und den Mitgliedern seines Ausschusses für die Aufforderung, dieses Buch zu schreiben, und für ihre Ratschläge und Hinweise. Vielen Freunden schulde ich Dank für ihre Unterstützung und Kritik, darunter Eileen Bernal, Jeremy Bernstein, Simon Michael Bessie, Hal Feiveson, Muguette Josefsen, Matthew Meselson, Mike O'Loughlin, Peter Partner, Leonard Rodberg, Barbara Scott, Martin Sherwin, Massoud Simnad, Daniel und Maxine Singer, Ted Taylor, Janet Whitcut und meine Familie. Ein besonderer Dank gebührt meiner Sekretärin, Paula Bozzay, die das Manuskript wiederholt abgetippt hat.

Ausschnitte aus dem 10., 11., 12., 13. und 18. Kapitel sind bereits früher im Druck erschienen. Ausführliche Literaturhinweise finden sich in der Bibliographie am Schluß des Buches.

I

England

Oh England! Oh my lovely casual country!
Serenity of meadowland in April –
Carelessly littered with fritillaries,
Ladysmock, kingcups, cowslips, and wild apple!
FRANK THOMPSON, 1943

Oh England! Oh mein lieblich ungezwungen Land!
Ruhige Heiterkeit der April-Weiden –
Wie achtlos bestreut mit Schachbrettblume,
Wiesenschaumkraut, Hahnenfuß, Schlüsselblume und wildem Apfel!

And there's a dreadful law here – it was made by mistake, but there it is – that if any one asks for machinery they have to have it and keep on using it.
E. NESBIT, 1910

Und hier herrscht ein furchtbares Gesetz – aus Versehen eingeführt, hat es doch Gültigkeit – daß jeder, der sich eine Maschine wünscht, sie sein ganzes Leben lang auch behalten und benützen muß.

1

Die verzauberte Stadt

Ein kleiner Junge - hoch oben in einem Baum - in sein Buch vertieft: ich war damals acht Jahre alt und hatte Edith Nesbits *The Magic City* (*Die verzauberte Stadt*) geschenkt bekommen. Edith Nesbit ist die Autorin einer ganzen Reihe von Kinderbüchern, von denen manche bekannter und wohl auch besser geschrieben sind als *Die verzauberte Stadt*. Doch ich hatte mich in dieses Buch verliebt und habe es seither nicht mehr vergessen. Als Achtjähriger suchte ich zwar noch keinen tieferen Sinn darin, aber ich spürte schon damals, daß es mit diesem Buch etwas Besonderes auf sich hatte. Die Handlung folgt einem klar und übersichtlich konzipierten Plan, um den sich wie Zuckerwerk eine Art verrückter Logik rankt. Mein zweites Lieblingsbuch war *The Wizard of Oz* (*Der Zauberer von Oz*), und das ist von derselben Atmosphäre durchzogen; ein kleiner Junge spürt so etwas, selbst wenn er seine Tage vor allem damit zubringt, auf Bäume zu klettern. *Die verzauberte Stadt* ist nicht einfach eine Geschichte über ein paar außer Rand und Band geratene Kinder, es ist die Geschichte einer Welt, die aus den Fugen ist. Damals war mir allerdings noch nicht aufgefallen, daß Edith Nesbits verrückte Welt der Welt, in der wir leben, sehr ähnlich ist.

Edith Nesbit war in jeder Hinsicht eine bemerkenswerte Frau. Sie wurde 1858 geboren, gehörte zum Freundeskreis der Familie von Karl Marx und verstand sich - lange bevor das modern war - als revolutionäre Sozialistin. Sie lebte mit ihren Kindern, die aus verschiedenen Verbindungen und eher ungewöhnlichen Konstellationen stammten, von den Einkünften aus ihrer schriftstellerischen Arbeit und entdeckte so sehr schnell, daß ihre Existenz von ihrer Fähigkeit abhing, ausgesprochen gutbürgerliche Geschichten für die Kinder der Wohlhabenden zu schreiben. Ihre Bücher waren ein Erfolg, und damit war auch ihr Lebensunterhalt gesichert. Sie arrangierte sich bis zu einem gewissen Grad mit den viktorianischen Moralvorstellungen, ohne ihnen jedoch ihr inneres Feuer zu opfern. *Die verzauberte Stadt* entstand 1910. Edith Nesbit war damals 52 Jahre alt, die persönlichen Kämpfe lagen hinter ihr, und sie konnte der Welt mit einer gewissen philosophischen Abgeklärtheit entgegentreten.

Die verzauberte Stadt hat drei Themenkreise. Die Haupthandlung ist die folgende: der Held der Geschichte, ein Waisenknabe namens Philip, wird allein in einem großen Haus zurückgelassen und baut aus allerlei viktorianischem Krimskrams eine Spielzeugstadt. Eines Nachts entdeckt er, daß seine Stadt plötzlich zu voller Lebensgröße herangewachsen ist und von mythischen Menschen und Tieren bevölkert wird, unter denen er nun leben muß. Nachdem ihm die Flucht aus der Stadt geglückt ist, irrt er in der Umgebung umher und stellt fest, daß jedes Spielzeughaus, jedes Schloß, alles, was er je gebaut hat, maßgerecht vergrößert, wirklich existiert. Das Buch schildert seine Abenteuer in einer Welt, die plötzlich von den zu voller Lebensgröße herangewachsenen Kreaturen seiner eigenen Phantasie bevölkert ist.

Der zweite Themenkreis befaßt sich ausdrücklich mit den Konsequenzen der Technik. Eines der Gesetze der verzauberten Stadt besagt, daß man alles, was man sich wünscht, bekommt. Für Maschinen besteht allerdings eine Sonderregelung: Wer sich nämlich eine Maschine wünscht, ist dazu verurteilt, sie sein Leben lang auch zu behalten und zu benützen. Zum Glück entgeht Philip den Konsequenzen dieser Vorschrift, weil er, vor die Wahl zwischen Pferd und Fahrrad gestellt, sich für das Pferd entscheidet.

Der dritte Themenkreis bezieht sich auf gewisse alte Prophezeiungen, die das Auftreten eines Erlösers und eines Verderbers vorhersagen. Im Lande gehen böse Mächte um, die der Erlöser vernichten muß. Doch es ist auch ein Verderber vorherbestimmt, der den Erlöser bekämpfen und die Mächte der Finsternis unterstützen soll. Zuerst gerät Philip in den Verdacht, dieser Verderber zu sein, und es bleibt ihm nichts anderes übrig, als sich mit immer edleren Taten davon reinzuwaschen, bis er dann schließlich als Erlöser gefeiert wird. In der Zwischenzeit wird auch der Verderber entlarvt – in der Person der Kinderfrau, einer Frau aus dem einfachen Volk, die Philip immer verabscheut hatte. Nur einmal, am Schluß des Buches, gestattet sich die Autorin, aus der Rolle zu fallen und ihre wahren Sympathien zu verraten. «Ich muß sagen, was ich denke, auch wenn ich das mit dem Tod bezahlen muß», läßt sie die Verderberin sagen, während diese auf ihren Urteilsspruch wartet. «Ihr versteht nichts, Ihr ward nie Diener, Ihr habt nie zuschauen müssen, wie andere Fleisch essen und selber nagt man an den blanken Knochen. Was glaubt Ihr, wie mir dabei zumute ist, wenn ich mir vorstelle, daß ich als junge Dame aufgewachsen wäre, daß ich die Netzseidenstrümpfe tragen würde, wenn ich nur in einem Herrschaftshaus und nicht in einer Arbeiterkolonie geboren wäre.» Selbst einem Achtjährigen wird spätestens an dieser Stelle bewußt, daß Philips Heldentum falsch und billig, die stolze Haltung der Kinderfrau dagegen echt ist. In einer ungerechten Welt ist die Rollenverteilung zwischen Erretter und Verderber plötzlich nicht mehr eindeutig. «Ihr sollt nicht wähnen, daß ich gekommen sei, Frieden zu senden auf die Erde», sagte Jesus, «ich bin nicht gekommen, Frieden zu senden, sondern das Schwert.»

Ich weiß nicht, wie weit Edith Nesbits *Die verzauberte Stadt* als ein

Spiegelbild der Conditio humana konzipiert ist. Ich begann jedenfalls erst, mir darüber Gedanken zu machen und darin ein Abbild der großen Welt zu sehen, als ich nicht mehr auf Bäume kletterte und begonnen hatte, von den Freuden und Leiden eines Wissenschaftlers zu kosten. Wie Philip fand ich mich plötzlich ausgesetzt in einer großen Welt, die - wo immer ich hinblickte - voller menschlicher Tragik war; eine Bühne, auf der ich bald ernste, bald komische Rollen spielte - und daran hat sich bis heute wenig geändert.

Ich möchte in diesem Buch versuchen, einem Nicht-Wissenschaftler zu erklären, wie ein Wissenschaftler die Lage der Menschheit sieht. Ich möchte eine Innen-Ansicht der Wissenschaft vermitteln, die Zukunft der Technik diskutieren und mich zum Schluß mit ethischen Fragen wie Krieg und Frieden, Freiheit und Verantwortung, Hoffnung und Verzweiflung auseinandersetzen, soweit jene von der Wissenschaft berührt werden. Alle diese Aspekte sind Komponenten eines Bildes, das nur als Ganzes verständlich ist, und es scheint mir deshalb unsinnig, Wissenschaft und Technik, Technik und Ethik, Ethik und Religion getrennt zu betrachten. Ich wende mich hier an Leser, die - ohne selber Wissenschaftler zu sein - letztlich die Verantwortung dafür tragen werden, die wissenschaftliche und technische Entwicklung in kreative und nicht in destruktive Bahnen zu lenken. Wenn Laien dieser Aufgabe gewachsen sein sollen, müssen sie die Natur des Untiers verstehen, das sie zu bändigen suchen. Dieses Buch möchte zu einem solchen Verständnis verhelfen. Wenn es nur belustigt oder verblüfft, hat es seinen Zweck verfehlt; wenn es den Leser jedoch weder amüsiert noch Erstaunen auslöst, ist der Fehlschlag noch viel gravierender, denn es ist eine Eigenheit aller tiefen, menschlichen Probleme, daß man nicht ohne die Bereitschaft zu lachen und zu staunen an sie herantreten soll. Die Wissenschaft macht darin keine Ausnahme.

Meine Kollegen von den Sozialwissenschaften reden gerne von Methodik. Ich ziehe es vor, von Stil zu sprechen. Seinem Stil - oder seiner Methodik - nach ist dieses Buch eher literarisch als analytisch. Ich beziehe meine Einsichten in die menschliche Existenz lieber aus Gedichten und Romanen als aus soziologischen Studien. Das hängt mit meiner Erziehung und Herkunft zusammen. Ich kann die Einsichten der Soziologen nicht nützen, weil ich ihre Sprache nicht spreche. Wenn ich sehe, wie Wissenschaftler sich im öffentlichen Leben einsetzen und versuchen, mit ihrem technischen Wissen auf politischem Wege zur Verbesserung der menschlichen Lebensbedingungen beizutragen, fällt mir sofort Milton ein, der sagte: «Ich kann eine entfliehende, klösterlich eingeschlossene, ungeübte Tugend nicht preisen, die niemals hervorspringt und ihren Feind aufsucht.» Auch heute noch, 300 Jahre nachdem sie geschrieben wurden, stehen diese Worte als Zeugnis menschlicher Erfahrung, Hoffnung und Tragik. In ihnen klingen Miltons Gedichte nach, sein Kampf für die Pressefreiheit, die langen Jahre, in denen er der Sache der Rebellion gegen die Krone diente, sein Erblinden, sein politischer Sturz und schließlich seine Genesung durch den Schaffensprozeß an *Das Verlorene Paradies*. Was wäre im Vergleich mit seinen Worten nicht trivial und nichtssagend? Wir sind vor allem Menschen und erst dann Wissenschaftler. Wir engagieren uns politisch, weil Wissen Verantwortung bedeutet. Wir setzen uns nach bestem Wissen und Können für das ein, was wir als richtig erkannt haben. Oft scheitern wir daran – wie Milton. Mehr zu sagen wäre müßig.

Dieses Buch ist zu einem beträchtlichen Teil autobiographisch, und ich fühle mich deswegen nicht zu entschuldigenden Gesten verpflichtet. Ich glaube keineswegs, daß mein Leben für Außenstehende besonders bedeutsam oder interessant wäre; wenn ich trotzdem über meine eigenen Erfahrungen schreibe, so nur deshalb, weil ich über die von anderen zu wenig weiß. Fast jeder Wissenschaftler meiner Generation hätte ähnliches zu erzählen. Wesentlich ist meiner Ansicht nach, daß die großen menschlichen Probleme Probleme des einzelnen und nicht der Masse sind. Um die Natur der Wissenschaft und die Wechselwirkung, in der sie zur Gesellschaft steht, zu verstehen, ist es nützlich, den einzelnen Wissenschaftler und seine Auseinandersetzung mit seiner Umwelt zu betrachten. Die ethischen Probleme, die mit der Wissenschaft verknüpft sind, lassen sich am ehesten erfassen, wenn man die konkreten Sachzwänge betrachtet, denen sich Wissenschaftler im täglichen Leben stellen müssen. Da Informationen aus erster Hand zuverlässiger sind, beginne ich mit dem, was ich selber erlebt habe – auch das ein Ausdruck meiner Neigung zum Individualistischen, die mich Dichtern mehr vertrauen läßt als Sozialwissenschaftlern.

Doch zuerst will ich das noch zu Ende bringen, was ich zu dem Buch *Die Verzauberte Stadt* und seinen drei Themenkreisen gesagt habe. Daß wir in einer Welt voller Riesenspielzeuge leben, ist zu offensichtlich, um noch einer Erklärung zu bedürfen. Nikolaus Otto spielte einige Jahre mit einem kleinen Benzinmotor – heute fahren wir alle im Auto herum. Wallace Carothers interessierte sich für Kondensationspolymere – heute trägt jedes Arbeitermädchen Nylonstrümpfe, so glatt und fein wie die Netzseidenstrümpfe, die für Edith Nesbit 1910 noch ein verhaßtes Klassensymbol waren. Otto Hahn und Fritz Straßmann befaßten sich mit analytischer Kernchemie – und 100000 Menschen in Hiroshima mußten mit ihrem Leben dafür zahlen. Diese Beispiele illustrieren die Konsequenzen, die der Wunsch nach einer Maschine nach Edith Nesbits «Gesetz» haben kann. Wenn man sich einmal auf Autos, Nylon oder Kernwaffen eingelassen hat, so gibt es kein Entrinnen mehr. Ein großer Unterschied besteht allerdings zwischen Philips Welt und der unseren. In seiner Welt tauchen *alle* seine Spielzeugschlösser in vergrößerter Ausführung wieder auf. In unserer Welt spielen zwar Tausende von Wissenschaftlern mit Millionen von Projekten, von denen sich aber die allerwenigsten zu voller Größe auswachsen. Die meisten bleiben im Stadium technischer Spielereien stecken und sind nur für Fachleute und Historiker interessant. Nur einigen wenigen gelingt ein spektakulärer Durchbruch, sie werden Teil unseres Lebensstils und gestalten unsere Lebensweise mit. Selbst rückblickend ist es schwierig zu verstehen, wieso die eine Technologie so erfolgreich war, während die andere eine Totgeburt blieb. Dabei können ganz feine Qualitätsunterschiede von entscheidender Bedeutung sein. Ein Zufall, den niemand hätte vorausahnen können, kann eine Spielerei in eine Ungeheuerlichkeit verwandeln. Als Otto Hahn 1938 zufällig auf die Kernspaltung stieß, hatte er keine Ahnung von Kernwaffen, nichts warnte ihn, daß er gefährlichen Boden betrat. Als er dann sieben Jahre später von der Bombardierung Hiroshimas erfuhr, war er so verzweifelt, daß seine Freunde für sein Leben fürchten mußten.

Wissenschaft und Technik sind, wie alle Originalschöpfungen des menschlichen Geistes, unberechenbar. Wenn es eine zuverlässige Methode gäbe, um nützliche und verderbliche Technologien von Anfang an gegeneinander abzugrenzen, wäre es einfach, die technische Entwicklung weise zu steuern. Doch nur selten sind wir weitblickend genug, um vorauszusehen, welcher Weg ins Verderben führen wird. Daß man mit Menschenleben spielt, sobald man sich in einem größeren Umfang auf die Technik einläßt, ist unvermeidlich - egal ob man die Entwicklung voranzutreiben oder aufzuhalten sucht.

Nicht nur Wissenschaftler lassen sich auf Gedankenspiele ein, die plötzlich explodieren und ganze Imperien stürzen können. Philosophen, Propheten und Dichter gehen dasselbe Wagnis ein. Letzten Endes ist es vielleicht weniger entscheidend, was für technische Möglichkeiten die Wissenschaftler uns in die Hand geben, als welchen ideologischen Zielen diese Möglichkeiten dienstbar gemacht werden. Die Technik ist eine Macht, aber keine weltbeherrschende. Edith Nesbit hat es noch erlebt, daß ein Zehntel der Menschheit von Ideen beherrscht wurde, die der Mann, den ihre Familie «Old Nick» - den alten Teufel - nannte, in seinen langen, stillen Tagen im Britischen Museum ausgebrütet hatte. «Old Nick» war Karl Marx, der Schwiegervater ihres Freundes Edward Aveling.

Marx war zu seinen Lebzeiten eine legendäre Gestalt und wurde nach seinem Tode der einen Hälfte der Menschheit zum Erlöser und der anderen zum Verderber. Es ist ein tief verwurzeltes Bedürfnis der menschlichen Seele, sich mythische Erlöser- und Zerstörergestalten zu schaffen. Diese Mythen haben, wie alle Mythen, etwas Wahres an sich. Die Welt der Wissenschaft und Technik mag an der Oberfläche rational erscheinen, aber auch sie ist gegen solche Mythen nicht gefeit. Die großen Wissenschaftler unterscheiden sich in ihrem Wesen, ihrer Willens- und Charakterstärke ebenso deutlich von der großen Masse ihrer Kollegen, wie Marx sich von einem durchschnittlichen Wirtschaftswissenschaftler abhebt. Die Dynamik von Wissenschaft und Technik und die Dynamik politischer Ideologien sind beide nicht faßbar, wenn man sich dem beherrschenden Einfluß von Mythen und Symbolen verschließt.

Ich hatte das Glück, den Ökonomen John Maynard Keynes wenige Jahre vor seinem Tod über den Physiker Isaac Newton sprechen zu hören. Das war im Jahre 1942. Keynes war damals selbst schon eine Legende, ein todkranker Mann, der als ökonomischer Berater Winston Churchills noch immer eine schwere Last zu tragen hatte. Er hatte sich für einige Stunden von seinen offiziellen Pflichten freigemacht, um sich seinem Steckenpferd, den unveröffentlichten Schriften Newtons, zu widmen. Newton hatte seine Jugendschriften bis zu seinem Tod in einer großen Kiste aufbewahrt, und dort waren sie bis in die allerjüngste Zeit auch geblieben. Keynes sprach in demselben alten Gebäude des Trinity College in Cambridge, in dem Newton vor 270 Jahren gelebt hatte. In einem altertümlichen, kalten, vorschriftsmäßig verdunkelten Raum scharte sich eine kleine Zuhörergruppe um den Lichtkreis einer Lampe, in dessen Mitte Keynes erschöpft und fröstelnd über seinen Papieren saß. Er sprach mit leidenschaftlicher Intensität, die durch seine Blässe und die düstere Umgebung noch eindringlicher wirkte. Ich möchte hier einige Auszüge aus seinem Vortrag wiedergeben:

> Wenn man über diesen seltsamen Gedankensammlungen sitzt, scheint es einem leichter – ohne nun allerdings, so hoffe ich, ins Gegenteil zu verfallen – diesen ungewöhnlichen Geist zu fassen, der, während er hier unter diesem Dache so vielen Welträtseln auf der Spur war, vom Teufel versucht wurde, sich *alles* zuzutrauen, *alle* Geheimnisse Gottes und der Natur mit der bloßen Kraft seines Verstandes erfassen zu wollen, Kopernikus und Faust in einer Person. Ein großer Teil, der nach der Handschrift zu urteilen, zu den frühesten Schriften gehören muß, befaßt sich mit Alchemie – der Umwandlung aller Stoffe, dem Stein der Weisen und dem Lebenselixir. Seine unveröffentlichten Schriften über Esoterik und Theologie zeichnen sich alle durch genaue Kenntnisse, exakte Methoden und eine sehr nüchterne Sprache aus. Darin sind sie so rational wie die *Principia*. Einzig ihr Inhalt und Zweck sind ganz auf das Magische ausgerichtet.
>
> Warum ich ihn einen Magier nenne? Weil er das Universum als ein *gigantisches*

Rätsel sah, als ein Geheimnis, dem mit der Kraft der reinen Vernunft beizukommen ist, wenn man nur den Anhaltspunkten und mystischen Fingerzeigen folgt, die Gott über das ganze All verteilt hat - wie um die esoterische Bruderschaft auf eine philosophische Schatzsuche zu schicken ... Newton *hat* die Rätsel der Himmel gelöst. Und er glaubte, mit derselben kraftvollen, introspektiven Phantasie auch die Rätsel der Gottheit lösen zu können, das Rätsel der Vergangenheit und der Zukunft, das Rätsel der göttlichen Vorsehung, die Geheimnisse der Elemente und ihrer Entstehung aus einer unbestimmten Urmasse und das Rätsel von Gesundheit und Unsterblichkeit.

Newton war zweifellos ein Sonderfall, und wenn ich hier Keynes zitiere, so will ich damit nicht sagen, daß jeder ernstzunehmende Wissenschaftler die Hälfte seiner Zeit magischem Hokuspokus widmen soll. Ich will damit nur verdeutlichen, daß jeder Wissenschaftler von transzendentaler Größe und Bedeutung wahrscheinlich auch persönliche Qualitäten hat, die ihn gewöhnlichen Sterblichen irgendwie übermenschlich erscheinen lassen. Denn seine wissenschaftlichen Leistungen wären ohne eine außerordentliche Persönlichkeit undenkbar. Es ist daher auch nicht überraschend, daß der Wissenschaftler in der traditionellen Mythologie häufig mit der Gestalt des Magiers in Verbindung gebracht wird. Die Magier waren die Priester der alten zoroastrischen Religion Persiens. Am klarsten kommt der Mythos des gelehrten Magiers in der Faust-Legende zum Ausdruck, der Legende vom Gelehrten, der - um in den Besitz magischer Kenntnisse und Kräfte zu gelangen - bereit ist, dem Teufel seine Seele zu verkaufen. Das Verblüffendste an der Faust-Legende ist, daß wir alle bis zu einem gewissen Grad noch immer an sie glauben. Jeder versteht, was es bedeutet, wenn man von einem Faustischen Handel im Zusammenhang mit einer technischen Errungenschaft spricht - unter der Oberfläche rationaler Argumente lebt der Mythos weiter.

Ich werde zu einem späteren Zeitpunkt noch auf verschiedene Wissenschaftler zu sprechen kommen, die zu Erlöser- oder Verderberfiguren gemacht wurden. Ein solcher Ruf mag oft flüchtig, manchmal auch trügerisch sein, er ist allerdings nie ohne Bedeutung. Darin verrät sich die Anerkennung, welche die Öffentlichkeit demjenigen zollt, der Großes leistet. Auch die Massen wittern in solchen Menschen etwas Besonderes. Für mich war Einstein die größte und lauterste Erlösergestalt, seine Einzigartigkeit ist unbestritten, obwohl sie schwer in Worte zu fassen ist. Ich möchte hier aber nicht über Einstein sprechen, da ich ihn persönlich nicht gekannt habe und dem, was andere über ihn gesagt haben, nichts hinzufügen kann.

Die Verzauberte Stadt hat nicht nur ihren Erlöser und ihren Verderber, sie hat auch viele rechtschaffene Handwerker, Händler und Schriftgelehrte. Die Freude an wissenschaftlicher Arbeit ist zu einem beträchtlichen Teil Freude an solider Arbeit. Die meisten von uns sind zufrieden, mit unserer Arbeitskraft Gemeinschafts-Projekte und -Unternehmungen zu unterstützen, bei denen Zuverlässigkeit wichtiger ist als Originalität. Den anderen brauchbares, solides Werkzeug bereitzustellen kann sehr befriedigend sein. Nicht jeder hat den Ehrgeiz oder das Talent zur Primadonna. Es ist vor allem der Respekt vor Qualität, der den wissenschaftlichen Betrieb gesund erhält. Jeder kann mit Recht auf die Qualität seiner Arbeit stolz sein und muß umgekehrt mit dem Ärger seiner Kollegen rechnen, wenn er Minderwertiges produziert. Aus dem Wissen, daß Qualität wesentlich ist, bezieht auch Routinearbeit ihren Wert.

Vor noch nicht allzu langer Zeit wurden wir mit einem neuen Magier konfrontiert - mit Robert Pirsig, dem Autor von *Zen und die Kunst, ein Motorrad zu warten.* Sein Buch befaßt sich mit der Doppelnatur der Wissenschaft: Wissenschaft als handwerkliches Geschick einerseits und Wissenschaft als intellektuelle Besessenheit andererseits. Zwischen diesen beiden Welten bewegt er sich mit tänzerischer Leichtigkeit. Aus der praktischen Welt bringt er dem wissenschaftlich unerfahrenen Leser den Wert der Technik nahe, die auf dem Respekt vor Qualität beruht. Dabei dient ihm das Motorrad als konkretes Anschauungsobjekt, an dem er die Prinzipien illustriert, welche die praktische Anwendung der Wissenschaft bestimmen sollten. Was die intellektuelle Welt betrifft, so durchsetzt Pirsig seine technischen Ausführungen mit einem Bericht über seine eigene Suche nach philosophischen Einsichten, die mit einem geistigen Zusammenbruch und einer neuen Selbstfindung endete. Phädrus, Pirsigs Alterego, ist einer solchen geistigen Zerreißprobe ausgesetzt gewesen, daß er dem Wahnsinn verfällt. Um überhaupt überleben zu können, hat Pirsig Phädrus ganz aus seinem Bewußtsein verdrängt, doch Phädrus taucht immer wieder auf und verfolgt und quält ihn. Schließlich gelingt es Chris, einem kleinen Jungen, der auf dem Rücksitz von Pirsigs Motorrad mitfährt, Phädrus und Pirsig miteinander zu versöhnen. Dieses persönliche Drama trägt in eigenartiger Weise zur Aussagekraft von Pirsigs technischen Visionen bei. Pirsig ist Schriftsteller und nicht Wissenschaftler, aber wie Newton vor 300 Jahren hat er darum gekämpft, menschliche Erfahrung in ihrer Ganzheit rational zu ordnen. Wie Newton in seinem Laboratorium in Cambridge alchemistische Schriften studierte, so saß Pirsig in seinem Studierzimmer in Montana über den Texten der Vorsokratiker. Dieses Ringen brachte sie beide an den Rand des Wahnsinns, und beide mußten sie schließlich den Großteil ihres Vorhabens aufgeben und sich auf einen begrenzteren Wissensbereich beschränken. Doch was Pirsig unserer Generation bezüglich unserer Auseinandersetzung mit der Technik zu sagen hat, gewinnt durch das, was er ist und was er gesehen hat an

Tiefe und Relevanz. Er ist ein Artsverwandter des Weisen in Shelleys *Prometheus Unbound*:

> Ere Babylon was dust,
> The Magus Zoroaster, my dead child,
> Met his own image walking in the garden.
> That apparition, sole of men, he saw.
>
> Eh Babylon in Staub fiel, traf,
> Mein totes Kind, der Magier Zoroaster
> Sein eignes Bild im Garten wandelnd an.
> Nur er, kein andrer Mensch, sah die Erscheinung.

2

Fausts Erlösung

Ein Jahr bevor der Zweite Weltkrieg ausbrach, besorgte ich mir ein Exemplar von H.T.H. Piaggios *Differentialgleichungen;* nicht durch einen meiner Lehrer, auch nicht durch eine Universitäts-oder Technische Bibliothek, denn mit meinen vierzehn Jahren hatte ich noch keine solche Institution betreten. Der Schlüssel zur Weiterbildung war für mich damals ein kurzer, handgeschriebener Brief, den ich 1938 an verschiedene Verlage schickte: «Sehr geehrte Herren, ich wäre Ihnen sehr dankbar, wenn Sie die Freundlichkeit hätten, mir ein Verzeichnis Ihrer wissenschaftlichen Veröffentlichungen zu senden. Hochachtungsvoll.» Und schon nach wenigen Tagen trafen die Kataloge ein. Am spannendsten waren diejenigen der Cambridge University Press. Sie enthielten unter anderem lange Listen der Titel und Werke, die noch immer von der Auswertung der «Challenger»-Expedition der Jahre 1872–1876 zehrten. Das Schiff H.M.S. «Challenger» war 1872 zu einer wissenschaftlichen Erkundungsfahrt aller Ozeane ausgelaufen und hatte eine so reiche Ausbeute an Materialien und Daten zurückgebracht, daß selbst 1938 noch Berichte und Studien darüber im Handel waren. Mein Traum war es, selber einmal an einer solchen Expedition teilzunehmen, falls es je wieder eine geben sollte. Allerdings überstiegen die «Challenger»-Berichte meine finanziellen Möglichkeiten, und damit war auch meine Laufbahn als Ozeanograph sozusagen im Keim erstickt.

Mathematik war billiger. Ich hatte einige populärwissenschaftliche Werke über Einsteins Relativitätstheorie gelesen, die mich aber nicht befriedigten. Jedesmal, wenn ich nämlich glaubte, der Sache allmählich auf die Spur zu kommen, zog sich der Autor auf den Standpunkt zurück, daß Einstein nur mit Hilfe der Differentialgleichung zu verstehen sei. Ich hatte keine klaren Vorstellungen von Differentialgleichungen, aber ich begriff, daß sie zum Instrumentarium von Einsteins Sprache gehörten und ich sie deshalb beherrschen mußte. Aus diesem Grunde war es ein besonderer Tag für mich, als ein dünner Katalog von G. Bell & Sons, Ltd. eintraf, in dem für 12 Shilling und 6 Pence H.T.H. Piaggios *Differentialgleichungen* angeboten wurde. Ich hatte noch nie von Piaggio gehört, aber der Preis entsprach meinen Möglichkeiten, und ich machte mich sofort auf den Weg zur Buchhandlung und bestellte das Werk. Nach einiger Zeit kam es: ein eher dünnes, in hellblaues Leinen gebundenes Buch. Während des Schuljahres hatte ich keine Zeit, mich damit zu beschäftigen, ich legte es für die Weihnachtsferien zurück.

Meine Schulferien verbrachten wir meist in einem kleinen Häuschen am Meer, das mein Vater, George Dyson, zu diesem Zweck gekauft hatte. Er war Musiker und wirkte viele Jahre als Musiklehrer an der Schule, die ich als Knabe in Winchester besucht hatte. Ihm gefiel das Leben eines Lehrers mit drei Ferienmonaten im Jahr, das ihm auch während der Schulzeit noch genügend Zeit für seine Arbeit als Dirigent und Komponist ließ. Sein bekanntestes Werk, *The Canterbury Pilgrims* ist eine Vertonung des Prologs zu Chaucers *Canterbury Tales (Canterbury-Geschichten)* für Solostimmen, Chor und Orchester. Die Erstaufführung fand in Winchester statt; ich war damals sieben Jahre alt. Das Werk ist «M.L.D., die den Text zusammenstellte», gewidmet; M.L.D. war meine Mutter Mildred, die seine Begeisterung für Chaucer und die Charaktere, die der Dichter unsterblich gemacht hat, teilte. Wir begegneten häufig modernen Reinkarnationen der Pilgergestalten Chaucers. Dann pflegten sich meine Eltern vielsagende Blicke zuzuwerfen, meine Mutter murmelte einen Chaucer-Vers, oder mein Vater summte die entsprechende Partitur-Stelle. Der Anblick der wohlgenährten Geistlichkeit Winchesters erinnerte sie an Chaucers Mönch:

> Feist war der Herr und wohlgenährt sein Bauch.
> Die hellen Augen rollten im Gesicht,
> Das dampft – Schmelzöfen dampfen ärger nicht.

Ein Arzt, der in seinem Rolls-Royce unsere Straße entlang fuhr, ließ Chaucers «Doktor of Physic» wiederaufleben:

> Er sparte, was er in der Pest gewann.
> Gold gilt dem Arzt als ein Specificum,
> Ausnehmend liebte er das Gold darum.

In den Schilderungen Chaucers erkannten sie ihre eigene Erfahrung der südenglischen Landschaft wieder:

> Wenn lust'ge Melodie das Vöglein macht,
> Das offnen Auges schläft die ganze Nacht
> – So stachelt die Natur es in der Brust –

Während der Ferienzeit in unserem Häuschen am Meer arbeitete mein Vater jeden Morgen drei Stunden an seinen Kompositionen. Die Nachmittage verbrachte er mit Vorliebe damit, dies und das auszubessern und seine vierzig Morgen meerwasserdurchtränkten Landes zu meliorieren. Das war mehr als notwendig, da das Land unter Meereshöhe an der englischen Südküste gelegen und schon mehrmals von Salzwasser überschwemmt worden war. Wir waren verpflichtet, unseren Deichabschnitt in gutem Zustand zu halten. Das Land wurde durch ein System von Abzugsgräben entwässert, die in sogenannte «bunnies» überflossen. Ein «bunny» ist eine Röhre, die unter dem Deich durchführt und in eine Holzklappe mündet, die sich bei Ebbe öffnet, um das Wasser aus dem Landesinneren ins Meer abfließen zu lassen, während sie sich bei Flut schließt, um das Meerwasser abzuhalten.

Diese «bunnies» waren der ganze Stolz meines Vaters. Nichts befriedigte ihn mehr als hüfttief im kalten, schwarzen Schlamm zu stehen, um ein verstopftes «bunny» wieder freizukriegen. Wenn die «bunnies» einmal reibungslos funktionierten, schaufelte er seine Abzugsgräben aus. Zu seinem vollkommenen Glück fehlte ihm nur eines - seinen heranwachsenden Sohn bei diesen Sumpfexpeditionen an seiner Seite zu wissen.

Doch meine Vorstellungen von angenehmen Weihnachtsferien waren ganz anderer Art. Ich brachte meinen sorgfältig gehüteten Piaggio mit und hatte nicht die geringste Absicht, mich von ihm trennen zu lassen. Wie ich schon bald entdeckte, eignete sich Piaggios Buch hervorragend zum Selbststudium. Es ist ein anspruchsvolles Lehrbuch, das schnell auf eine höhere Stufe vorstößt, im Gegensatz zu den meisten fortgeschrittenen Texten jedoch reichlich mit Übungsaufgaben gespickt ist; über 700 Beispiele sind in dem Buch zusammengestellt. Der Unterschied zwischen einem Lehrbuch ohne und einem Lehrbuch mit Übungsaufgaben ist wie der Unterschied zwischen einer Sprache, die man nur lesen oder auch sprechen lernt. Ich war entschlossen, die Sprache Einsteins sprechen zu lernen und arbeitete mich daher beharrlich durch die Aufgabensammlung hindurch. Um sechs Uhr morgens fing ich damit an und arbeitete - mit kurzen Essenspausen - bis zehn Uhr nachts. Im Schnitt kam ich so auf vierzehn Arbeitsstunden pro Tag - nie haben mir Ferien größeren Spaß gemacht.

Nach einer Weile begannen meine Eltern sich zu sorgen. Meine Mutter betrachtete mich traurig und zitierte Chaucers Vers über den Gelehrten aus Oxford:

> Mit Sorg und Eifer lernt' er fort und fort,
> Er sprach niemals ein überflüssig Wort.

Sie warnte mich, daß ich so meine Gesundheit ruinieren und meinen Verstand ausbrennen würde. Mein Vater flehte mich an, meine Rechnungen nur für ein paar Stunden beiseite zu legen und ihm bei seinen Abzugsgräben zu helfen. Aber ihre Bitten bestärkten mich nur in meiner Halsstarrigkeit - ich hatte mich in die Mathematik verliebt, alles andere war mir gleichgültig. Überdies war mir mit schmerzhafter Deutlichkeit bewußt, daß uns ein Krieg bevorstand. Daß dies unser letztes Weihnachtsfest im Frieden sein sollte, konnten wir damals noch nicht wissen, doch daß der Krieg kam, sahen wir alle. Und ich wußte wohl, was die jungen Engländer erwartet hatte, die bei Ausbruch des ersten Weltkriegs fünfzehn Jahre alt waren und die 1917 und 1918 in die Schützengräben geschickt wurden. Ich hatte also aller Wahrscheinlichkeit nach nicht mehr viele Jahre zu leben, und jede Stunde, die ich nicht auf die Mathematik verwandte, war eine unerträgliche Verschwendung. Wie konnte mein Vater nur so blind sein, mir die kurzen Tage, die mir noch auf Erden vergönnt waren, mit seinen Abzugsgräben verderben zu wollen. Seine Blindheit erfüllte mich eher mit Trauer als mit Zorn.

Zu jener Zeit hatte ich den Kopf voll von der romantischen Prosa von E.T. Bells *Men of Mathematics*, einer Biographien-Sammlung großer Mathematiker. Für einen Jungen ist das ein großartiges Buch, das vielen jungen Leuten meiner Generation die Augen für die Schönheiten der Mathematik geöffnet hat. Leider enthält es nur wenig, was ein Mädchen inspirieren könnte, da Sonja Kowalewski mit einem halben Kapitel abgetan wird. Das denkwürdigste Kapitel – «Genie und Torheit» – schildert Leben und Tod des französischen Mathematikers Evariste Galois, der 1832 im Alter von 20 Jahren bei einem Duell umkam. Ungeachtet aller Sentimentalitäten, die über ihn geschrieben worden sind, war er ein wirkliches Genie und sein Tod eine echte Tragödie. Galois-Gruppen und Galois-Felder sind auch heute, nach 150 Jahren, noch immer ein lebendiger Bestandteil der Mathematik. E.T. Bell beschreibt die letzte Nacht vor dem todbringenden Duell:

> Die ganze Nacht hatte er die fliehenden Stunden damit zugebracht, mit fieberhafter Hast sein wissenschaftliches Vermächtnis niederzuschreiben – um im Wettlauf gegen die Zeit einige wenige von den großen Einsichten seines überschäumenden Geistes festzuhalten, bevor der Tod, den er ahnte, ihn hinwegraffen würde. Immer wieder hielt er inne, kritzelte verzweifelt an den Rand «Ich habe keine Zeit, ich habe keine Zeit» und stürzte sich in den nächsten, hastig hingeworfenen Ideen-Abriß. Was er in jenen verzweifelten, letzten Stunden vor der Morgendämmerung niederschrieb, wird noch Generationen von Mathematikern über Hunderte von Jahren in Atem halten: Er hatte die endgültige Lösung eines Rätsels gefunden, das die Mathematiker über Jahrhunderte beschäftigt und gequält hatte, der Frage: unter welchen Bedingungen ist eine Gleichung lösbar.

Im Lichte dieser Schilderungen erhielten die langen Stunden, die ich mit Piaggio verbrachte, plötzlich einen Hauch von höherer Weihe. Wenn es mir bestimmt sein sollte, wie so vielen jungen Offizieren des ersten Weltkriegs, mit neunzehn Jahren zu fallen, so hatte ich ein Jahr weniger zu leben als Galois.

Unsere Weihnachtsferien dauerten einen Monat, und bevor dieser ganz um war, näherte ich mich den letzten der 700 Übungen Piaggios. Ich begann, einzelne zu überspringen und ließ mich sogar dazu herbei, ein oder zwei Stunden zu opfern, um meine Mutter auf einem Spaziergang zu begleiten. Sie hatte lange auf eine solche Gelegenheit gewartet, um mit mir zu sprechen, und war gut vorbereitet. So machten wir uns denn, wenige Tage bevor die Ferien zu Ende gingen, zusammen auf den Weg.

Meine Mutter war Juristin und interessierte sich leidenschaftlich für alles, was die Menschen betraf. Ihre besondere Liebe galt den römischen und griechischen Dichtern der Klassik, und so begann sie ihre Ermahnungen mit einem Zitat aus *Der Selbstquäler* des afrikanischen Sklaven Publius Terentius Afer, dem größten römischen Dramatiker: «*Homo sum: humani nil a me alienum puto*» – «*Mensch bin ich, nichts Menschliches ist mir, glaub' ich, fremd*». Nach diesem Grundsatz hat meine Mutter bis zu ihrem Tode im Alter von 94 Jahren ihr eigenes langes und erfülltes Leben gelebt. Wir gingen also, das sumpfige Gelände auf der einen Seite, das Meer auf der anderen, zusammen den Deich entlang, und sie versuchte, mich ebenfalls zu dieser Weltanschauung zu bekehren. Sie hatte Verständnis für meine Ungeduld und meine Leidenschaft für die abstrakten Schönheiten Piaggios, war aber voller Sorge, daß ich in meiner Hast, ein Mathematiker zu werden, meine Menschlichkeit verlieren könnte: «Du wirst es tief bereuen, wenn Du einmal ein berühmter Wissenschaftler bist und plötzlich feststellen mußt, daß Du nie die Zeit hattest, Freunde zu gewinnen. Was nützt es Dir, wenn Du die Riemannsche Vermutung beweisen kannst, aber weder Frau noch Kinder hast, die sich mit Dir darüber freuen können. Du wirst sehen, daß selbst die Mathematik schal und bitter wird, wenn Sie Dein einziger Lebensinhalt ist.»

Ich hörte ihr leichten Herzens zu, noch berührten mich ihre Ratschläge nicht sonderlich. Gleichzeitig wußte ich aber, daß ich später immer darauf zurückgreifen konnte. Nach Terentius Afer kam meine Mutter auf Goethes *Faust* zu sprechen. Sie erzählte mir den ersten Teil: wie Faust Tag und Nacht über seinen Büchern sitzt, verzehrt von dem Ehrgeiz, alles zu begreifen und die Kräfte der Natur zu beherrschen; wie er dabei immer egozentrischer und unzufriedener wird, bis er schließlich ganz dem Bösen verfällt und eine Wette mit dem Teufel eingeht, um so zu Wissen und Macht zu kommen. Sein Versuch, bei Gretchen das Glück zu finden, muß in Elend und Unglück enden, da er zu einer selbstlosen Liebe nicht fähig ist und Gretchen nur eine Liebe aufzwingen kann, die ihm selber entspricht. Als ich einige Jahre später den amerikanischen Film *Citizen Kane* sah, kamen mir plötzlich die Tränen, denn Orson Welles hatte mit seiner Kunst die Faust-Sage, wie ich sie von meiner Mutter gehört hatte, zu neuem Leben erweckt. Kane und Faust, Faust und Kane und ich – alle drei waren wir durch unseren selbstsüchtigen Ehrgeiz zu ewiger Einsamkeit verdammt.

Doch ganz ohne Trost entließ mich meine Mutter nicht. Als nächstes erzählte sie mir den zweiten Teil des *Faust*. Goethes Alterswerk, in dem Faust schließlich erlöst wird: Die Mächte des Lichtes und der Finsternis kommen überein, Faust Erlösung zu gewähren, wenn er einen Augenblick wahren Glücks erfahren kann, in dem seine Seele im Einklang mit sich selbst ist. In seitenlangen Versen sucht Faust vergeblich nach diesem glückseligen Augenblick. Er begegnet der schönen Helena und anderen mythischen Sagengestalten, er versucht sich als Feldherr, aber nichts kann ihn befriedigen. Ganz am Schluß kommt er als blinder Greis in ein holländisches Dorf, in dem die ganze Bevölkerung einen verzweifelten Kampf gegen die Elemente führt, um die Deiche gegen den Ansturm der See zu verstärken. Alle Dorfbewohner graben und pumpen am Deich und kämpfen mit aller Kraft gegen den gemeinsamen Feind. Faust mischt sich unter sie und stürzt sich, ohne einen Gedanken an sein gebrechliches Alter, in die Arbeit. Plötzlich erkennt er den glückseligen Augenblick, nach dem er sein Leben lang gesucht hatte: das Glück, seinen Mitmenschen in einer gemeinsamen Aufgabe verbunden zu sein, die Befriedigung, einer Sache zu dienen, die über das eigene Ich hinausreicht. So stirbt er erlöst und wird von einem Engelchor in den Himmel getragen. Als ich viel später einmal zufällig die letzten Seiten des *Faust II* las, fand ich zu meiner Überraschung, daß diese lebhaft erinnerte Szene - die holländische Dorfbevölkerung an ihrem Deich - weniger Goethe als der Phantasie meiner Mutter verpflichtet war. Goethes Version ist im Vergleich dazu blaß, und es ist bedauerlich, daß er nie gehört hat, was meine Mutter daraus machte.

Mein eigener Erlösungsweg war damit klar vorgezeichnet: Auf in die Abzugsgräben zu meinem Vater! Widerwillig leistete ich ihm einen Nachmittag Gesellschaft im Sumpf, allerdings ohne daß mich Engel in den Himmel emporgetragen hätten.

Nach den Ferien begann wieder die Schule. Ich hatte meinen Piaggio rasch abgeschlossen und war damit auf Einstein vorbereitet. Doch in keinem meiner Verlagskataloge war ein Werk Einsteins zu finden und eine Weile saß ich in der Klemme. Schließlich behalf ich mich mit einem Buch des Astronomen Arthur Eddington, *Mathematical Theory of Relativity (Mathematische Relativitätstheorie)*, das ich bei der Cambridge University Press bestellen konnte. Nachdem ich durch die Schule von Piaggio gegangen war, kam ich damit ohne Schwierigkeiten zurecht. Inzwischen begannen auch die Reden meiner Mutter in meinem Unterbewußten langsam Fuß zu fassen und dort den Boden für überraschende Entwicklungen vorzubereiten. Theoretisch stimmte ich durchaus mit ihr überein, daß menschliche Solidarität und Kameradschaft wesentliche Bestandteile eines guten

Lebens sind. In der Praxis sah ich - zumindest damals - wenig, was ich dazu beitragen konnte.

Wie alle Menschen jener Zeit beunruhigte mich vor allem anderen die sich immer deutlicher abzeichnende Kriegsgefahr. Dabei ging es mir nicht um Sieg oder Niederlage. Das erschien völlig irrelevant angesichts der allgemein geteilten Überzeugung, daß nichts, was das Leben lebenswert macht, einen Krieg überdauern könne. Krieg war für mich ein absolutes Übel, das um jeden Preis verhindert werden mußte, darauf war mein ganzes Sinnen und Trachten gerichtet. Der einzig mögliche Weg war ein Geistes- und Gesinnungswandel der Kriegshetzer auf beiden Seiten, und dazu war ein radikaler Umschwung in ihrer Denkweise notwendig.

Ich versuchte, die tieferen Ursachen des Hasses zu verstehen, der die Menschheit in den Krieg treibt, und kam zu dem Schluß, daß die Wurzel des Übels die Ungerechtigkeit der Welt sein müsse. Wenn jeder Mensch einen angemessenen Teil vom Reichtum dieser Erde hätte, wenn wir alle mit gleichen Gewinnchancen zu den Spielen des Lebens antreten könnten, müßte es keinen Haß und keine Kriege geben. Und damit sah ich mich mit den jahrhundertealten Fragen konfrontiert: «Wieso gestattet Gott den Krieg?» - «Warum läßt er die Ungerechtigkeit zu?» - und fand keine Antwort darauf. Dabei erschien mir das Problem der Ungerechtigkeit noch dorniger als das Problem des Krieges. Ich war mit Intelligenz, einer guten Gesundheit, Büchern, Ausbildungsmöglichkeiten und einer liebevollen Familie gesegnet, von Nahrung, Kleidung und einem Dach über dem Kopf ganz zu schweigen. Wie konnte ich eine Welt konzipieren, in der die Söhne eines walisischen Kumpels oder eines indischen Landarbeiters dieselben Vorteile genießen würden wie ich?

Die Erleuchtung kam schlagartig, an einem März-Nachmittag, als ich zum Anschlagbrett der Schule ging, um festzustellen, ob ich für das Fußballspiel des nächsten Tages aufgestellt worden war. Mein Name stand nicht dort. Statt dessen sah ich plötzlich in einem blendenden Aufblitzen innerer Erleuchtung eine Antwort auf meine zwei Probleme, Krieg und Ungerechtigkeit. Sie war verblüffend einfach. Ich nannte sie «Kosmische Einheit». Kosmische Einheit bedeutet, daß wir alle eins sind. Wir sind alle dieselbe Person. Ich bin du, und ich bin Winston Churchill, und Hitler, und Gandhi, und alle anderen Menschen. So stellt sich das Problem der Ungerechtigkeit gar nicht, weil deine Leiden auch meine Leiden sind. Und Kriege können gar nicht ausbrechen, sobald du begreifst, daß du in mir nur dich selber tötest.

Ich verbrachte einige Tage damit, eine Metaphysik dieser Kosmischen Einheit zu entwickeln, und je mehr ich darüber nachdachte, desto überzeugter war ich, daß dies die lebendige Wahrheit sein mußte. Sie war logisch unangreifbar und die Ethik damit zum ersten Mal auf einer festen Grundlage aufgebaut. Hier bot sich der Menschheit die Möglichkeit zu jenem radikalen Gesinnungswandel, der in einer Zeit verzweifelter Gefahr unsere einzige Friedenshoffnung bedeutete. Eine kleine Schwierigkeit war allerdings noch aus dem Weg zu räumen: Ich mußte Mittel finden, den Rest der Menschheit von meiner neugewonnenen Einsicht zu überzeugen.

Die Bekehrungsarbeit machte nur langsame Fortschritte; ich bin kein großes Predigertalent, und nachdem meine Schulfreunde sich mein neues Glaubensbekenntnis ein paar Mal angehört hatten, wurde es immer schwieriger, ihre Aufmerksamkeit zu gewinnen, und ihr Eifer, mehr darüber zu erfahren, war sehr gering. Überdies entwickelten sie eine Tendenz zu verschwinden, sobald ich irgendwo auftauchte. Sie waren im allgemeinen gutmütig und bereit, vielerlei Überspanntheiten zu tolerieren. Doch mein ernsthaft moralisierender Tonfall war ihnen zuwider. Wenn ich auf sie einredete, klang ich zu sehr wie der Schuldirektor. Letzten Endes hatte ich nur zwei Konvertiten vorzuweisen, der eine ein überzeugter Jünger, der andere eher halbherzig. Doch nicht einmal der Überzeugte war dazu zu bewegen, sich an der Verkündigung der neuen Lehre zu beteiligen. Seine Überzeugungen waren für ihn Privatsache. Langsam dämmerte mir, daß mir die wesentlichen Voraussetzungen einer religiösen Führergestalt fehlten. Die Relativitätstheorie lag da schon eher auf meiner Linie. Nach einigen Monaten gab ich meine Bekehrungsversuche auf. Wenn meine Freunde auf mich zukamen und unbekümmert fragten: «Na, wie geht es der Kosmischen Einheit heute?», antwortete ich bloß: «Gut, danke» und ließ es dabei bewenden.

In den Sommerferien unternahm ich einen letzten Bekehrungsversuch. Ich spazierte wieder mit meiner Mutter den Deich entlang und breitete hoffnungsvoll meine frohe Botschaft vor ihr aus. Sie war offensichtlich sehr beglückt zu sehen, daß ich inzwischen entdeckt hatte, daß Himmel und Erde nicht ausschließlich aus Differentialgleichungen bestehen. Sie lächelte mir zu und sagte wenig. Nachdem ich mit meinen Ausführungen zu Ende war und atemlos fragte, was sie davon halte, sagte sie langsam und nachdenklich: «Ja, etwas ganz Ähnliches habe ich auch lange Zeit geglaubt.»

3

Der Kinderkreuzzug

Im Januar 1944, einer verzweifelten Zeit, befand sich Oberstleutnant MacGowan, leitender Sanitätsoffizier beim Pfadfinder-Geschwader des R.A.F.-Bomber-Kommandos, an Bord der Lancaster 83Q, als die Maschine mit Ziel Berlin vom Luftwaffenstützpunkt Wyton abhob. Wyton war der Heimatstützpunkt der 83. Staffel, einer der ursprünglichen Pfadfinder-Staffeln, die seit Beginn der Pfadfinder-Einsätze die Nachtangriffe auf die deutschen Städte flogen. Ich stand am Pistenrand, den kalten, nassen Wind im Gesicht und sah die zwanzig Lancaster der 83. Staffel in der Dunkelheit verschwinden. Die Maschinen waren stark überladen, und es dauerte lange, bis sie abhoben. Die Lancaster verfügte über eine phänomenale Transportkapazität, und die zulässige Bombenlast war seit 1942, als dieser Flugzeugtyp erstmals zum Einsatz gelangt war, mehrmals erhöht worden. Als die Maschinen schließlich in der Luft waren, ging ich zurück in die Kantine und trank eine Tasse Tee.

Wyton war so häßlich, wie ein Militärstützpunkt im Krieg nur sein kann: Pfützen, Baracken, Lagerhäuser voller Bomben und überall die rostenden Überreste defekter Geräte und Maschinen, die eine Reparatur nicht mehr lohnten. Seit zwei Monaten war die 83. Staffel oft bei extremsten Witterungsbedingungen im Einsatz gewesen, um Berlin zu bombardieren. Bei jedem Einsatz ging durchschnittlich eine Maschine verloren; jede Maschine hatte eine Besatzung von sieben Mann.

Das war der Winter, in dem das Bomber-Kommando alle Anstrengungen auf die Bombardierung Berlins konzentrierte. Es war die letzte Gelegenheit, der deutschen Kriegswirtschaft entscheidende Schläge zu versetzen, bevor die alliierte Invasion Europas beginnen sollte. Den Besatzungen der Lancasters wurde eingehämmert, diese Schlacht um Berlin sei eine der entscheidenden Schlachten des Krieges und sie seien im Begriff, sie zu gewinnen. Wie viele von ihnen das glaubten, wußte ich nicht. Aber ich wußte, daß es nicht stimmte. Im Januar 1944 hatten wir diese Schlacht bereits verloren. Ich hatte Trefferbilder gesehen, die zeigten, daß die Bombentreffer über ein unverhältnismäßig großes Gebiet verteilt waren. Andererseits nahmen die Verlustziffern rapide zu. Daß wir mit einer Fortsetzung der Offensive in ihrer gegenwärtigen Form den Kriegsverlauf entscheidend beeinflussen konnten, war ausgeschlossen. Berlin war zwar der Sitz vieler wichtiger Kriegsindustrien und Verwaltungszentren, doch das Bomber-Kommando unternahm nicht einmal den Versuch, diese Ziele zu lokalisieren und einzeln anzugreifen. Die Staffeln ließen einfach einen möglichst dichten Feuerbombenteppich auf die Stadt niederregnen, unter die vereinzelt einige Sprengbomben gemischt waren, um die Feuerbekämpfung zu erschweren. Gegen solche Angriffe konnten die Verteidigungskräfte selektiv eingesetzt werden. Wichtige Fabriken wurden durch Werksfeuerwehren geschützt, die Brandherde in den für die Produktion notwendigen Gebäuden rasch bekämpfen konnten. Wohnhäuser und Geschäfte ließ man dagegen einfach niederbrennen. So kam es, daß das Bomber-Kommando oft eine Stadt als «zerstört» meldete, während Aufklärungsphotos ein paar Wochen später zeigten, daß die Industrien inmitten der Trümmer niedergebrannter Häuser normal produzierten.

Nur bei zwei Brandbombenangriffen des ganzen Krieges konnte das Bomber-Kommando einen durchschlagenden Erfolg verbuchen. Das erste Mal im Juli 1943 in Hamburg, als in einem dichtbesiedelten Gebiet so viele Brände ausbrachen, daß sich ein Feuersturm entwickelte – ein flammender Orkan, in dem 40000 Menschen umkamen und alles, was in seinem Wege stand, vernichtet wurde. In keinem unserer Angriffe erreichten wir auch nur zu einem Zehntel die Zerstörungskraft dieses Feuersturms. Ein militärisch entscheidender Sieg wäre in der Schlacht um Berlin jedoch nur möglich gewesen, wenn es uns gelungen wäre, dort ebenfalls ein solches Inferno zu entfesseln. Dann wären die Träume der Männer, die das Bomber-Kommando geschaffen hatten, vielleicht Wirklichkeit geworden – getreu ihrer Devise: «Durch die Schlagkraft der Luftwaffe zum Sieg.» Doch im Januar 1944 war mir klar, daß es in Berlin keinen Feuersturm geben würde. Feuerstürme konnten nur entstehen, wenn die Bomber ihre Ziele außerordentlich exakt und ohne ernsthafte Beeinträchtigung durch die Flugabwehr anfliegen konnten. Doch die Berliner Flugabwehr wurde ungeachtet unserer Dauerbombardierung immer stärker, und die Bomben fielen immer weiter verstreut. Einmal noch, ein Jahr nach meinem Besuch in Wyton – die Invasion hatte stattgefunden und Deutschland stand vor der Kapitulation –, entfesselten wir einen Feuersturm, im Februar 1945 in Dresden.

Im Januar 1944 arbeitete ich als wissenschaftlicher Mitarbeiter in Zivil im Hauptquartier des Bomber-Kommandos. Seit den unschuldigen Tagen der «Kosmischen Einheit» war viel geschehen. Ich war Teil einer Gruppe, die sich «Operational Research Section» (Abteilung für Einsatz Forschung) nannte und deren Aufgabe es war, den Oberbefehlshaber in wissenschaftlichen Fragen zu beraten. Ich war mit statistischen Studien beschäftigt, anhand deren festgestellt werden sollte, ob eine Wechselbeziehung bestand zwischen dem Grad der Kriegserfahrung einer Bomberbesatzung und der Wahrscheinlichkeit, daß sie abgeschossen wurde. Das Bomber-Kommando war der Überzeugung, die auch den Besatzungen während ihrer Ausbildung und der Öffentlichkeit durch die offizielle Propaganda-Maschinerie unaufhörlich eingehämmert wurde, daß die Überlebenschancen einer Besatzung mit ihrer Kampferfahrung stiegen. Wer einmal die ersten fünf oder zehn Einsätze überlebt hat, erklärte man den Besatzungen, kennt die Kniffe, sichtet die deutschen Nachtjäger früher und hat so viel bessere Chancen, heil zurückzukommen. Es war für die Moral der Männer zweifellos nützlich, dies glauben zu können, und die Geschwader-Kommandanten, die viele Einsätze hinter sich hatten, glaubten allen Ernstes, daß sie ihr Überleben ihren persönlichen Qualitäten, ihrem Geschick und ihrer Entschlossenheit verdankten und keineswegs nur dem blinden Zufall. Wahrscheinlich hatten sie damit sogar recht, denn in den ersten Kriegsjahren hatten erfahrene Besatzungen tatsächlich bessere Überlebenschancen. Bevor ich dem Bomber-Kommando zugeteilt wurde, hatte die Operational Research Section eine Studie angefertigt, die diese offizielle Doktrin bestätigte und deren Ergebnisse natürlich allgemein eifrig begrüßt wurden.

Als ich diese Studie jedoch mit neueren Daten und besseren statistischen Methoden wiederholte, zeigte sich, daß die Situation inzwischen verändert war. Meine Analyse beruhte auf vollständigen Daten und schloß Scheinzusammenhänge sorgfältig aus, wie sie etwa durch die Tatsache entstanden, daß man unerfahrenen Besatzungen oft leichtere Einsatzflüge zuteilte. Meine Schlußfolgerung war eindeutig: Das Absinken der Verlustrate bei zunehmender Kampferfahrung, das 1942 noch zutraf, galt 1944 nicht mehr. Es gab immer noch Einzelfälle, in denen erfahrene Besatzungen unter heroischen Anstrengungen schwer getroffene Maschinen nach Hause brachten, während Neulinge in einer vergleichbaren Lage fast mit Sicherheit verloren gewesen wären. Doch diese Fälle änderten nichts an der Tatsache, daß – im ganzen gesehen – das Können und die Hingabe erfahrener Besatzungen statistisch nicht mehr zu Buche schlugen. Sie wurden mit derselben Unerbittlichkeit niedergemäht wie die Soldaten, die 1916 in der Somme-Schlacht vor die deutschen Maschinengewehrnester gerieten.

Das Abreißen der Wechselbeziehung zwischen Luftkampferfahrung und Verlustraten hätte für unseren Oberbefehlshaber ein Warnzeichen sein sollen, daß er hier mit einer neuen Situation konfrontiert war. Die Operational Research Section entwickelte eine Theorie, die erklären sollte, wieso ihre Erfahrung den Bombern keine Vorteile mehr brachte. Wir wissen heute, daß diese Theorie zutraf – das Stichwort war «aufwärtsfeuernde Geschütze», das deutsche Codewort dafür «schräge Musik». In jedem Bomber waren vier Besatzungsmitglieder pausenlos damit beschäftigt, den Himmel nach Jägern abzusuchen: vorne der Pilot und der Bombenschütze sowie die Bordschützen in den beiden Geschütztürmen in der Mitte oben und im Heck der Maschine. Der einzige blinde Fleck befand sich direkt unter dem Bomber. Konventionell bewaffnete Jäger hätten einen Bomber auch gar nicht von unten anfliegen und abschießen können, ohne gesehen zu werden. Doch die deutschen Jäger waren immer häufiger nicht mehr konventionell bewaffnet, sondern verfügten über senkrecht nach oben gerichtete Bordkanonen, die mit einem Periskopvisier ausgerüstet waren. Damit konnte der Pilot sorgfältig zielen, während er in aller Ruhe unter dem Bomber mitflog. Sein größtes Problem waren die Trümmerteile des auseinanderbrechenden Bombers, denen er noch rechtzeitig ausweichen mußte.

Als alte Pfadfinder-Staffel verfügte die 83. Staffel über einen beträchtlichen Anteil an erfahrenen Besatzungen. Die normale Einsatzzeit in einer regulären Staffel betrug dreißig Einsätze. In den mittleren Kriegsjahren lag die Verlustrate bei ungefähr vier Prozent. Das bedeutete, daß die Chancen eines Besatzungsmitgliedes, seine Einsatzzeit heil zu überstehen, drei zu zehn standen. Im Winter 1943/44 waren die Verluste durch die Schlacht um Berlin überdurchschnittlich hoch und die Überlebenschancen daher noch geringer.

Ich war aus dem Kommando-Hauptquartier, das in einem Wald dreißig Meilen außerhalb von London lag, nach Wyton gekommen, um zu sehen, wie sich verschiedene Radar-Abwehrmaßnahmen gegen Jagdflugzeuge bewährten. Diese funktionierten an sich gut, da sie jedoch Jagdflugzeuge nicht von Bombern unterscheiden konnten, war ihr Nutzen beschränkt. Außerdem hoffte ich, in Wyton einiges zu erfahren, das für meine statistischen Untersuchungen über die Wechselbeziehung zwischen Kampferfahrung und Verlustrate relevant sein würde. Ich wollte mit erfahrenen Besatzungsmitgliedern sprechen, eigene Erfahrungen sammeln und ein Gefühl dafür entwickeln, was in den nächtlichen Luftkämpfen über Berlin eigentlich vor sich ging. Aber ich erkannte schnell, daß ein offenes Gespräch zwischen einer Bomberbesatzung und einem außenstehenden Zivilisten nicht möglich war. Vor allem das Thema der Verlustraten war tabu. Das ganze Gewicht der Tradition und Autorität der R.A.F. war darauf angelegt, den einzelnen Flieger von solchen Gedanken abzuhalten. Wer zuviel über das Risiko grübelte, brach früher zusammen. Und wer solche Themen mit seinen Kameraden erörterte, war eine Gefahr für die Disziplin und die Moral der Staffel. Scharfe Sicherheitsvorkehrungen sollten verhindern, daß Studien über Verlustraten und Überlebenschancen aus dem Kommando-Hauptquartier zu den Staffeln gelangten. In den Staffeln herrschte noch der alte

Grundsatz, daß Soldaten sterben, ohne lange nach dem Warum und Wofür zu fragen.

Es war den Männern nicht etwa verboten, mit mir zu reden, sie konnten sprechen so viel sie wollten. Doch was konnten wir - über den Abgrund, der uns trennte - schon miteinander reden. Die meisten waren, wie ich, ungefähr zwanzig Jahre alt. Sie hatten dem Tod vielleicht schon dreißigmal ins Auge geschaut und würden ihm vielleicht noch weitere dreißigmal gegenübertreten - wenn sie Glück hatten. Mir war und würde nichts dergleichen widerfahren. Sie wußten, daß ich einer jener Studierten war, die bei bequemen, zivilen Dienststellen unterschlüpfen und so ihre Haut retten konnten. Und ich wußte, daß sie das wußten. Wie können zwei Zwanzigjährige über solche Schranken hinweg ein ernsthaftes Gespräch miteinander führen?

Der einzige Mensch, mit dem ich in Wyton offen sprechen konnte, war Oberstleutnant MacGowan. Er war für die körperliche und seelische Gesundheit der Besatzungen der acht Pfadfinder-Staffeln verantwortlich. Hochgewachsen und weißhaarig erschien er mir sehr alt, obwohl er damals erst 46 oder 47 Jahre alt war. Er hatte das letzte Wort, wenn entschieden werden mußte, ob ein Besatzungsmitglied, das Anzeichen eines Zusammenbruchs zeigte, im Einsatz blieb oder aus der Staffel versetzt wurde. Es gab keinen einfachen Ausweg für diese jungen Männer. Die Vorschriften des Bomber-Kommandos waren bewußt so angelegt, daß die Besatzungsmitglieder eine solche Versetzung fast mehr fürchteten als den Tod. Wenn ein junger Mann aus psychischen Gründen versetzt wurde, lautete die offizielle Begründung dafür «Mangelnde Charakterstärke». Der Betroffene wurde damit offiziell als Feigling abgestempelt. Trotz dieser öffentlichen Schande und Demütigung war die Anzahl der Besatzungsmitglieder, die den Belastungen nicht gewachsen waren, keineswegs gering. Im Hauptquartier wußten wir, daß sich die Anzahl der Männer, die vor dem Ende ihrer Einsatzzeit aus der Staffel versetzt werden mußten, ungefähr die Waage hielt mit denen, die ihre Einsätze normal zu Ende flogen. Wie viele dieser Versetzungen psychische Ursachen hatten, war ein streng gehütetes Geheimnis, doch Oberstleutnant MacGowan gehörte zu den Eingeweihten.

Als MacGowan bei unserem ersten Gespräch erwähnte, daß er in derselben Nacht mit nach Berlin fliegen werde, war ich überrascht. Er sagte, daß die Besatzungen ihn gerne dabei hätten, da jeder in der Staffel wußte, daß die Maschine mit dem Doktor an Bord immer zurückkam. In den letzten zwei Monaten war er sechsmal in Berlin gewesen. Im ersten Moment hielt ich ihn für verrückt. Warum sollte ein älterer Arzt mit einer vollen Stabsposition sein Leben immer wieder auf diesen verzweifelt gefährlichen Einsatzflügen aufs Spiel setzen? Nach einiger Zeit begriff ich. Nur so konnte er den jungen Männern, für deren Leib und Seele er verantwortlich war, zeigen, daß ihm wirklich an ihnen gelegen war. Nur so konnte er denen, die unter dem psychischen Druck zusammenbrachen, gegenübertreten und ihnen «Mangelnde Charakterstärke» attestieren, ohne dabei seine Selbstachtung einzubüßen.

Während also MacGowan und zwanzig mal sieben Besatzungsmitglieder auf dem Weg nach Berlin waren, fand für die Reservebesatzungen, die bei diesem Angriff nicht benötigt wurden, eine Bierparty statt. Die jungen Männer tranken große Mengen Bier und sangen ihre Staffel-Lieder:

> We take our bombs to Germany,
> We don't bring them back,
>
> Wir bringen unsere Bomben nach Deutschland,
> Und kommen ohne sie zurück,

sangen sie, und dazwischen immer wieder den Refrain,

> 83 Squadron - 83 men.

Es war die traurigste Bierparty meines Lebens. In den frühen Morgenstunden hörten wir die Lancasters zurückkommen. Nur eine fehlte. Nicht die mit dem Doktor an Bord.

Nach meiner Rückkehr aus Wyton beschloß ich, das einzig Anständige zu tun, meine Position im Kommando-Hauptquartier aufzugeben und mich als Besatzungsmitglied zu melden. Auf Grund meiner mathematischen Ausbildung hoffte ich, als Navigator unterzukommen. Doch bevor ich diesen drastischen Schritt tat, besprach ich die ganze Situation mit meiner Mutter. Sie sah sofort, was auf dem Spiel stand und daß es aussichtslos sein würde, direkt an meine Feigheit zu appellieren. So appellierte sie statt dessen an meine Inkompetenz. «Als Navigator wärst Du ein völlig hoffnungsloser Fall», erklärte sie. «Du würdest Dich bestimmt jedesmal verfliegen. Selbstverständlich will ich Dich nicht davon abhalten, wenn Du es für richtig hältst, hinzugehen und Dich abschießen zu lassen. Aber was für eine Verschwendung, dafür ein Flugzeug zu opfern.» Ihre Worte verfehlten die beabsichtigte Wirkung nicht. Ich verzichtete auf meine heroische Selbstaufopferung und kehrte still an meine Arbeit im Bomber-Kommando zurück.

In diesem Winter, während wir Berlin angriffen, schickten die Deutschen von Zeit zu Zeit ein paar Bomber nach London, wo meine Familie damals lebte. Im Vergleich zu unseren Angriffen waren die deutschen unbedeutend und können nur den einen Zweck gehabt haben, die Moral der Berliner zu heben. 1940, als London ernsthaft gefährdet war, hatten wir ähnliche Scheinangriffe auf Berlin geflogen. Eines Nachts, im Februar 1944, als die deutschen Flugzeuge über uns hinwegbrummten, hatte ich keine Lust, in den Keller zu gehen, und blieb im Bett. Ich dachte an die deutschen Flieger, die da oben ihr Leben wagten, nur um dem Propaganda-Ministerium am nächsten Morgen einige Schlagzeilen zu liefern.

Ich überlegte, wie ungeheuer irrelevant diese «Wie-Du-mir-so-ich-Dir»-Bombenspielchen für den todernsten Krieg, den wir eigentlich führten, waren. Dann plötzlich eine krachende Explosion, und meine Schlafzimmerfenster lagen in Scherben über den Boden verstreut. Das zwei Häuser entfernte Institut Français an der Ecke Queen's Gate und Prince Consort Road hatte einen Volltreffer abgekriegt. Vor dem Krieg war das Institut das kulturelle Zentrum der französischen Kolonie in London gewesen. Man sagte damals, daß man dort nicht besonders beglückt war, als de Gaulle 1940 aus Frankreich herüberkam und ohne jede Autorisierung einfach die Führung der freien, französischen Kräfte beanspruchte. Während der ganzen Kriegsjahre war es immer wieder zu Streitigkeiten zwischen den Mitgliedern des Institutes und de Gaulle gekommen. Meine Mutter und ich gingen auf die Straße und schauten zu, wie das Institut, das in hellen Flammen in der Winternacht stand, niederbrannte. Vielleicht waren die Flugzeuge da oben gar keine Deutschen, vielleicht waren es Franzosen, die de Gaulle geschickt hatte, um eine alte Rechnung zu begleichen. Man konnte die Sache betrachten, wie man wollte, sinnlos war sie auf jeden Fall.

Unsere Arbeitsgruppe, die innerhalb der Operational Research Section damit beauftragt war, die Ursachen der Bomberverluste zu studieren, entwickelte einen Plan, wie diese Verluste zu reduzieren wären, den manche für sehr vielversprechend hielten. Wir beabsichtigten, die beiden Geschütztürme mit der ganzen, dazugehörigen Ausrüstung und Munition herauszureißen und die Besatzung von sieben auf fünf Mann zu reduzieren. Daß die Erfahrung der Bomberbesatzungen offensichtlich keinen Einfluß auf die Verlustraten hatte, bestätigte uns in unserer Überzeugung, daß die Bordschützen im Nachtkampf wenig zur Verteidigung der Maschinen beitragen konnten. Die Hauptschwierigkeit war, daß die Bomber zu langsam und zu schwer beladen waren. Die Geschütztürme waren schwer und aerodynamisch ungünstig. Wir rechneten aus, daß ein Bomber ohne Geschütztürme – die Öffnungen glatt verschalt – um 75 Stundenkilometer schneller und wesentlich manövrierfähiger wäre. Die Bomber-Verlustraten waren von Nacht zu Nacht dramatischen Schwankungen unterworfen. Wir wußten, daß diese Schwankungen hauptsächlich davon abhingen, wie erfolgreich die deutschen Fluglotsen ihre Abfangjäger in den Bomberschwarm hineindirigierten, bevor dieser seine Ziele erreicht hatte. In einer solchen Situation könnten 75 zusätzliche Stundenkilometer einen gewaltigen Unterschied bedeuten. Wir versuchten durchzusetzen, daß das Bomber-Kommando zumindest bei einigen Staffeln versuchsweise die Geschütztürme entfernte. Dann würde sich rasch zeigen, ob die Lancaster ohne Bordgeschütze häufiger abgeschossen wurden als die anderen. Persönlich hatte ich noch einen anderen Grund, der mich für das Herausreißen der Geschütztürme plädieren ließ: selbst wenn diese Maßnahme keinen einzigen Bomber rettete, so wären dadurch zumindest die beiden Bordschützen in Sicherheit.

Alle unsere Vorschläge an den Oberbefehlshaber mußten über unseren Abteilungsleiter, einen Berufsbeamten, weitergeleitet werden, der prinzipiell nur das weiterleitete, was der Oberbefehlshaber hören wollte. Die Hingabe, mit der er diesem Grundsatz diente, brachte ihm bei Kriegsende die ersehnte Beförderung und später auch die unvermeidliche Erhebung in den Adelsstand. Ich kann mich noch deutlich an meinen Schock erinnern, als ich meinen Vorgesetzten zum ersten Mal in Aktion sah. Ich hatte zufällig in seinem Büro zu tun, als eine Sergeantin hereinkam und ihm den Trefferplan einer unserer letzten Bombenangriffe auf Frankfurt brachte. Die Einschlagpunkte waren aus Blitzaufnahmen abgeleitet und wie üblich auf einem Stadtplan eingezeichnet, wobei ein Kreis mit einem Radius von drei Meilen um den Zielpunkt gelegt war. Dieser Plan war zusammen mit unserer Analyse des Angriffs für den Oberbefehlshaber bestimmt. Unser Vorgesetzter studierte das Dokument einen Augenblick mißmutig und gab es dann der Sergeantin zurück. «Furchtbar wenig Treffer im Kreis», erklärte er, «machen Sie besser einen Fünf-Meilen-Kreis daraus, bevor wir das weiterleiten.»

Nach dieser Erfahrung überraschte es mich nicht, daß unser Vorschlag, Bomber ohne Geschütztürme könnten eine bessere Überlebenschance haben, bei ihm auf wenig Gegenliebe stieß. Anregungen dieser Art hörte unser Oberbefehlshaber nicht gerne, und deshalb gefielen sie auch unserem Abteilungsleiter nicht. Es hätte einen harten, politischen Kampf gekostet, unsere Idee gegen den offiziellen Mythos vom heroisch seine Kameraden verteidigenden Bordschützen und gegen die massive, bürokratische Schwerfälligkeit des Bomber-Kommandos durchzusetzen, und die Erfolgsaussichten waren nicht rosig. Mit dem Instinkt des Berufsbeamten ließ sich unser Vorgesetzter auf eine solche Konfrontation gar nicht ein. Die Geschütztürme blieben also in den Bombern, und unsere Bordschützen starben sinn- und nutzlos weiter, bis der Krieg zu Ende war.

Ich teilte mein Arbeitszimmer im Kommando-Hauptquartier mit Mike O'Loughlin, einem ungefähr gleichaltrigen, jungen Mann, der zur Hälfte irischer Abstammung war. Er hatte als Soldat bei der Armee gedient, bis er wegen seiner epileptischen Anfälle ausgemustert worden war. Von Mathematik wußte er weniger als ich, dafür um so mehr über die wirkliche Welt. Wenn wir uns im Bomber-Kommando umschauten und überall Brutalität und Beschränktheit am Werke sahen, reagierte ich niedergeschlagen, Mike dagegen zornig. Zorn kann kreativ sein - Niedergeschlagenheit ist immer nutzlos.

Mikes besonderen Zorn erregten die Ausstiegsluken. Jeder Bomber verfügte über eine Falltür im Boden, durch die die Besatzung abspringen sollte, wenn der Kapitän den Befehl dazu gegeben hatte. Die offizielle Propaganda erweckte bei den Besatzungen den Eindruck, daß sie ausgezeichnete Chancen hätten, sich mit dem Fallschirm zu retten, falls ihre Maschine das Pech haben sollte, abgeschossen zu werden. Allgemein fürchteten die Männer eher, von einer erbitterten Zivilbevölkerung gelyncht als in einem brennenden Flugzeug eingeschlossen zu werden. In Wirklichkeit wurde niemand von der deutschen Zivilbevölkerung gelyncht, und nur wenige wurden von der Gestapo erschossen, nachdem sie in Gefangenschaft geraten waren. Weit größer war die Zahl jener, die starben, weil sie nur ungenügend darauf vorbereitet waren, sich in ihrer unförmigen Flieger-und Fallschirmausrüstung im Dunkeln und in einer rasch absackenden Maschine hastig durch eine enge Öffnung zu zwängen. Solche Einzelheiten waren als Diskussionsthema ebenfalls tabu, und pflichtgetreue Besatzungsmitglieder wurden nicht ermuntert, sich damit zu befassen. Daß nur ein kleiner Bruchteil der Besatzungsmitglieder den Abschuß ihrer Maschine überlebten, war ein strikt gehütetes Geheimnis, das vor den Staffeln noch sorgfältiger verborgen wurde als Informationen über ihre Chancen, einen Einsatz zu überleben. Wenn die Männer nämlich gewußt hätten, wie wenigen es gelang, sich mit dem Fallschirm aus einer getroffenen Maschine zu retten, wären sie vielleicht versucht gewesen, zu früh abzuspringen.

Mike hielt nichts von offiziellen Tabus. Es gelang ihm, einigermaßen vollständige Informationen über die Anzahl von Besatzungsmitgliedern vermißter Flugzeuge verschiedenster Typen, die irgendwo als Kriegsgefangene wieder auftauchten, zu sammeln. Das Zahlenmaterial, das er so zusammentrug, war verblüffend. Aus den amerikanischen Bombern, die bei Tage abgeschossen wurden, konnten sich ungefähr fünfzig Prozent der Besatzungsmitglieder retten, aus den älteren, britischen Nachtbomber-Typen, den Halifax und den Stirling, noch fünfundzwanzig Prozent und aus den Lancasters ganze fünfzehn Prozent. Die Lancaster war unser neuester Bomber-Typ und den Halifax und Stirling in jeder anderen Hinsicht überlegen. Die älteren Maschinen wurden nach und nach ersetzt und die Staffeln so schnell wie möglich auf die Lancasters umgestellt. Der einzige im ganzen Kommando, der sich Gedanken darüber machte, was das für die Besatzungen abgeschossener Maschinen bedeutete, war Mike.

Man konnte natürlich leicht argumentieren, daß die unterschiedlichen Überlebensraten zwischen den amerikanischen Bombern und den Halifax und Stirling auf den unterschiedlichen Bedingungen eines Tages- oder Nachtangriffs beruhten. Die Amerikaner konnten einen Treffer vielleicht eher antizipieren und hatten dementsprechend mehr Zeit, ihren Absprung zu organisieren. Überdies ist es zweifellos leichter, bei Tageslicht als im Dunkeln abzuspringen. Für den Unterschied zwischen den Halifax und den Lancasters waren solche Erklärungen nicht relevant. Mike fand schon bald eine Erklärung für diesen Unterschied: Die Ausstiegsluke der Lancaster war in verschiedener Hinsicht schwieriger zu handhaben, und es war mühsamer, sich durchzuzwängen. Diese Tatsachen kosteten vermutlich mehreren tausend jungen Männern das Leben.

Zwei Jahre lang kämpfte Mike einen einsamen Kampf, um das Oberkommando von der Notwendigkeit zu überzeugen, diese Luken zu modifizieren. Letzten Endes hat er nichts ausgerichtet. Der Kampf war zu ungleich – Willenskraft gegen Bürokratie, ein einzelner, epileptischer junger Mann gegen die Festgefahrenheit des militärischen Establishments.

Mike machte Fortschritte, aber das ging verzweifelt langsam. Nachdem er das Material über die Absprungraten zusammengetragen hatte, dauerte es Monate, bis das Bomber-Kommando offiziell zugestand, daß man es hier tatsächlich mit einem Problem zu tun hatte. Nachdem das Problem offiziell existierte, dauerte es wiederum Monate, bis die Hersteller-Firmen der Lancaster überzeugt waren, daß sie in der Sache etwas unternehmen sollten. Und nachdem sich die Flugzeughersteller mit dem Problem befaßten, dauerte es nochmals Monate, bis der Entwurf einer besseren Ausstiegsluke vorlag. Auf jeden Fall war der Krieg vorbei, bevor überhaupt mit der Produktion begonnen wurde. Als bei Kriegsende die gesamten Verluste des Bomber-Kommandos zusammengestellt wurden, sahen die Zahlen so aus: Im Einsatz gefallen: 47130; mit dem Fallschirm abgesprungen und überlebt: 12790, einschließlich der 138 Mann, die in Kriegsgefangenschaft umkamen; die Überlebensrate von Besatzungsmitgliedern abgeschossener Maschinen lag bei 21,3 Prozent. Ich bin immer der Überzeugung gewesen, daß es möglich gewesen wäre, die amerikanische Überlebensrate von 50 Prozent zu erreichen, wenn unsere Kommandanten sich ernsthaft mit dem Problem befaßt hätten.

Im ganzen hatten wir ungefähr 400000 Deutsche getötet, ein Drittel davon in den beiden Feuerstürmen in Hamburg und in Dresden, wobei Dresden noch verheerender war. Für uns war das allerdings nur ein Zufallstreffer gewesen. Wir hatten sechzehn Angriffe auf Berlin geflogen, von denen jeder dieselbe Stärke hatte wie der Dresdener Angriff. Und jedesmal hatten wir versucht, einen Feuersturm zu entfesseln. Dresden war für uns also kein Sonderfall - nur daß ausnahmsweise einmal alles nach Plan ging.

Unglücklicherweise war die militärische Bedeutung Dresdens gering, und das Gemetzel kam ohnehin zu spät, um noch einen ernstzunehmenden Einfluß auf den Kriegsausgang zu haben.

Kurt Vonneguts *Schlachthof 5* oder *Der Kinderkreuzzug* schildert die Bombardierung Dresdens. Jahrelang trug ich mich mit dem Gedanken, ein Buch über die Bombardierungen zu schreiben. Das hat sich nun erübrigt, da Vonnegut das alles viel besser beschreibt, als ich es gekonnt hätte. Er war damals in Dresden und sah, was dort geschah. Sein Buch ist nicht nur literarisch wertvoll, es ist auch wahr. Ich habe nur eine Lücke bemerkt, er erwähnt nirgends, daß die Flammenhölle durch einen britischen Nachtangriff verursacht wurde. Die Amerikaner kamen erst am folgenden Tag, um der Zerstörung noch etwas nachzuhelfen. Als Amerikaner wollte Vonnegut seinen Bericht wohl nicht so gestalten, daß alles den Briten in die Schuhe geschoben werden konnte. Alles, was er sonst sagt, ist die reine Wahrheit, und am wahrsten ist sein Untertitel, *Der Kinderkreuzzug*. In seinem Einführungskapitel erzählt Vonnegut, wie die Frau seines Freundes zornig wurde, daß er Kriegsgeschichten schreiben wollte und daß er ihr versprechen mußte, diesen Titel zu verwenden. Und sie hatte recht damit, die ganze blutige Schlächterei war nichts anderes gewesen als ein Kinderkreuzzug.

Das Bomber-Kommando hätte leicht die Erfindung eines verschrobenen Soziologen sein können, der die verderblichen Aspekte von Wissenschaft und Technik möglichst augenfällig demonstrieren wollte: Die Lancaster, an sich ein großartiges Flugzeug, das in eine Todesfalle für die eigene Besatzung umgewandelt wurde; eine Riesenorganisation, deren einziger Zweck es war, Städte niederzubrennen und Menschen umzubringen, und die selbst dabei noch pfuschte; ein bürokratisches Kontrollsystem, das unfähig war, zwischen Zweck und Mitteln zu unterscheiden, und den Erfolg einer Staffel nach der Anzahl der Feindflüge und der Tonnage der abgeworfenen Bomben beurteilte und den Zweck der Flüge oder die Wirkung der Bomben kaum in Betracht zog; eine Hierarchie, die von oben nach unten durch strikte Geheimhaltevorschriften abgeschottet war, weniger als Schutz vor den Deutschen, als um zu verhindern, daß die Regierung in London oder die Staffeln Wind von den Fehleinschätzungen und Tatsachenverfälschungen im Oberkommando bekamen. Ein Oberbefehlshaber, der weder von oben noch von unten Kritik akzeptierte, keinen Fehler eingestehen konnte und seine eigenen Leute mit derselben Gleichgültigkeit zu opfern schien, mit der er das Blutbad unter der deutschen Zivilbevölkerung anordnete. Eine Operational Research Section, die ihn als unabhängiger, wissenschaftlicher Stab beraten sollte und es nie gewagt hätte, einen zentralen Punkt seiner Politik in Frage zu stellen. Eine Kollektion von Stabsoffizieren im Hauptquartier, die mich, wenn ich hie und da in die Offiziersmesse eingeladen wurde, an die Beschreibung der Oxforder Professoren erinnerte, die der Historiker Edward Gibbon vor fast 200 Jahren in seiner Autobiographie gegeben hatte: «Ihre dumpfen, schwerblütigen Trinkgelage entschuldigten die ausgelassene Unmäßigkeit der Jugend.»

Viele dieser Übelstände hatten sich schon lange vor dem Zeitalter der technologischen Kriegführung in militärischen Führungsstäben breitgemacht. Unser Oberbefehlshaber war ein typisches Beispiel eines hohen Militärs der vorwissenschaftlichen Ära. Er war brutal und einfallslos, aber doch menschlich und bereit, die Verantwortung dafür zu tragen, was er anrichtete. Er war an sich nicht schlimmer als General Sherman, einer der Oberbefehlshaber der Unionstruppen im amerikanischen Bürgerkrieg, der ebenfalls um einer guten Sache willen Böses tat. Alles, was man ihm vorwerfen konnte, war, daß er die Regierungspolitik mit größerem Enthusiasmus, als die Lage erforderte, in die Tat umsetzte. Die Wurzel des Übels beim Bomber-Kommando war er nicht.

Diese Wurzel war die Doktrin der strategischen Bombardierung, welche das Bomber-Kommando in seiner ganzen Entwicklung seit seinen Anfängen 1936 bestimmt hatte. Nach dieser Doktrin waren Kriege nur zu gewinnen, indem man Tod und Verderben vom Himmel auf die Feindesländer herabregnen ließ. Die politischen und die militärischen Führer der dreißiger Jahre waren dieser Doktrin aus zwei Gründen zugetan. Erstens bot sie ihnen einen Ausweg aus ihrem allerschlimmsten Alptraum – der Vorstellung, daß sich die Grauen des Grabenkrieges, den sie im ersten Weltkrieg alle erlebt hatten, wiederholen könnten. Und zweitens ließ sie die Hoffnung aufkeimen, daß Kriege so ganz zu vermeiden wären, ein Prinzip, das später unter dem Schlagwort «Abschreckung» bekannt wurde. Die Doktrin vertrat den Standpunkt, daß jede Regierung davor zurückschrecken müßte, einen Krieg auszulösen, wenn die sichere Konsequenz eine alles zerstörende Bombardierung wäre. Im Hinblick auf den Krieg gegen Deutschland hat die Geschichte diese Doktrin in beiden Punkten widerlegt. Die strategischen Bombardierungen haben den Krieg weder verhindert noch entschieden. Durch strategische Bombardierung allein wurde bis heute noch kein Krieg gewonnen. Ungeachtet aller deutlichen, historischen Gegenbeweise blühte die Doktrin der strategischen Bombardierung während des ganzen zweiten Weltkriegs im Bomber-Kommando. Und sie gedeiht auch heute noch - in noch größeren Ländern, mit noch größeren Bomben.

Das Bomber-Kommando war ein frühes Beispiel des neuen Übels, das Wissenschaft und Technik den alten Lastern des Kriegshandwerks hinzugefügt haben: sie ließen das Böse anonym werden. Wissenschaft und Technik erlauben es, das ganze Geschehen bürokratisch so zu organisieren, daß niemand, der nicht unmittelbar an der Spitze steht, verantwortlich ist. Der junge Flieger in seiner Lancaster, der mit seinen Bomben auf einen unscharfen Fleck auf seinem Radarschirm zielte, empfand keine persönliche Verantwortung für das, was er tat. Dasselbe galt für den Führungsoffizier, der im Hauptquartier Papiere herumschob, oder für mich, der ich in meinem kleinen Arbeitszimmer der Operational Research Section saß und Wahrscheinlichkeiten berechnete. Keiner von uns hat die Menschen, deren Tod wir herbeiführten, je gesehen; keinen berührte es besonders, daß wir sie töteten.

Der letzte Kriegsfrühling war besonders trostlos. Selbst nach Dresden wurden die deutschen Städte im März und April 1945 weiter bombardiert. Die deutschen Nachtjäger kämpften bis zum Ende und schossen in den letzten Wochen noch Hunderte von Lancasters ab. Ich begann zurückzuschauen und mich zu fragen, wie ich dazu gekommen war, mich in dieses wahnwitzige Morden zu verstricken. Seit Kriegsausbruch hatte ich mich Schritt um Schritt von einer moralischen Position auf die nächste zurückgezogen, bis ich zum Schluß überhaupt keine mehr hatte. Zu Beginn des Krieges war ich ein feuriger Verfechter der brüderlichen Gemeinschaft aller Menschen gewesen, hatte mich zu den Jüngern Gandhis gezählt und jegliche Gewalttätigkeit als moralisch verwerflich abgelehnt. Nach einem Kriegsjahr steckte ich zurück und sagte mir: Leider führt ein gewaltloser Widerstand gegen Hitler zu nichts, aber die Bombardierungen lehne ich nach wie vor aus moralischer Überzeugung ab. Zwei Jahre darauf sagte ich mir: Leider kommen wir ohne Bombardierungen nicht aus, wenn wir diesen Krieg gewinnen wollen, und deshalb bin ich auch bereit, beim Bomber-Kommando zu arbeiten; aber die wahllose Bombardierung von Städten muß ich nach wie vor moralisch verurteilen. Nach meinem Eintritt beim Bomber-Kommando sagte ich mir: Leider zeigt es sich, daß wir in der Tat wahllos Städte bombardieren; aber da uns das hilft, den Krieg zu gewinnen, läßt sich das moralisch vertreten. Und noch ein Jahr später sagte ich mir: Leider scheinen unsere Bombardierungen uns dem Sieg nicht näherzubringen, aber zumindest läßt sich mein Versuch, das Leben von Besatzungsmitgliedern zu retten, moralisch rechtfertigen. Im letzten Kriegsfrühling gingen mir die Rückzugspositionen aus. Mike hatte einen einsamen Kampf um die Ausstiegsluken geführt - ich hatte ihm nicht geholfen. Vielmehr hatte ich einen moralischen Grundsatz nach dem anderen verraten und nichts erreicht. In jenem letzten Kriegsfrühling sah ich aus dem Fenster meines Arbeitszimmers, wie die Wälder zu neuem Leben erwachten. Auf meinem Schreibtisch lagen die Gedichte von Gerald Manley Hopkins, und ich sah in seinen letzten, verzweifelten Sonetten meine eigene Verzweiflung:

> See, banks and brakes
> Now, leaved how thick! Laced they are again
> With fretty chervil, look, and fresh wind shakes
> Them; birds build - but not I build; no but strain,
> Time's eunuch, and not breed one work that wakes.
> Mine, O Thou lord of life, send my roots rain.

> Sieh, Rain und Dickicht
> Jetzt, belaubt wie dicht! Verbrämt sind sie aufs neu
> Mit krausem Kerbel, schau und frischer Wind schüttelt
> Sie, die Vögel bauen - doch nicht baue ich; nein sondern mühe mich,
> Der Zeit Eunuch, und zeuge kein lebendig Werk.
> Meinen, o du Herr des Lebens, sende meinen Wurzeln Regen.

Dreißig Jahre später stand ich mit meiner Frau und unseren vier Kindern in einem Luftschutzbunker in der DDR, den der Onkel meiner Frau damals im Garten seines Hauses errichtet hatte. Er hatte seinen Bunker solide aus Ziegelsteinen und Stahl gebaut. In seinem Umkreis waren noch mehrere Bombenkrater zu erkennen. Selbst nach dreißig Jahren war das Dach des Bunkers fest und der Boden trocken. Das Haus selber steht in einem Dorf im Südwesten Berlins. Während der Jahre, die ich beim Bomber-Kommando zubrachte, lebte meine Frau in diesem Haus. Sie war noch ein Kind, und in den Nächten, in denen die Bomber kamen, saß sie in diesem Bunker. Bestimmt auch in jener Nacht, in der Oberstleutnant MacGowan nach Berlin flog, während ich in Wyton mit den Reservebesatzungen Bier trank. Wir versuchten, das alles unseren Kindern zu erklären - allerdings ohne großen Erfolg. «Du meinst, Mammi saß hier unten, weil Papis Freunde die Bomben auf den Garten warfen?» Es gibt Dinge, die man einer Siebenjährigen nicht erklären kann.

4

Das Blut eines Dichters

Während ich beim Bomber-Kommando arbeitete, inszenierte eines der Londoner Theater ein Stück von John Drinkwater, *Abraham Lincoln*. Es war 1918 entstanden, in einer Zeit also, als England von den Wirren eines anderen Krieges erschüttert wurde. Es ist ein nachdenkliches Stück, das mit Hilfe der Gestalt Lincolns eine Antwort auf Fragen sucht, welche die Londoner 1918 bewegten. Diese Fragen waren auch 1944 wieder aktuell. Gibt es einen gerechten Krieg? Gibt es überhaupt etwas, was die Tragödie, die Barbarei eines Krieges rechtfertigen kann? In jenen trüben Tagen hungerten die Menschen nach Antworten auf diese Fragen, und das Stück war ein Erfolg. Dabei war die Tatsache, daß der Titelheld ein Amerikaner war, sicher von Vorteil. Wir waren damals kaum in der Stimmung, einen unserer Politiker als Helden zu akzeptieren. Wie Gandhi stand uns auch Lincoln fern genug, um glaubwürdig zu sein.

In der Schule hatte man uns nur wenig amerikanische Geschichte geboten, und wir reagierten deshalb unbelastet und mit naiver Intensität auf Szenen, die einem Amerikaner nur ein müdes Gähnen entlockt hätten. Ein Höhepunkt des Stückes spielt sich in der vorletzten Szene im Gerichtsgebäude von Appomattox ab, wo Lee, eine makellos gepflegte Erscheinung, vor dem noch vom Kampf gezeichneten Grant kapituliert. Nachdem Lee gegangen ist, sitzen Grant und Meade zusammen und diskutieren die Gründe, die dazu führten, daß sie den Krieg letzten Endes doch gewonnen haben. «Wir waren mutig und entschlossen», sagte Grant. «Und wir hatten den Grips, einen großen Soldaten zu schlagen. Dazu stehe ich jederzeit. Aber wir verdanken es Abraham Lincoln, Meade, daß die große Sache, für die wir kämpften, unbefleckt geblieben ist. Es tut einem Mann in der Seele wohl, Meade, zu wissen, daß er den Sieg in solche Hände gelegt hat ...» Ob Grant wirklich so mit Meade gesprochen hatte, konnte ich nicht überprüfen. Es war auch unwichtig. Wichtig war, daß es 1865, nach einem langen und bitteren Krieg, ohne zu heucheln möglich gewesen wäre, so etwas zu sagen. Für eine große Sache unbefleckt zu kämpfen. Lincoln hatte begriffen, daß es nicht genügte, den Krieg zu gewinnen, sondern daß es wichtig war, ihn soweit wie möglich mit sauberen Händen zu gewinnen. Diese Einsicht hatten unsere Führer 1944 nicht. 1944 waren wir auf dem Wege, den Krieg, den wir 1939 mit gutem Recht begonnen hatten, zu gewinnen; doch wir waren auch schon auf dem Weg, der uns nach Dresden und nach Hiroshima führen sollte – hinein in den atomaren Terror, in dessen Schatten heute die ganze Welt lebt. Wir haben eine gute Sache befleckt, und der Schmutz blieb an uns kleben. Es war genau, wie Edith Nesbit es in den Gesetzen ihrer verzauberten Stadt festlegte: Wir hatten uns eine strategische Bomberflotte gewünscht, die den Krieg für uns austragen sollte, und nun waren wir verdammt, den Rest unseres Lebens mit strategischen Bomberflotten zu leben.

Wenige Tage nach der Zerstörung Dresdens meldete unsere Tageszeitung, *The News-Chronicle*, den Tod Frank Thompsons. Es war kein alltäglicher Tod, doch um seine Bedeutung zu erklären, muß ich bis in das Jahr 1936 zurückgehen, als ich zwölf und Frank fünfzehn Jahre alt war.

Einer der positiven Aspekte der Internatsschule, die Frank und ich in Winchester besuchten, bestand darin, daß Knaben aller Altersstufen, zehn bis zwanzig pro Studiensaal, zusammenlebten. Eine Privatsphäre gab es nicht. Die Gebäude waren 550 Jahre alt, und wir lebten darin wie schon unsere Vorgänger im 14. Jahrhundert in einem permanenten, übermütigen Durcheinander. Ich kam als zwölfjähriges, mickriges Bürschchen noch vor dem Stimmbruch in dieses Tollhaus, verkroch mich erst einmal in eine Ecke und staunte und schaute und lauschte und war hauptsächlich damit beschäftigt, in den Wort- und Faustgefechten, die völlig unberechenbar durch den Raum tobten, nicht unter die Räder zu geraten. Es war wie in dem herrlichen, russischen Film *Die Kindheit Maxim Gorkis*, den der Regisseur Mark Donskoj 1938 gedreht hatte. Aljoscha Ljarskij spielt darin den Knaben Maxim, der in einem vollgestopften Haus, inmitten einer Familie rauflustiger, zankender, russischer Bauern zu überleben versucht. Jedesmal, wenn ich den Film sehe, erinnert er mich an Frank und an meine frühe Jugend in Winchester. Von den Jungen unseres Studiensaals war Frank der Größte, der Lauteste, der Ungenierteste und der Begabteste. So kam es, daß ich Frank immer besser kennenlernte, obwohl er sich meiner Existenz möglicherweise kaum bewußt war. Mir ist in besonders lebhafter Erinnerung, wie Frank einmal von einem Wochenende in Oxford zurückkam, in unser Zimmer marschierte und lautstark vor sich hinsang, «She's got ... what it takes». Das war der Unterschied zwischen ihm und dem großen Haufen unserer klösterlich abgekapselten Männergesellschaft.

Mit fünfzehn Jahren hatte Frank bereits den Titel eines Schuldichters erworben. Er war ein Kenner der lateinischen und griechischen Literatur und konnte stundenlang über die Feinheiten einer Horaz- oder Pindar-Ode diskutieren. Im Gegensatz zu den übrigen Altphilologen unter uns befaßte sich Frank auch mit Kirchenlatein und mit Neugriechisch. Das waren für ihn keine toten, sondern lebendige Sprachen. Er interessierte sich intensiver als wir alle für das, was in der großen Welt vorging, der Bürgerkrieg, der damals in Spanien tobte, der zweite Weltkrieg, den er kommen sah. Durch ihn erhielt ich eine erste Ahnung von den großen moralischen Fragen von Krieg und Frieden, die in Zukunft unser Leben beherrschen sollten. Indem ich seinen Gesprächen zuhörte, begriff ich, daß es keinen anderen Weg gab, diese bedeutungsschweren Fragen zu erfassen als durch das Gedicht. Die Dichtkunst war für ihn mehr als eine intellektuelle Spielerei. Die Dichtkunst war das Beste, was die Menschheit zu geben hatte, der Versuch durch die Jahrhunderte etwas von der Weisheit aus den sprachlosen Tiefen der menschlichen Seele herauszukristallisieren. Frank konnte ebensowenig ohne die Dichtkunst leben wie ich ohne die Mathematik.

Frank schrieb wenig, bevor er starb, und veröffentlichte noch weniger. Ich zitiere hier nur eines seiner Gedichte, das sich unmittelbar mit dem Krieg befaßt. Es entstand 1940, kurz nachdem die britische Armee aus Frankreich zurückgedrängt worden war. Frank betrachtet das Geschehen durch die Augen des Chors aus dem *Agamemnon* des Äschylus. Der Chor der Bürger von Argos wartet auf die Rückkehr des Agamemnon nach dem Falle Trojas und läßt die zehn Kriegsjahre nochmals in Gedanken vorbeiziehen. Für Frank war es selbstverständlich und natürlich, daß die Gefühle von Trauer und Haß, die diese Griechen vor dreitausend Jahren bewegten und die ein großer Dichter sechshundert Jahre später unsterblich machte, unseren eigenen Schmerz spiegeln und erhellen würden. Das Wesen des Krieges, die menschliche Leidenschaft und Tragödie sind dieselben, ob es sich um den Trojanischen Krieg oder um die Schlacht von Dünkirchen handelt. So verwob Frank diese beiden Kriege in seinem Gedicht, indem er zwei seiner Stanzen mit Versen aus dem Chor des Äeschylus enden ließ. Das Gedicht heißt «ἀλλοτρίας διαὶ γυναικός (Um eines andern Mannes Ehweib), *Agamemnon*, 437–451».

Zwischen dem Pfeilspiel an der Wand und dem leeren Kamin
Sprechen sie von den Burschen, die das Dorf verloren hat;
Tom, die ganze letzte Spielzeit unser bester Ballmann,
Starb glatt und schnell, als sein Flugzeug trudelnd fiel;
Bill, der gern Bier trank und lachte, schläft nun
Hinter Dünkirchen, andern verhalf er zur Flucht;
Und Dave ging mit jenem Flugzeugträger unter,
Dave, der niemanden störte,
Aber ganz gut Flöte spielte, fällt mir ein.

«Die Burschen starben tapfer. Wir werden immer stolz auf sie sein.
Sie haben dem alten Adolf einen Denkzettel verpaßt.»
So braust mitreißend die lauteste Woge der Reden.
Doch in den Ecken hör es wirbelnd murmeln –
«Um eines andern Mannes Ehweib.»
Sie starben in einem Krieg, den andere vom Zaun gebrochen.

«Helena, die Schöne, ging über die Wasser
Mit Paris, deinem Freund, einem deiner Kumpane,
Dem wir nie trauten, doch du hast ihn bewirtet,
Jahrelang, unterwürfig, das Land ging zum Teufel.
Wir warnten dich. Du hättest es aufhalten können ...
Doch nun haben wir unsere Söhne von den Kornfeldern geholt.
Der Krieg wägt ab wie ein Händler und schickte uns Asche für Menschen
zurück und schwarz wird unser ganzes Jahr.

«Ja. Sie sind tapfer gestorben. Aber nicht für dich;
Nicht damit du zweispännig zur Jagd fährst,
Während ihre Söhne, die Hand an der Mütze, für Münzen die Gatter öffnen.
Vielleicht legen wir selbst Hand an, schreiben die Geschichte selber zu Ende.»
Einer murrt es hinter vorgehaltner Hand.
Leise, doch erwachend hört es der Titan.

Frank war feinfühlend genug, den Zauber Winchesters zu empfinden, und robust genug, sich gegen ihn zur Wehr zu setzen. «Die Kultur, die man uns in Winchester einflößte», schrieb er später, «war zu sehr auf die Vergangenheit ausgerichtet. In jenen alten Mauern, unter den anmutigen Lindenbäumen war es ein leichtes, sein Herz an das Mittelalter zu verlieren und zu glauben, daß die Welt mit Abelard ihre Männlichkeit eingebüßt hatte. Wir verliebten uns in die Schönheit vergangener Zeiten, und kein Dialektiker erklärte uns, daß der Ruhm vergangener Jahrhunderte vor allem in ihrem Triumph über das vorhergehende Zeitalter bestand, daß Abelard groß war, weil er ein Revolutionär war.» Frank gab sich jedenfalls nicht mit der Vergangenheit zufrieden. Er überredete einen unserer Lehrer, uns regelmäßig Russischstunden zu geben, und sprach schon bald fließend, wobei die moderne Revolutionslyrik Gusjews und Majakowskijs mehr nach seinem Geschmack war als die Klassiker. Ich gehörte später auch zu dieser Klasse und konnte so wenigstens eine seiner Leidenschaften mit Frank teilen. Sein Sprachenhunger war unersättlich. Er gründete einen «Verein für vergessene Sprachen», dessen Mitglieder miteinander wetteiferten, Schimpfwörter und Obszönitäten in möglichst vielen verschiedenen Sprachen auszutauschen. Eine Zeitlang beschäftigten sie sich damit, russische Verse in glagolitischer Schrift niederzuschreiben, einem wunderbar reichen und verschnörkelten Alphabet, das in dunkler Vorzeit eine kurze Blüte erlebt hatte, bevor die praktisch denkenden Schüler des heiligen Kyrillos es durch die kyrillische Schrift ersetzten. «Alle slawischen Sprachen sind gut», schrieb Frank, «doch verglichen mit dem Russischen scheinen Polnisch und Tschechisch nervös und unruhig, Bulgarisch dürftig und ungelenk, und Serbokroatisch, die vielleicht zweitbeste, ein wenig barbarisch - eine prächtige Sprache für Partisanen und Männer, die in den Bergen Slibowitz trinken, den komplexen Philosophien unserer Zeit ist sie jedoch noch nicht gewachsen. Russisch dagegen ist eine schwermütige, kraftvolle Sprache, die wie geschmolzenes Gold von der Zunge rinnt.» Er hat seine Meinung über das Bulgarische später revidiert.

Nachdem Frank Winchester 1938 verlassen hatte, verlor ich ihn aus den Augen. Er ging nach Oxford, wurde Mitglied der kommunistischen Partei und meldete sich 1939 bei Kriegsausbruch freiwillig zum Militär. Er verbrachte den größten Teil der Kriegsjahre im Mittleren Osten, in Libyen, Ägypten, Palästina und Persien; er wurde gelegentlich in Kämpfe verwickelt und fügte seinem Arsenal an Freunden und Sprachen unablässig neue hinzu. Im Januar 1944 sprang er mit dem Fallschirm in das von den Deutschen besetzte Jugoslawien ab. Er hatte den Auftrag, den Kontakt zur bulgarischen Untergrundbewegung aufzunehmen und als britischer Verbindungsoffizier mit ihr zusammenzuarbeiten, die Versorgung aus der Luft zu organisieren und Radioverbindungen mit dem alliierten Kommando in Kairo herzustellen. In seinem letzten Brief an seine Familie im April schrieb er: «Über mich gibt es nicht viel Neues zu berichten, ich arbeite hart, was hoffentlich auch etwas nützt und lebe in tapferer Gesellschaft, in der besten der Welt. Neben dieser Kameradschaft ist es meine größte Freude, die Veilchen, Primeln und Pflaumenblüten neu zu entdecken, nachdem ich drei Jahre lang keinen Frühling gesehen habe.»

Das Ende lasen wir fast ein Jahr später im *News-Chronicle*. Einer der bulgarischen Delegierten zum Welt-Gewerkschafts-Kongreß in London hatte das Geschehen als Augenzeuge miterlebt:

> Major Frank Thompson wurde am 10. Juni nach einem Scheinprozeß in Litakowo hingerichtet. Er war ungefähr zehn Tage in Gefangenschaft gewesen. Mit ihm wurden noch vier andere Offiziere – ein Amerikaner, ein Serbe und zwei Bulgaren sowie acht weitere Gefangene – erschossen.
>
> Im Gemeindehaus hatte man hastig einen öffentlichen 'Prozeß' inszeniert. Der Saal war zum Bersten voll. Der Augenzeuge sah Frank Thompson an eine Säule gelehnt sitzen, die Pfeife im Mund. Als er vernommen wurde, brauchte er zur allgemeinen Überraschung keinen Dolmetscher, sondern sprach ein korrektes, idiomatisches Bulgarisch.
>
> 'Nach welchem Recht sind Sie, ein Engländer, in unser Land eingedrungen, um Krieg gegen uns zu führen?' wurde er gefragt.
>
> Major Thompson entgegnete, 'Ich bin gekommen, weil dieser Krieg etwas sehr viel Tieferes ist als ein Kampf einer Nation gegen eine andere. Das Größte, was die Welt heute bewegt, ist der Kampf der antifaschistischen Kräfte gegen den Faschismus.' – 'Wissen Sie nicht, daß auf solchen Ansichten bei uns der Tod steht?' – 'Ich bin bereit, für die Freiheit zu sterben, und stolz, in der Gesellschaft bulgarischer Patrioten in den Tod zu gehen ...'
>
> Major Thompson stellte sich dann an die Spitze der Verurteilten und führte sie zum Schloß. Als sie vor den versammelten Menschen vorbeimarschierten, hob er

die geballte Faust zum Gruß der vaterländischen Front, welche die Alliierten unterstützten. Ein Polizist schlug seine Hand herab, doch Thompson rief den Umstehenden zu, 'Ich gebe Euch den Gruß der Freiheit.' Alle Männer starben mit erhobener Faust. Die Menge weinte und viele hielten den Vorfall für einen der bewegendsten der bulgarischen Geschichte. Viele sagten, daß die erstaunliche Tapferkeit der Männer das Werk des englischen Offiziers und seiner mitreißenden Unerschrockenheit gewesen sei.

Der ganze Bericht klingt echt, bis auf ein Wort. «Antifaschistische Kräfte» war vermutlich ein Euphemismus des bulgarischen Delegierten. Es war nicht Franks Art, um den Brei zu reden, und ich bin fast sicher, daß er in Wirklichkeit sagte: «Das Größte, was die Welt heute bewegt, ist der Kampf des Kommunismus gegen den Faschismus.» Er war schließlich selber Kommunist und seine bulgarischen Kameraden waren Kommunisten. Sie lebten nicht lange genug, um erkennen zu müssen, daß Kommunismus und Freiheit nicht unbedingt gleichbedeutend sind. Kommunismus war für Frank nicht der Kommunismus der Intellektuellen, sondern der Kommunismus des sowjetischen Lastwagenfahrers, dem er einmal zufällig, selbst einen LKW-Konvoi führend, in einem persischen Bergtal begegnet war. Frank schilderte das Zusammentreffen so:

> 'Wie geht's Dir?' rief ich ihm auf russisch zu. Sein Lachen wurde breiter, als er seine Muttersprache hörte. Er kam langsam auf uns zu. 'Wie es mir geht? Gut. Sehr gut.' Er kam und lehnte sich mit nachdenklichem Lächeln an die Tür meines Lastwagens, unbelastet von unserer westlichen Zwangsvorstellung, unbedingt Konversation machen zu müssen. 'Prächtige Neuigkeiten aus dem Kaukasus', sagte ich. Wir hatten soeben von den ersten Siegen in Ordschonikidse gehört. Er lachte wieder. 'Du findest es gut?' – 'Ja, sehr gut, Du nicht?' Er überlegte, lachte und schaute mich fast eine halbe Minute unverwandt an. 'Doch, es ist sehr gut.' Eine weitere halbe Minute wurde konzentriert nachgedacht und gelächelt. Dann 'Ja, es ist genau wie der Genosse Stalin es gesagt hat. Er sagte nämlich, 'Auch auf unserer Straße soll es ein Fest geben. Und das wird es! Das wird es!' Auf unserer Straße wird es auch ein Fest geben! Wir lachten beide und ich sagte, 'Ja, so wird es wohl sein, auf unserer Straße wird es auch ein Fest geben!' Der Verkehr begann sich wieder vorwärtszubewegen und wir fuhren weiter. Aber noch Stunden später lachte mein Herz und sang wie seit Monaten nicht mehr.

Dieses Lachen und Singen muß auch in Franks Herz gewesen sein, als er die Menge in Litakowo mit erhobener Faust grüßte. Im September 1944 betraten sowjetische Truppen bulgarischen Boden. Die Vaterländische Front übernahm die Regierung, und Frank wurde zum Nationalhelden erklärt. Der Bahnhof von Prokopnik, wo die Partisanen eine ihrer heftigsten Schlachten geschlagen hatten, wurde in Major-Thompson-Bahnhof umbenannt. Er liegt nun mit seinen Kameraden auf einem Hügel über dem Dorf Litakowo, unter einem Stein, der mit einer Inschrift aus dem Werk des bulgarischen Dichters Christo Botew geschmückt ist:

Ich mag sehr jung sterben
Aber ich will es zufrieden sein
Wenn mein Volk einmal sagt
«Er starb für die Gerechtigkeit,
Für die Gerechtigkeit und Freiheit.»

Die Nachricht von Franks Tod kam zu spät, um noch eine Veränderung meines Alltags beim Bomber-Kommando zu bewirken. Ich verbrachte die letzten Monate, die der Krieg in Europa noch dauerte, weiter damit, mein Bestes zu tun, die Bomber sicher von ihren Einsätzen zurückzubringen. Doch im Verlauf der Wochen wurde es immer deutlicher, daß unsere Bombardierungen eine sinnlose Verschwendung menschlichen Lebens waren. Vier Wochen nach Dresden griffen wir die alte Bischofsstadt Würzburg an und zerstörten im bischöflichen Palais eine der schönsten Tiepolo-Decken Europas. Die Zerstörung von Würzburg erfüllte die Bomberbesatzungen mit besonderer Genugtuung, weil die tödlichen, deutschen Zielsuch-Radars auch Würzburg-Radars genannt wurden. Niemand hatte sich die Mühe genommen, die Männer darüber aufzuklären, daß die Stadt Würzburg ungefähr gleichviel mit diesen Radarsystemen zu tun hatte wie unsere Bischofsstadt Winchester mit der Winchesterbüchse. Ich begann, die Techniker der anderen Seite immer mehr zu beneiden; denn sie halfen den deutschen Nachtjägern, ihre Familien und ihre Häuser zu verteidigen. Die Nachtjäger und die sie unterstützenden Bodenstellen leisteten dabei Erstaunliches. Sie kämpften unentwegt weiter und brachten uns schwere Verluste bei, bis ihr allerletzter Flugplatz überrollt war und Hitler-Deutschland aufgehört hatte zu existieren. Bei Kriegsende waren sie moralisch unbesiegt. In jenen letzten Kriegswochen hatten sie den Vorteil zu wissen, wofür sie kämpften. Nicht mehr für Hitler, sondern um zu schützen und zu erhalten, was von ihren Städten und ihrem Volk noch übriggeblieben war. So hatten wir ihnen am Schluß des Krieges gegeben, was ihnen am Anfang fehlte: eine Sache, für die es sich zu kämpfen lohnte.

Auch Frank beneidete ich. Nicht daß ich uneingeschränkt an die Sache geglaubt hätte, für die er gestorben war. Ich konnte schon 1945 sehen, daß die bulgarische Regierung, deren Machtübernahme er so tatkräftig unterstützt hatte, die Hoffnungen, die er in sie gesetzt hatte, kaum erfüllen würde. Zweifellos war sie in mancher Hinsicht besser als die Regierung, die sie ersetzte. Aber sie war keine Regierung der Gerechtigkeit und Freiheit, konnte das wohl auch gar nicht sein. Frank hatte 1943 geschrieben: «In Europa weht ein Geist, edler und kühner als alles, was dieser müde Kontinent in Jahrhunderten erfahren hat, ein Geist, der unwiderstehlich ist. Nämlich der von Zuversicht erfüllte Wille ganzer Völker, nach tiefsten Demütigungen und

Leiden ein für allemal ihr Schicksal in die eigenen Hände zu nehmen.» Es mag schwierig sein, dreißig Jahre später bei den Bürokraten, die heute die Regierungsgeschäfte in Sofia betreiben, viel vom Wirken dieses Geistes zu spüren. Aber daß er die bulgarischen Partisanen beflügelte, deren Leben und Kampf Frank teilte, daran zweifelte ich nicht. Und die bloße Tatsache, daß diese Männer in diesem Geiste lebten und starben, verleiht der Regierung, für die sie kämpften, eine dauerhafte, historische Legitimation. Die Regierung mag eine unvollkommene Verkörperung dieser Ideale sein, es bleibt der Gedenkstein auf dem Hügel über Litakowo – eine Herausforderung an kommende Generationen, zu beweisen, daß der Kampf nicht umsonst war.

Es ist eine bekannte Ironie der Geschichte, daß die großen Propheten oft falsche Vorstellungen davon hatten, wo ihre Lehre letzten Endes triumphieren würde. Buddha konnte sich in Indien nicht halten und wird in Japan verehrt. Marx gelang es nicht, in Deutschland eine Revolution auszulösen, während er entgegen allen Erwartungen in Rußland erfolgreich war. Auch Franks Traum von den Völkern, die nach tiefsten Demütigungen und Leiden ein für allemal ihr Schicksal in die eigenen Hände nehmen würden, blieb in Europa unerfüllt. Dafür war dieser Traum als Antriebsfeder politischer Veränderungen fast überall sonst ungeheuer erfolgreich, in China, in Afrika, in Vietnam und unter den Schwarzen Amerikas. Ich hatte nicht die Weitsicht, alle diese Ereignisse schon im Frühjahr 1945 vorauszusehen. Aber ich wußte schon damals, daß Frank für einen Traum gestorben war, der über die bulgarische Politik hinausreichte. Und ich wußte, daß, wenn den Trümmern des zweiten Weltkriegs überhaupt eine Hoffnung auf Rettung der Menschheit entsteigen sollte, uns diese Hoffnung nur aus dem Krieg des Dichters, den Frank gekämpft hatte, erwachsen konnte und nicht aus dem Krieg des Technikers, den ich geführt hatte. An jenem Punkt in unserer Geschichte war es leicht, die Toten zu beneiden.

Welche bleibende Lehre können wir aus diesen Erfahrungen ziehen? Für mich zumindest ist der wichtigste Punkt klar: Eine gute Sache kann dadurch verdorben werden, daß wir sie mit Mitteln durchsetzen, die wahllos mordend vernichten. Umgekehrt kann eine schlechte Sache dadurch aufgewogen werden, daß genügend Menschen in einem Geiste der Kameradschaft und Selbstaufopferung dafür kämpfen. Wie wir für eine Sache kämpfen ist für ihren moralischen Wert oder Unwert letztlich ebenso entscheidend wie das Warum. Und je mehr die technologische Kriegführung überhandnimmt, desto katastrophaler wird sich eine schlechte Wahl der Mittel auswirken, desto verheerender wird sich Gut in Böse verwandeln. Diese

Lektion verdanke ich meinen Jahren beim Bomber-Kommando und Franks Tod. Viele, die zu meiner Generation gehören und den zweiten Weltkrieg auf der Seite der Sieger beendeten, haben sie leider nie gelernt. Sonst hätten sie uns nicht zwanzig Jahre später in Vietnam ins Verderben führen können. Als die Amerikaner mit der Bombardierung Vietnams begannen, hatte ich ihnen das Wissen voraus, daß die Sache hoffnungslos war, denn ich wußte, daß Franks Geist dort draußen im Dschungel auf der Seite Ho Tschi Minhs kämpfte.

Die Amerikaner machten 1945 eine Erfahrung, die der meinen genau entgegengesetzt war. Ich war an einer Bombardierungskampagne beteiligt, die uns gewaltige Verluste zufügte, ohne ein entscheidendes Resultat zu bringen. Als sie vorbei war, war ich mir bewußt, daß die deutsche Abwehr uns, im ganzen gesehen, geschlagen hatte. Die Amerikaner begannen mit ihrer wahllosen Bombardierung japanischer Städte, als wir im Begriffe standen, unsere Kampagne zu beenden. Drei Wochen nach unserem Angriff auf Dresden, und mit denselben spektakulären Folgen, bombardierte das 21. amerikanische Bomber-Kommando unter General Curtis LeMay, das auf den Marianen-Inseln stationiert war, Tokio mit Brandbomben. In diesem ersten Luftangriff ihrer Kampagne entfesselten sie in Tokio einen Feuersturm, wie er uns in Berlin nie gelungen war. In einer Nacht töteten sie 130000 Menschen, zerstörten die halbe Stadt und büßten selber nur vierzehn Maschinen ein. Im selben Stil wurde drei Monate lang weiterbombardiert, bis sie am 15. Juni aufhören mußten, weil es keine Städte zum Bombardieren mehr gab.

Die Abwehr war wenig effektiv, die eigenen Verluste fielen militärisch nicht ins Gewicht. Das wirtschaftliche Leben der japanischen Städte war dagegen völlig zerstört worden. Ob sich die japanische Industrie, wie die deutsche, von den wiederholten Bombardierungen hätte erholen können, wenn sie die Zeit dazu gehabt hätte, werden wir nie wissen. Die Japaner hatten diese Zeit nicht. Die amerikanische Bombardierungs-Kampagne war ein deutlicher Sieg, so deutlich, wie die unsere eine Niederlage war. Leider lernen die Menschen aus Niederlagen mehr als aus Siegen.

Während die Brandbomben auf Japan fielen, legten die Wissenschaftler in Los Alamos letzte Hand an ihre ersten Atombomben, und Kriegsminister Stimson konsultierte seine Berater, um über den Einsatz der Bomben zu entscheiden. Ich wußte damals nichts von diesen Vorgängen. Mein Wissen über diese Materie beschränkte sich auf das, was ich noch vor dem Krieg, in den alten Tagen in Winchester, in einem Buch gelesen hatte, das ich nach einem Katalog der Cambridge University Press bestellt hatte. Das Buch hieß *New Pathways in Science (Neue Wege der Wissenschaft)*, Autor war der Astronom

Arthur Eddington. Eddingtons 1935 erschienenes Werk enthält auch ein Kapitel über «Subatomic Energy» (Subatomare Energie). In diesem Kapitel standen zwei Sätze, die mich tief beeindruckt hatten und die mir während der langen Kriegsjahre im Gedächtnis geblieben waren:

> Ich habe auf die praktische Anwendung der subatomaren Energie als eine trügerische Hoffnung hingewiesen, die zu ermutigen nicht richtig wäre; doch angesichts der gegenwärtigen Weltlage ist sie eher eine Bedrohung, die geringzuschätzen eine ernste Verantwortung bedeuten würde. Es läßt sich nicht bestreiten, daß für eine Gesellschaft, die Mangel erzeugen muß, um ihre Mitglieder vor dem Verhungern zu bewahren, für die Überfluß einer Katastrophe und unbegrenzte Energie einer unbegrenzten Kriegs- und Zerstörungsmacht gleichkommt, eine bedrohliche Wolke am Horizont steht, wenn sie auch zur Zeit nicht größer ist als eine Menschenhand.

Henry Stimson und seine Berater waren nicht unempfänglich für die moralischen Probleme, mit denen sie konfrontiert waren. Die Protokolle ihrer Beratungen lassen keinen Zweifel daran, daß sie lange und hart um ihren Entschluß gerungen haben und daß sie sich der historischen Dimension ihrer Entscheidung, die Bomben einzusetzen, bewußt waren. Sie mußten die, kurzfristig gesehen, geradezu überwältigenden Vorteile einer schnellen und eindeutigen Beendigung des Krieges abwägen gegen die langfristig unübersehbaren Gefahren, die der Menschheit daraus erwachsen konnten, daß ein Präzedenzfall für den Einsatz von Kernwaffen geschaffen wurde. Es ist selbst heute noch möglich, den Standpunkt zu vertreten, daß ihre Entscheidung richtig war. Seither wurden viele Bücher geschrieben, die diese Entscheidung rückblickend und anhand damals nicht verfügbarer Informationen analysieren – Informationen über die politischen Richtungs- und Machtkämpfe, die innerhalb der japanischen Regierung ausgetragen wurden. Niemand bezweifelt heute, daß die Entscheidung von Männern gefaßt wurde, die überzeugt waren, damit Tausende von Menschenleben, japanische wie amerikanische, zu retten, die sonst einem länger dauernden Krieg zum Opfer gefallen wären.

Es waren vor allem zwei Faktoren, die es fast unvermeidlich erscheinen lassen, daß sich Stimson, und auf Stimsons Rat auch Präsident Truman, für einen Einsatz der Bomben entscheiden mußten. Erstens die Tatsache, daß der ganze Apparat, der zum tatsächlichen Einsatz der Bomben notwendig war, bereits vorhanden war: die B-29-Bomber, die strategischen Bomberstützpunkte auf den Marianen-Inseln, die ausgebildeten Besatzungen und die bürokratische Maschinerie des 21. Bomber-Kommandos. Die B-29 waren eigens dafür konzipiert und gebaut worden, um Japan von weit entfernten Insel-

Stützpunkten bombardieren zu können. Diesen kampfbereiten Kriegsapparat, der nur auf den Einsatzbefehl wartete, schließlich doch nicht einzusetzen, wäre ein schwerwiegender Entschluß gewesen, der vor der amerikanischen Öffentlichkeit noch schwerer zu rechtfertigen gewesen wäre, wenn der Krieg sich länger hingezogen hätte. Der zweite Faktor, der Stimsons Entscheid beeinflussen mußte, war die Tatsache, daß die japanischen Städte bereits wahllos mit Brandbomben zerstört worden waren, was in breiten Kreisen Zustimmung fand. Stimson war sich des ungeheuren, quantitativen Unterschieds an Zerstörungspotential zwischen Atom- und konventionellen Bomben durchaus bewußt, doch einen qualitativen Unterschied des Bösen festzustellen, wenn in Tokio 130000 Menschen altmodischen Brandbomben zum Opfer gefallen waren, während in Hiroshima dieselbe Anzahl durch eine Atombombe umkam, mußte ihm schwerfallen. Wer sich gegen den Einsatz von Atombomben zur Wehr setzte, konnte nur die Langzeitfolgen und deren Konsequenzen dagegen ins Feld führen. Es war nicht mehr möglich, einfach zu sagen, «wir sollten so etwas nicht tun, weil es schlecht ist», außer man war gleichzeitig auch bereit, auf den undifferenzierten Einsatz konventioneller Bomben zu verzichten. Der Boden, auf dem Stimson vielleicht einen moralischen Standpunkt hätte beziehen können, war bereits aufgegeben, als im März die Brandbomben fielen. Die moralischen Fragen in diesem Zusammenhang waren schon vorentschieden – in England und unabhängig davon auch in Amerika, als man beschloß, strategische Bomberflotten zu bauen und sie gegen die Zivilbevölkerung einzusetzen. Dazu war Hiroshima nur noch ein Nachtrag.

Zwei Wochen bevor er 1944 mit dem Fallschirm über Jugoslawien absprang, schrieb Frank Thompson aus Kairo: «Gestern habe ich wieder einmal Lincolns zweite Inaugurationsrede gelesen, die, wenn man die Umstände, unter denen sie geschrieben wurde, bedenkt, eine der bemerkenswertesten Reden der menschlichen Geschichte ist. Mir wurde bewußt, daß jeder, der ein klassisches Beispiel für das Wirken der göttlichen Nemesis sucht, kein besseres finden könnte als den Krieg, den wir zur Zeit gegen Japan führen. Für unsere ganze, schmutzige Vergangenheit im Fernen Osten, angefangen bei den Opium-Kriegen, bezahlen wir nun mit Strömen von Blut. «Inbrünstig hoffen und beten wir», hatte Lincoln gesagt, «daß diese gewaltige Geisel des Krieges bald von uns genommen werde. Sollte es jedoch Gottes Wille sein, sie wüten zu lassen, bis aller Reichtum, der durch die 250 Jahre unbelohnter Sklavenfron aufgehäuft wurde, versickert ist, bis jeder Blutstropfen, den die Peitsche hervorgepreßt, bezahlt ist mit dem Blut, das das Schwert fordert, dann muß es auch für uns, wie schon vor 3000 Jahren, heißen: 'Die Befehle des Herrn sind richtig und erfreuen das Herz. Die Gebote des Herrn sind lauter und erleuchten die Augen.'»

Im August 1945 arbeitete ich immer noch beim Bomber-Kommando. Nachdem der Krieg in Europa zu Ende war, wurde beschlossen, eine Streitmacht britischer Bomber auf verschiedenen Stützpunkten Okinawas zu stationieren, von wo aus sie einen Alibibeitrag zur amerikanischen Bombardierung Japans leisten sollten. Ich sollte ebenfalls nach Okinawa fliegen. Doch am 7. August lag *The News-Chronicle* mit einer riesigen Schlagzeile auf meinem Londoner Frühstückstisch: «Neue Naturkraft eingesetzt», hieß es dort.

Das gefiel mir. Es war großartig und unpersönlich. Es bedeutete das Ende der Kindheit. Vielleicht konnten wir nun damit beginnen, erwachsen zu werden. Der Verfasser jener Schlagzeile hatte begriffen, daß es um mehr ging als um einen Sieg in einer Stammesfehde. Wenn wir Glück hatten, konnte dies das Ende aller strategischen Bombardierungskampagnen bedeuten. Ich stimmte Henry Stimson aus ganzem Herzen zu. Wenn man sich schon darauf eingelassen hatte, Städte zu bombardieren, war es vernünftiger, ganze Arbeit zu leisten und die Sache hinter sich zu bringen.

Ich fühlte mich an diesem Morgen so wohl wie seit Jahren nicht mehr. Ins Büro zu gehen war nicht mehr nötig. Die Leute, die diese Atombombe gebaut hatten, kannten sich offensichtlich in ihrer Materie aus; es mußte eine ungemein kompetente Gruppe sein. Vielleicht würde ich eines Tages die Gelegenheit haben, sie kennenzulernen; das würde mir Spaß machen. Ich hatte zu lange mit blöden, altmodischen Bomben herumgepfuscht. In der glücklichen Erleichterung jenes Augustmorgens war es leicht, Grants Worte in Appomattox und den Chor aus *Agamemnon* zu vergessen, leicht waren die bulgarischen Partisanen, Franks geballte Faust und der Gedenkstein bei Litakowo vergessen, und Eddingtons Warnung, und Lincolns zweite Inaugurationsrede, und leicht waren die Menschen vergessen, die in Hiroshima noch immer langsam an ihren Verbrennungen und Strahlenschäden zugrunde gehen. Später erst, viel später, holte mich die Erinnerung ein.

II

Amerika

Where does one go from a world of insanity?
Somewhere on the other side of despair.
T.S. Eliot, *The Family Reunion*, 1939

Wohin geht man aus einer Welt des Wahnsinns?
Irgendwohin jenseits der Verzweiflung.

5

Wissenschaftliche Lehrjahre

Nachdem der zweite Weltkrieg zu Ende und ich vom Bomber-Kommando entlassen war, hatte ich eigentlich die Absicht, nach Rußland zu gehen, um dort die Naturwissenschaften zu studieren und mich in russischer Sprache und Literatur weiterzubilden. Doch 1946 wurden die Berichte, die aus Rußland zu uns drangen, immer unerfreulicher, und so entschloß ich mich statt dessen für Amerika. Im September 1947 schrieb ich mich als Graduate Student am Physikalischen Institut der Cornell Universität in Ithaca ein. Ich hatte diesen Ort gewählt, weil ich unter Anleitung von Hans Bethe lernen wollte, wie man physikalische Forschung betreibt. Hans Bethe ist nicht nur ein großer Physiker, er ist seinen Studenten auch ein hervorragender Lehrer. Ich kam in Ithaca an, stellte mich bei dem großen Mann vor und war sofort von zwei Dingen beeindruckt: seine Schuhe waren voller Dreck, und die anderen Studenten nannten ihn einfach Hans. So etwas hatte ich in England noch nie erlebt. In England wurden Professoren mit Respekt behandelt und hatten saubere Schuhe.

Schon nach wenigen Tagen hatte Hans ein gutes Problem für mich gefunden. Er besaß ein erstaunliches Geschick, für Studenten mit ganz verschiedenen Begabungen und Interessen geeignete Probleme zu finden, die weder zu leicht noch zu schwer waren. Er hatte immer acht bis zehn Studenten um sich versammelt, die an verschiedenen Forschungsaufgaben arbeiteten, und er schien es nie als besondere Anstrengung zu empfinden, uns zu beschäftigen und bei Laune zu halten. Fast jeden Tag aß er mittags mit uns in der Cafeteria. Nachdem er einige Stunden mit einem Studenten gesprochen hatte, konnte er genau beurteilen, was dieser leisten konnte. Es stand fest, daß ich nur neun Monate an der Cornell Universität verbringen würde, und er gab mir deshalb ein Problem, von dem er wußte, daß ich es in dieser Zeit bewältigen konnte. Es lief dann auch alles so, wie er es geplant hatte.

Ich hatte Glück, daß ich genau zu jenem Zeitpunkt an die Cornell Universität kam. 1947 war das Jahr der Nachkriegsblüte in der Physik, in dem überall neue Ideen und Experimente aus einem Boden wuchsen, der während des Krieges brach gelegen hatte. Die Wissenschaftler, die in den Kriegsjahren an Orten wie dem Bomber-Kommando oder Los Alamos gearbeitet hatten, kehrten an die Universitäten zurück, voller Ungeduld, sich endlich wieder der reinen Wissenschaft zu widmen. Getrieben von der Vorstellung, die verlorenen Jahre aufholen zu müssen, stürzten sie sich mit Energie und Begeisterung in die Arbeit. So begann es 1947 überall in den reinen Wissenschaften geschäftig zu summen, und mitten drin in dieser Renaissance der theoretischen Physik stand Hans Bethe.

Zu jener Zeit gab es ein zentrales, ungelöstes Problem, das die Aufmerksamkeit eines Großteils der Physiker absorbierte. Wir nannten es das Quantenproblem der Elektrodynamik. Das Problem bestand ganz einfach darin, daß keine exakte Theorie existierte, die das alltägliche Verhalten von Atomen und Elektronen bei der Emission und Absorption von Licht beschreiben konnte. Diese fehlende Theorie nannte man Quantenelektrodynamik. Quanten-, weil sie die Quantennatur des Lichtes in Betracht ziehen, Elektro-, weil sie sich mit Elektronen befassen, und Dynamik, weil sie Kräfte und Bewegungen beschreiben mußte. Von der Vorkriegsgeneration der Physiker, von Einstein, Bohr, Heisenberg und Dirac hatten wir die Grundideen für eine solche Theorie geerbt. Doch diese Grundideen genügten nicht. Damit ließ sich zwar das Verhalten eines Atoms ungefähr voraussagen, doch wir wollten es exakt berechnen können. Natürlich kommt es in der Wissenschaft häufig vor, daß Sachverhalte zu kompliziert sind, um exakte Berechnungen zuzulassen, so daß man sich mit einem groben, qualitativen Verständnis begnügen muß. Was aber 1947 so seltsam erschien, war die Tatsache, daß nicht einmal so elementare Objekte wie Wasserstoffatome und Lichtquanten exakt erfaßbar waren. Hans Bethe war überzeugt, daß eine richtige und exakte Theorie zutage treten würde, wenn es uns gelänge, unter Verwendung der alten Vorkriegsideen konsistent zu rechnen. Er stand wie Moses auf dem Berg und zeigte uns das gelobte Land. An uns Studenten war es, einzuziehen und dort Fuß zu fassen.

Wenige Monate bevor ich an die Cornell Universität kam, waren zwei wichtige Dinge geschehen. Als erstes waren an der Columbia Universität in New York einige Experimente durchgeführt worden, in denen das Verhalten eines Elektrons mit tausendmal größerer Genauigkeit gemessen worden war als je zuvor. Dadurch wurde das Problem, eine präzise Theorie zu entwickeln, noch brennender, und die Theoretiker verfügten nun über einige präzise Werte, die es zu erklären galt. Und zweitens stellte Hans Bethe selbst die erste theoretische Berechnung an, die an Genauigkeit alles, was vor dem Krieg gemacht worden war, bei weitem übertraf. Er berechnete die Energie eines Elektrons in einem Wasserstoffatom und erzielte ein Ergebnis, das sich in befriedigender Weise mit den Columbia-Messungen deckte. Das bewies, daß er auf der richtigen Spur war. Doch seine Berechnungen waren immer noch ein Abklatsch alter Ideen, die nur durch seine physikalische Intuition zusammengehalten wurden. Sie hatten keine mathematische Grundlage und stimmten nicht einmal mit Einsteins Relativitätsprinzip überein. So standen die Dinge, als ich mich im September der Studentengruppe um Hans anschloß.

Die Aufgabe, die Hans mir stellte, bestand darin, seine Berechnung der Elektronenenergie noch einmal durchzuführen und dabei die minimalen Veränderungen vorzunehmen, die notwendig waren, um sie in Übereinstimmung mit Einstein zu bringen. Das Problem war ideal für jemanden wie mich, der über einen soliden mathematischen Hintergrund, aber über geringe Physikkenntnisse verfügte. Ich stürzte mich in die Arbeit, füllte Hunderte von Seiten mit meinen Rechnungen und eignete mir dabei die Physik an. Nach einigen Monaten hatte ich ein Resultat, das sich wieder ziemlich genau mit den Columbia-Experimenten deckte. Meine Berechnungen waren immer noch ein Abklatsch, ich hatte die Arbeit von Hans nicht wesentlich verbessert, war einem grundsätzlichen Verständnis des Elektrons nicht nähergekommen als Hans. Aber durch die Berechnungen dieser Wintermonate hatte ich mir Technik und Selbstvertrauen erworben. Ich beherrschte nun mein Handwerkzeug und war gerüstet, mit dem Denken anzufangen.

Man hatte mich ermuntert, zur Entspannung neben der Quantenelektrodynamik einige Stunden pro Woche im Studentenlabor zu experimentieren. Wir führten keine wirklichen Forschungsarbeiten aus, wir taten so als ob, wiederholten berühmte alte Experimente und kannten die Resultate schon im voraus. Die anderen Studenten murrten, daß man ihnen zumute, ihre Zeit mit Mickymaus-Experimenten zu verschwenden, doch ich fand das alles faszinierend. In England hatte man mich nie auf ein Labor losgelassen, und nun waren alle diese seltsamen Objekte, die ich nur aus der Lektüre kannte, die Kristalle, Magnete, Prismen und Spektroskope Wirklichkeit, konnten berührt und benützt werden. Es schien wie ein Wunder, als ich die elektrische Spannung maß, die von verschiedenfarbigem Licht, das auf eine Metalloberfläche fällt, erzeugt wird, und dabei fand, daß Einsteins Gesetz vom photoelektrischen Effekt tatsächlich stimmte. Doch dann wurde mir das Öltröpfchen-Experiment von Millikan fast zum Verhängnis. Millikan war ein großer Physiker, der an der Universität von Chicago lehrte und als erster die elektrische Ladung einzelner Elektronen gemessen hatte. Er erzeugte einen Nebel von winzigen Öltröpfchen und beobachtete, wie sie unter seinem Mikroskop herumschwebten, während er sie mittels starker elektrischer Felder anzog und abstieß. Die Tröpfchen waren so winzig, daß einige von ihnen eine elektrische Nettoladung von nur ein oder zwei Elektronen hatten. Ich war so weit, daß meine Öltropfen schön schwebten, wollte das elektrische Feld besser einstellen und erwischte den falschen Knopf. Man fand mich der Länge nach am Boden, und damit war meine Karriere als Experimentalphysiker beendet.

Ich habe meinen kurzen und um ein Haar verhängnisvollen Streifzug in die Welt der Experimente nie bereut. Diese Erfahrung machte mir deutlicher als alles andere bewußt, wie recht Einstein hatte, als er sagte: «Man kann sagen: Das ewig Unbegreifliche an der Welt ist ihre Begreiflichkeit.» Da saß ich nun wochenlang an meinem Schreibtisch, stellte die kompliziertesten und ausgeklügeltsten Berechnungen an, um herauszufinden, wie sich ein Elektron verhalten sollte. Und hier saß das Elektron auf meinem Öltröpfchen und wußte ganz genau und ohne auf das Ergebnis meiner Berechnungen angewiesen zu sein, wie es sich zu verhalten hatte. Wie konnte man nur allen Ernstes glauben, daß das Elektron sich im geringsten um meine Rechnungen kümmerte? Und doch zeigten die Columbia-Experimente, daß es das tat. Irgendwie mußte die ganze komplizierte Mathematik, die ich hinkritzelte, Regeln festlegen, denen das Elektron folgen mußte. Daß das so ist, wissen wir. Warum es so ist, warum das Elektron unserer Mathematik folgt, ist ein Geheimnis, das selbst Einstein nicht zu ergründen vermochte.

Wenn wir, wie fast jeden Tag, mit Hans zu Mittag aßen, drehten sich die Gespräche um Physik, endlose Diskussionen über technische Details und über tiefe, philosophische Geheimnisse. Im allgemeinen interessierte sich Hans mehr für die Details als für die Philosophie. Wenn ich philosophische Fragen aufwarf, sagte er oft: «Darüber solltest du mit Oppy sprechen.» Oppy war Robert Oppenheimer, der damals gerade als Direktor des Institute for Advanced Study nach Princeton berufen worden war. Irgendwann in jenem Winter sprach Hans mit Oppy über mich, und sie kamen überein, daß ich nach meinem Jahr an der Cornell Universität für ein weiteres Jahr nach Princeton gehen sollte. Ich freute mich über diese Gelegenheit, mit Oppy zusammenzuarbeiten, und fürchtete mich gleichzeitig ein wenig davor. Oppenheimer war damals bereits eine legendäre Gestalt. Er war der Mann, der das Bombenprojekt von Los Alamos ins Leben gerufen und geleitet hatte. Hans schätzte Oppy sehr, warnte mich aber, in Princeton kein leichtes Leben zu erwarten. Oppy hatte wenig Geduld mit Dummköpfen und entschied manchmal etwas voreilig, wer zu dieser Kategorie zählte.

Einer der Studenten unserer Gruppe an der Cornell Universität war Rossi Lomanitz, ein etwas ungehobelter Bursche aus Oklahoma, der in einem baufälligen Bauernhaus außerhalb von Ithaca lebte und von dem das Gerücht ging, er sei ein Kommunist. Lomanitz war zwar nie in Los Alamos gewesen, hatte aber, noch bevor Los Alamos existierte, mit Oppy in Kalifornien an dem Bombenprojekt gearbeitet. Kommunist zu sein war 1947 noch kein so ernsthaftes Verbrechen wie in späteren Jahren. Als man Oppy sieben Jahre später zum

Sicherheitsrisiko erklärte, warf man ihm unter anderem vor, er habe versucht, Lomanitz vor der Einberufung in die Armee zu bewahren. Roger Robb, der Staatsanwalt des Verfahrens, fand allerlei finstere Motive, um Oppys Bemühungen für Lomanitz zu erklären. Oppy entgegnete darauf: «Das Verhältnis zwischen mir und meinen Studenten bestand nicht darin, daß ich vor der Klasse stand und dozierte.» Diese Antwort faßt genau zusammen, was sowohl Hans wie Oppy zu glänzenden Lehrern machte. Doch 1947 dachte noch niemand an Sicherheitsüberprüfungen und Hexenjagden. Rossi Lomanitz war ein Student wie wir alle. Und Oppy war der große Nationalheld, dessen Bild auf den Titelblättern von *Time* und *Life* zu sehen war.

Mir war schon, bevor ich an die Cornell Universität kam, bekannt gewesen, daß Hans in Los Alamos gearbeitet hatte. Was ich damals nicht wußte, war, daß ich einen großen Teil der Los-Alamos-Gruppe mit Ausnahme von Oppy versammelt finden würde. Hans hatte schon vor dem Krieg an der Cornell Universität gelehrt und sorgte nach seiner Rückkehr dafür, daß möglichst viele von den begabten, jungen Leuten, mit denen er in Los Alamos gearbeitet hatte, an der Cornell Universität unterkamen, darunter Robert Wilson, der Leiter der Experimentalphysik in Los Alamos, Philip Morrison, der sich auf den Marianen-Inseln um die für Hiroshima und Nagasaki bestimmten Bomben gekümmert hatte, Dick Feynman, der das Rechenzentrum geleitet hatte, und viele andere. Ich war überrascht, wie schnell und leicht ich mich in diesen Verein von Bombenbastlern einfügen konnte, die den Krieg so ganz anders erlebt hatten als ich. Es wurde endlos über die Zeit in Los Alamos gesprochen, und in allen diesen Gesprächen schimmerten Stolz und Heimweh durch. Für jeden einzelnen von ihnen war die Zeit in Los Alamos eine große Erfahrung gewesen, eine Zeit voll harter Arbeit, Kameradschaft und tiefer Befriedigung. Ich hatte den Eindruck, daß sie sich am Physikalischen Institut der Cornell Universität vor allem deshalb so wohl fühlten, weil hier noch etwas von der Atmosphäre von Los Alamos zu spüren war. Auch ich empfand das lebhaft; hier war Jugend, Überschwang, Zwanglosigkeit und der von allen geteilte Ehrgeiz, gemeinsam in der Wissenschaft Großes zu leisten, ohne Eifersüchteleien und ohne Gerangel um Prioritäten oder Verdienste. Hans Bethe und Dick Feynman erhielten viele Jahre später verdientermaßen den Nobelpreis, doch niemand an der Cornell Universität war auf Auszeichnungen und persönlichen Ruhm versessen.

Wer in Los Alamos gewesen war, äußerte sich in der Öffentlichkeit nie über technische Details der Bomben. Es war überraschend einfach, um dieses Thema herumzureden, ohne je auf gefährlichen Boden zu kommen. Nur einmal brachte ich alle beim Mittagessen in

Verlegenheit, als ich in aller Unschuld bemerkte: «Es ist ein Glück, daß Eddington bewiesen hat, daß es unmöglich ist, aus Wasserstoff eine Bombe zu machen.» Es folgte verlegenes Schweigen, dann wurde das Thema abrupt gewechselt. Zu jener Zeit war es noch ein streng gehütetes Geheimnis, daß man sich tatsächlich mit Wasserstoffbomben befaßte. Nach dem Essen nahm mich einer der Studenten beiseite und sagte mir im Vertrauen, daß sich Eddington leider getäuscht hätte, man sich in Los Alamos sehr intensiv mit Wasserstoffbomben beschäftigte und daß ich das Thema in Zukunft auf sich beruhen lassen möge. Ich war erfreut, daß man mir so viel Vertrauen entgegenbrachte, mich in das Geheimnis einzuweihen, und fühlte mich von da an ganz als einer von ihnen.

Viele von den Los-Alamos-Veteranen engagierten sich in politischen Aktivitäten, die darauf zielten, der Öffentlichkeit die nuklearen Tatsachen bewußterzumachen. Ihr Hauptanliegen war, klarzustellen, daß das amerikanische Kernwaffenmonopol nicht von Dauer sein konnte und daß die einzige Überlebenschance darin bestand, alles, was mit Kernkraft zu tun hatte, einem starken internationalen Gremium zu überantworten. Philip Morrison war ein besonders beredter Vertreter dieses Standpunktes. Oppy versuchte, dasselbe auf ruhigere Weise seinen Freunden innerhalb der Regierung klarzumachen. Doch 1948 ließ sich nicht mehr übersehen, daß die Chance, ein effektives, internationales Gremium auf der Grundlage der amerikanisch-sowjetischen Kriegsallianz zu schaffen, verwirkt war. Das nukleare Wettrüsten hatte begonnen, und die Idee einer internationalen Kontrollinstanz konnte bestenfalls ein langfristiger Traum sein.

Wenn wir mit Hans zu Mittag aßen, drehten sich die Gespräche oft um Los Alamos und um die moralischen Probleme, die sich durch die Entwicklung und den Einsatz der Bomben stellten. Hans empfand diese Fragen als Belastung, auch von den übrigen befaßten sich nur wenige damit. Bis nach Hiroshima hatte sich offenbar kaum jemand Gedanken darüber gemacht. Während der Arbeit waren sie in wissenschaftliche Details vertieft und ganz auf den technischen Erfolg des Projekts konzentriert. Die Arbeit nahm sie viel zu sehr in Anspruch, als daß sie sich Sorgen über deren Konsequenzen hätten machen können. Im Juni 1945 hatte Oppy zu der Beratergruppe gehört, die Henry Stimson versammelt hatte, um ihm bei seiner Entscheidung über den Einsatz der Bomben zur Seite zu stehen. Oppy hatte Stimsons Entscheidung in ihrer damaligen Form mitgetragen. Aber er hatte sie mit keinem seiner Kollegen in Los Alamos besprochen. Nicht einmal mit Hans. Diese Verantwortung trug er alleine.

Im Februar 1948 veröffentlichte *Time Magazine* ein Interview mit

Oppy, das sein berühmt gewordenes Schuldbekenntnis enthielt: «In einem ursprünglichen Sinn, den keine Herabwürdigung, kein Scherz und keine Übertreibung ganz auslöschen kann, haben die Physiker die Sünde kennengelernt; und das ist eine Erkenntnis, mit der sie von nun an leben müssen.» Der Großteil der Los-Alamos-Gruppe an der Cornell Universität wies Oppys Behauptung empört zurück. Sie waren sich keiner Schuld bewußt. Sie hatten eine schwierige und notwendige Arbeit geleistet und damit geholfen, den Krieg zu gewinnen. Sie empfanden es als ungerecht, daß Oppy in aller Öffentlichkeit über ihre Schuld lamentierte, wo jeder, der todbringende Waffen baute, die in einem Krieg verwendet wurden, auf die gleiche Weise schuldig geworden war. Ich konnte ihren Zorn verstehen, aber ich stimmte mit Oppy überein. Die Sünde der Physiker von Los Alamos bestand nicht darin, eine Vernichtungwaffe gebaut zu haben. Das war angesichts der Tatsache, daß ihr Land in einen verzweifelten Kampf gegen Hitler-Deutschland verwickelt war, durchaus zu rechtfertigen. Doch sie hatten nicht einfach die Bombe gebaut: sie hatten sie mit Enthusiasmus gebaut; das waren die besten Jahre ihres Lebens gewesen. Das war es vermutlich, was Oppy meinte, als er von ihrer Sünde sprach. Und er hatte recht damit.

Nach einigen Monaten konnte ich das, was mir an den amerikanischen Studenten so eigenartig und angenehm aufgefallen war, näher umschreiben. Sie waren unbelastet von dem tragischen Lebensgefühl, von dem jeder Europäer meiner Generation tief durchdrungen war. Sie hatten nie mit dem Tragischen gelebt und hatten daher kein Gefühl dafür. Und da ihnen dieses Gefühl abging, fehlte ihnen auch jedes Schuldbewußtsein. Sie wirkten sehr jung und unschuldig, obwohl die meisten älter waren als ich. Bei ihnen hatte der Krieg keine Narben hinterlassen. Für sie war Los Alamos ein Riesenspaß gewesen. Ihre Unschuld hatte darunter nicht gelitten. Deshalb waren sie auch unfähig, Oppys Äußerung als Ausdruck einer Wahrheit zu akzeptieren, die sie selbst betraf.

Für die Europäer war nicht der zweite, sondern der erste Weltkrieg der große Wendepunkt der Geschichte. Durch den ersten Weltkrieg hatte sich jenes tragische Lebensgefühl herangebildet, das lange vor Ausbruch des zweiten Krieges in der Luft lag. Oppy war umgeben von europäischer Kultur aufgewachsen und hatte so dieses tragische Lebensgefühl erworben. Hans, selber Europäer, war ebenfalls davon geprägt. Dagegen lebten die jüngeren, in Amerika geborenen Wissenschaftler, mit Ausnahme von Dick Feynman, noch immer in einer Welt ohne Schatten. Heute, dreißig Jahre später, ist das alles anders geworden. Der Vietnamkrieg löste im amerikanischen Leben den gleichen fundamentalen Stimmungsumschwung aus, den der erste Weltkrieg in Europa bewirkte. Heute stehen die jungen Amerikaner den Europäern geistig näher als ihren eigenen Landsleuten, wie sie noch vor dreißig Jahren waren. Das Zeitalter der Unschuld ist für uns alle vorbei.

Dick Feynman war in dieser wie fast in jeder anderen Hinsicht eine Ausnahme. Er war ein junger Amerikaner, dem das Tragische vertraut war. Er war mit einer brillanten, künstlerisch begabten, jungen Frau verheiratet, die langsam an Tuberkulose starb. Die beiden wußten das, als sie heirateten, und als Dick seine Arbeit in Los Alamos aufnahm, sorgte Oppy dafür, daß Dicks Frau in einem Sanatorium in Albuquerque Aufnahme fand, so daß sie sich sooft wie möglich sehen konnten. Dort starb sie, wenige Wochen bevor der Krieg zu Ende war.

Als ich an die Cornell Universität kam, fiel mir Dick sofort als die lebhafteste Persönlichkeit unseres Departments auf. Er erinnerte mich in mancher Beziehung an Frank Thompson. Dick war kein Dichter und ganz bestimmt kein Kommunist. Doch mit seiner lauten Stimme, seinem raschen Intellekt, seinem immer regen Interesse für alle möglichen Dinge und Menschen, seinen verrückten Witzen und seiner respektlosen Autoritätsverachtung war er Franks Ebenbild. Ich hatte ein Zimmer in einem der Studentenhäuser, und manchmal erwachte ich gegen zwei Uhr nachts, weil ein fremdartiger Rhythmus über den stillen Campus pulsierte - Dick, der seine Bongo-Trommeln bearbeitete.

Dick war auch ein höchst origineller Wissenschaftler. Er war nicht dazu zu bewegen, etwas einfach unbesehen zu übernehmen. Dadurch war er gezwungen, fast die ganze Physik selber noch einmal zu entdecken oder zu erfinden. Es kostete ihn fünf Jahre konzentrierter Arbeit, die Quantenmechanik nachzuerfinden. Er erklärte, daß ihm die offizielle Version der Quantenmechanik, wie sie in den Lehrbüchern steht, unverständlich sei und ihm deshalb nichts anderes übriggeblieben sei, als noch einmal von vorne anzufangen. Das war ein heroisches Unterfangen. In jenen Jahren arbeitete er so hart, wie ich seither nie mehr jemanden habe arbeiten sehen. Am Schluß hatte er eine Version der Quantenmechanik ausgearbeitet, die er verstehen konnte. Als nächstes machte er sich daran, mit seiner Version der Quantenmechanik das Verhalten eines Elektrons zu berechnen. Es gelang ihm, das Resultat zu reproduzieren, das Hans unter Verwendung orthodoxer Theorien bekommen hatte. Doch Dick konnte mehr. Mit seiner selbstentwickelten Theorie konnte er das Verhalten des Elektrons bis in feine Einzelheiten berechnen, an die Hans mit seiner Methode nie herangekommen war. Dick konnte das alles viel leichter und exakter berechnen als alle anderen. Die Berechnungen, die ich für Hans mit Hilfe der herkömmlichen Theorie ausgeführt hatte, erforderten monatelange Arbeit und mehrere hundert Blatt Papier. Dick schaffte dasselbe Resultat, indem er eine halbe Stunde an der Tafel rechnete.

So standen die Dinge, als ich an die Cornell Universität kam. Hans arbeitete mit der alten Kochbuch-Quantenmechanik, die Dick unverständlich fand. Dick gebrauchte seine eigene, private Quantenmechanik, die keiner außer ihm verstehen konnte. Die Resultate, die sie erhielten, wenn sie dieselben Probleme durchrechneten, waren identisch. Daneben konnte Dick vieles berechnen, was Hans nicht konnte. Mir schien es offensichtlich, daß Dicks Theorie grundsätzlich richtig sein mußte. Ich beschloß daher, sobald meine Berechnungen für Hans abgeschlossen waren, alle Kräfte darauf zu konzentrieren, Dick zu verstehen und seine Ideen in eine Sprache zu fassen, die auch dem Rest der Menschheit verständlich sein sollte.

Im Frühling 1948 waren Hans und Dick zu einem exklusiven Expertentreffen eingeladen, das Oppy in einem Sommer-Jagdhaus in den Pocono Mountains organisiert hatte, um die Probleme der Quantenelektrodynamik zu besprechen. Ich war nicht eingeladen, da ich noch nicht zu den Experten zählte. Die Experimentalphysiker der Columbia Universität waren anwesend, ebenso Niels Bohr und andere bedeutende Physiker. Im Mittelpunkt der Tagung stand ein achtstündiger Vortrag von Julian Schwinger, einem jungen Harvard-Professor und ehemaligen Schüler Oppys. Julian hatte offenbar das Hauptproblem gelöst und eine neue Theorie der Quantenelektrodynamik entwickelt, die alle Columbia-Experimente erklärte. Seine Theorie beruhte auf orthodoxen Prinzipien und war ein Meisterwerk mathematischer Technik. Seine Berechnungen waren äußerst kompliziert, und nur wenige unter seinen Zuhörern vermochten ihm während seiner ganzen achtstündigen Ausführungen zu folgen. Aber Oppy verstand alles und stimmte Schwinger zu. Nachdem Julian aufgehört hatte, kam Dick an die Reihe. Er versuchte den erschöpften Zuhörern zu erklären, daß er dieselben Experimente mit Hilfe seiner eigenen, unorthodoxen Methoden viel einfacher erklären konnte. Niemand verstand ein Wort von dem, was er sagte. Am Schluß machte Oppy ein paar beißende Bemerkungen, und damit hatte es sein Bewenden. Dick kehrte sehr deprimiert von dieser Tagung zurück.

In den letzten Monaten, die ich an der Cornell Universität verbrachte, bemühte ich mich um einen möglichst regen Kontakt zu Dick. Das Angenehme bei Dick war, daß man nie fürchten mußte, ihm lästig zu fallen. Die meisten Wissenschaftler haben sehr gute Manieren, wenn man sie aufsucht, um mit ihnen zu sprechen. Sie bitten einen, Platz zu nehmen, und erst nach einiger Zeit merkt man an ihren gelangweilten Gesichtern oder ihren nervösen Handbewegungen, daß sie einen eigentlich dorthin wünschen, wo der Pfeffer wächst. Dick war da ganz anders. Wenn ich in sein Zimmer kam und er keine Lust zum Reden hatte, brüllte er ohne auch nur den Kopf zu drehen: «Verschwinde, ich habe zu tun!» Dann verschwand ich, und wenn ich das nächste Mal erschien und er mich eintreten ließ, wußte ich, daß das nicht nur Höflichkeit war. Wir redeten viele Stunden über seine private Version der Physik, bis sie mir schließlich einzuleuchten begann.

Dicks Physik war für gewöhnliche Sterbliche so schwer verständlich, weil sie ohne Gleichungen auskam. Seit Newton war es üblich, theoretische Physik zu betreiben, indem man damit begann, einige Gleichungen aufzuschreiben und dann in harter Arbeit Lösungen für diese Gleichungen auszurechnen. So arbeiteten Hans und Oppy und Julian Schwinger. Dick dagegen schrieb einfach aus dem Kopf die Lösungen nieder, ohne je Gleichungen aufzuschreiben. Er hatte eine physikalische Vorstellung im Kopf, die ihm sagte, wie die Dinge gehen mußten, und diese Vorstellung vermittelte ihm die Lösungen, ohne daß er viel zu rechnen brauchte. Es war kein Wunder, daß er Leute, die ihr Leben damit verbracht hatten, Gleichungen zu lösen, vor den Kopf stieß. Ihr Intellekt funktionierte analytisch, der seine bildhaft. Meine eigene Ausbildung seit den lange zurückliegenden Tagen, als ich mit Piaggios Differentialgleichungen gekämpft hatte, war ebenfalls analytisch gewesen. Doch indem ich Dick zuhörte und die seltsamen Diagramme anstarrte, die er an die Tafel malte, nahm ich nach und nach etwas von seiner bildhaften Vorstellungskraft auf und begann, mich in seiner Version des Universums heimisch zu fühlen.

Das Wesen seiner Betrachtungsweise bestand in einem Auflockern aller Einschränkungen. In der orthodoxen Physik geht man beispielsweise so vor: Man nimmt an, ein Elektron befinde sich zu einem bestimmten Zeitpunkt in einem bestimmten Zustand. Dann errechnet man, wie es sich als nächstes verhalten wird, indem man eine bestimmte Differentialgleichung löst, und aus der Lösung dieser Gleichung berechnet man, wie das Elektron sich zu einem späteren Zeitpunkt verhalten wird. Dick dagegen stellte einfach fest, daß das Elektron macht, was es will und sich in jeder nur denkbaren Weise überall in Raum und Zeit bewegt. Es kann sich sogar, wenn ihm danach zumute ist, rückwärts in der Zeit bewegen. Beginnt man nun mit einem Elektron, das sich zu einem bestimmten Zeitpunkt in einem bestimmten Zustand befindet, und will dann sehen, ob es sich zu einem anderen Zeitpunkt in einem anderen Zustand befindet, so addiert man einfach Beiträge aller möglichen Pfade des Elektrons, die es von diesem in den anderen Zustand befördern. Ein Pfad eines Elektrons ist jede in Raum und Zeit mögliche Bahn, einschließlich der Bahnen, die sich kreuz und quer, vorwärts und rückwärts in der Zeit bewegen. Das Verhalten des Elektrons ist das Resultat, das sich ergibt, wenn man alle möglichen Pfade mit Hilfe ganz einfacher Regeln zusammenzählt, die Dick ausgearbeitet hatte. Derselbe Trick läßt sich mit geringfügigen Änderungen nicht nur auf Elektronen, sondern auch auf alles andere anwenden – auf Atome, Fußbälle und Elefanten und so weiter. Nur daß die Regeln für Fußbälle und Elefanten sehr viel komplizierter sind.

Diese Methode, die Dinge als Summe aller möglichen Pfade zu sehen, ist in Wirklichkeit gar nicht so rätselhaft, wenn man sich einmal daran gewöhnt hat. Wie andere ungewöhnlich originelle Ideen wurde sie mit der Zeit so sehr Teil der Physik, daß es heute, dreißig Jahre später, schwierig ist, nachzuvollziehen, warum sie zu Beginn so schwer zu verstehen war. Ich hatte das ungeheure Glück, 1948, als die Idee gerade geboren war, an der Cornell Universität zu sein und dort für kurze Zeit Dick als Resonanzboden zu dienen. Ich war Zeuge der letzten Stadien des fünfjährigen, geistigen Kampfes, in dem sich Dick zu seiner einheitlichen Gesamtschau durchgerungen hatte. Was ich bei Dick miterlebte, ließ mich an das denken, was ich Keynes sechs Jahre zuvor über Newton hatte sagen hören: «Seine besondere Begabung war seine Kraft, ein rein intellektuelles Problem ununterbrochen in seinem Geist und vor seinem geistigen Auge zu haben, bis er es schließlich durchschaut hatte. Ich vermute, daß seine Überlegenheit darauf beruht, daß die Kraft seiner Intuition die stärkste und ausdauerndste war, mit der je ein Mensch gesegnet war.»

Im Frühling 1948 geschah noch etwas Denkwürdiges: Hans erhielt ein kleines Paket aus Japan, das die beiden ersten Hefte einer neuen, in Kyoto erscheinenden Physikzeitschrift enthielt; ihr Titel: *Progress of Theoretical Physics*. Die beiden Hefte waren in englischer Sprache auf braunes Papier von minderwertiger Qualität gedruckt. Sie bestanden aus sechs kurzen Arbeiten. Der Titel der ersten Arbeit des zweiten Heftes lautete «On a Relativistically Invariant Formulation of the Quantum Theory of Wave Fields» (Über eine relativistisch invariante Formulierung der Quantentheorie von Wellenfeldern), der Autor war S. Tomonaga von der Universität Tokio. Darunter war in einer Fußnote vermerkt: «Übersetzt nach der Arbeit ... (1943), die ursprünglich in japanischer Sprache erschienen war.» Hans gab mir die Arbeit zu lesen. Sie enthielt, einfach und klar und ohne mathematische Verzierungen dargestellt, die zentrale Idee, auf der die Theorie Julian Schwingers beruhte. Die Implikationen waren ungeheuer. Irgendwie war es Tomonaga gelungen, inmitten von

Ruinen und Kriegszerstörungen, völlig isoliert von der übrigen Welt, eine Richtung der theoretischen Physikforschung in Japan am Leben zu erhalten, die in mancher Beziehung allem, was sonst an anderen Orten existierte, voraus war. Er hatte sich ganz alleine vorwärtsgearbeitet und die Grundlagen für eine neue Quantenelektrodynamik gelegt, fünf Jahre vor Schwinger und ohne die Hilfe der Columbia-Experimente. Er hatte die Theorie 1943 nicht abgeschlossen und sie auch noch nicht zu einem brauchbaren Instrument entwickelt. Der Ruhm, die Theorie zu einer zusammenhängenden, mathematischen Struktur geformt zu haben, gebührt zu Recht Schwinger.

Aber Tomonaga hatte den ersten, wesentlichen Schritt getan. Und so saß er nun im Frühling 1948 inmitten der Asche und Trümmer von Tokio und schickte uns jenes rührende, kleine Paket. Es erreichte uns wie eine Stimme aus der Tiefe.

Ein paar Wochen später erhielt Oppy einen persönlichen Brief von Tomonaga, in dem dieser die neueren Arbeiten der japanischen Physiker schilderte. Sie waren rasch in derselben Richtung vorgestoßen wie Schwinger. Bald bestanden regelmäßige Kontakte. Oppy lud Tomonaga nach Princeton ein, und später folgte eine ganze Reihe von Studenten Tomonagas, die mit uns in Princeton und Cornell zusammenarbeiteten. Als ich Tomonaga zum ersten Mal begegnete, beschrieb ich meinen unmittelbaren Eindruck in einem Brief an meine Eltern: «Er versteht es besser als Schwinger oder Feynman über Ideen zu sprechen, die nicht seine eigenen sind. Und eigene hat er mehr als genug. Er ist ein ungewöhnlich uneigennütziger Mensch.» Zwischen den Physikzeitschriften auf seinem Arbeitstisch lag das Neue Testament.

6

Eine Fahrt nach Albuquerque

Im Juni ging das Semester an der Cornell Universität zu Ende, und Hans Bethe sorgte dafür, daß ich eine Einladung zu einer fünfwöchigen Sommerschule an der Universität von Ann Arbor in Michigan erhielt. Auf dem Programm standen Vorlesungen von Julian Schwinger, der uns in aller Ruhe in seine Theorie einführen sollte, die er in seinem achtstündigen Marathon-Vortrag anläßlich der Pocano-Tagung umrissen hatte. So bot sich mir die großartige Gelegenheit, Schwingers Ideen sozusagen an der Quelle kennenzulernen. Zwischen dem Ende des Semesters und dem Anfang der Sommerschule lagen zwei freie Wochen, und Dick Feynman sagte: «Ich fahre nach Albuquerque, fahr doch mit!» Ich blickte auf die Landkarte, sah, daß Albuquerque nicht gerade am Weg nach Ann Arbor lag, und sagte trotzdem zu.

Mein Aufenthalt in den Vereinigten Staaten war durch ein Commonwealth-Fund-Stipendium ermöglicht worden, das mir die Harkness-Stiftung gewährt hatte. Neben dem eigentlichen Stipendium stellte diese Stiftung in großzügiger Weise auch einen Betrag für Sommerferien zur Verfügung. Die Erwartung war, daß ich den Kontinent bereisen und vielschichtigere Eindrücke gewinnen sollte, als das von einem einzelnen Universitäts-Campus aus möglich war. Eine Gratisfahrt nach Albuquerque war kein schlechter Anfang.

Vier Tage lang hatte ich Dick nun fast für mich. Nur fast, denn Dick liebte es, Autostopper mitzunehmen. Ich hatte ebenfalls meinen Spaß an diesen amerikanischen Nomaden, Menschen mit rastlosen Füßen, die sorglos und ohne Hast von einem Ort zum anderen zogen. In England gibt es wohl Zigeuner, aber sie leben abgeschlossen in ihrer eigenen Welt, und ich hatte noch nie mit einem von ihnen gesprochen. Dick dagegen unterhielt sich mit diesen Nomaden wie mit alten Freunden. Sie berichteten von ihren Abenteuern und Dick erzählte von den seinen. Je weiter wir nach Südwesten kamen, desto deutlicher veränderte sich Dicks Sprechweise und glich sich immer mehr der Aussprache und Idiomatik unserer Reisegefährten an. Sätze wie «I don't know noth'n» tauchten immer häufiger auf, und je mehr wir uns Albuquerque näherten, desto wohler schien Dick sich in seiner Haut zu fühlen.

Bei St. Louis überquerten wir den Mississippi und erreichten durch das waldige Bergland der Ozarks Oklahoma. Die Ozarks waren das Lieblichste, was wir auf dieser Reise sahen, grüne Hügel voller Blumen und Wälder, hie und da ein stiller Bauernhof. Dagegen war Oklahoma eine andere Welt, reich und häßlich, überall sprangen neue Städte und Fabriken aus dem Boden, Bulldozer rissen die Erde auf - Oklahoma befand sich mitten in einem Ölboom. Auf halbem Weg nach Oklahoma City gerieten wir in schwere Regenfälle. Offenbar waren in dieser Gegend nicht nur die Menschen rauh und ungehobelt, sondern auch die Natur. Es war mein erster tropischer Regen; im Vergleich dazu wirkte der heftigste Regenguß, den ich je in England erlebt hatte, wie ein Sprühregen. Wir kämpften uns eine Weile durch die Regenwand und blieben schließlich in einem Verkehrsstau stecken. Ein paar Jungen berichteten, daß die Straße vor uns fast zwei Meter unter Wasser stehe und an ein Durchkommen nicht zu denken sei. Sie erzählten, daß es schon eine Woche lang ununterbrochen regne. Wir kehrten um und suchten in einem Ort namens Vinita Unterschlupf. Wir hatten keine andere Wahl, als ein Zimmer zu suchen und auf das Absinken der Fluten zu warten. Alle Hotels waren überfüllt mit gestrandeten Reisenden, und wir hatten Glück, überhaupt ein Zimmer zu finden, das wir uns für fünfzig Cent pro Person teilten. An der Türe hing ein Zettel: «Dieses Hotel steht unter neuer Leitung; Betrunkene sind an der falschen Adresse.» In dem kleinen Zimmer, in dem der Regen an die schmutzigen Fensterscheiben trommelte, redeten wir die ganze Nacht. Dick erzählte von seiner verstorbenen Frau, von der Freude, mit der er sie gepflegt und ihr die letzten Tage erträglich gemacht hatte, von den Streichen, die sie zusammen dem Sicherheitspersonal in Los Alamos gespielt hatten, von ihren Scherzen und ihrem Mut. Er sprach mit der zwanglosen Vertrautheit vom Tod, die nur haben kann, wer ungebrochen das Schlimmste durchlebt hat, was der Tod uns antun kann. In seinem Film, *Das Siebte Siegel,* schuf Ingmar Bergmann die Gestalt des Gauklers Jof, der immer voller Späße den Narren spielt, Träume und Visionen hat, an die kein anderer glaubt, und am Ende überlebt, als der Tod alle anderen hinwegrafft. Dick und Jof sind in vielem geistesverwandt. An der Cornell Universität hatte ich von vielen gehört, daß Dick verrückt sei. In Wirklichkeit war er gesünder als wir alle.

In jener Nacht in Vinita erzählte Dick auch ausführlich über seine Arbeit in Los Alamos. Unser Freund, Bob Wilson, der führende Experimentalphysiker an der Cornell Universität, hatte Dick damals aufgefordert, an der Bombe mitzuarbeiten. Dicks instinktive Reaktion war gewesen, «Nein, so etwas tue ich nicht!» Dann überlegte er und kam mit Hilfe einer rein intellektuellen Argumentationsweise zu der Überzeugung, daß er doch mitarbeiten sollte, um sicher zu gehen, daß Hitler es nicht etwa als erster schaffte. So wurde er Teil des Projektes, zuerst in Princeton und dann in Los Alamos. Er stürzte sich wie ein Besessener in die Arbeit und war bald einer der führenden Köpfe. Mit 26 Jahren war er bereits Leiter der Rechenabteilung.

Die Rechner waren damals noch keine elektronischen Maschinen, sondern Menschen. Dick verstand es, seine Mannschaft so zu motivieren, daß sie mit Leib und Seele bei der Arbeit war. Nachdem er die Abteilung übernommen hatte, stieg die Produktivität um das Neunfache. Alle Kräfte wurden eingesetzt, um in einem Rennen gegen die Zeit sämtliche Berechnungen vor dem ersten Bombentest im Juli 1945 abzuschließen. Dick organisierte und spornte an. Es war wie eine große Regatta. Der Wettkampf nahm sie alle so gefangen, daß sie gar nicht bemerkten, daß die Deutschen aus dem Rennen gefallen waren und sie alleine weitermachten. Als sie am Tag des Trinity-Bombentests die Ziellinie passiert hatten, saß Dick auf der Motorhaube seines Jeeps und bearbeitete voller Begeisterung seine Bongo-Trommeln. Erst später hatte er Zeit nachzudenken und zu überlegen, ob nicht vielleicht die erste, instinktive Antwort, die er Bob Wilson gegeben hatte, die richtige gewesen war. Seither hat er sich beharrlich geweigert, je wieder etwas mit militärischen Projekten zu tun zu haben. Er wußte, daß er darin zu tüchtig war und zu großen Spaß daran hatte.

Über die Zukunft der Atomwaffen hatte Dick seine eigene Ansicht. Zu jener Zeit waren vor allem zwei Illusionen im Umlauf. Die konservative Illusion wiegte sich in der Sicherheit, daß der amerikanische Entwicklungs- und Produktionsvorsprung unbegrenzt weiterbestehen und damit Amerika eine dauerhafte militärische und politische Überlegenheit sichern würde. Die liberale Illusion beruhte auf der Annahme, daß alle Regierungen auf den Krieg als ein Mittel nationaler Politik verzichten würden, sobald ihnen die Gefahr der nuklearen Vernichtung bewußt sei. In beiden Fällen wären die Kernwaffen selber so etwas wie Garanten eines dauerhaften Friedens. Dick glaubte an keine dieser Illusionen. Er nahm an, daß es auch in Zukunft Kriege geben und man Kernwaffen einsetzen würde. Seiner Ansicht nach konnten nur Idioten allen Ernstes glauben, daß wir ungeschoren davonkommen sollten, nachdem wir diese Waffen auf die Welt losgelassen hatten. Er lebte in der Erwartung, daß man uns früher oder später eine Dosis unserer eigenen Medizin verpassen würde, und sah keinen Grund vorauszusetzen, daß andere Nationen weiser oder barmherziger sein würden als wir selber. Daß die Menschen seelenruhig in Städten wie New York weiterlebten, als ob es kein Hiroshima gegeben hätte, verblüffte ihn. Während wir durch Cleveland und St. Louis fuhren, schätzte er im Geist die Distanzen vom Bodennullpunkt ab, die Reichweiten der tödlichen Strahlung sowie die Druck- und Feuerschäden. Seine Zukunftsperspektive war mehr als düster. Mir war, als führe ich mit Lot durch Sodom und Gomorrha.

Und doch war Dick nie schwermütig. Sein Vertrauen in die Fähigkeit der einfachen Leute, die Verbrechen und Verrücktheiten ihrer Regierungen zu überleben, war unbegrenzt. Wie Jof, der Gaukler, saß er am Vorabend des letzten Gerichts in aller Ruhe bei seinen Gästen und teilte seine frische Milch und die wilden Erdbeeren mit ihnen. Er wußte, wie zäh die einfachen Menschen sind, wie Tod und Zerstörung oft das Beste in uns weckt.

Zufällig hatte ich ein Jahr zuvor, im Sommer 1947, drei Wochen in einer Trümmerstadt, dem ausgebombten Münster in Westfalen, verbracht. Die Universität Münster hatte eine Gruppe ausländischer Studenten eingeladen, um den deutschen Studenten einen ersten Kontakt mit der Außenwelt zu verschaffen. Wir hatten einen Stadtplan bekommen, damit wir uns in den Schuttbergen zurechtfinden konnten. «Auch eine Trümmerstadt», hieß es darin, «kann und soll – trotz Not und aller Erschwernisse – im Aussehen ihrer Straßen und Bürgersteige, im Bilde ihrer Anlagen und Gärten, von der Heimatverbundenheit, dem Ordnungssinn und dem Aufbauwillen ihrer Behörden und Einwohner sprechen.» So war es auch. Jeden Abend, wenn das Wetter es erlaubte, stiegen die hungrigen Bewohner Münsters aus ihren Kellern, ihre Geigen, Cellos und Fagotte unter dem Arm und veranstalteten erstklassige Freiluftkonzerte. An einem Abend wurde sogar eine Oper aufgeführt, *Cavalleria Rusticana*. Die Aufführung war nichts Großartiges, aber das Theater, ein grasüberwuchertes Amphitheater im Schatten alter Buchen und Kastanien und die Schönheit des Abends machten die Unvollkommenheiten der Aufführung bei weitem wett. Damals hatte ich mich schon so daran gewöhnt, Hunger zu haben und über Schuttberge zu klettern, daß ich es gar nicht mehr bemerkte. Selbst in drei Wochen gewöhnt man sich völlig daran, in einer Welt voller Hunger und Schutt zu leben. Ich erzählte Dick von meinen Erfahrungen in Deutschland, und er sagte, daß dies genau seinen Erwartungen entspreche. Für ihn war es undenkbar, daß Bomben, selbst Atombomben, den Lebenswillen der Menschheit auf die Dauer brechen könnten. «Wenn Du an all den Irrsinn denkst, den wir schon überlebt haben», sagte er, «so ist eine Atombombe gar keine so aufregende Sache.» Der Tod ist nichts Weltbewegendes, wenn man Jof, der Gaukler, ist, der die schwarzen Schwingen des Todesengels über sich weiß, während er seinen Wagen durch den Sturm lenkt.

Von den Bomben wechselten wir zur Wissenschaft. Dick und ich hatten schon immer wissenschaftliche Meinungsverschiedenheiten gehabt. Jeder wehrte sich gegen die Ideen des anderen, und das half uns beiden, unsere Gedanken zu ordnen. Dick mißtraute meiner Mathematik, und ich mißtraute seiner Intuition. Er hatte seine wundervolle Vision der Welt – ein aus Weltlinien gewobenes Gebilde in Raum und Zeit, in dem sich alles frei bewegte und in dem man am Ende alle möglichen Pfade zusammenzählte, um das Geschehen zu beschreiben. Für seine Betrachtungsweise war wesentlich, daß sie umfassend war. Sie mußte alles, was in der Natur geschah, beschreiben. Das Bild von der Summe aller Pfade konnte unmöglich für einen Teil der Natur richtig und für einen anderen falsch sein. Es war unvorstellbar, daß es auf Elektronen zutraf, nicht aber auf die Schwerkraft. Es war ein Vereinheitlichungsprinzip, das alles oder nichts erklärte. Und eben das erfüllte mich mit tiefer Skepsis. Ich wußte, wie viele große Wissenschaftler diesem Irrwisch einer einheitlichen Theorie schon nachgejagt waren. Der Boden der Wissenschaft war übersät mit den Trümmern solcher einheitlichen Theorien. Selbst Einstein hatte zwanzig Jahre seines Lebens auf die Suche nach einer einheitlichen Theorie verwandt und nichts gefunden, was ihn befriedigen konnte. Ich hatte große Bewunderung für Dick, aber daß er Einstein übertreffen konnte, mochte ich nicht glauben. Dick begegnete meiner Skepsis mit dem Argument, daß Einstein scheiterte, weil er nicht mehr in konkreten, physikalischen Bildern dachte und statt dessen angefangen hatte, Gleichungen zu manipulieren. In diesem Punkt mußte ich Dick recht geben. Die großen Entdeckungen aus Einsteins jungen Jahren beruhten alle auf direkter, physikalischer Intuition. Seine späten, einheitlichen Theorien scheiterten, weil sie nur Reihen von Gleichungen ohne physikalische Bedeutung waren. Dicks Theorie von der Summe aller Pfade war ganz im Geiste des jungen Einstein. Sie war fest in der physikalischen Realität verwurzelt. Doch das Argument, das ich Dick weiterhin entgegenhielt, war, daß seine Theorie eher ein großartiger Traum als eine wissenschaftliche Theorie war. Niemand außer ihm selber konnte Dicks Theorie anwenden, da er die Spielregeln im Verlaufe seines Vorgehens festlegte, indem er immer wieder seine Intuition zu Hilfe rief. Solange die Regeln nicht systematisch festgelegt und mathematisch präzisiert waren, konnte ich sie nicht als Theorie gelten lassen.

In der Frage der Natur physikalischer Theorien nahm ich einen orthodoxen Standpunkt ein. Danach sind große Vereinheitlichungsprinzipien keine Theorien. Wir dürfen vielleicht darauf hoffen, eines Tages ein großes Vereinheitlichungsprinzip für die gesamte Physik zu finden, aber das ist eine Aufgabe für zukünftige Generationen. Vorläufig ist die Natur in praktischer Weise in klar abgegrenzte Gebiete unterteilt, und wir müssen uns damit begnügen, ein Gebiet nach dem anderen zu begreifen. Eine Theorie ist eine detaillierte und präzise Naturbeschreibung, die für ein bestimmtes Gebiet gültig ist. Theorien, die verschiedenen Gebieten angehören, verwenden verschiedene Konzepte und beleuchten unsere Welt von verschiedenen Gesichtspunkten.

Die Welt der Physik ist zur Zeit in drei Hauptgebiete aufgeteilt. Das erste umfaßt die Welt der Körper mit sehr großer Masse, die Planeten, Sterne und Galaxien, die Welt des Universums in seiner Totalität. Hier ist die Schwerkraft die alles beherrschende Kraft und Einsteins allgemeine Relativität der überragende theoretische Erfolg. Das zweite Gebiet ist die Welt des ganz Kleinen, der kurzlebigen Teilchen, die bei Hochenergie-Kollisionen und im Inneren von Atomkernen auftreten. Auf diesem Gebiet dominieren die starken Kernkräfte, und es existiert noch keine vollständige Theorie. Theorien-Fragmente kommen und gehen und beschreiben in mehr oder minder zufriedenstellender Weise einzelne Aspekte dessen, was die Experimentalphysiker beobachten. Doch die Welt des mikroskopisch Kleinen bleibt auch heute, was sie schon 1948 war, eine eigene Welt, die immer noch darauf wartet, gründlich erforscht zu werden. Zwischen dem extrem Kleinen und dem extrem Großen liegt das dritte Gebiet, das Mittelfeld der Physik. Dieses Mittelfeld ist ein gewaltiges Gebiet, das alles umfaßt, was größenmäßig zwischen einem Atomkern und einem Planeten liegt. Dies ist die Welt unserer alltäglichen, menschlichen Erfahrung, ein Gebiet, das Atome und Elektrizität, Licht und Klang, Gase, Flüssigkeiten und feste Körper, Stühle, Tische und Menschen mit einschließt. Die Theorie dieses Mittelfeldes war die Theorie, die wir Quantenelektrodynamik nannten. Ihr Ziel war es, eine vollständige und zutreffende Beschreibung aller physikalischen Prozesse zu geben, die sich in diesem dritten Gebiet abspielen, ausgeschlossen blieb einzig das Riesengroße und das Winzigkleine.

So argumentierten Dick und ich die ganze Nacht hin und her. Dick versuchte, die gesamte Physik zu verstehen. Ich war bereit, mich mit einer Theorie, die nur das Mittelfeld erklärte, zufriedenzugeben. Er war auf der Suche nach allgemeinen Prinzipien, die so flexibel sein mußten, daß sie allem, was das Universum enthielt, gerecht werden konnten. Ich dagegen suchte nach einer wohlgeordneten Reihe von Gleichungen, die alles, was sich im Mittelfeld abspielte, genau beschreiben würde. Wir redeten hin und her. Wenn man heute, nach mehr als dreißig Jahren, auf die Diskussion zurückblickt, sieht man sofort, daß wir beide recht hatten. Es ist ein besonderer Reiz der Wissenschaft, daß Standpunkte, die diametral entgegengesetzt scheinen, später in einem größeren Zusammenhang beide richtig sein können. Ich hatte recht, weil sich die Natur offenbar bereitwillig in Gebiete unterteilen läßt. Wie sich später zeigte, leistete die Theorie der Quantenelektrodynamik alles, was ich mir von ihr versprochen hatte. Sie ermöglicht es, mit größter Präzision die Resultate aller Experimente vorauszusagen, die auf dem Gebiet des Mittelfeldes ausgeführt worden sind. Dick hatte recht, weil sich zeigte, daß seine allgemeinen Regeln für die Raum-Zeit-Entwicklung und die Summe aller Pfade einen viel weiteren Gültigkeitsbereich haben als die Quantenelektrodynamik. Auf dem Gebiet des sehr Kleinen, das heute unter der Bezeichnung Elementarteilchenphysik bekannt ist, erwies sich der starre Formalismus der Quantenelektrodynamik als nutzlos, während Dicks flexible Regeln, die sogenannten Feynman-Diagramme, das erste Hilfsmittel jedes Theoretikers sind.

Während jener Sturmnacht in unserem kleinen Zimmer in Vinita dachten Dick und ich nicht an das, was in dreißig Jahren sein würde. Ich wußte nur, daß irgendwo in Dicks Ideen der Schlüssel zu einer Theorie der Quantenelektrodynamik verborgen war, die einfacher und physikalischer sein mußte als Julian Schwingers ausgeklügelte Konstruktion. Und Dick wußte bloß, daß ihm Größeres vorschwebte, als Julian Schwingers Gleichungen zurechtzustutzen. So blieb die Diskussion offen, und jeder ging seinen eigenen Weg.

Vor dem Morgengrauen dösten wir noch ein wenig ein und machten uns, sobald es Tag geworden war, wieder auf den Weg nach Oklahoma City. Es regnete immer noch, aber weniger heftig als am Vortag. Wir kamen durch Sapulpa, eine Stadt, die infolge des Ölbooms aus allen Nähten platzte. Und dann war die Straße abermals gesperrt. Beim Versuch, das Hindernis zu umfahren, standen wir plötzlich am Wasser und sahen, wie die Straße in einem gewaltigen See verschwand. Auf dem Rückweg begegneten wir einem Cherokee-Indianer und seiner Frau, die auf unsicheren Beinen im Regen die Straße entlang gingen. Sie waren völlig durchnäßt und kletterten beglückt zu uns ins Auto. Sie kannten eine ungepflasterte Straße, die durch höheres Gelände führte und daher nicht überschwemmt war. Im Auto wurden sie bald wieder trocken und munter und leisteten uns fast den ganzen Tag Gesellschaft. Sie waren unterwegs nach Shawnee, wo sie auf der Baustelle eines Ölfeldes arbeiteten. Irgendwie waren sie in den Besitz von fünf Liter Fusel gekommen, worauf sie die Arbeit sausenließen, um Familie und Freunde in Sapula mit dem Schnaps zu beglücken. Das Fest endete, als die fünf Liter ausgetrunken waren, am Tag bevor wir das Paar angetroffen hatten. Die Überschwemmungen zwangen uns, dem höher gelegenen Gelände im Norden zu folgen, so daß wir uns immer weiter von Shawnee entfernten. Als die Indianer schließlich ausstiegen und sich freundlich von uns verabschiedeten, waren die beiden viel weiter von ihrem Ziel entfernt als zu Beginn unserer gemeinsamen Fahrt.

Die letzte Hürde war die Überquerung des Cimarron River. Der

Fluß war ungefähr eine halbe Meile breit, das ziegelrote Wasser reißend mit gewaltigen, stehenden Wellen. Ich erwartete, daß die Brücke jeden Moment weggespült würde, während wir langsam darüberkrochen. Auf der anderen Seite klärte sich der Himmel allmählich auf, und wir fuhren friedlich durch Texas, wo wir die letzte Schlafpause der Reise einlegten.

Die Kakteen in der Wüste standen voll roter Blüten, und Dick war außer sich vor Freude, als wir gegen Albuquerque brausten. Die Sonne strahlte für uns, und alle Polizeiautos schrillten ihren Willkommensgruß. Es dauerte einige Zeit, bis Dick bemerkte, daß die Polizei uns zum Anhalten aufforderte. Die Polizisten teilten uns höflich mit, daß wir alle verfügbaren Verkehrsdelikte begangen und hiermit vor dem Friedensrichter zu erscheinen hätten. Glücklicherweise war der Friedensrichter in seinem Amtszimmer, und so konnte der Fall sofort abgeklärt werden. Der Friedensrichter verurteilte uns zu einer Buße von fünfzig Dollar, da wir in einer Zwanzig-Meilen-Zone mit siebzig Meilen gefahren waren und jede Meile über der Geschwindigkeitsbegrenzung einen Dollar kostete. Das war offenbar die saftigste Buße, die er je einem Raser aufgebrummt hatte. Wir hatten alle Rekorde gebrochen. Dann gab Dick eine seiner großartigsten Vorstellungen, er schilderte, wie er zweitausend Meilen von Ithaca nach Albuquerque gefahren war, um das Mädchen zu besuchen, das er heiraten wollte, schwärmte, was für eine herrliche Stadt Albuquerque sei, wie glücklich er sich fühle, nach drei Jahren endlich wieder zurück zu sein. Bald tauschten Dick und der Friedensrichter alte Geschichten über die Kriegsjahre in Albuquerque aus, und schließlich ließ man uns mit einer Buße von 14.50 Dollar laufen, 10 Dollar für zu schnelles Fahren und den Rest für Gerichtsspesen. Dick und ich teilten uns die Buße, und dann besiegelten wir alle drei die Sache mit Handschlag. Anschließend ging jeder seines Weges.

Ich bestieg einen Greyhound Bus nach Santa Fe und reiste dann in bequemen Etappen nach Ann Arbor zurück. Ich entdeckte bald, daß man bei langen Busreisen am besten nachts reist und sich tagsüber ausruht oder die Landschaft kennenlernt. Auch sind die Mitreisenden nachts gesprächiger und zugänglicher. Auf der langen Fahrt von Denver nach Kansas City freundete ich mich mit zwei jungen Leuten an, einem Matrosen aus San Francisco und einem Mädchen aus Kansas. Wir redeten die ganze Nacht, zuerst über Liebesaffären, dann über Familiengeschichten und Gott und schließlich über Politik. Dabei fiel mir auf, daß bei einem vergleichbaren Gespräch zwischen Fremden in England dieselben Themen in umgekehrter Reihenfolge aufgetaucht wären. Die beiden wußten herrlich zu erzählen und hielten das Gespräch in Schwung, bis die Sonne vor uns am Horizont aufstieg. Zeitweise kam ich mir neben ihnen sehr alt und zeitweise sehr jung vor.

In den fünf Wochen in Ann Arbor knüpfte ich viele neue Freundschaften. Die Sommerschule von Ann Arbor war zu jener Zeit, was sie schon in den dreißiger Jahren gewesen war, der wichtigste Sommer-Umschlagsplatz für herumreisende Physiker. Julian Schwingers Vorlesungen waren ein Wunder an ausgefeilter Eleganz, eine schwierige, virtuos gespielte Violinsonate, mehr Technik als Musik. Zum Glück war Schwinger ein freundlicher und zugänglicher Mensch. Ich konnte ausführlich mit ihm reden und gewann aus diesen Gesprächen ein besseres Verständnis dafür, wie seine Theorie zusammengesetzt war als aus seinen Vorlesungen. In den Vorlesungen wirkte seine Theorie wie ein geschliffener Diamant, glitzernd und blitzend. Wenn ich sonst mit ihm sprach, sah ich sie im Rohzustand, so wie er sie selber sah, bevor er mit dem Schleifen und Polieren begann. So war mir seine Denkweise viel besser verständlich. Die Physiker in Ann Arbor überließen mir großzügig ein Arbeitszimmer im obersten Stockwerk ihres Gebäudes. Jeden Nachmittag zog ich mich ein paar Stunden dorthin zurück und verarbeitete noch einmal jeden Schritt seiner Vorlesung und jedes Wort unserer Gespräche. Ich wollte Schwingers Technik so beherrschen wie vor zehn Jahren die Differentialgleichungen Piaggios. Die fünf Wochen waren schnell vorbei. Ich füllte Hunderte von Seiten mit meinen Berechnungen und arbeitete mit Hilfe der Methode Schwingers verschiedene einfache Probleme durch. Am Schluß der Sommerschule traute ich es mir jedenfalls zu, Schwingers Theorie so gut zu verstehen wie jeder andere, Schwinger vielleicht ausgenommen. Und zu diesem Zweck war ich nach Ann Arbor gekommen.

Während ich in Ann Arbor war, geschah noch etwas, was mich sehr bewegte. Ich erhielt einen langen Brief aus Münster, von einem der Mädchen, die ich während der Hungerwochen des Vorjahres kennengelernt hatte. Sie schrieb deutsch, doch der Brief endete mit einem Yeats-Zitat:

I would spread the cloths under your feet,
But I am poor, and have only my dreams.
I have spread my dreams under your feet;
Tread softly, because you tread on my dreams.

Ich breitete die Tücher dir zu Füßen,
Doch weil ich arm bin, hab' ich nur die Träume;
Die Träume breit ich aus vor deinen Füßen:
Tritt leicht darauf, du trittst auf meine Träume.

Ich fragte mich, ob ein Mädchen, für das Englisch eine Femdsprache war, überhaupt spüren konnte, wie großartig diese Strophe als Lyrik ist. Ich kam zu dem Schluß, daß sie es wahrscheinlich spürte, und nahm mir das Versprechen ab, leicht aufzutreten.

In Ann Arbor bestieg ich abermals einen Greyhound Bus und fuhr die ganze Strecke bis nach San Francisco. Der denkwürdigste Teil dieser Reise war die kurvenreiche Fahrt von Wyoming den Echo Creek hinunter zum Becken des Großen Salzsees. Wir kamen durch die Bergtäler, die Mormonen-Pioniere vor hundert Jahren besiedelt hatten. Diese Täler waren gehegt und gepflegt wie Bergtäler in der Schweiz. Nirgends in Amerika hatte ich so liebevoll bestelltes Land gesehen. Man konnte sofort sehen, daß diese Menschen glaubten, das gelobte Land erreicht zu haben, und daß sie es ihren Enkeln in Schönheit hinterlassen wollten.

Ich blieb zehn Tage in San Francisco und Berkeley und erholte mich von der Physik. Ich las Joyce's *Portrait of the Artist as a Young Man – Ein Portrait des Künstlers als junger Mann* und Nehrus Autobiographie. Ich lernte Kalifornien ein wenig kennen und kam zu der Überzeugung, daß Utah mir besser gefiel. Wenn ich die Leistungen der Siedler in Utah und in Kalifornien miteinander verglich, schien mir, daß Utah seine Größe erarbeitet hatte, während sie Kalifornien geradezu in den Schoß gefallen war. Kalifornien hat nichts zu bieten, das den Mormonentälern gleichkommt, wo jedes Dorf sich um seinen großen Tempel schart und die Berge auf beiden Talseiten geradewegs in den Himmel steigen.

Anfang September war es Zeit, wieder an die Ostküste zurückzukehren. Ich setzte mich in einen Greyhound Bus und fuhr drei Tage und drei Nächte lang nonstop bis Chicago. Diesmal begegnete mir niemand, mit dem ich hätte reden können. Die Straßen waren zu holperig zum Lesen, und so saß ich und starrte aus dem Fenster und verfiel nach und nach in einen angenehmen Betäubungszustand. Während wir am dritten Tag eintönig durch Nebraska dröhnten, geschah es plötzlich. Zwei Wochen lang hatte ich keinen Gedanken an die Physik verschwendet, und nun brach sie plötzlich explosionsartig in mein Bewußtsein ein. Feynmans Bilder und Schwingers Gleichungen begannen in meinem Kopf mit nie gekannter Klarheit ihren Platz einzunehmen. Zum ersten Mal konnte ich alles unter einen Hut bringen. Eine oder zwei Stunden verbrachte ich noch damit, die Stücke herumzuschieben und neu anzuordnen. Dann wußte ich, daß sie alle zusammenpaßten. Ich hatte weder Papier noch Bleistift, doch alles war so klar, daß ich nichts niederzuschreiben brauchte. Feynman und Schwinger betrachteten dasselbe Ideengefüge von zwei verschiedenen Seiten. Wenn man ihre Methoden kombinierte, mußte das eine Theorie der Quantenelektrodynamik geben, welche die mathematische Präzision Schwingers mit der praktischen Flexibilität Feynmans verband. Damit hätte man endlich eine klare Theorie des Mittelfeldes. Ich hatte das unwahrscheinliche Glück, daß ich der einzige Mensch war, dem sich die Gelegenheit geboten hatte, ausführlich mit Schwinger und mit Feynman zu sprechen und wirklich zu erfassen, was die beiden im Sinn hatten. In der Stunde meiner Erleuchtung dankte ich meinem Lehrer, Hans Bethe, der das ermöglicht hatte. Während draußen die Sonne über der Prärie unterging, verbrachte ich die restlichen Stunden des Tages damit, im Kopf die Form der Arbeit zu umreißen, die ich in Princeton schreiben wollte. Als Titel hatte ich vorgesehen «The Radiation Theories of Tomonaga, Schwinger and Feynman» (Die Strahlungstheorie von Tomonaga, Schwinger und Feynman). Damit wollte ich sicherstellen, daß Tomonaga den ihm zustehenden Anteil des Ruhmes erhielt. Inzwischen hatten wir Iowa erreicht, draußen wurde es dunkel, und ich fiel in einen gesunden, langen Schlaf.

Ein paar Tage später holte ich meine Habseligkeiten in Ithaca ab und fuhr weiter nach Princeton. Ich hatte mich so an Greyhound Busse gewöhnt, daß ich es fast bedauerte, am Ende meiner Reise angelangt zu sein. Doch in Princeton wartete Arbeit auf mich. An einem schönen Septembermorgen ging ich zum ersten Mal die eineinhalb Meilen von meinem Zimmer in Princeton zum Institute for Advanced Study. Es war genau ein Jahr her, daß ich England verlassen hatte, um bei den Amerikanern Physik zu lernen. Und hier war ich nun ein Jahr später, an einem schönen Septembermorgen, auf dem Weg zum Institut, um dem großen Oppenheimer Physik beizubringen. Die ganze Situation war zu absurd, um wahr zu sein. Ich mußte mich kneifen, um sicher zu sein, daß ich nicht träumte. Doch die Sonne schien, die Vögel zwitscherten immer noch in den Bäumen. Gib acht, sagte ich mir, tritt sachte auf, du trittst auf meine Träume.

7

Die Besteigung des F6

Seven years and the summer is over.
Seven years since the Archbishop left us,
But it would not be well if he should return ...
For us, the poor, there is no action,
But only to wait and to witness ...
O Thomas Archbishop,
O Thomas our Lord, leave us and leave us be, in our humble and
tarnished frame of existence, leave us; do not ask us
To stand to the doom on the house, the doom on the Archbishop,
the doom on the world.

Sieben Jahr und der Sommer vergangen,
Sieben Jahr, seit der Hirt uns verlassen,
Der seiner Herde stets mild und hold war. –
Doch wär es nicht gut, wenn er wiederkäm ...
Für uns, für die Armen, gibt's kein Tun,
Nur warten und Zeugnis geben ...
O Thomas, Erzbischof,
O Thomas, Erzhirt, verlaß uns und laß uns leben in unserer niedren,
verwitterten Erdengestalt, verlaß uns und heiß uns nicht
Stehn dem Gericht übers Haus, dem Gericht übern Erzbischof,
dem Gericht allüber die Welt!

Im Herbst 1948 saß ich in Oppenheimers Arbeitszimmer, während diese Verse aus T.S. Eliots *Mord im Dom* in mir nachklangen. Wir waren acht junge Physiker, sechs Männer und zwei Frauen, die sich dieses Arbeitszimmer teilten, während die Bauleute so schnell wie möglich ein neues Gebäude fertigstellten, in dem jeder von uns ein eigenes Arbeitszimmer bekommen sollte. Von mir aus hätten die Bauleute nie fertig werden müssen. Es war viel gemütlicher und angenehmer in dem großen Zimmer, in dem wir zu acht um den großen, runden Tisch saßen, redeten und einander kennenlernten. Von Oppenheimer eingeladen, waren wir aus ganz verschiedenen Ländern alle an das Institute for Advanced Study gekommen, um bei ihm zu arbeiten. Wir waren jung und mit wenig Besitz belastet. Unsere paar Bücher und Notizen hatten auf dem Tisch leicht Platz. Es war ein Glück, daß Oppenheimer in Europa war und daher sein Arbeitszimmer nicht brauchte. So verbrachten wir sechs oder sieben Wochen damit, leicht beklommen auf seine Rückkehr zu warten. Die Wochen vergingen, seine Abwesenheit schien uns immer längere Schatten zu werfen, so wie die Gestalt des abwesenden Erzbischofs in der ersten Szene von Eliots Stück alles überschattet und seinen dramatischen Auftritt und die rasch hereinbrechende Tragödie vorbereitet. Wir wußten zwar 1948 noch nicht, was für eine Tragödie uns bevorstand, aber das bedrückende Gefühl eines drohenden Verhängnisses lag in der Luft.

1948 war ein ernüchterndes Jahr für alle, die gehofft hatten, aus dem Chaos des zweiten Weltkrieges doch noch einen dauerhaften Frieden hervorgehen zu sehen. In jenem Herbst, während wir um Oppenheimers Tisch saßen, bekämpften sich Juden und Araber in Palästina, verhängten die Sowjets die Blockade über Berlin, das in einer gewagten Aktion über eine Luftbrücke mit dem Lebensnotwendigsten versorgt wurde, und in den Vereinten Nationen scheiterte der Plan einer wirksamen internationalen Kontrolle von Kernwaffen. Europa und halb Asien lagen noch in Trümmern, und schon schien die Menschheit bereit, sich Hals über Kopf in einen noch viel weitreichenderen und verheerenderen Wahnsinn zu stürzen. Wir stellten düstere Überlegungen über den voraussichtlichen Gang der Dinge an, falls sich die Lage in Berlin schlecht entwickeln sollte. Die Folgen wären eine rasche sowjetische Besetzung jener Gebiete Europas, die noch außerhalb der sowjetischen Einflußsphäre lagen; und ein atomarer Gegenschlag der Amerikaner gegen sowjetische Städte. Viele Amerikaner waren der Meinung, daß der amerikanische Vorrat an Atombomben ausreichen müßte, die Sowjetunion zu besiegen. Das wußte ich besser. Ich wußte, daß dieselbe Illusion Napoleon 1812 und Hitler 1941 ins Verderben getrieben hatte. Im Herbst 1948 schien die Gefahr mit Händen zu greifen, die Amerikaner könnten, von der Wahnvorstellung eines schnellen Sieges über die Russen geblendet, den Weg Napoleons und Hitlers gehen und sich dann ernüchtert in einen Krieg ohne Ende verwickelt finden. Ich überlegte allen Ernstes, ob ich zu meinen Eltern nach England zurückkehren oder sie überreden sollte, zu mir nach Amerika zu kommen, bevor es zu spät war.

Wir saßen in Oppenheimers Arbeitszimmer und harrten und bangten. Wir wußten, daß er eine schwere Verantwortung trug, sowohl dafür, daß er dazu beigetragen hatte, neue Schrecken über die Menschheit zu bringen, wie für die Versuche, die Konsequenzen zu mildern. Wir waren froh, seine Verantwortung nicht teilen zu müssen. Alles, was wir wollten, war Friede, den Krieg vergessen, der hinter uns lag, den Kriegen entrinnen, die uns noch bevorstehen mochten. Wir waren der Chor der Frauen von Canterbury, die Eliot auf den Stufen vor der Kathedrale stehen läßt.

> We have seen the young man mutilated,
> The torn girl trembling by the mill-stream.
> And meanwhile we have gone on living,
> Living and partly living …
> Building a partial shelter,
> For sleeping and eating and drinking and laughter.

God gave us always some reason, some hope; but now a new terror has soiled us, which none can avert, none can avoid, flowing under our feet and over the sky.

Wir haben den Jungmann verstümmelt gesehen,
Die Dirne verschleppt und ins Wasser gescheucht.
Inzwischen lebten wir weiter.
Bauten ein Schlupfdach, halbwegs dicht,
Für Essen und Schlaf und Trunk und Gelächter.

Gott gab uns stets einen Grund, eine Hoffnung; doch hat ein neues Graun uns besudelt, das keiner wendet, dem keiner entgeht, kriecht unterm Fuß, kriecht über den Himmel.

Durch einen seltsamen Zufall war Eliot, zur gleichen Zeit wie wir alle von Oppenheimer eingeladen, ebenfalls Gast am Institut. Steif und in sich gekehrt erschien er jeden Tag zur Teezeit in der Halle des Institutes und saß mit einer Zeitung und einer Tasse abseits. Seit der Zeit, als er *Mord im Dom* geschrieben hatte, waren dreizehn Jahre vergangen. Ich fragte mich, ob er eine Ahnung hatte von dem, was mir durch den Kopf ging. Konnte dieser Mann, der aus der Tiefe seines Glaubens und seiner Verzweiflung das Drama des todgeweihten Erzbischofs geschaffen hatte, taub sein für den Widerhall seiner eigenen Worte in unserem tragischen Jahrhundert? Wartete auch er in Angst und Verzweiflung auf ein böses Omen, das Oppenheimers Rückkehr begleiten würde? Von uns jungen Wissenschaftlern gelang es keinem, die Schranke aus Ruhm und Reserve zu durchbrechen, die Eliot umschloß wie ein Glaskasten eine Mumie.

Oppenheimer kehrte schließlich zurück. Wir wurden aus unserem Garten Eden in seinem Arbeitszimmer vertrieben und in das neue Gebäude verbannt. Er sagte nicht, wie der Erzbischof,

Peace. And let them be in their exaltation.
They speak better than they know, and beyond your understanding.

Gib Frieden, laß sie, begeistert, wie sie sind.
Sie sagen mehr, denn sie wissen und du begreifst.

Er hatte keine denkwürdigen Begrüßungsworte für uns übrig. In Wahrheit hatte er überhaupt sehr wenig Zeit für uns und eilte fast sofort in politischen Angelegenheiten nach Washington. Seine rasche Abreise war für uns gleichzeitig eine Enttäuschung und eine Erleichterung. Wir konnten genausogut ohne ihn weiterarbeiten. Mir wurde sehr schnell bewußt, daß mein Versuch, ihn in die Rolle des Erzbischofs zu drängen, ein Fehler war. Was immer das Schicksal mit ihm vorhaben mochte, ein herkömmliches Martyrium bestimmt nicht. Zwei kleine Jungen, denen jemand zuhörte, als sie an unserem Gebäude vorbeigingen, trafen den Nagel auf den Kopf. Das Gebäude besitzt ein Türmchen und eine leicht ekklesiastische Atmosphäre. «Ist das eine Kirche?» fragte der eine Junge. «Nein», sagte der andere, «das ist das Institut. Das Institut ist keine Kirche, das Institut ist ein Ort, wo man ißt.» Als Oppenheimer von diesem Gespräch hörte, war er entzückt. Alle Versuche unkritischer Bewunderer, ihn zu einer Heiligenfigur hochzustilisieren, stießen bei ihm auf wenig Gegenliebe. 1964 verfaßte ein deutscher Schriftsteller ein lobhudelndes Fernsehstück, in dem er Oppenheimers Prozeß und Verurteilung dramatisierte. Oppenheimer versuchte vergeblich, die Produktion zu stoppen, indem er die Produzenten verklagte, weil das Stück ihn in einem falschen Licht darstellte. «Sie wollten eine Tragödie aus der Geschichte machen», sagte Oppenheimer, «wo es doch eine Farce war.»

Eliot war noch Gast am Institut, als bekannt wurde, daß ihm der Nobelpreis für Literatur zugesprochen worden war. Sofort war er von Journalisten umschwärmt und zog sich noch mehr in sein Schneckenhaus zurück. Ich sah ihn zum letzten Mal kurz vor seiner Abreise nach Stockholm, als Oppenheimer ihm zu Ehren eine große Abschiedsparty veranstaltete, ein kaltes Buffet für ungefähr hundert Personen. Oppenheimer, hochelegant in schwarzer Halsbinde und Smoking, war der vollendete Gastgeber. Als er mit mir sprach, gab er mir das Rezept für ein paar ausgezeichnete, mexikanische Hors-d'œuvres, die beim Essen serviert wurden. Eliot saß abgesondert von der großen Masse mit einer Gruppe älterer, distinguierter Gäste in einem kleinen Salon. Am Schluß kam ich doch noch dazu, ihm die Hand zu schütteln, aber das war nicht der richtige Moment, um ihn nach seiner Meinung über Oppenheimer zu fragen. Viele Jahre später fragte ich Oppenheimer einmal, was er über Eliot dachte. Oppenheimer liebte Eliots Gedichte und schätzte sein Genie hoch, aber er mußte zugestehen, daß Eliots Aufenthalt am Institut kein Erfolg gewesen war. «Ich hatte Eliot in der Hoffnung eingeladen, er werde ein neues Meisterwerk hervorbringen. Doch alles, was er hier tat, war an der *Cocktail Party* zu arbeiten, dem Schlechtesten, was er je geschrieben hat.»

In den ängstlich erwartungsvollen Wochen, die ich mit den anderen jungen Leuten in Oppenheimers Arbeitszimmer saß, hatte ich Zeit, die Arbeit niederzuschreiben, in der ich die Gedanken, die mich in jenem Greyhound Bus in Nebraska überfallen hatten, in allen Einzelheiten darlegte. Noch bevor Oppenheimer zurückkam, war ich fertig damit und reichte sie an die *Physical Review* ein, so daß er keine Gelegenheit hatte, Einwände vorzubringen. Als er wieder am Institut war, schickte ich ihm ein Exemplar der Arbeit und harrte der Dinge, die da kommen würden. Doch es kam gar nichts, was mich eigentlich nicht überraschte. Schließlich war meine Arbeit nur ein unbedeutendes Rädchen im großen Gefüge der Wissenschaft. Ich hatte nichts anderes getan, als die Details der Quantenelektrodynamik Schwingers und Feynmans zu vereinheitlichen und zu ordnen. Die wesentlichen Schritte hatten Schwinger und Feynman gemacht, bevor ich überhaupt damit begonnen hatte. Sie hatten die Ideen formuliert und es mir überlassen, die Gleichungen zurechtzustutzen. Ich wußte, daß Oppenheimer sich immer mehr für Ideen als für Gleichungen interessiert hatte. Und es verstand sich von selbst, daß er Interessanteres und Dringlicheres zu tun hatte, als meine Arbeit zu lesen.

Als ich nach einigen Wochen schließlich die Gelegenheit hatte, mit Oppenheimer zu sprechen, erfuhr ich zu meiner Verblüffung, daß der Grund für sein fehlendes Interesse genau das Gegenteil von dem war, was ich erwartet hatte. Ich hatte vermutet, daß er mein Programm ganz einfach als unoriginell, als unbedeutenden Abklatsch der Ideen Schwingers und Feynmans abtun würde. Er war aber, ganz im Gegenteil, zur Überzeugung gelangt, daß ich grundsätzlich auf der falschen Spur war. Seiner Meinung nach war es eine Fehlinvestition, sich weiter mit den Ideen Schwingers und Feynmans zu befassen, da diese Ideen wenig mit der Realität gemein hatten. Daß er Feynman nie geschätzt hatte, wußte ich wohl. Aber daß er nun auch Schwinger, seinen eigenen Schüler, den er sechs Monate vorher noch so begeistert gefeiert hatte, heftig ablehnte, war in der Tat ein Schock. Während seines Aufenthaltes in Europa war er zu dem Schluß gekommen, daß die Physik radikal neue Ideen brauchte, daß die Quantenelektrodynamik Schwingers und Feynmans nur ein weiterer, irregeleiteter Versuch war, alte Ideen mit ausgefallenen, mathematischen Techniken zusammenzuflicken. Ich war begeistert von dem, was er sagte, denn das konnte nur bedeuten, daß sich mein Kampf um Anerkennung noch sehr viel interessanter gestalten würde. Anstatt mit Oppenheimer die zweifelhaften Verdienste meiner eigenen Arbeit zu diskutieren, ging es nun um das ganze Programm der Quantenelektrodynamik, um die Ideen Schwingers, Feynmans und Tomonagas. Anstatt geschäftig Detailfragen hochzuspielen, ging der Konflikt um Grundsätzliches. Damals ahnte ich bereits, daß der Herr ihn in meine Hände gegeben hatte.

Oppenheimer leitete einmal pro Woche ein Seminar, in dem ich einer der Vortragenden war. Meine ersten zwei Versuche, meine Ideen darzulegen, endeten katastrophal. Nach der zweiten Niederlage schickte ich meinen Eltern in England einen Lagebericht über die unsicheren Fortschritte meiner Bemühungen.

> Ich habe sein Verhalten in den Seminarien sehr aufmerksam verfolgt. Erklärt man, mit Rücksicht auf die übrigen Zuhörer, etwas, was ihm schon bekannt ist, so kann er nicht umhin, einen vorwärtszutreiben; sagt man jedoch etwas, was ihm unbekannt ist oder nicht auf Anhieb einleuchtend erscheint, fährt er, noch bevor man

die Sache richtig dargelegt hat, sofort mit scharfer und manchmal vernichtender Kritik dazwischen, deren man sich, selbst wenn er im Unrecht ist, unmöglich angemessen erwehren kann. Wenn man ihm zuschaut, kann man sehen, daß er unaufhörlich in nervöser Bewegung ist, er raucht pausenlos, und seine innere Unrast entzieht sich meiner Meinung nach weitgehend seiner Kontrolle. Am Dienstag kam es zu unserem vorläufig heftigsten Zusammenstoß, als ich einige ungerechtfertigt pessimistische Bemerkungen kritisierte, die er über Schwingers Theorie machte. Da überrollte er mich mit solcher Vehemenz, daß der Streitfall, zumindest aus der Sicht des Publikums, eindeutig zu seinen Gunsten entschieden war. Anschließend war er allerdings sehr freundlich zu mir und entschuldigte sich sogar.

Das Blatt wendete sich in der dritten Runde. Mein alter Freund und Lehrer, Hans Bethe, kam von der Cornell Universität, um einen Vortrag in unserem Seminar zu halten. Dabei wollte er über einige Berechnungen sprechen, die er mit Hilfe der Feynman-Methode durchgeführt hatte. In meinem wöchentlichen Brief an meine Eltern schilderte ich die Szene:

Er wurde im üblichen Stil in Empfang genommen, an den ich mich inzwischen gewöhnt habe, zahllose Unterbrechungen und ein konfuses Stimmengewirr. Er hatte große Mühe, selbst die wesentlichen Punkte klarzustellen. Während das vor sich ging, blieb er ruhig, sagte gar nichts und schmunzelte mir bloß zu, als wollte er sagen, 'Ich sehe jetzt, wogegen Du zu kämpfen hast!' Dann begann er, mir den Weg zu ebnen, indem er etwa auf eine Frage antwortete, 'Das hat Dyson Ihnen bestimmt schon alles erzählt', worauf ich dann so entschieden wie möglich sagte, 'Dazu bin ich leider noch nicht gekommen.' Am Schluß erklärte Bethe zusammenfassend und mit besonderer Betonung, daß die Feynman-Theorie bei weitem die beste Theorie sei und daß, wer nicht Unsinn erzählen wolle, nicht umhin komme, sie sich anzueignen – alles Dinge, die ich schon lange vergeblich verkündet hatte.

Von da an wurden mir keine Hindernisse mehr in den Weg gelegt. Als ich das nächste Mal im Seminar sprach, hörte Oppenheimer tatsächlich zu. Ich redete noch zweimal, und nach meinem fünften Vortrag fand ich in meinem Briefkasten Oppenheimers offizielle Kapitulationserklärung, ein kleines Stück Papier, auf dem in seiner Handschrift «Nolo contendere. R.O.» stand. Ein paar Tage später überreichte Oppenheimer mir ein Schreiben, in dem mir eine längerfristige Mitgliedschaft am Institut angeboten und auch eine großzügige Regelung getroffen wurde, die es mir erlaubte, von Zeit zu Zeit nach Princeton zu kommen und die übrige Zeit in England zu leben. Er übergab mir das Schriftstück mit einem jener delphischen Aussprüche, für die er berühmt war: «Das können Sie dem Hafenmeister in Lowestoft zeigen, wenn Sie in Ihrem kleinen Boot ausfahren.» Vielleicht dachte er an den großen Physiker Niels Bohr, der 1943 in einem kleinen Boot aus dem von den Deutschen besetzten Dänemark nach Schweden flüchten mußte und von dort nach Los Alamos kam. Aber wieso Lowestoft? Das ist eine Frage, zu der ich nie eine Antwort gefunden habe.

Das neue Jahr, 1949, begann mit einer Monstertagung der Amerikanischen Physikalischen Gesellschaft in New York. Als Präsident der Gesellschaft gab Oppenheimer einen Vortrag im größten Hörsaal; nachdem sein Bild auf dem Titelblatt von *Time* erschienen war, besaß sein Name eine solche Zugkraft, daß der Saal schon eine halbe Stunde vor Beginn mit zweitausend Menschen vollgepackt war. Er sprach über «Felder und Quanten» und vermittelte einen ausgezeichneten historischen Überblick über die Wechselfälle und Rückschläge unserer Versuche, das Verhalten der Atome und der Strahlung besser zu verstehen. Am Schluß berichtete er mit großer Begeisterung über meine Arbeit und sagte, daß sie den Weg in die unmittelbare Zukunft weise, selbst wenn sie nicht tief genug scheine, uns weiter zu tragen. Ich dachte beglückt, «Letztes Jahr Julian Schwinger, dieses Jahr ich. Wer wird es wohl nächstes Jahr sein?»

Nach dem langen Winter brach in Princeton plötzlich der Frühling aus. Oppenheimer war immer häufiger in Washington. Neben seinen normalen Regierungsgeschäften verteidigte er seinen Freund, David Lilienthal, den ersten Vorsitzenden der U.S. Atom-Energie-Kommission, gegen einen bösartigen politischen Angriff, der von den Republikanern im Kongreß ausging. Er verteidigte Lilienthal geschickt und mit Erfolg. Doch dieser Angriff war nur ein erstes Aufwallen der Hysterie, die fünf Jahre später zu Oppenheimers Sturz führen sollte. Während er so in Washington beschäftigt war, befiel uns junge Physiker am Institut das Frühlingsfieber. Wir schlugen den Anspruch, ernsthaft zu arbeiten, in den Wind und genossen das Leben. Es gab Parties und Expeditionen an den Strand. Ein Frühlingsmorgen ist mir in besonders lebhafter Erinnerung. Ein klappriges, altes Dodge-Kabriolett, mit offenem Verdeck, das einer unserer Kolleginnen am Institut gehörte und von einer anderen gelenkt wurde, während wir, acht oder zehn junge Leute, uns in den Sitzen drängten oder am Verdeck festhielten, sauste in halsbrecherischer Zick-Zack-Fahrt durch die Institutswälder zum Fluß hinunter, walzte alles nieder, was im Wege stand und erschreckte die Tiere des Waldes und die distinguierten älteren Professoren bei ihrem Morgenspaziergang zu Tode. Diese Szene blieb in meinem wöchentlichen Brief an meine Eltern unerwähnt; sie brauchten nicht zu wissen, daß ich in Princeton mit einer Bande junger Rowdies herumtobte. Wir waren nie wirklich jung gewesen, jene Jahre waren für uns voller Krieg und Entbehrung gewesen, nun wollten wir Versäumtes nachholen. Einige Jahre später war ich mit der Besitzerin jenes Dodge verheiratet und fuhr den Wagen auf einer vereisten Straße in Ithaca zu Schrott. Aber das steht auf einem anderen Blatt.

Anzufügen wäre noch, daß ich mit der Zeit Professor am Institut wurde, mich in Princeton niederließ und seither hier ein zufriedenes Leben führe. Dadurch war ich vierzehn Jahre lang, seit dem Jahr vor seinem Prozeß bis zu seinem Tod, ein Freund und Kollege Oppenheimers. Ich hatte also sehr viel Zeit, diesen Mann, der sowohl in meinem Leben wie im Schicksal der Menschheit eine so widersprüchliche Rolle spielte, zu beobachten und über ihn nachzudenken. Er weihte mich nur selten in seine Gedanken ein. In den Wochen seines Prozesses, die er in Washington an einer streng geheimgehaltenen Adresse verbrachte, um den Belästigungen durch die Presse zu entgehen, bestand mein einziger Kontakt zu ihm darin, ein dringend benötigtes Wäschepaket über einen Anwalt, der als Zwischenträger fungierte, aus Princeton weiterzuleiten. Nachdem der Prozeß abgeschlossen war und die Regierung ihn zum Sicherheitsrisiko erklärt hatte, kam er nach Princeton zurück und widmete sich der Physik. Das Leben ging seinen gewohnten Gang, nur der große Panzerschrank und die beiden Wachtposten, die ihn sieben Jahre lang Tag und Nacht bewacht hatten, waren verschwunden. Einige Zeitungen verbreiteten das Gerücht, die Kuratoren des Institutes beabsichtigten, Oppenheimer zu entlassen, da ein öffentlich diskreditierter Direktor seiner Aufgabe, das Institut nach außen zu vertreten, nicht mehr gerecht werden könne. Die Kuratoren kündigten eine Sitzung an, in der sie Oppenheimers Direktorium und sein Verbleiben in diesem Amt besprechen wollten. Ich stellte inzwischen diskrete Nachforschungen bei meinen Freunden in England an und versicherte mich einer Ausweichposition, um im Falle einer Entlassung Oppenheimers in einer raschen, dramatischen Geste auf meine Professur verzichten zu können. Die Kuratoren tagten und veröffentlichten eine Erklärung, in der sie Oppenheimer in seinem Amt bestätigten und ihm als Institutsleiter ihr Vertrauen aussprachen. Ich war erleichtert, daß mir die Unannehmlichkeiten einer noblen Geste erspart geblieben waren und ich auch in Zukunft mit Oppenheimer in Princeton zusammenarbeiten konnte. Nach dieser öffentlichen Erniedrigung war er, meiner Meinung nach, ein besserer Direktor als zuvor. Er war weniger oft in Washington und hatte mehr Zeit für das Institut. Er war zwar immer noch eine wichtige Persönlichkeit des öffentlichen Lebens, die wissenschaftliche Gemeinde und die Internationale der Intellektuellen machten ihn zu ihrem Helden, aber er war entspannter und aufgeschlossener für Alltagsfragen. Endlich konnte er sich wieder dem widmen, was er am liebsten tat – lesen, nachdenken und über Physik reden.

Oppenheimer hatte eine echte, lebenslange Leidenschaft für die Physik. Es war sein Lebensinhalt, darum zu ringen, die tiefen Geheimnisse der Natur zu begreifen. Ich enttäuschte ihn, weil ich mich nicht zu einem tiefen Denker entwickelte. Als er mich impulsiv für längere Zeit an sein Institut holte, hatte er gehofft, sich einen jungen Bohr oder einen jungen Einstein zu sichern. Wenn er mich damals um Rat gefragt hätte, wäre meine Antwort gewesen, Dick Feynman ist der richtige Mann dafür, nicht ich. Meine Stärke war und ist es immer eher gewesen, Probleme zu entschlüsseln, als Ideen hervorzubringen. Es ist mir nicht gegeben, wie Bohr und Feynman, jahrelang meinen ganzen Verstand auf eine tiefe Frage zu konzentrieren. Mich interessieren zu viele verschiedene Dinge. Als ich Oppenheimer um Rat bat, empfahl er mir, meinem eigenen Schicksal zu folgen. Das habe ich dann auch getan, und das Ergebnis war nicht unbedingt nach seinem Geschmack. Ich folgte meinem Schicksal in die reine Mathematik, die Kernenergie- und Raumfahrttechnik und in die Astronomie und löste Probleme, die - wie er zu Recht feststellte - weit von den Hauptströmungen der Physik entfernt waren. Derselbe Temperamentsunterschied machte sich auch in unseren Diskussionen über die Administration der Physikabteilung des Institutes bemerkbar. Er neigte dazu, Neuberufungen auf dem Gebiet der Elementarteilchenphysik zu konzentrieren, während ich lieber eine Vielzahl von Spezialgebieten vertreten sah. Wir waren deshalb oft verschiedener Meinung, respektierten und schätzten einander jedoch mit den Jahren immer mehr. Und in wesentlichen Punkten herrschte Übereinstimmung. Einmütig beriefen wir die beiden chinesischen Physiker Yang und Lee, ungeachtet ihrer Jugend, zu Professoren an das Institut und freuten uns, zu erleben, wie sie uns über die Köpfe hinweg zu großen Führern des wissenschaftlichen Lebens heranwuchsen.

Was war so besonders an Oppenheimer? Während der langen Jahre, in denen wir in täglichem Kontakt standen, stellte ich mir diese Frage oft. Von Zeit zu Zeit wurde er in übertriebenen Zeitungsberichten und Fernsehsendungen zum tragischen Helden hochgespielt. Doch er wischte alle diese Stilisierungen als völligen Quatsch beiseite. Ein Körnchen Wahrheit enthielten sie allerdings doch. Und so ganz unrecht hatte ich in jener ersten Zeit nicht gehabt, als ich seine Rückkehr wie den Auftritt des Erzbischofs bei Eliot erwartete. Er besaß ein Talent zur Selbstdarstellung, eine Fähigkeit, seiner Umwelt wie eine überlebensgroße Projektion seiner selbst zu erscheinen, durch die Welt wie über eine Bühne hinzuschreiten. Vielleicht hatte ich ihn einfach im falschen Stück auftreten lassen.

1935 war eine Zeit voller Verzweiflung für die Schriftsteller überall auf der Welt gewesen. Eliot war nicht der einzige, der sich dem Versdrama als dem der tragischen Grundstimmung jener Tage angemessenen Medium zuwandte. Im gleichen Jahr wie *Mord im Dom* in England erschien in Amerika Maxwell Andersons *Winterset.* Ein Jahr später schrieben Auden und Isherwood zusammen das Versdrama *The Ascent of F6 – Die Besteigung des F6. F6* wurde mit einer Bühnenmusik von Benjamin Britten 1937 in London uraufgeführt und gibt die Schatten, welche die bevorstehenden Ereignisse schon warfen, ausgezeichnet wieder. *F6* verhält sich zu *Mord im Dom* wie *Hamlet* zu *König Lear.* Eliots Erzbischof ist ein stolzer Machtmensch, der wie König Lear durch schicksalsergebene Gelassenheit in der Stunde seines Todes erlöst wird. Der zentrale Charakter von *F6* ist komplexer, moderner, ein Bergsteiger, den seine Freunde M.F. nennen und der in seinem aus Arroganz, Undurchsichtigkeit und zarter Menschlichkeit gemischten Wesen an Hamlet erinnert. Als ich Oppenheimer im Verlauf der Jahre immer besser kennenlernte, schien mir, daß viele Aspekte seiner Persönlichkeit in M.F. vorweggenommen waren. Schließlich sah ich in *F6* eine wirkliche Allegorie zu seinem Leben.

Die Handlung von *F6* ist einfach. M.F. ist ein intellektueller Universalgelehrter, ein Experte für europäische Literatur und östliche Philosophie. Die Zeitungsberichte über seine Jugendtaten sind den Berichten, die über Oppenheimers Frühreife und Altklugheit im Umlauf sind, verblüffend ähnlich:

> Von einem ungarischen Privatlehrer erzogen.
> Bestieg die Westwand des Clogwyn Du'r Arddu
> Bevor er zwanzig war ...
> Fand eine neue Querpassage auf den Grandes Jorasses ...
> Studierte Physiologie unter Niedermayer in Wien ...
> Übersetzte in einem Sommer Konfuzius.
> Ist unverheiratet. Haßt Hunde. Spielt die Viola da gamba.
> Gilt als Kenner Goyas.

So wie M.F. in den Bergen Trost und Kraft suchte, wandte Oppenheimer sich der Physik zu. F6 ist ein noch von keinem Menschen bezwungener Berg von überwältigender Schönheit.

«Seit meiner Knabenzeit habe ich in meinen Träumen die gewaltige Nordwand vor mir gesehen. In schlaflosen Nächten kämpfte ich mich durch jene Felsschluchten hinauf, stieg den Ostgrat entlang, plante jede Bewegung, sah jeden Fußhalt vor mir.»

Der Berg ist auch politisch von Bedeutung und für die Sicherheit des britischen Weltreichs wichtig. An der Grenze des Reiches gelegen, stößt er nämlich an das Territorium einer feindlichen Macht. Die Landbevölkerung lebt im Glauben, daß der erste Bezwinger des Berges auch die umliegende Gegend beherrschen wird. Lord Stagmantle, der Vertreter des politischen Establishments, bietet die notwendige finanzielle Unterstützung für eine Expedition unter der Leitung von M.F., die den Berg besteigen soll. In der selben Weise bot General Groves Oppenheimer alle Mittel und Möglichkeiten der amerikanischen Armee für das Projekt, das er in Los Alamos aufbauen sollte. M.F. weigerte sich zunächst, sich auf das politische Spiel einzulassen, nimmt dann das Angebot aber doch an. Bei seinem Prozeß sagte Oppenheimer einmal: «Wenn man etwas vor sich sieht, was technisch verlockend ist, verfolgt man es erst einmal und überlegt erst nachher, wenn man seinen technischen Erfolg errungen hat, was damit geschehen soll. So war das auch bei der Atombombe.» Auch der F6 war eine technische Verlockung.

Das Drama des F6 beleuchtet Oppenheimers Charakter in vielfältiger Weise. Er war eine Mischung aus philosophischer Abgeklärtheit und ungestümem Ehrgeiz. Er hatte sich der reinen Wissenschaft verschrieben und bewegte sich geschickt und selbstsicher in der Welt der Politik. Er liebte «metaphysische» Lyrik. Er neigte dazu, in rätselhaften, poetischen Bildern zu sprechen. Der «Hafenmeister von Lowestoft»! Seine Gefühle für die, die ihm nahestanden, konnten rasch und unberechenbar von Wärme in Kälte umschlagen. Ich fragte ihn einmal, ob es für seine Kinder nicht schwierig sei, eine so rätselhafte Persönlichkeit zum Vater zu haben. Er entgegnete: «Oh, das macht gar nichts. Sie haben ohnehin keine Phantasie.» Das erinnerte mich an die Antwort, mit der M.F. eine Dame zurechtwies, die ihn bezichtigt hatte, aus Angst vor der Expedition auf den F6 zurückzuschrecken. «Ich fürchte mich vor vielem, Lady Isabel, aber mit Sicherheit vor nichts, was Sie sich selbst in Ihren schlimmsten Alpträumen vorstellen können; und vor diesem Wort zuallerletzt.»

Am Fuße des Berges steht ein Kloster, bei dem die Expedition anhält, bevor die Besteigung beginnt. Die Mönche haben die Aufgabe, den Dämon, der auf dem Gipfel lebt, zu versöhnen. Der Abt trägt eine Kristallkugel, in der die Besucher der Reihe nach jeder seine persönliche Vision des Dämons und dabei jedesmal ein Abbild seiner eigenen Träume und Wünsche sehen. Als M.F. in das Kristall schaut, erklingen aus der Dunkelheit des Bühnenraumes Stimmen:

Give me bread	Gib mir Brot
Restore my dead	Erweck vom Tod
Give me a car	Gib mir Reichtum
Make me a star	Gib mir Ruhm
Make me strong	Mach mich kraftvoll
Teach me where I belong	Lehr mich, wem ich angehören soll
Make me admired	Laß mich verehrt sein
Make me desired	Laß mich begehrt sein
Make us kind	Mach uns gütig
Make us of one mind	Mach uns einmütig
Make us brave	Mach fest und klar
Save.	Bewahr.

Die anderen fragen ihn, was er gesehen hat; er behauptet, nichts.

Später, allein mit dem Abt, erzählt er diesem seine Vision: «Reich mir noch einmal das Kristall. Laß mich hineinschauen und meine Vision als armseligen Betrug entlarven ... Mir schien, die fahlen, rotgeschminkten Wangen der Erde leuchteten bei meinem Näherkommen auf wie bei der Heimkehr eines einzigen Sohnes.»

Der Abt, dessen Rolle innerhalb der Handlung ein wenig derjenigen Niels Bohrs in Los Alamos entspricht, erklärt ihm den Sinn der Vision: «Der Dämon existiert. Nur seine Funktion und die Form, die seine Heimsuchungen annehmen, sind bei jedem Menschen dem Charakter angepaßt. Bei komplexen und sensiblen Naturen, wie Du eine bist, verschleiert er sich raffinierter ... Ich glaube, Deine Versuchung zu verstehen: Du möchtest den Dämon bezwingen und die Menschheit erlösen.»

Die Besteigung wird in verzweifelter Hast begonnen, denn auf der Rückseite des Berges soll angeblich eine gegnerische Expedition bereits auf dem Weg zum Gipfel sein. Dabei stürzt ein junger Bergsteiger in der Seilschaft M.F.s zu Tode. M.F. gesteht:

> Das erste Opfer meines Stolzes. Der Abt hatte recht. Mein unbedeutender Platz in der Geschichte ist bei den widernatürlichen Tyrannen: bei den stumpfen Mördern, die die Sanften von ihren Betten der Liebe reißen und sie mit prahlerischer Trommel hineinführen in ein nasses Grab und in den Wüstentod.

In diesem Stil geht es weiter, bis M.F. tot auf dem Gipfel liegt und die Mönche über seine Leiche den Schlußchor sprechen:

Free now from indignation, Immune from all frustration, He lies in death alone; Now he with secret terror And every miner error Has also made Man's weakness known.	Frei jetzt von aller Kränkung, Geschützt vor jeder Beschränkung, Liegt er allein in seiner Todesstund; Nun tat mit geheimen Zagen und all dem geringen Versagen Auch er des Menschen Schwäche kund.
Whom history has deserted, These have their power exerted In one convulsive throe; With sudden drowing suction Drew him to his destruction. But they to dissolution go.	Die ohne Geschichte sind, Sie haben sich ihrer Macht bedient In letzter Kampfesnot; Mit plötzlich ertränkendem Sog Der ihn ins Verderben zog. Doch ihrer harrt der Tod.

Als ich das Stück 1937 sah, waren «die ohne Geschichte» die bankrotte, politische Führung des britischen Weltreichs, die in den Umwälzungen des zweiten Weltkriegs endgültig hinweggefegt werden sollte. 1954 bezog sich diese Stelle auf Lewis Strauß, den Vorsitzenden der U.S. Atom-Energie-Kommission, seinen Überwachungsapparat, seine Spitzel und Verbündeten in der Presse, der Regierung und dem militärischen Establishment, die ihm halfen, Oppenheimer zu Fall zu bringen.

Es gelang Auden und Isherwood erstaunlich gut, Oppenheimers Charakter, wie ich ihn zwischen 1948 und 1965 kennengelernt habe, nachzuzeichnen oder, besser, vorherzusagen. Ein wesentlicher Zug fehlte allerdings, den ich weder an Oppenheimer kannte noch am Charakter des Stückes entdecken konnte. Dieser fehlende Charakterzug war jene Seelengröße, die von denen, die in Los Alamos mit ihm zusammengearbeitet haben, fast einmütig bezeugt wird. Immer wieder liest man in den Erinnerungen der Los-Alamos-Veteranen, wie Oppenheimers persönlicher Stil den ganzen Forschungsbetrieb prägte, so daß er harmonisch ineinanderwirkte wie ein Orchester unter den Händen eines meisterhaften Dirigenten. Einige dieser Erinnerungen mögen übertrieben und von Nostalgie geprägt sein, zweifellos hinterließ jedoch Oppenheimers Führungskraft bei seinen Kollegen in Los Alamos einen unauslöschlichen Eindruck von menschlicher Größe. Zwischen 1948 und 1965 fragte ich mich oft, was das wohl für eine Größe war und wieso sie in dem Oppenheimer, den ich kannte, nicht mehr zu erkennen war. Dann, 1966, sah ich endlich mit eigenen Augen, was die anderen gesehen hatten. Im Februar 1966 erfuhr Oppenheimer, daß er unheilbar an Kehlkopfkrebs erkrankt war. In den zwölf Monaten, die ihm noch blieben, wuchs seine geistige Kraft im selben Maß, in dem seine Körperkräfte abnahmen. Er legte die Manieriertheiten des M.F. ab, war einfach, direkt und von unbezwingbarer Tapferkeit. Nun wußte ich, was seine Freunde in Los Alamos gesehen hatten, einen Mann, der eine ungeheure Last trug und seine Aufgabe trotzdem mit so viel Stil und Humor erfüllte, daß jeder, der ihm begegnete, Kraft aus seinem Beispiel schöpfte.

Ich sah ihn zum letzten Mal im Februar 1967 bei einer Sitzung der Physik-Abteilung des Instituts. Wir hatten über die Besucher des folgenden Jahres zu entscheiden. Schon vor der Sitzung mußte jeder von uns ein beträchtliches Pensum erledigen und sich durch eine große, braune Schachtel voller Bewerbungen hindurchlesen und ihre Verdienste gegeneinander abwägen. Oppenheimer nahm wie immer an der Sitzung teil, obwohl er genau wußte, daß er die Besucher bei ihrer Ankunft nicht mehr begrüßen würde. Das Sprechen bereitete ihm größte Mühe, aber er hatte seine Hausarbeiten gemacht und hatte die Stärken und Schwächen der einzelnen Bewerber genau im Kopf. Die letzten Worte, die ich ihn sagen hörte, waren: «Zu Weinstein sollten wir ja sagen. Er ist gut.» Nach dieser ungeheuren Willensanstrengung ging Oppenheimer nach Hause, legte sich ins Bett und versank in einen tiefen Schlaf, aus dem er nie mehr erwachte. Drei Tage später war er tot.

Seine Frau Kitty rief mich an, um die Vorbereitungen für seine Gedächtnisfeier zu besprechen. Neben Musik und den Reden seiner

Freunde, die sein Leben und Werk beschreiben sollten, wollte sie auch ein Gedicht vorlesen lassen, denn Gedichte waren in Roberts Leben immer wichtig gewesen. Sie hatte ein Gedicht ausgewählt, «The Collar» von George Herbert, das eines seiner Lieblingsgedichte gewesen war und ihr besonders geeignet erschien, anzudeuten, wie er sich selber erfahren hatte. Doch dann ließ sie den Vorschlag wieder fallen. «Nein», sagte sie, «das ist viel zu persönlich für einen so öffentlichen Anlaß.» Sie hatte guten Grund für ihre Bedenken, Oppenheimers Inneres vor der Öffentlichkeit zu entblößen. Sie wußte aus bitterer Erfahrung, wie die Zeitungen mit solchen Enthüllungen umzugehen pflegen, und sie konnte sich nur zu gut vorstellen, wie man seine wahren Gefühle verzerren würde, unter Schlagzeilen wie «Bekannter Wissenschaftler, Vater der Atombombe, sucht auf dem Sterbebett Trost im Glauben». An der Gedächtnisfeier wurde kein Gedicht vorgelesen.

Inzwischen ist auch Kitty tot, und Oppenheimer hat sich jedem Zugriff journalistischer Verzerrungen längst entzogen. Deshalb wird es, glaube ich, keinen Schaden anrichten, wenn ich zum Gedächtnis an die beiden Herberts Sonett hier vollständig wiedergebe. Es enthält vielleicht einen Schlüssel zu Oppenheimers innerstem Wesen, eine Ahnung davon, daß er in seiner Seele König Lear näher war als Hamlet.

I struck the board, and cry'd, 'No more;
I will abroad.'
What, shall I ever sigh and pine?
My lines and life are free; free as the road,
Loose as the wind, and large as store.
Shall I be still in suit?
Have I no harvest but a thorn
To let me bloud, and not restore
What I have lost with cordial fruit?
Sure there was wine
Before my sighs did drie it; there was corn
Before my tears did drown it;
Is the yeare onely lost to me?
Have I no bayes to crown it,
No flowers, no garlands gay? all blasted,
All wasted?
Not so my heart; but there is fruit,
And thou hast hands,
Recover all thy sigh-blown age
On double pleasures; leave thy cold dispute
Of what is fit and not; forsake thy cage,
Thy rope of sands
Which pettie thoughts have made; and made to thee

Good cable, to enforce and draw,
And be thy law,
While thou didst wink and wouldst not see.
Away! take heed;
I will abroad.
Call in thy death's-head there, tie up thy fears;
He that forbears
To suit and serve his need
Deserves his load.
But as I rav'd and grew more fierce and wilde
At every word,
Methought I heard one calling, 'Childe';
And I reply'd, 'My Lord'.

Ich schlug auf den Tisch und schrie, «Genug;
Ich will hinweg.»
Was, soll ich ewig seufzen und leiden?
Meine Fesseln sind los, mein Leben offen; offen wie der Weg,
Ungebunden wie der Wind, und grenzenlos wie Überfluß.
Soll ich denn ewig dienen?
Soll ich nichts ernten außer Dornen,
An denen ich verblute und nichts zurückgewinne
von der Herzensfreude, die ich verloren habe?
Gewiß, da war Wein
Bevor meine Seufzer ihn austrockneten; da war Korn
Bevor meine Tränen es ertränkten;
Ist das Jahr nur ein Verlust für mich?
Habe ich keinen Lorbeer es zu krönen,
Keine Blumen, keine frohen Kränze? Alles verwelkt
Alles verdorrt?
Nicht so, mein Herz; es gibt doch Freuden,
Und du hast Hände.
Wieg' alle deine durchgeseufzten Jahre
Mit doppelten Freuden auf; laß deine trocknen Zweifel
Was sich ziemt, was nicht; verlasse deinen Käfig,
Deine Stricke aus Sand,
Aus engen Gedanken geknüpft; die dir
Starke Fesseln sind, die dich zwingen und ziehen,
Und dir das Gesetz bedeuten,
Während du die Augen schlossest und nicht sehen wolltest.
Hinweg! Hüte dich;
Ich will hinweg.
Ruf deinen Totenkopf zurück, leg deine Ängste an die Kette;
Wer darauf verzichtet
Seinem Verlangen zu folgen und es zu stillen
Verdient seine Last.
Doch während ich so tobte und heftiger und wilder wurde
Mit jedem Wort,
Schien mir ich hörte einen rufen, «Kind»;
Und ich antwortete, «Herr».

8

Präludium in es-Moll

Als mathematisch interessiertes Kind in eine Musikerfamilie geboren, war ich von den Verschlingungen der Notenschrift fasziniert, lange bevor ich so etwas wie echtes Musikverständnis entwickelte. Schon früh entdeckte ich ein Exemplar von Bachs 48 Präludien und Fugen für das wohltemperierte Klavier, das meinem Vater gehörte, und verfolgte darin aufmerksam die Anordnung der Vorzeichen, der b und der Kreuze. Mein Vater erklärte mir, wie Bach sich zweimal durch alle 24 Dur- und Moll-Tonarten hindurchgearbeitet hatte. Aber wieso hat das zweite Buch kein Präludium in es-Moll? Das wußte mein Vater nicht. Als Bach zur Nr. 8 im zweiten Buch kam, hatte er offenbar einfach beschlossen, statt dessen in dis-Moll zu komponieren. Alle anderen Vorzeichen kommen zweimal vor, einzig es-Moll nur einmal, im Präludium Nr. 8 des ersten Buches. Auch Doppelkreuz und Doppel-b fesselten mich. Wieso gibt es ein eigenes Zeichen für das Doppelkreuz, nicht aber für das Doppel-b? Auch das wußte mein Vater nicht. Meine Fragen mußten ihm das Leben sauer gemacht haben. Ich stellte fest, daß das Präludium Nr. 3 in cis-dur das erste ist, das Doppelkreuze aufweist, und daß das Präludium Nr. 8 in es-Moll als erstes ein Doppel-b hat. Auch in dieser Hinsicht unterscheidet Nr. 8 sich von den anderen. Ich bat meinen Vater, mir Nr. 3 und Nr. 8 vorzuspielen, so daß ich hören konnte, wie Doppelkreuz und Doppel-b klingen. Ich wurde nie müde, dem herrlichen Klang jenes Doppel-b im Präludium Nr. 8 zuzuhören.

Mein Vater, vor allem als Komponist bekannt, war auch als Dirigent sehr gefragt. Er dirigierte Chöre und Orchester aller Stufen, vom lokalen Amateurorchester bis zu den Londoner Symphonikern. Er fand sich großherzig mit der Tatsache ab, daß ich sein musikalisches Talent nicht geerbt hatte, nahm mich aber trotzdem gerne zu seinen Konzerten mit. An einem dieser Konzerte erklärte mir ein bekannter Solist, wie glücklich ich mich zu schätzen habe, in so jungen Jahren schon so viel gute Musik hören zu können. Ich entgegnete, daß Musik zwar gut und schön sei, aber viel zu lange daure, ein Ausspruch, den mein Vater noch oft lachend wiederholte. Er entdeckte bald, wie er mich davon abhalten konnte, während der Konzerte auf meinem Stuhl herumzurutschen. Er gab mir seine Orchester- und Chorpartituren, so daß ich der Musik folgen konnte. Ich saß dann still und zufrieden und verfolgte in der Partitur die Einsätze der verschiedenen Stimmen und Instrumente, freute mich über manchmal auftauchende, exotische Taktbezeichnungen mit fünf oder sieben Schlägen pro Takt und brauchte meine Augen als Ersatz für mein musikalisch unzulängliches Gehör.

Als ich älter wurde, entwickelte ich ein echtes, wenn auch begrenztes Musikverständnis. Ich liebte es, meinem Vater zuzuhören, wenn er sich zu Hause am Klavier entspannte. Er spielte oft aus den 48 Präludien und Fugen. Ich lernte sogar, einige von ihnen einigermaßen zu spielen. Das Präludium in es-Moll blieb mein Lieblingsstück. Es ist unabhängig von seinem ungewöhnlichen Vorzeichen und dem Doppel-b auch musikalisch ein hervorragendes Stück. In seiner Art ist es reinster Bach und trotzdem von einer ausgeprägten Gefühlsintensität, die bereits auf Beethoven hindeutet.

Vaters große Stunde kam gleichzeitig mit derjenigen Englands, mit dem Ausbruch des zweiten Weltkriegs. Damals war er schon nicht mehr Lehrer, sondern als Direktor des Royal College of Music, einem der zwei bedeutendsten Konservatorien Englands, nach London umgezogen. Als der Krieg und damit die Bombardierung begann, drängten die Regierung und sein eigener Aufsichtsrat darauf, das Konservatorium an einen sicheren Ort auf dem Lande zu evakuieren. Doch dazu war er nicht zu bewegen. Er erinnerte seinen Aufsichtsrat daran, daß mindestens die Hälfte aller führenden Londoner Orchestermusiker und Solisten vom Konservatorium lebten. Die meisten von ihnen konnten von ihrer Konzerttätigkeit allein nicht leben und unterrichteten zwei bis drei Tage pro Woche am Konservatorium. Falls das College evakuiert würde, hätte das zwei mögliche Konsequenzen: Entweder verlöre das College seine besten Lehrer, oder das Londoner Musikleben wäre für die Dauer des Krieges praktisch lahmgelegt. Und in beiden Fällen bedeutete das für die Karrieren einer ganzen Musikergeneration den Ruin. So ließ sich mein Vater eines der Büros im College als Schlafzimmer herrichten und erklärte, dort bleiben und den Betrieb aufrecht erhalten zu wollen, solange er ein Dach über seinem Kopfe habe. Der Aufsichtsrat stimmte dieser Entscheidung zu, und das College blieb offen. Als das bekannt wurde, ließ auch das zweite große Londoner Konservatorium seine bereits vorhandenen Evakuierungspläne in der Schublade und entschloß sich, ebenfalls auszuharren. Dadurch verfügte London während der ganzen sechs Kriegsjahre über ein aktives Musikleben, neue Talente wuchsen heran und hatten eine Chance gehört zu werden. Mein Vater blieb standhaft auf seinem Posten im College, half nachts die Brandbomben im Dachstock zu löschen und dirigierte tagsüber Studentenorchester. Der einzige schwere Schaden, den das College erlitt, war die Zerstörung eines kleinen Operntheaters mit einer unersetzlichen Sammlung antiker Opernkostüme. Und das geschah, als sich weder Professoren noch Studenten in dem Gebäude aufhielten. In all den Kriegsjahren wurde im Bereich des College kein Mensch verletzt.

Während der Kriegsjahre ging ich oft mit meinem Vater und den anderen Professoren zum Mittagessen im Speisesaal des Konservatoriums. Sie waren alle hartgesottene Berufsmusiker, jedem Gefühlsüberschwang abhold. Ihre Gespräche bestanden hauptsächlich aus Berufsklatsch und Witzen. Aber ich konnte ihre Verbundenheit mit dem College und die kameradschaftlichen Gefühle, die sie für meinen Vater hatten, spüren. Das tägliche Erlebnis geteilter Entbehrung und Gefahr schuf einen Geist der Solidarität, den man sich in Friedenszeiten an akademischen Institutionen kaum vorstellen kann. Daran mußte ich denken, als ich 1947 in der ausgebombten Stadt Münster den Bewohnern bei ihrer Freiluftoper zusah und als ich meinen amerikanischen Freunden zuhörte, wie sie über ihre Kriegsjahre in Los Alamos erzählten.

Als der V-1-Beschuß im Sommer 1944 seinen Höhepunkt erreicht hatte, erlebte ich ein denkwürdiges Mittagessen im College. Mein Vater und seine Kollegen unterhielten sich angeregt über ihre Ausbaupläne, die zur Bewältigung der Studentenflut, die sie nach dem Krieg erwarteten, unumgänglich sein würden. Von Zeit zu Zeit gab es eine kurze Gesprächspause, wenn in der Ferne das Putt-putt-putt einer herannahenden V-1 zu hören war. Dann gingen die Gespräche und Witze weiter, als ob nichts wäre, während das Putt-putt immer lauter wurde, bis es schien, als ob sich das Biest genau über uns befand. Dann hörte das Putt-putt plötzlich auf, und das Gespräch stockte. Fünf Sekunden lang, die Zeit, die die Maschine bis zum Aufprall brauchte, herrschte Stille im Saal. Dann eine ohrenbetäubende Detonation, und die Gespräche flossen weiter, bis das nächste leise putt-putt in der Ferne zu hören war. Ich dachte besorgt an die Konsequenzen, die ein Volltreffer auf diesen Speisesaal für das englische Musikleben haben müßte. Doch solche Gedanken schienen meinem Vater und seinen Kollegen fern zu liegen. Während des ganzen, gemächlichen Mittagessens wurde das Thema des V-1-Beschusses mit keinem Wort gestreift.

Vor allem in den ersten Kriegsjahren sprach ich häufig mit meinem Vater über die moralischen Probleme des Kämpfens und Tötens. Anfangs war ich ein überzeugter Pazifist und hatte die Absicht, den Kriegsdienst zu verweigern. Ich quälte mich endlos mit der ethischen Grenze, die zwischen einer gerechtfertigten und einer nicht mehr zu rechtfertigenden Mitwirkung an den Kriegsanstrengungen zu ziehen war. Mein Vater hörte geduldig zu, während ich meine schwankenden Prinzipien darlegte und die neuesten Abwandlungen meines pazifistischen Standpunktes rational zu untermauern suchte. Er sagte wenig. Meine ethischen Grundsätze wurden zusehends verworrener, während ich den Zwiespalt zwischen meiner theoretischen

Ablehnung nationaler Loyalitäten und dem praktischen Teilhaben am Alltag eines Landes, das mit beträchtlichem Mut und Humor um sein Überleben kämpfte, immer schmerzlicher empfand. Für meinen Vater war die Sachlage einfach. Er brauchte nicht mit mir zu argumentieren. Als er sein Bett ins College gestellt hatte, hatte er seine Position für jeden deutlich sichtbar gemacht. Als sich die Lage 1940 sehr schlecht entwickelte, sagte er: «Wir müssen uns nur halbwegs anständig benehmen, und wir werden bald die ganze Welt auf unserer Seite haben.» Als er von der ganzen Welt sprach, dachte er wahrscheinlich vor allem an die Vereinigten Staaten von Amerika und an seinen eigenen Sohn.

Viele Jahre später mußte ich an diese Diskussionen zwischen meinem Vater und mir denken, als ich eine Abschrift des Oppenheimer-Prozesses las. Der dramatische Höhepunkt des dreiwöchigen Hearings kam gegen Schluß, als der Physiker Edward Teller als Zeuge der Anklage Oppenheimer gegenüberstand. Teller wurde ohne Umschweife gefragt, ob er Oppenheimer für ein Sicherheitsrisiko halte. Er antwortete mit sorgfältig gewählten Worten: «In zahlreichen Fragen war ich grundsätzlich anderer Meinung als er, und seine Handlungsweise erschien mir offengestanden verwirrt und vielschichtig. In diesem Sinne bin ich der Meinung, daß ich die lebenswichtigen Interessen dieses Landes lieber in Händen sehen würde, die mir verständlicher und damit auch vertrauenswürdiger sind.» Diese Worte beschreiben ziemlich genau die Einstellung meines Vaters angesichts meiner intellektuellen Verrenkungen in den ersten Kriegsjahren. Oppenheimer war, wie ich seinerzeit, verwirrt und vielschichtig. Er wollte gute Beziehungen zu den Generälen in Washington pflegen und gleichzeitig Retter der Menschheit sein. Teller war, wie mein Vater, einfach. Seiner Ansicht nach war es eine gefährliche Illusion, die Menschheit retten zu wollen, indem man hochfliegende, moralische Prinzipien aus einer Position militärischer Schwäche verkündete. Er tat seine Pflicht als Wissenschaftler und Bombenbauer, damit Amerika auch in Zukunft stark sei, und überließ alle moralischen Fragen über den Gebrauch unserer Waffen dem amerikanischen Volk, oder dessen gewählten Vertretern. Er glaubte wie mein Vater, daß, wenn wir uns nur unsere Macht bewahrten und uns anständig aufführten, die ganze Welt in Kürze auf unserer Seite stehen müsse. Sein größter Fehler war seine Unfähigkeit vorauszusehen, daß ein großer Teil der Öffentlichkeit seinen Auftritt vor dem Oppenheimer-Hearing unanständig fand. Es ist fast mit Sicherheit anzunehmen, daß das Hearing auch ohne Tellers Auftritt denselben Verlauf genommen hätte und er die moralische Integrität seiner Position im Grunde genommen unnötig befleckt hatte.

Ich begegnete Teller zum ersten Mal, als ich im März 1949 vor den Physikern der Universität Chicago über die Strahlungstheorien Schwingers und Feynmans sprach. Ich wollte diplomatisch sein und lobte Schwinger kräftig, bevor ich erklärte, wieso Feynmans Methoden nützlicher und einleuchtender seien. Als der Vortrag fertig war, bat der Vorsitzende um Fragen aus dem Publikum. Teller stellte die erste Frage: «Was würden Sie von einem Manne halten, der ausruft, 'Es gibt keinen Gott außer Allah, und Mohammed ist sein Prophet', und der dann sofort einen großen Krug mit Wein austrinkt?» Da ich sprachlos dastand, beantwortete Teller seine Frage selber: «Ich würde den Mann für einen sehr vernünftigen Kerl halten.»

1949 stand die Physikabteilung in Chicago derjenigen an der Cornell Universität an Lebhaftigkeit kaum nach. Fermi und Teller in Chicago waren Bethe und Feynman an der Cornell vergleichbar. Fermi, der allgemein anerkannte Führer, freundlich und zugänglich, aber im Grunde seines Wesens ernst. Teller übersprudelnd, voller Ideen und Scherze. Teller hatte sich mit vielen interessanten, physikalischen Problemen befaßt, jedoch nie lange mit demselben. Er schien sich eher zu seinem Vergnügen mit Physik zu befassen, als um Lorbeeren zu ernten. Er gefiel mir sofort.

Von meinen Freunden an der Cornell Universität hatte ich im Vertrauen gehört, daß Teller wesentlich an dem amerikanischen Wasserstoffbombenprojekt beteiligt war. Als Ausländer hatten mich solche Angelegenheiten nicht zu kümmern, trotzdem wollte ich unbedingt verstehen, wie ein Mensch mit einem so heiteren und glücklichen Naturell es über sich bringen konnte, an der Vervollkommnung von Vernichtungsmitteln zu arbeiten, die noch teuflischer waren als alles, was wir schon besaßen. In Chicago gelang es mir, ihn in eine politische Diskussion zu verwickeln. Dabei entpuppte er sich als glühender Verfechter der Welt-Regierungs-Bewegung, einer Organisation, die zu jener Zeit das Heil in der Form einer Welt-Regierung versprach, welche in naher Zukunft, mit oder ohne Beteiligung der Sowjetunion, eingesetzt werden sollte. Teller verkündete die frohe Botschaft einer solchen Welt-Regierung mit großem Charme und Scharfsinn. In meinem Wochenbericht an meine Familie schrieb ich damals am Schluß: «Er ist ein ausgezeichnetes Beispiel für den Grundsatz, daß kein Mensch so gefährlich ist wie ein Idealist.»

Zwei Jahre nach meinem Besuch in Chicago glückte Teller und Ulam in Los Alamos der entscheidende Durchbruch, die Wasserstoffbombe war nicht mehr theoretische Spekulation, sondern praktische Möglichkeit. 1949, noch vor der Teller-Ulam-Erfindung, hatte Oppenheimer über die Wasserstoffbombe geschrieben: «Ich bin nicht sicher, ob das elende Ding funktionieren wird, ob man es überhaupt zu einem Ziel hinschaffen kann – außer mit Ochsen-Karren.» Nach der Erfindung war es, wie Oppenheimer bei seinem Prozeß sagte, «von einem technischen Standpunkt … eine verlockende, hinreißende, wunderschöne Sache». Nachdem im März 1951 der Durchbruch gelungen war, brauchte das Laboratorium in Los Alamos bloß zwanzig Monate konzentrierter Anstrengung, um eine Versuchsbombe mit einem Strahlungsertrag von zehn Millionen Tonnen TNT herzustellen und zu zünden. Ein paar Jahre später veröffentlichte Teller einen historischen Bericht über die Entwicklung der Bombe mit dem Titel «Das Werk von Vielen», in dem er feststellte, daß er für die Existenz der Bombe zuviel gelobt und zuviel gescholten worden sei. Es ist bestimmt zutreffend, daß die Bombe weit davon entfernt war, das Werk eines einzigen Mannes zu sein. Doch die treibende Kraft, unermüdlich anspornend und auf die Verwirklichung der Bombe drängend, war vor allem Teller gewesen. Er hatte sich durch keine Verzögerung oder Schwierigkeit entmutigen lassen, und das schon seit 1942, noch bevor Los Alamos existierte, durch die ganzen Kriegsjahre und die frustrierende Zeit nach 1945, als kaum jemand auf ihn hören wollte. Er hatte länger und intensiver über Wasserstoffbomben nachgedacht als irgend jemand sonst. In diesem Sinne war es auch kein Zufall, daß gerade er als erster erkannte, wie die Bombe zu realisieren war.

Erfindung und Konstruktion der Wasserstoffbombe von 1951/52 wurden vor der Öffentlichkeit geheimgehalten. Ich arbeitete damals an der Cornell Universität, und alles, was ich über diese Vorgänge wußte, war, daß Hans Bethe acht Monate lang ununterbrochen in Los Alamos war. In jenem Jahr mußte ich seine Vorlesung in Kernphysik übernehmen. Kurz nachdem Hans aus Los Alamos zurückgekommen war, erhielt er Besuch von einem Herrn aus Washington, der eine Aktentasche an seinem Handgelenk festgekettet hatte. Dem Herrn war offensichtlich sehr unbehaglich zumute, als er mit dieser schweren, baumelnden Aktentasche in der Herren-Toilette des Physik-Institutes stand. In der Tasche befanden sich zweifellos die Resultate des ersten Wasserstoffbomben-Tests. Hans war mit Dingen beschäftigt, über die er nicht sprechen durfte und schien seine Freude an der Physik verloren zu haben. Es war ein schlechtes Jahr an der Cornell Universität. Eine der unwichtigen Konsequenzen, die seine Inanspruchnahme durch die Wasserstoffbombe hatte, war, daß ich mich zum zweitenmal entschloß, von der Cornell Universität nach Princeton zu wechseln.

Zwei Jahre später, als ich in Washington war, um Oppenheimers Wäschepaket an den Anwalt weiterzugeben, begegnete ich zufällig Hans Bethe in einer Hotelhalle. Er blickte so finster, wie ich ihn noch nie gesehen hatte. Ich wußte, daß er bei Oppenheimers Prozeß als

Zeuge ausgesagt hatte. «Gehen die Hearings schlecht?» fragte ich ihn. «Das auch», entgegnete Hans, «aber das ist noch nicht das Schlimmste. Ich hatte soeben das unangenehmste Gespräch meines Lebens – mit Edward Teller.» Mehr sagte er nicht, aber die Implikationen waren klar. Teller hatte sich dazu entschlossen, gegen Oppenheimer auszusagen. Hans hatte versucht, ihn davon abzuhalten – und es war ihm nicht gelungen.

Für Bethe wie für Teller war das ein tragischer Moment. Sie waren schon vor dem Krieg enge Freunde gewesen. In ihrer Art und ihren Fähigkeiten ergänzten sie sich glänzend: Teller überschäumend, mit einer frei schweifenden Phantasie; Bethe, ernst, mit einem kraftvollen Realitätssinn. Vor seiner Heirat war Bethe ein so häufiger Gast im Hause Tellers gewesen, daß er schon fast zur Familie gehörte. Im April 1954 war das alles vorbei. Eine echte Versöhnung war ausgeschlossen. Bethe hatte einen seiner ältesten Freunde verloren. Aber Teller hatte noch viel mehr verloren. Indem er den Feinden Oppenheimers seine Stimme lieh, hatte er nicht nur die Freundschaft, sondern auch die Achtung vieler Kollegen eingebüßt. In Zeitungsartikeln und Karikaturen wurde er als Judas dargestellt, als einer, der seinen Herrn aus persönlicher Gewinnsucht verraten hatte. Eine sorgfältige Lektüre seiner Prozeß-Aussagen zeigt jedoch, daß er keinen persönlichen Verrat beabsichtigte. Er wollte lediglich die politische Macht Oppenheimers zerstören, persönlich wollte er ihm nicht schaden. Doch die Atmosphäre jener Tage war für so feine Unterschiede nicht empfänglich. Die Mehrzahl der Wissenschaftler und Intellektuellen sehen Oppenheimers Prozeß ganz einfach als eine Kampagne, die von einer Gruppe paranoider Patrioten vom Zaun gebrochen worden war, um jede Opposition gegen ihre Politik durch einen persönlichen Angriff auf ihren prominentesten Gegner zu ersticken. Weil Teller sich in diese Kampagne hineinziehen ließ, begegnete ihm – unabhängig von dem, was er sagte, oder warum er es sagte – eine ganze Generation junger Menschen mit Haß und mit Mißtrauen. Er traf sich selbst viel schmerzhafter, als er Oppenheimer verletzt hatte. Wie schon Oppenheimer hatte sich auch Teller vom Dämon auf dem Gipfel des F6 verführen lassen. Der Abt des Klosters hatte ihr Schicksal in seiner Warnung an M.F. vorhergesagt:

> Solange die Welt besteht, muß Ordnung, muß Herrschaft sein: doch wehe den Herrschenden; denn indem sie dieser Pflicht nachkommen – wie vorzüglich auch immer – schaufeln sie sich ihr Grab. Der Mensch läßt sich nur regieren, indem man sich seiner Ängste und seiner Lüste bedient. Herrschaft erfordert die Durchsetzung menschlichen Willens: und der menschliche Wille ist des Dämons.

Atomare Sprengstoffe haben für die, die mit ihnen spielen, einen Glanz, verführerischer als Gold. Der Natur gebieten zu können, in einem Halbliterkrug Energien zu entfesseln, die die Sterne bewegen, mit einem bloßen Gedanken Millionen Tonnen Fels in den Himmel zu schleudern, das sind Manifestationen des menschlichen Willens, die die Illusion unbegrenzter Macht nähren. Oppenheimer und Teller allerdings hatten am Anfang beide gute und ehrliche Motive. Oppenheimer fühlte sich zur Konstruktion von Atombomben getrieben, weil er fürchtete, Hitler könnte ihm zuvorkommen, könnte diese Kraft als erster beherrschen. Teller war getrieben, Wasserstoffbomben zu bauen, weil er von der Angst erfüllt war, Stalin könnte sich dieser Naturkräfte bedienen, um die Welt zu beherrschen. Als Jude hatte Oppenheimer allen Grund, Hitler zu fürchten. Als Ungar war Teller durchaus berechtigt, Stalin zu mißtrauen. Doch nachdem sie ihr technisches Ziel erreicht hatten, wollten sie alle beide mehr. Beide wurden von ihrem Dämon verführt, sich nicht mit ihrem technischen Wissen zu begnügen, beide wollten sie politische Macht. Beide waren von der Überzeugung besessen, daß sie diese politische Macht brauchten, um sicherzustellen, daß ihre Projekte nicht in Hände fielen, denen sie nicht vertrauen konnten. Letzten Endes waren sie beide unwiderruflich darauf festgelegt, ihren Willen in politischer wie in technischer Hinsicht durchzusetzen. Und, jeder auf seine Weise, sind sie daran auch zerbrochen.

Während diese geheimen Kämpfe um die Wasserstoffbombe tobten, war ich in aller Ruhe damit beschäftigt, Kinder aufzuziehen und über Elektronen nachzudenken. Ich verbrachte mehrere Sommer an der Universität von Kalifornien in Berkeley, unterrichtete an der Sommerschule und arbeitete mit Charles Kittel an einer Theorie der Elektronen in Metallen. Metalle leiten Elektrizität, weil ihre Elektronen nicht an einzelne Atome gebunden sind, sondern sich frei und unabhängig bewegen können. Um das Verhalten eines Metalls zu verstehen, genügt es nicht, das Verhalten von jeweils einem Elektron zu verstehen. Man muß sich mit einer großen Anzahl von Elektronen befassen, und das schafft neue Probleme. Wie sich herausstellte, können die Methoden, die Schwinger und Feynman erfunden hatten, um das Verhalten einzelner Elektronen zu beschreiben, so angepaßt werden, daß sie eine gute Aussage über das Verhalten von Elektronen in Metallen liefern. Ich machte einen Anfang damit, diese Methoden anzupassen.

Im Sommer 1955 mietete ich für meine heranwachsende Familie ein großes Haus in Berkeley. Ich arbeitete damals mit Charles Kittels Gruppe von Festkörper-Physikern und versuchte, Spin-Wellen zu verstehen. Spin-Wellen sind Magnetisierungswellen, die sich durch einen soliden Magneten fortpflanzen können wie Meereswellen durch Wasser. Spin-Wellen entstehen, wenn man einen Magneten mit einem rasch wechselnden, magnetischen Feld anregt. Aus der Art und Weise, in der sie sich fortbewegen und schließlich auslaufen, können die Experimentalphysiker detaillierte Informationen über die Atomstruktur des Magneten gewinnen. Ich kämpfte den ganzen Sommer mit dem Problem einer exakten mathematischen Beschreibung von Spin-Wellen, die im Meer der Atome dahinrollen. Es ist nicht schwierig, einen Magneten als eine Ansammlung von Atomen zu beschreiben. Es ist einfach, ihn als eine Ansammlung von Spin-Wellen zu charakterisieren. Das Problem besteht darin, diese beiden Teilvorstellungen zu einem einheitlichen System zu verschmelzen, in dem sie beide ihren Platz haben. Ich konnte zwar einige Fortschritte verzeichnen, das Problem aber nicht vollständig lösen. Es ist auch heute, 25 Jahre später, noch immer nicht vollständig gelöst.

Das Haus, das wir für den Sommer gemietet hatten, stand auf dem Hügel über dem Campus der Universität in Berkeley. Es war ein schönes Haus, herrlich gelegen, der Hügel dahinter war noch wild und unberührt; wir konnten in den Eukalyptuswäldern spazierengehen, wo unsere Kinder besonders gerne spielten. An einem Sonntagmorgen waren wir den Hügel hinaufspaziert und hatten das Haus, wie immer, unverschlossen gelassen. Als wir durch die Bäume zum Haus zurückkamen, drangen eigenartige Töne durch die offene Türe zu uns heraus. Die Kleinen hörten auf zu plappern, und wir standen alle vor der Türe und hörten zu. Es war mein alter Bekannter, Bachs Präludium Nr. 8 in es-Moll, hervorragend gespielt. Genauso, wie mein Vater es zu spielen pflegte. Für einen Augenblick war ich völlig verwirrt. Ich dachte, was zum Teufel tut mein Vater hier in Kalifornien?

So standen wir vor unserem Haus in Berkeley und hörten dem Präludium zu. Wer immer da spielte, legte sein ganzes Herz und Gemüt hinein. Die Töne schwebten zu uns heraus wie ein Trauergesang aus der Tiefe, als ob die Geister der Unterwelt in einer langsamen Pavane dahintanzten. Wir warteten, bis die Musik verklungen war, und traten ein. Am Flügel saß Edward Teller. Wir baten ihn, weiterzuspielen, aber er lehnte entschuldigend ab; er war nur gekommen, um uns zu einer Party in seinem Hause einzuladen. Dabei hatte er dieses prachtvolle Instrument gesehen, das geradezu darauf wartete, gespielt zu werden. Wir nahmen seine Einladung an, und er ging seines Weges. Das war unser erstes Gespräch seit jener Begegnung vor sechs Jahren in Chicago. Ich fand, daß ich keine Ursache hatte, in diesem Manne meinen Feind zu sehen, wie auch immer die Geschichte schließlich über ihn urteilen mochte.

9

Das kleine rote Schulhaus

In dem Buch des Astronomen Eddington, *Neue Wege der Wissenschaft,* das ich als Knabe in Winchester gelesen hatte, warnt der Autor nicht nur vor Atombomben, er verheißt auch Kernkraftwerke. So sieht die hellere Seite seiner Zukunftsvision aus:

> Wenn wir heute ein großes Kraftwerk von, sagen wir, 100000 Kilowatt Leistung bauen, müssen wir es mit Anlegekais und Rangiergeleisen umgeben, auf denen die Brennstoffe herangeschafft werden, mit denen das Ungeheuer gefüttert wird. So wie ich es sehe, werden wir diese Brennstoffe eines Tages nicht mehr benötigen. Anstatt die Maschine mit Kostbarkeiten wie Kohle und Öl vollzustopfen, werden wir sie dazu bringen, mit einfacher Kost, nämlich mit subatomarer Energie, vorliebzunehmen. Wenn der Tag einmal kommt, werden die Schleppkähne, die Lastwagen, die Hebebühnen verschwinden, und die jährliche Brennstoffmenge eines Kraftwerkes wird sich bequem in einer Teetasse transportieren lassen.

Neben der Warnung vor einem militärischen Einsatz subatomarer Energie, die sich ein paar Seiten später findet, war mir vor allem diese Version immer lebhaft im Gedächtnis geblieben. Mit dem Ausdruck «subatomar» umschrieb Eddington das, was wir heute Kernkraft oder Atomenergie nennen. Schon 1937 war uns allen bewußt, daß Kohle und Öl bald einmal aufgebraucht sein würden. Die Möglichkeit, die Kernkraft für die friedlichen Bedürfnisse der Menschheit zu nutzen, war eine der wenigen hoffnungsfrohen Aussichten in einer düsteren Periode unserer Geschichte.

Während ich in Berkeley in aller Ruhe an meinen Spin-Wellen arbeitete, fand im August 1955 in Genf eine internationale Mammutkonferenz über die friedliche Nutzung der Atomenergie statt, die unter der Schirmherrschaft der Vereinten Nationen stand. Für die weitere Entwicklung der Kernenergie war das ein entscheidender Moment. Wissenschaftler aus Amerika, Großbritannien und Frankreich, Kanada und der Sowjetunion, die bisher isoliert und von einander abgeschirmt Kernreaktoren gebaut hatten, erhielten zum ersten Mal eine Gelegenheit, einander zu treffen und ihre Arbeit mit beträchtlicher Offenheit zu diskutieren. Berge bisher geheimgehaltener Papiere wurden der Konferenz vorgelegt, so daß fast alle grundlegenden wissenschaftlichen Fakten über Uran- und Plutoniumspaltung sowie ein Großteil der zum Bau eines kommerziellen Reaktors notwendigen Informationen den Wissenschaftlern aller Länder zugänglich wurden. Es herrschte eine Stimmung allgemeiner Euphorie. Unzählige Redner feierten die Geburt einer neuen Ära internationaler Zusammenarbeit, intellektuelle und materielle Forschungsmittel sollten umdisponiert werden, weg von der Entwicklung neuer Waffen, hin zur segensreichen Entwicklung der friedlich genutzten Kernkraft, und so weiter, und so weiter. Was in diesen Reden verkündet wurde, traf teilweise sogar zu. Die Konferenz erschloß Kommunikationskanäle zwischen Wissenschaftlern und Technikern aller Länder, und die persönlichen Kontakte, die 1955 geknüpft wurden, sind seither erfolgreich weiter gepflegt worden. Bis zu einem gewissen Grad hat die in den internationalen Diskussionen über die friedlich genutzte Atomkraft zur Gewohnheit gewordene Offenheit auch auf die delikateren Gebiete der Waffenkonstruktion und der Politik abgefärbt. Die großen Hoffnungen, die 1955 in Genf geweckt wurden, haben sich nicht als reine Illusion erwiesen.

Die technischen Vorbereitungen dieser Genfer Konferenz wurden von einer internationalen Gruppe von siebzehn wissenschaftlichen Sekretären getroffen. Diese wissenschaftlichen Sekretäre arbeiteten mehrere Monate lang in New York und vertraten zäh die Interessen ihrer Regierungen, um sicherzustellen, daß jeder der Teilnehmerstaaten einen fairen Teil seiner Geheimnisse preisgab und dafür einen entsprechenden Anteil des öffentlichen Rampenlichtes einheimste. Sie arbeiteten hinter verschlossenen Türen und kämpften sich durch gewaltige Aktenberge. Ihren Bemühungen war der Erfolg der Konferenz zu danken. Einer der beiden Amerikaner in der Gruppe der Siebzehn war Frederic de Hoffmann, ein dreißigjähriger Physiker, der damals als Nuklearexperte für die Convair Division der General Dynamics Corporation in San Diego, Kalifornien, arbeitete.

Sobald die Genfer Konferenz abgeschlossen war, hielt Freddy de Hoffmann die Zeit für gekommen, die kommerzielle Entwicklung der Kernenergie ernsthaft voranzutreiben. Zum ersten Mal bot sich die Möglichkeit, Reaktoren zu bauen und sie auf dem offenen Markt zu verkaufen, ungehindert von dem ganzen bürokratischen Elend der Geheimhaltungsvorschriften. Er überzeugte die Unternehmensleitung der General Dynamics Corporation, eine neue Abteilung, General Atomic, zu gründen, deren Direktor er wurde. General Atomic begann seine Existenz Anfang 1956 ohne Räumlichkeiten, ohne Einrichtung und ohne Personal. Freddy mietete ein kleines rotes Schulhaus, das von der Schulbehörde San Diegos als veraltet geräumt worden war. Im Juni wollte er das Schulhaus beziehen und dort mit dem Entwerfen von Reaktoren beginnen.

Freddy hatte 1951 mit Edward Teller in Los Alamos zusammengearbeitet, und einige der wesentlichen Rechnungen, die zur Erfindung der Wasserstoffbombe führten, stammten von ihm. Er lud Teller ein, im Sommer 1956 im Schulhaus mitzuarbeiten, und Teller sagte begeistert zu. Er wußte, daß er mit Freddy gut arbeiten konnte, und hatte, wie Freddy, ein starkes Bedürfnis, eine Weile nichts mehr mit Bomben zu tun zu haben und mit der Kernenergie etwas Konstruktives anzufangen.

Freddy lud noch dreißig oder vierzig Leute ein, den Sommer in seinem Schulhaus zu verbringen, von denen die meisten als Physiker, Chemiker oder Ingenieure schon einmal etwas mit Kernenergie zu tun gehabt hatten. Robert Charpie, noch jünger als Freddy, war der zweite Amerikaner in der Gruppe wissenschaftlicher Sekretäre gewesen, die die Genfer Konferenz vorbereitet hatten. Ted Taylor kam direkt aus Los Alamos, wo er zum Pionier einer neuen «Kunstform» geworden war; er hatte dort kleine, funktionstüchtige Bomben entworfen, die sich auf engstem Raum unterbringen ließen. Aus unerfindlichen Gründen stand ich ebenfalls auf Freddys Liste, obwohl ich mich noch nie mit Kernenergie befaßt hatte und nicht einmal amerikanischer Staatsbürger war. Vermutlich hing meine Einladung damit zusammen, daß ich im Sommer des Vorjahrs mit Teller zusammengetroffen war. Freddy stellte mir eine Zusammenarbeit mit Teller in Aussicht. Ich sagte gerne zu, obwohl ich keine Ahnung hatte, ob ich eine Begabung für die Konstruktion von Reaktoren hatte, aber auf jeden Fall wollte ich es versuchen. Neunzehn Jahre hatte ich auf diese Gelegenheit gewartet, Eddingtons Traum zu verwirklichen.

In Freddy de Hoffmann begegnete ich zum ersten Mal der Welt des Big Business. Mir war noch nie jemand begegnet, der über die Autorität verfügte, Entscheidungen so rasch und mit so wenig Getue zu fällen. Besonders bemerkenswert schien mir, daß man diese Autorität einem so jungen Mann gegeben hatte. Freddy machte nicht viel Aufhebens von seiner Machtstellung. Er war humorvoll und immer bereit, zuzuhören und zu lernen. Und er schien immer Zeit zu haben.

Im Juni versammelten wir uns alle in dem Schulhaus, und Freddy legte uns seinen Arbeitsplan dar. Vormittags sollten jeweils drei Stunden Vorlesungen stattfinden. Wer auf einem bestimmten Gebiet der Reaktortechnik bereits ein Experte war, trug vor, und die anderen lernten; bis zum Herbst wollten wir alle Experten für alles sein. Nachmittags teilten wir uns in Arbeitsgruppen auf und arbeiteten an der Entwicklung neuer Reaktortypen. Unser Hauptziel war, einen Reaktor zu finden, der im Hinblick auf eine kommerzielle Auswertung vielversprechende Perspektiven bot und den General Atomic dann bauen und auf den Markt bringen wollte.

Die Vorlesungen waren hervorragend. Ganz besonders für mich, der ich in einem Zustand totaler Ignoranz ins Reaktorgeschäft eingestiegen war. Aber selbst die etablierten Experten lernten viel von einander. Physiker, die bereits alles wußten, was über die Reaktorphysik zu wissen war, lernten Einzelheiten der Reaktorchemie und Reaktorkonstruktion kennen. Und die Chemiker und Ingenieure wurden mit physikalischen Problemen vertraut. Nach wenigen Wochen waren wir alle in der Lage, gegenseitig unsere Probleme zu verstehen.

In den Nachmittagssitzungen kristallisierten sich rasch drei Arbeitsgruppen heraus; die eine befaßte sich mit dem Sicheren Reaktor, die zweite mit dem Test-Reaktor und die dritte mit dem Schiffsreaktor. Das waren die Hauptgebiete, auf denen wir einen unmittelbaren Bedarf für zivile Reakoren vermuteten. Rückblickend mag es wundern, daß Leistungsreaktoren zur Elektrizitätsproduktion nicht auf unserem Programm standen. Freddy wußte wohl, daß General Atomic mit der Zeit in das Geschäft mit Leistungsreaktoren einsteigen mußte, doch um Erfahrungen zu sammeln, zog er es vor, mit etwas Kleinerem, Einfacherem zu beginnen. Mit dem Schiffsreaktor sollte eine kernkraftgetriebene Maschine für Handelsschiffe entwickelt werden, während der Test-Reaktor, ein kleiner Reaktor mit hohem Neutronenfluß, zur Überprüfung von Bestandteilen von Leistungsreaktoren geplant war. Beide Reaktortypen hätten sich sofort mit bereits bestehenden Typen messen müssen, die für die Marine, beziehungsweise für die Atom-Energie-Kommission entwickelt worden waren. Beide wurden im Verlauf des Sommers entwickelt und dann fallengelassen, nachdem Freddy zum Schluß gekommen war, daß sie wirtschaftlich keine Zukunft hatten. Der Sichere Reaktor war das einzige Produkt unserer gemeinsamen Zeit in dem kleinen roten Schulhaus, das auch wirklich gebaut wurde.

Der Sichere Reaktor war Tellers Idee, und er übernahm von Anfang an die Führung. Er sah schon damals klar voraus, daß das auf lange Sicht zentrale Problem für die Zukunft der zivilen Reaktoren ihre Sicherheit sein würde. Mit unsicheren Reaktoren würde auf die Dauer niemand etwas zu tun haben wollen. Er machte Freddy klar, daß General Atomic sich am ehesten rasch auf dem Reaktormarkt durchsetzen würde, wenn die Gesellschaft einen Reaktor anzubieten hätte, der erwiesenermaßen sicherer wäre als alle anderen Typen. Die Aufgabe, die sich die Gruppe «Sicherer Reaktor» stellte, formulierte er folgendermaßen: die Gruppe sollte einen Reaktor konzipieren, der so sicher sein müßte, daß man unbesorgt eine Schar Oberschüler damit herumspielen lassen könnte. Das war ein Ziel, das mir einleuchtete. Ich gesellte mich daher der Gruppe «Sicherer Reaktor» zu und verbrachte die folgenden zwei Monate damit, mich mit Teller zu einer befriedigenden Lösung dieses Problems durchzukämpfen.

Mit Teller zu arbeiten war so anregend, wie ich mir das vorgestellt hatte. Fast täglich tauchte er im Schulhaus mit irgendeiner neuen, völlig verrückten Idee auf. Einige seiner Ideen waren brillant, andere waren praktisch, und einige wenige waren brillant und praktisch. Seine Ideen dienten mir als Ausgangspunkte für eine systematischere Analyse des Problems. Seine Intuition und meine Mathematik ergänzten sich in der Planung des Sicheren Reaktors, so wie Dick Feynmans Intuition und meine Mathematik zusammenwirkten, als wir versuchten, das Elektron zu verstehen. Ich kämpfte so verbissen mit Teller wie damals mit Feynman, demolierte die hirnverbrannteren unter seinen Ideen und Vorstellungen und preßte seine Intuitionen in die Form von Gleichungen. Im Verlaufe dieser heftigen Auseinandersetzungen nahm der Sichere Reaktor nach und nach Gestalt an. Selbstverständlich arbeitete ich nicht allein mit Teller, wie das mit Feynman der Fall war. Die Gruppe «Sicherer Raktor» bestand aus zehn Mitarbeitern. Teller und ich waren die, die den größten Wirbel veranstalteten, während die Chemiker und die Ingenieure der Gruppe die waren, die den Großteil der wirklichen Arbeit machten.

Reaktoren werden durch lange Metallstäbe, die sogenannten Regelstäbe, gesteuert, welche aus stark Neutronen absorbierenden Substanzen wie Bor und Kadmium bestehen. Sollen die Vorgänge im Reaktor schneller ablaufen, werden die Regelstäbe ein wenig aus der Spaltzone herausgezogen. Soll der Reaktor ganz stillgelegt werden, stößt man die Regelstäbe ganz hinein. Die erste Betriebsvorschrift bei jedem Reaktor ist, daß die Regelstäbe auf keinen Fall plötzlich aus einem stillgelegten Reaktor herausgerissen werden dürfen. Die Folgen wären in den meisten Fällen katastrophal, wobei es eine in diesem Zusammenhang eher unbedeutende Konsequenz wäre, daß der Idiot, der die Stäbe herauszöge, das wohl kaum überleben würde. Deshalb sind alle großen Reaktoren mit automatischen Kontrollsystemen versehen, die ein solches plötzliches Herausreißen der Regelstäbe verhindern sollen. Diese Reaktoren besitzen demnach eine «konstruktionsabhängige Sicherheit», was so viel bedeutet wie, daß eine Katastrophe theoretisch möglich wäre, durch die Konstruktion des Kontrollsystems aber verhindert wird. Für Teller war eine solche konstruktionsabhängige Sicherheit nicht gut genug. Er wollte mit uns einen «Inhärent Sicheren Reaktor» konstruieren, einen Reaktor also, dessen Sicherheit durch die Naturgesetze und nicht nur durch Konstruktionsdetails gewährleistet sein mußte. Dieser Reaktor mußte selbst in den Händen eines Idioten, der schlau genug war, das ganze Kontrollsystem zu umgehen und die Regelstäbe mit Dynamit herauszusprengen, noch sicher sein. Mit anderen Worten, Tellers erste Voraussetzung für einen Sicheren Reaktor war, daß sich dieser in jeder Situation auf eine gleichmäßige Betriebsstufe einpendeln muß und selbst dann kein Brennstoff schmelzen darf, wenn man ihn nach einer Stillegung in Betrieb setzt und dabei alle Regelstäbe gleichzeitig und schlagartig herauszieht.

Einer der ersten Schritte auf dem Weg zu einem Sicheren Reaktor war eine Idee, das sogenannte «Warme-Neutronen-Prinzip», welches besagt, daß warme Neutronen weniger leicht eingefangen werden als kalte und daher weniger wirksam sind, eine Uranspaltung auszulösen. Die Neutronen in einem wassergekühlten Reaktor werden durch Kollisionen mit Wasserstoffatomen verlangsamt und haben schließlich ungefähr dieselbe Temperatur wie der Wasserstoff an dem Ort, an dem sie sich gerade befinden. In einem normalen wassergekühlten Reaktor erhitzt sich der Brennstoff rasch, nachdem der postulierte Idiot die Regelstäbe gesprengt hat, aber das Wasser bleibt kalt, mit dem Resultat, daß auch die Neutronen kalt bleiben und ihre Wirksamkeit, eine Spaltung zu verursachen unvermindert ist, daher wird der Brennstoff immer heißer, bis er schließlich schmilzt oder verdampft. Nehmen wir aber an, der Reaktor wäre so konstruiert, daß sich nur eine Hälfte des Wasserstoffes im Kühlwasser befindet, während die andere Hälfte der festen Struktur der Brennstäbe beigemischt ist. Reißt nun in diesem Fall der besagte Idiot die Regelstäbe heraus, erhitzt sich der Brennstoff und mit ihm der Wasserstoff in den Brennstäben, während der Wasserstoff im Wasser kalt bleibt. Folglich sind die Neutronen in den Brennstäben wärmer als die Neutronen im Wasser. Warme Neutronen verursachen weniger Spaltung und verflüchtigen sich schneller ins Wasser, wo sie gekühlt und eingefangen werden, so daß sich der Reaktor innerhalb einiger weniger Tausendstelsekunden automatisch stabilisiert, viel schneller, als jede mechanische Sicherheitsschaltung je funktionieren könnte. Der Reaktor, der die Hälfte des Wasserstoffes in seinen Brennstäben untergebracht hat, ist demnach inhärent sicher.

Es waren viele praktische Schwierigkeiten zu überwinden, bevor diese Ideen in eine funktionierende Maschine umgesetzt werden konnte. Den meiner Meinung nach wichtigsten Beitrag leistete Massoud Simnad, ein iranischer Metallurge, der entdeckte, wie man Brennstäbe mit einem hohen Anteil an Wasserstoffatomen herstellen konnte. Er verwendete dazu eine Legierung aus Uranhydrid mit Zirkonhydrid. Er entdeckte die richtigen Mischverhältnisse dieser Bestandteile und die richtige Zubereitungsmethode. Die Brennstäbe, die aus Massouds Ofen kamen, sahen aus wie ein schwarzes, hartes, glänzendes Metall, so widerstandsfähig und korrosionsbeständig wie guter, rostfreier Stahl.

Nachdem wir die Physik des Sicheren Reaktors und die Chemie seiner Brennstäbe verstanden hatten, blieben noch viele offene Fragen. Was für potentielle Käufer hätte ein solcher Reaktor? Wofür würden sie ihn verwenden wollen? Wieviel sollte er kosten? Teller beharrte von Anfang an darauf, daß er nicht einfach ein Spielzeug für

Reaktorexperten sein sollte. Der Reaktor mußte nicht nur sicher, sondern auch leistungsfähig genug sein, um eine nützliche Funktion zu erfüllen. Aber was für eine?

Die einleuchtendste Anwendung für einen Reaktor dieser Art wäre die Produktion kurzlebiger, radioaktiver Isotopen für die medizinische Forschung und Diagnose. Verwendet man radioaktive Isotopen als biochemische Indikatoren, um Funktionsstörungen am lebenden Menschen zu studieren, so ist es günstiger, mit Isotopen zu arbeiten, die in wenigen Minuten oder Stunden zerfallen, so daß sie, sobald die Untersuchung abgeschlossen ist, verschwunden sind. Der Nachteil kurzlebiger Isotope ist, daß sie sich nicht von einem Ort zum anderen transportieren lassen, sondern dort produziert werden müssen, wo sie gebraucht werden. Von da her wäre der Sichere Reaktor für ein großes, medizinisches Forschungszentrum oder Krankenhaus interessant, das seine eigenen Isotope produzieren möchte. Nach unseren Berechnungen reichte zu diesem Zweck im allgemeinen eine Leistung von einem Megawatt. Weitere Einsatzmöglichkeiten, die wir für unseren Reaktor voraussahen, waren die Studentenausbildung in den Kerntechnikabteilungen der Universitäten sowie Forschungsarbeiten auf dem Gebiet der Metallurgie und der Festkörperphysik, bei denen Neutronenstrahlen zur Erforschung der Struktur der Materie verwendet werden. Falls der Reaktor für diesen letztgenannten Zweck verwendet würde, wäre eine Leistung von einem Megawatt etwas niedrig, und wir planten deshalb eine leistungsfähigere Variante, die es bis auf zehn Megawatt bringen konnte. Freddy nannte den Sicheren Reaktor TRIGA, wobei die einzelnen Buchstaben für Training, Research, Isotopes, General Atomic stehen.

Im September ging die Arbeit jenes Sommers in San Diego ihrem Ende entgegen, und ich fuhr mit dem Bus nach Tijuana in Mexiko, um Geschenke für meine Familie einzukaufen. Als ich nach Einbruch der Dunkelheit durch die Straßen ging, rannte von hinten ein kleiner Hund auf mich zu und biß mich ins Bein. Tijuana wimmelte von kranken und räudigen Hunden, und es war völlig aussichtslos, das Tier, das mich gebissen hatte, einzufangen und zu identifizieren. So ging ich vierzehn Tage jeden Tag in eine Klinik in La Jolla und unterzog mich einer Tollwutimpfung. Der Arzt, der mir die Spritzen gab, hatte mich vorher eindringlich darauf hingewiesen, daß die Impfung selber ebenfalls ein Risiko bedeutete, da sie in einem von 600 Fällen eine allergische Enzephalitis auslöste, die fast so gefährlich wäre wie die Tollwut selbst. Er bat mich, Für und Wider sorgfältig abzuwägen, bevor ich mich zu einer Behandlung entschloß. Ich entschloß mich für die Impfung und stand daher in den letzten zwei Wochen jenes Sommers unter ziemlichem Druck. In dieser Situation war

Edward Teller eine große Hilfe. In seiner Jugend in Budapest hatte er bei einem Straßenbahnunglück einen Fuß verloren; und er verstand es, mir in dieser Lage eine wirkliche Stütze zu sein. Damals in Berkeley hatte ich beschlossen, in ihm keinen Feind zu sehen. In San Diego wurde daraus eine lebenslange Freundschaft.

Nachdem Teller, ich und alle die anderen Sommergäste abgereist waren, machten sich die wenigen, die bei General Atomic blieben, an die Aufgabe, unsere TRIGA-Pläne und -Entwürfe in einen betriebsbereiten Reaktor zu verwandeln. Der endgültige Konstruktionsplan stammte von Ted Taylor, Stan Koutz und Andrew McReynolds. Im ganzen dauerte es von Tellers ursprünglichem Vorschlag im Sommer 1956 nicht einmal drei Jahre, bis die ersten TRIGAS gebaut, lizenziert und verkauft waren. Ohne das dafür benötigte Gebäude betrug der Grundpreis 144000 Dollar. Die TRIGA-Reaktoren verkauften und verkaufen sich gut. Als ich das letzte Mal danach fragte, lagen die Verkaufszahlen bei sechzig Stück. Dieser Reaktortyp ist damit einer der ganz wenigen Reaktoren, der der Gesellschaft, die ihn baute, einen Gewinn erwirtschaftet hat.

Im Juni 1959 wurden alle, die im Schulhaus dabeigewesen und General Atomic Starthilfe geleistet hatten, zu den offiziellen Einweihungsfeierlichkeiten der General-Atomic-Laboratorien eingeladen. Was sich in den drei Jahren getan hatte, war beeindruckend. Anstelle eines gemieteten Schulhauses war Freddy nun Herr über einen prachtvollen, modernen Gebäudekomplex, der auf einer der Mesas am nördlichen Stadtrand von San Diego lag. Seine Laboratorien und Werkstätten waren vorzüglich ausgerüstet, und das Personal ging bereits in die Hunderte. In einem der Gebäude war der TRIGA-Prototyp zu besichtigen; verkaufsbereit und voll lizenziert wartete er auf seine Käufer. Freddy hatte Niels Bohr, nach Einsteins Tod allgemein als der größte lebende Physiker anerkannt, überreden können, aus Kopenhagen zu kommen und das Präsidium über die Einweihungsfeierlichkeiten zu übernehmen.

Höhepunkt dieser Zeremonien war eine Leistungsdemonstration des Reaktors. Freddy hatte am Rednerpodium einen Schalter mit großer, beleuchteter Skala anbringen lassen. Am Ende seiner Rede betätigte Niels Bohr diesen Schalter, und aus der Richtung des TRIGA-Gebäudes war ein gedämpftes Zischen zu hören. Das Geräusch entstand durch das plötzliche Austreten der Druckluft, die verwendet wurde, um die Regelstäbe mit großer Geschwindigkeit aus der TRIGA-Spaltzone zu ziehen. Der Zeiger auf der großen Skala, deren Einteilung den Energieausstoß der TRIGA in Megawatts anzeigte, schnellte augenblicklich auf 1500 Megawatt und sackte dann rasch auf ein halbes Megawatt ab. Die Demonstration war vorüber. Sie war zuvor immer wieder geübt worden, um unliebsame Überraschungen auszuschließen. Tatsächlich kam der kleine Reaktor während einiger weniger Tausendstelsekunden auf 1500 Megawatt, bevor seine warmen Neutronen ihn unter Kontrolle brachten. Nach der Feier gingen wir hinüber und betrachteten ihn, wie er bescheiden auf dem Grund seines Kühlwasserbeckens saß. Da war er also. Es war schwer zu glauben. Wie konnte es sein, daß die Natur sich all den theoretischen Argumenten und Berechnungen beugte, um die wir uns vor drei Jahren im Schulhaus in den Haaren gelegen hatten. Doch der Beweis stand vor uns. Die warmen Neutronen funktionieren wirklich.

Abends gab es ein kaltes Buffet am Strand, mit Freddy und Niels Bohr und anderen wichtigen Leuten. Nachdem das Essen vorbei war, wurde Bohr unruhig. Er hatte die Gewohnheit, vor sich hinzugehen und zu reden. Sein ganzes Leben lang war er so vor sich hinredend gegangen, meist einen Zuhörer an seiner Seite, der seine ganze Aufmerksamkeit auf Bohrs verschlungene Syntax und seine undeutlich murmelnde Stimme konzentrierte. An jenem Abend wollte er über die Zukunft der Atomenergie sprechen. Er bedeutete mir, ihn zu begleiten, und wir gingen am Strand auf und ab. Ich war natürlich erfreut über diese Auszeichnung und mußte an den Abt im Kloster am Fuße des F6 denken; ob ich nun an der Reihe war, in das Kristall zu blicken? Bohr erklärte mir, daß sich uns eine großartige Gelegenheit böte, das Vertrauen der Russen zu gewinnen, indem wir alle Aspekte der Kernenergie offen mit ihnen diskutierten. Eine erste solche Gelegenheit war 1944 verpaßt worden, als Bohr sowohl Churchill wie Roosevelt zu überzeugen versuchte, daß ein verheerendes Kernwaffen-Wettrüsten nur zu vermeiden wäre, indem man die Russen noch vor Kriegsende mit einbezog. Er war damit jedoch nicht durchgedrungen. Bohr erzählte immer weiter von seinen Gesprächen mit Churchill und Roosevelt, Gespräche von höchster historischer Bedeutung, die leider nirgends festgehalten sind. Ich klammerte mich so gut ich konnte an jedes Wort. Doch Bohrs Stimme war auch unter günstigen Umständen schwer zu verstehen. Bei jenem Strandspaziergang schien sie mir jedesmal, wenn er zu einem besonders kritischen Punkt seiner Konfrontationen mit Churchill und Roosevelt kam, noch mehr abzusinken, bis sie im Geräusch der hereinbrechenden und zurückflutenden Wellen völlig versank. In jener Nacht war die Kristallkugel trübe.

Für Freddy war die TRIGA nur ein Anfang. Er wußte genau, daß die Überlebenschancen von General Atomic davon abhingen, ob die Gesellschaft in der Lage war, einen richtigen Leistungsreaktor zu konstruieren und zu verkaufen. Bereits 1959 waren die Hauptanstrengungen des Laboratoriums auf die Entwicklung eines solchen

Leistungsreaktors gerichtet. Freddy setzte seine Zukunft auf einen bestimmten Leistungsreaktortyp, den Hochtemperatur-Graphit-Reaktor (HTGR). Wir alle, die an den Projekten von General Atomic mitgearbeitet hatten, unterstützten diese Entscheidung. Es war ein Risiko, und letzten Endes, ein Fehlschlag. Aber ich bin immer noch der Überzeugung, daß Freddy die richtige Entscheidung getroffen hatte. Hätte sich der HTGR so glücklich entwickelt wie die TRIGA, so hätte das für General Atomic beträchtliche Gewinne bedeutet, und die gesamte amerikanische Kernindustrie wäre in wesentlich besserer Verfassung, als sie das heute ist. Ein echter technischer Fortschritt ist ohne Risikobereitschaft ausgeschlossen. Das Problem dabei ist, daß man nicht immer gewinnt.

Der HTGR stand in direktem Konkurrenzkampf mit den Leichtwasserreaktoren, die von Anfang an die amerikanische Kernenergieindustrie monopolisierten. Weder HTGR noch Leichtwasserreaktoren sind - wie die TRIGA - von Natur aus sicher. Beide arbeiten mit hineinkonstruierten Sicherheitssystemen, welche die Regelstäbe hineinschieben und den Reaktor stillegen, sobald irgendwelche Schwierigkeiten auftauchen. Bei beiden würde die Restradioaktivität ausreichen, um die Spaltzone zu verdampfen und einen Reaktorunfall größeren Ausmaßes zu verursachen, falls die Spaltzone nach der Stillegung nicht weiter gekühlt wird. Der Hauptunterschied zwischen den beiden Reaktoren besteht darin, daß der HTGR über eine viel größere Spaltzone verfügt, mit der er dieselbe Wärmeleistung erbringt. Die HTGR-Spaltzone besitzt eine so große Wärmeabsorptionskapazität, daß es viele Stunden dauern würde, bis nach einer Stillegung der Schmelzpunkt erreicht wäre, selbst wenn die gesamten Notkühlsysteme ausfallen würden. Unter denselben Bedingungen würde die Spaltzone eines Leichtwasser-Leistungsreaktors innerhalb weniger Minuten schmelzen. Der schlimmste denkbare HTGR-Unfall wäre eine höchst unangenehme Sache, aber entschieden weniger heftig und leichter unter Kontrolle zu bringen als ein vergleichbarer Unfall in einem Leichtwasserreaktor. In diesem Sinne ist der HTGR ein grundsätzlich sichereres System.

Der HTGR ist nicht nur sicherer als ein Leichtwasserreaktor, sondern auch sparsamer in seinem Brennstoffverbrauch. Das sind seine beiden großen Vorteile. Er besitzt aber auch zwei schwerwiegende Nachteile: Die Konstruktion ist teurer, und es ist schwieriger, das Entweichen kleiner Mengen radioaktiver Spaltprodukte zu kontrollieren, die beim normalen Produktionsablauf entstehen. Freddy setzte darauf, daß man dem HTGR seiner größeren Sicherheit und Sparsamkeit wegen auf die Dauer für die Energiegewinnung den Vorzug geben werde. Damit mag er sogar recht gehabt haben, nur war diese

Dauer für seine Gesellschaft zu lange. Kurzfristig verhinderten nämlich die Nachteile der Kapitalkosten und die Komplexität des Leck-Kontrollsystems, das sich der HTGR auf dem Mark durchsetzen konnte. Es wurden nur zwei Modelle verkauft, und die Normalproduktion lief nie an. In den späten siebziger Jahren war die Entwicklung der Atomkraft dann von so vielen politischen Unsicherheiten umgeben, daß die Aussichten für den HTGR in wirtschaftlicher Hinsicht hoffnungslos schienen. General Atomic kündigte die Verträge mit den wenigen noch verbleibenden Kunden und stieg aus dem Kernkraftwerksgeschäft aus. Freddy hatte schon einige Jahre zuvor von General Atomic zum Salk Institute for Biological Studies hinübergewechselt. General Atomic baut und verkauft auch heute noch TRIGAS und unterhält ein aktives Forschungsprogramm auf dem Gebiet der kontrollierten Kernfusion. Dagegen hat die Kernspaltungsenergie aufgehört, vielversprechendes Neuland für junge Wissenschaftler und zukunftsorientierte Industrien zu sein.

Wo war die Atomkraft in die Irre gegangen? Als Freddy mir 1956 vorschlug, an seinem Reaktorprojekt mitzuarbeiten, faßte ich mit beiden Händen zu; das war die Gelegenheit, an dem großen Werk mitzuarbeiten, der Menschheit unbegrenzt billige Energie zu verschaffen. Edward Teller und die anderen Bewohner des Schulhauses empfanden dasselbe. Endlich lernten wir, die Atomkraft zu einem besseren Zweck als zum Bombenbauen zu verwenden. Endlich begannen wir, mit der Kernenergie etwas Gutes zu tun. Endlich waren wir dabei, die Welt mit soviel Energie zu versorgen, daß Not und Elend der Menschheit ein Ende haben würden. Wo sind unsere Träume in die Irre gegangen?

Eine einfache Antwort gibt es nicht. Das Zusammenwirken vieler historischer Kräfte führte dazu, daß die Entwicklung der Kernenergie mühsamer und kostspieliger verlief, als wir erwartet hatten. Mit etwas mehr Weitblick hätten wir vorausahnen können, daß nach dreißig Jahren unerfüllter Versprechungen eine neue Generation junger Menschen und eine neue Politikergeneration heranwachsen würde, für die die Kernenergie eine Falle war, aus der es die Menschheit zu befreien galt. Es ist nur natürlich, daß die Träume, die vor dreißig Jahren vielversprechend waren, die jungen Menschen heute nicht mehr begeistern können. Sie brauchen neue Visionen, um voranzukommen. Es ist in einem umfassenden Sinn nicht schwer zu verstehen, wieso sich die politische Atmosphäre im Bezug auf die Kernenergie seit den Tagen des kleinen roten Schulhauses so deutlich verdüstert hat. Ich glaube aber, daß es für viele von den Schwierigkeiten, mit denen die Kernkraftindustrie heute zu kämpfen hat, eine präzisere Erklärung gibt: die Tatsache, daß sich der Geist des Schulhauses innerhalb der Industrie nicht durchsetzen konnte.

Das Grundproblem der Kernkraftindustrie ist nicht die Reaktorsicherheit, oder die Abfallbeseitigung, oder die Gefahr der nuklearen Proliferation, so dringlich alle diese Probleme sind. Das Grundproblem der Industrie ist, daß niemand mehr mit Enthusiasmus an die Aufgabe herangeht, einen Reaktor zu bauen. Unter den heutigen Umständen ist es undenkbar, daß sich eine Schar von Enthusiasten in einem Schulhaus versammelt und innerhalb von drei Jahren einen Reaktor entwerfen, bauen, testen, lizenzieren und verkaufen könnte. Irgendwann zwischen 1960 und 1970 hörte die Sache auf, Spaß zu machen. Die Abenteurer, die Experimentatoren, die Erfinder wurden hinausgedrängt, und die Finanzexperten und Manager übernahmen die Kontrolle. Nicht nur in der Privatindustrie, auch in den Regierungslaboratorien in Los Alamos, Livermore, Oak Ridge und Argonne wurden die Arbeitsgruppen aufgelöst, in denen tüchtige, junge Leute ganz verschiedenartige Reaktortypen erfunden, gebaut und experimentell getestet hatten. Die Finanzexperten und die Manager entschieden, daß es nicht wirtschaftlich war, tüchtige junge Leute mit allerlei verrückten Reaktoren herumspielen zu lassen. Und so verschwanden die verrückten Reaktoren und mit ihnen jede Chance einer radikalen, über unsere bereits bestehenden Systeme hinausreichenden Verbesserung. Übrig blieb eine sehr kleine Anzahl von Reaktortypen, die heute in Betrieb sind; jeder eingefroren in einen gewaltigen, bürokratischen Apparat, der jede wesentliche Veränderung von vornherein ausschließt, jeder in technischer Hinsicht irgendwie unbefriedigend, jeder weniger sicher als manche Alternativvorschläge, die man fallen ließ. Der Geist des kleinen roten Schulhauses ist tot. Und daran liegt es meiner Meinung nach, daß die Entwicklung der Atomkraft in die Irre gegangen ist.

Als junger Mann reiste mein Vater mit seinem Motorrad durch Europa. Sechzig Jahre vor Robert Pirsig lernte er so die Kunst, sein Motorrad zu warten, schätzen, und damit den Wert einer Technologie, die auf dem Respekt vor Qualität beruht. Manchmal fand er sich in Dörfern, in denen noch nie ein Motorrad aufgetaucht war. Damals war jeder Motorradfahrer auch sein eigener Mechaniker. Fahrer und Hersteller erprobten gemeinsam eine riesige Vielfalt verschiedener Modelle, lernten aus ihren Versuchen und Fehlern, welche Modelle solide und praktisch waren und welche nicht. Es brauchte Tausende von meist fehlgeschlagenen Versuchen, um die wenigen Motorradtypen zu entwickeln, die heute auf unseren Straßen herumfahren. Die Entwicklung des Motorrads war ein Darwinscher Prozeß, nur die Geeignetsten konnten sich behaupten. Aus diesem Grund ist das Motorrad heute auch leistungsfähig und zuverlässig.

Vergleichen wir die Entwicklung des Motorrads mit der Entwicklung der kommerziell genutzten Kernkraft. In den weltweiten Bemühungen, ein wirtschaftliches Kernkraftwerk zu entwickeln, wurden weniger als hundert Reaktortypen in Betrieb genommen. Die Anzahl der in Entwicklung begriffenen Typen nimmt immer mehr ab, da die politischen Instanzen in manchen Ländern die riskanteren Projekte aus wirtschaftlichen Überlegungen ausscheiden. Heute gibt es nur noch ungefähr zehn verschiedene Kernkraftwerk-Typen, die eine Überlebenschance haben, und unter den heutigen Bedingungen ist es ausgeschlossen, daß ein radikal neuer Typ richtig ausprobiert werden könnte. Das ist die wirkliche Ursache, warum Kernkraftwerke nicht so erfolgreich sind wie Motorräder. Wir hatten nicht die Geduld, tausend verschiedene Modelle einer Betriebsprüfung zu unterziehen, und deshalb wurden die wirklich guten Reaktoren noch gar nicht erfunden. Möglicherweise gilt für die Technologie dasselbe wie für die biologische Entwicklung, daß nämlich Leerlauf der Schlüssel zur Effizienz ist. Dabei entwickeln sich kleine Geschöpfe leichter als große. Die Vögel blieben, während ihre Vettern, die Dinosaurier, ausstarben.

Besteht überhaupt noch Hoffnung für die Zukunft der Atomkraft? Zweifellos, denn die Zukunft ist unberechenbar. Politische Stimmungen und Tendenzen schlagen rasch um. Was bestehen bleibt, ist die Tatsache, daß die Menschheit gewaltige Energiemengen benötigen wird, wenn das Öl einmal verbraucht ist. Und die Menschheit wird dafür sorgen, daß diese Energie erzeugt wird, so oder so. Wenn jener Tag kommt, werden wir billigere und sicherere Atomreaktoren brauchen, als die, die wir heute bauen. Vielleicht werden unsere Manager und Finanzexperten dann ein Einsehen haben, eine Schar Enthusiasten in einem kleinen roten Schulhaus zusammentrommeln, und ihnen die Freiheit geben, nach Lust und Laune zu experimentieren.

10

Saturn 1970

Der Beginn des Weltraum-Zeitalters läßt sich ziemlich genau datieren. Am 5. Juni 1927 trafen sich neun junge Männer in einer Gaststätte in Breslau und gründeten den Verein für Raumschiffahrt (VfR). Der VfR bestand sechs Jahre, bis er von Hitler aufgelöst wurde; in dieser Zeit führte er ohne jede Hilfe von der deutschen Regierung die grundlegende Konstruktionsentwicklung von Flüssigtreibstoff-Raketen durch. In der Geschichte der Raumfahrt war dies das erste, romantische Zeitalter. Der VfR war eine Organisation ohne jede Organisation. Er lebte völlig von der Initiative und Hingabe der einzelnen Mitglieder. Wernher von Braun trat dem Verein 1930 als achtzehnjähriger Student bei und spielte in den letzten drei Jahren seines Bestehens eine aktive Rolle. Es ist eine seltsame Ironie des Schicksals, daß ausgerechnet in den letzten, verzweifelten Jahren der Weimarer Republik die reine Physik in Deutschland ihre glänzendste Blüte erlebte und der VfR seine legendären Leistungen erbrachte. Es war, als ob die jungen Deutschen jener Zeit durch den wirtschaftlichen und sozialen Ruin, den sie rund um sich erlebten, zu ihren höchsten, schöpferischen Leistungen angespornt wurden. Glücklicherweise befand sich unter den Gründungsmitgliedern des VfR auch ein Historiker, der nicht nur ein ausgezeichneter Ingenieur war, sondern auch schriftstellerische Begabung besaß. So rettete Willy Ley die Geschichte des VfR vor dem Vergessen wie Chaucer die Geschichte der Pilger, die mit ihm nach Canterbury ritten.

Willy Ley war einundzwanzig Jahre alt, als er mithalf, den VfR zu gründen, und siebenundzwanzig, als der VfR aufgelöst wurde. In seinem Buch *Vorstoß ins Weltall – Raketen und Raumschiffahrt* beschreibt er die Spannung des ersten, erfolgreichen VfR-Raketenfluges. «Unser Raketenflugplatz war mit dem Einzug des Frühlings sehr schön geworden. Der hügelige Teil war bedeckt mit dem frischen Grün von Tannenspitzen und frischen Birkenblättern, und die Mulden zwischen den Hügeln standen voll wilder Weiden. Grillen zirpten im hohen Gras, und die Frösche quakten irgendwo in der Ferne ... Aber das Biest flog! Es stieg in die Luft wie ein Fahrstuhl, sehr langsam, bis zu zwanzig Metern. Dann fiel es herunter und brach ein Bein.» Das war am 10. Mai 1931 auf einem sumpfigen Gelände innerhalb der Stadtgrenzen von Berlin. Nach einem Jahr voll hektischer Betriebsamkeit waren die restlichen Schwierigkeiten überwunden, und im Sommer 1932 flogen die VfR-Raketen zuverlässig bis zu Höhen von ein bis zwei Kilometern.

Ein Jahr später war Hitler an der Macht, und alle Zeitschriften, Bücher, Korrespondenzen und Aufzeichnungen des VfR wurden von der Gestapo beschlagnahmt. 1933 war die Zeit der Dichter und der Amateure vorbei. Das Zeitalter der Experten hatte begonnen. Ein VfR-Mitarbeiter, der für Siemens in Berlin arbeitete, hörte, wie einer der Direktoren einen Freund im Kriegsministerium anrief und erklärte: «Ich habe nun alle Raketenleute hier sicher auf Eis und kann sehen, was sie treiben.» Die Raketenentwicklung wurde vom Militär übernommen, das einen Forschungs- und Versuchsbetrieb auf einem entlegenen Gelände in Peenemünde an der Ostsee aufbaute, mit großem Geld, einer aufgeblasenen Bürokratie und 20000 Angestellten. Dort wurde Wernher von Braun als technischer Direktor eingesetzt. Das Resultat dieser Expertenkonzentration war, wie nicht anders zu erwarten, eine technisch brillante Erfindung, die V-2-Rakete, die ökonomisch und militärisch völlig sinnlos war. Der Erfolg des Peenemünde-Projekts wurde mir im Herbst 1944 bewußt, nachdem der V-1-Beschuß in London abgeklungen war und ich von Zeit zu Zeit die Detonation eines explodierenden V-2-Sprengkopfs hörte. Nachts, wenn Stille über der Stadt lag, war nach der Explosion das langgezogene Heulen des Überschallsturzflugs der Rakete zu hören. Alle, die in London einen Einblick in das Kriegsgeschehen hatten, waren damals Wernher von Braun sehr dankbar. Denn wir wußten, daß jede V-2 in der Produktion so teuer war wie ein Hochleistungskampfflugzeug. Und wir wußten auch, daß die deutschen Truppen an der Front dringend Flugzeuge benötigten, und daß die V-2-Raketen uns keinen militärischen Schaden zufügten. In seinen Konsequenzen war das V-2-Programm von unserem Standpunkt fast so gut, wie wenn Hitler auf eine Politik der einseitigen Abrüstung umgeschwenkt hätte. Das war mit Sicherheit nicht die Absicht der Militärs, die den Forschungsbetrieb in Peenemünde aufgebaut hatten. Dies ist ein extremes Beispiel für den Stumpfsinn, den die bürokratische Kontrolle wissenschaftlicher Projekte erzeugen kann. Solcher Stumpfsinn ist übrigens keineswegs ein ausschließlich deutsches Phänomen.

Ich selber begann Anfang 1958 an der Erforschung des Weltraums mitzuarbeiten. Freddy de Hoffmann war auf der Durchreise durch Princeton und erzählte letzte Neuigkeiten von den TRIGA-Funktionstests. «Übrigens», sagte er, «Ted Taylor hat da eine verrückte Idee, ein Atomraumschiff; und er möchte, daß Du nach San Diego kommst und es Dir anschaust.» Das tat ich auch. Das war der Anfang von Projekt Orion.

Nach dem Sommer im Schulhaus hatte sich Ted Taylor entschlossen, von Los Alamos zu General Atomic zu wechseln. Er half Freddy, die neuen Laboratorien zu organisieren, und überwachte

Planung und Konstruktion des TRIGA-Prototypen. In seinem Kopf schwirrten noch immer die eleganten kleinen Bomben, die er in Los Alamos entworfen hatte. In stillen Momenten begann er über eine Idee nachzudenken, die Ulam einige Jahre zuvor in Los Alamos aufgeworfen hatte. Wie wäre es, diese eleganten, kleinen Bomben dazu zu verwenden, ein elegantes kleines Raumschiff im Sonnensystem herumzuschicken?

Ted war zwei Jahre jünger als ich und in der Öffentlichkeit völlig unbekannt. Er war weder ein wissenschaftliches Genie wie Dick Feynman noch eine blendende Persönlichkeit wie Freddy de Hoffmann. Er war ein ruhiger und gelassener Mensch. Heute ist er zu einer wichtigen Persönlichkeit des öffentlichen Lebens geworden, und John McPhee hat eine Biographie über ihn geschrieben. Ich weiß nicht warum, aber ich sah sein Format von Anfang an. Äußerlich wirkte er wie ein durchschnittlicher Amerikaner aus dem Westen, mit seiner philosophisch gelassenen Frau und vier wilden Kindern. Innerlich war er von ungeheurer Objektivität, Einbildungskraft und Beharrlichkeit. Niemand außer Ted hätte Projekt Orion leiten und seine undisziplinierte Schar von Gefolgsleuten bewegen können, mit schöpferischer Begeisterung, in guten wie in schlechten Tagen, fünf Jahre lang bei der Stange zu bleiben.

Im Sommer 1957 stieg der erste Sputnik auf. Einige Monate später antwortete Wernher von Braun, der nun über die Mittel und Möglichkeiten der amerikanischen Armee verfügte, mit seinem ersten Satelliten. Der Kampf der Giganten hatte begonnen. Das Kommando führten auf beiden Seiten große und schwerfällige Organisationen. Regierungsvertreter sprachen bereits von einem Projekt, Menschen mittels riesiger, konventioneller Raketen auf den Mond zu schicken, ein Projekt, das zehn Jahre dauern und zwanzig Billionen Dollar verschlingen sollte, bis es wirklich geglückt war. Ted war von der Idee der Raumfahrt fasziniert, aber der Billionen-Dollar-Stil der großen Regierungsorganisationen stieß ihn ab. Er wollte den Geist und den Stil des VfR neu beleben. Und für kurze Zeit ist ihm das auch gelungen.

Ted begann mit drei Grundüberzeugungen. Erstens, die konventionelle Raumfahrtkonzeption von Brauns mit ihren chemischen Raketen wird bald in einer Sackgasse enden, da bemannte Flüge weiter als bis zum Mond absurd kostspielig werden. Zweitens, der Schlüssel zu interplanetarischen Flügen muß die Verwendung von nuklearem Treibstoff sein, da dieser in jedem Pfund den millionenfachen Energiegehalt von chemischem Treibstoff enthält. Drittens, eine kleine Gruppe wagemutiger und phantasiebegabter Leute können ein Atomraumschiff entwerfen, das billiger und ungeheuer viel leistungsfähiger wäre als die beste chemische Rakete. So machte sich Ted im Frühjahr 1958 an die Arbeit, seinen eigenen VfR zu schaffen. Freddy stellte ihm bei General Atomic Räumlichkeiten und Anlagen sowie eine finanzielle Starthilfe zur Verfügung. Ich erklärte mich bereit, zu kommen und das akademische Jahr 1958/59 ganz dem Projekt Orion zu widmen. Wir wollten ein Raumschiff bauen, das einfach und robust und fähig sein sollte, mit geringen Kosten große Nutzlasten überall hin im Sonnensystem zu transportieren. Unser Motto für das Projekt war «Saturn 1970».

Schon 1958 konnten wir sehen, daß von Brauns Mondschiffe, die zehn Jahre später für die Apollo-Flüge zum Mond verwendet wurden, zu kostspielig und zu wenig leistungsfähig sein würden. In mancher Beziehung erinnerten die Apolloschiffe an die V-2-Raketen. Beide waren dem Kopf Wernher von Brauns entsprungen. Beide waren glänzende, technische Leistungen. Und beide waren sie viel zu kostspielig für den begrenzten Zweck, für den sie bestimmt waren. Die Apolloschiffe waren ein großer Erfolg, als sie Astronauten in kurzen Raumflügen zum Mond transportierten, und sie wirkten großartig auf dem Fernsehschirm. Doch sobald die Menschheit das Spektakel satt hatte, waren die Apolloraumschiffe so überholt wie seinerzeit die V-2. Für etwas anderes waren sie nicht zu gebrauchen.

Ted und ich waren von Anfang an der Überzeugung, daß die Raumfahrt nur dann einen befreienden Einfluß auf die menschlichen Lebensbedingungen ausüben kann, wenn sie erschwinglich wird. Solange es in die Hunderte von Millionen Dollar geht, drei Astronauten auf den Mond zu schicken, wird die Raumfahrt ein Luxusunternehmen für Großmächte bleiben. Und die gewaltigen Kosten lassen es auch fast aussichtslos erscheinen, etwas Neues zu erfinden, das Antriebssystem zu modifizieren oder es einer Vielfalt von Zwecken anzupassen. Projekt Orion hatte sich zum Ziel gesetzt, große Nutzlasten in eine Erdumlaufbahn zu bringen, und das zu einem Preis von ein paar Dollar pro Pfund, also ungefähr hundertmal billiger, als chemische Raketen das könnten. Wir waren zuversichtlich, daß interplanetarische Missionen bald folgen würden, wenn es uns nur gelänge, ein billiges Transportsystem in die Erdumlaufbahn zu entwickeln. Wir entwarfen einen Plan für ein Flugprogramm, das sich über zwölf Jahre erstrecken und mit bemannten Expeditionen zum Mars im Jahre 1968 und zu den Satelliten Jupiters und Saturns im Jahre 1970 enden sollte. Die Betriebskosten unseres Programms veranschlagten wir mit hundert Millionen Dollar pro Jahr. Natürlich nahm keiner der Finanzierungsexperten unseren Kostenvoranschlag ernst. Vermutlich zu Recht. Vielleicht aber auch nicht. Auf jeden Fall war das Motto «Saturn 1970» für Ted und mich nicht einfach Schaumschlägerei. Wir waren wirklich überzeugt davon, daß wir es schaffen konnten, wenn man uns nur eine Chance gab. Wir blickten abwechselnd durch ein kleines Teleskop, das Ted in seinem Garten aufgestellt hatte, und betrachteten Jupiter und Saturn. In unserer Phantasie sahen wir uns schon unter dem Bogen der Saturnringe hindurchsausen, die letzten Bremsmanöver vor der Landung auf dem Saturnmond Enceladus einleiten. Enceladus war unser bevorzugter Landeplatz, da dieser Saturnmond einer der wenigen Orte des Sonnensystems ist, wo mit Sicherheit Wasser im Überfluß anzutreffen ist. Dort planten wir, unsere Wasservorräte für den Rückflug aufzufüllen, vielleicht ein wenig hydroponischen Gemüseanbau zu betreiben, um frisches Gemüse für unsere Vorräte zu ziehen.

Als Projekt Orion im Juli 1958 offiziell gegründet worden war, schrieb ich «A Space Travelers Manifesto» (Manifest eines Weltraumfahrers), mit dem ich der Welt erklären wollte, was wir beabsichtigten und wieso wir das wollen. Es lautete folgendermaßen:

Wie die amerikanische Regierung bekanntgegeben hat, tragen wir uns mit dem Gedanken, ein Raumschiff zu konzipieren, das von Atombomben angetrieben werden soll ... Ich bin davon überzeugt, daß unter den vielen Raumschiffkonzepten, die zur Diskussion stehen, dies das einzige ist, das der Herausforderung dieser Aufgabe, das Sonnensystem zu erforschen, wirklich gewachsen ist. Wir sind in der glücklichen Lage, daß die Regierung uns angewiesen hat, unsere Bemühungen ausschließlich auf die langfristigen, wissenschaftlichen Ziele einer interplanetarischen Kommunikation zu konzentrieren und alle militärischen Einsatzmöglichkeiten eines solchen Antriebssystems außer acht zu lassen ...

Seit meiner Kindheit war ich überzeugt davon, daß es der Menschheit noch zu meinen Lebzeiten gelingen würde, zu den Planeten vorzudringen, und daß ich an diesem Abenteuer teilhaben würde. Wenn ich nach einer rationalen Grundlage für diese Überzeugung suche, beruht sie vermutlich auf zwei Glaubenssätzen, einem wissenschaftlichen und einem politischen:

1) Es gibt mehr Dinge zwischen Himmel und Erde, als man sich in unserer heutigen Wissenschaft träumen läßt. Und wir können nur mehr über sie erfahren, wenn wir hinausgehen und sie aufspüren.

2) Es ist auf die Dauer für die Entwicklung jeder neuen, großen Zivilisation wesentlich, daß kleine Gruppen von Menschen sich ihrer herkömmlichen Umwelt und ihrer Regierung entziehen und irgendwo in der Wildnis leben können, wie es ihnen gefällt. Eine wirklich isolierte, kleine, kreative Gesellschaft ist auf diesem Planeten für alle Zeiten ausgeschlossen.

Diesen beiden Glaubenssätzen habe ich noch einen dritten hinzuzufügen:

3) Zum ersten Mal zeichnet sich eine Möglichkeit ab, unsere gewaltigen Bombenarsenale zu etwas Besserem zu verwenden als zum Völkermord. Es ist unser Ziel und unser Glaube, daß die Bomben, die in Hiroschima und Nagasaki mordeten und die Überlebenden zeichneten, der Menschheit eines Tages das Weltall eröffnen sollen.

Unsere Zusammenarbeit dauerte ein Jahr, vom Sommer 1958 bis zum Herbst 1959, und wir arbeiteten voller Begeisterung, wie die VfR-Pioniere in ihrem großen Jahr 1931/32. Auch wir hatten die Faust im Nacken, wußten wir doch, daß unser Tag nur kurz sein würde. Die Regierung mußte sich bald entscheiden, ob sie chemischen oder atomaren Antriebsmechanismen den Vorzug geben wollte, und wenn wir keine realisierbaren Pläne vorzuweisen hatten, würde unweigerlich gegen uns entschieden.

Wir trieben unsere Arbeit gleichzeitig auf vier verschiedenen Ebenen voran: Theoretische physikalische Berechnungen, Experimente mit Hochgeschwindigkeitsgasdüsen, Konstruktionsplanung von Raumschiffen und Flugtests von Modellen. Als wir anfingen, waren keine Spezialisten unter uns. Wie damals beim VfR machte auch bei uns jeder ein wenig von allem. Später wurden wir etwas bürokratischer und spalteten uns in Physiker und Ingenieure.

Der schönste Teil der Projektarbeit waren die Versuchsflüge. Wir konstruierten Raumschiffmodelle, die wir mittels hochexplosiver, chemischer Ladungen anstelle der Atombomben in die Luft schossen. In unserem Team war Jerry Astl, ein tschechischer Emigrant, der ein wahrer Künstler im Umgang mit hochexplosiven Sprengstoffen war und es verstand, komplizierte Explosionsmechanismen zu bauen, deren Zündungs- und Steuerungssysteme fast immer funktionierten. Er hatte sein Handwerk im tschechischen Untergrund während des zweiten Weltkriegs gelernt.

Unser Testgelände lag auf Point Loma, einer steilen Halbinsel, die westlich von San Diego in den Pazifik hinausragt. Das Land gehört der amerikanischen Marine und ist dadurch von der Bauspekulation verschont geblieben, die die Pazifikküste nach Norden und nach Süden wie ein Krebsgeschwür überzieht. Auf unserem Gelände befand sich lediglich ein kleiner Raketenteststand, den die Marine schon lange aufgegeben hatte. Sonst verriet nichts die Anwesenheit von Menschen. Um uns war nur der mit grünen Büschen und blühenden Kakteen bewachsene Abhang. Unter uns lag der Pazifik, meist noch in Frühdunst gehüllt, wenn wir am Morgen kamen, um unsere Modelle in Position zu bringen. Bis wir startbereit waren, leuchtete er schon klar und leuchtend blau mit weißen Segeln betupft zu uns herauf.

Ich fragte mich oft, was sich die Samstagnachmittagssegler wohl dabei dachten, wenn sie sahen, wie sich ein kurioses Objekt vom Teststand in die Luft hob und kurz darauf in tausend Stücke explodierte. In meiner Schreibtischschublade habe ich immer noch einen Beutel voller Aluminiumsplitter, die ich nach einem solchen Flugversuch aufgesammelt hatte, um mir zu beweisen, daß diese glücklichen Erinnerungen nicht nur Träume waren.

Der letzte und erfolgreichste unserer Flüge fand am 12. November 1959 statt, wenige Wochen, nachdem ich das Projekt verlassen hatte, um wieder an meine ehrbare wissenschaftliche Arbeit in Princeton zurückzukehren. Brian Dunne, der Mann, der die meisten unserer Gasdüsen-Experimente durchgeführt hatte, schilderte mir das Ereignis in einem Brief:

Ich wünschte Du hättest hier sein können, um das Fest auf Point Loma am letzten Samstag mit uns zu genießen. «The Hot Rod» flog und flog und FLOG! Wie hoch wissen wir noch gar nicht. Ted, der oben am Berghang stand und mit bloßem Auge triangulierte, vermutete ungefähr einhundert Meter. Sechs Ladungen gingen mit beispiellosem Getöse und noch nie dagewesener Präzision los ... Der Fallschirm sprang genau auf dem Höhepunkt auf und das Ding schwebte völlig unversehrt genau vor dem Blockhaus nieder ... Wir planen eine Champagner-Party für Mittwoch.

So ging das zweite romantische Zeitalter der Raumfahrt zu Ende. Im Sommer 1959 fiel der Entscheid gegen die Verwendung von nuklearen Antriebsmechanismen in zivilen Raumfahrtprogrammen, und unser Projekt wurde der Air Force unterstellt. Ted Taylor arbeitete unter militärischer Oberaufsicht weiter wie schon Wernher von Braun 1933. Die Air Force ließ unsere Modell-Testflüge sofort fallen, hielt das Projekt aber noch sechs Jahre lang am Leben. In dieser Zeit wurde sehr viel gute technische Leistung erbracht, doch der Schwung und der Glanz des Ganzen waren verpufft. Ich besuchte General Atomic an jenem Tag im Frühjahr 1965, als Projekt Orion offiziell beendet wurde. Wir tranken keinen Champagner. «The Hot Rod» ruhte achtzehn Jahre lang in einem Air-Force-Lagerhaus in Albuquerque. Heute kann man dieses Relikt aus glücklichen Tagen im National Air and Space Museum in Washington besichtigen – es sieht keinen Tag älter aus als 1959.

Die U.S. Air Force wiederholte den Fehler, den Hitler mit den V-2-Raketen gemacht hatte, nicht. Sechs Jahre lang versuchte die Air Force, ein interplanetarisches Antriebssystem in eine militärische Waffe umzuwandeln. Schließlich kamen sie zu dem Schluß, den wir von Anfang an gezogen hatten, daß das Orion-System sich zu keiner vernünftigen, militärischen Anwendung eignete. Nachdem sich die Air Force zu dieser Einsicht durchgerungen hatte, besaß sie auch den Verstand, das Projekt zu beenden, und es nicht, wie Hitler seinerzeit, in das Stadium der Massenproduktion überzuleiten. An dem Tag, an dem alles vorbei war, schrieb ich einen etwas wehmütigen Brief an Oppenheimer:

Sie werden vielleicht in der Mischung aus technischer Klugheit und politischer Unschuld, mit der wir 1958 nach San Diego kamen, ein Phänomen erkennen, das dem Los Alamos von 1943 nicht unähnlich war. Sie lernten politische Einsicht durch ihre Erfolge, wir durch unsere Fehlschläge. Ich bin mir oft nicht sicher, ob ich erleichtert oder betrübt sein soll, daß uns die Verantwortung, die der Erfolg mit sich bringt, erspart geblieben ist.

Die fünfzehn Monate, in denen ich an Projekt Orion mitarbeitete, waren die aufregendsten und in mancher Hinsicht die glücklichsten meines wissenschaftlichen Lebens. Ich genoß es ganz besonders, von einer Arbeitsatmosphäre umgeben zu sein, die vom Berufsverständnis der Ingenieure geprägt war, das sich sehr deutlich vom Berufsverständnis der Wissenschaftler unterscheidet. Ein guter Wissenschaftler ist ein Mensch, der originelle Ideen hat. Ein guter Igenieur ist ein Mensch, der mit so wenig originellen Ideen wie möglich ein funktionierendes Modell konstruieren kann. Ingenieure neigen nicht zu Primadonnenallüren. Sowohl Projekt «Orion» wie die «Sichere Reaktor»-Gruppe in den Tagen des kleinen roten Schulhauses waren unbelastet von Mitarbeitern, die auf ihren persönlichen Ruhm aus waren. Es kam nicht darauf an, wer was erfunden hatte. Das einzige, was zählte, war, daß das Endprodukt unserer Einfälle zuverlässig funktionierte. Es war eine neue Erfahrung für mich, an einem solchen kollektiven Unternehmen mitzuarbeiten, integriert in eine Gruppe von Ingenieuren, deren ganzes berufliches Leben eher auf Teamarbeit als auf persönlichem Ehrgeiz beruht. Wie ich so jeden Tag zufrieden ins Laboratorium oder zum Teststand auf Point Loma ging, mußte ich an meine Mutter denken, die mir ihre Version der Faust-Geschichte über die Begegnung Fausts mit den an ihrem Deich arbeitenden Dorfbewohnern erzählt hatte.

Was wäre aus uns geworden, wenn die Regierung uns 1959 ihre volle Unterstützung gewährt hätte – wie einer vergleichbaren Schar von Amateuren 1943 in Los Alamos? Würden wir inzwischen über ein billiges, schnelles, das ganze Sonnensystem umspannendes Transportsystem verfügen? Oder müssen wir froh sein, daß uns unsere Träume unversehrt erhalten geblieben sind?

Freunde, die Freuden und Leiden Orions teilten, fragen manchmal, ob ich bereit wäre, das Projekt wieder aufzunehmen, wenn – wie durch ein Wunder – plötzlich die notwendigen Mittel bereitstünden? Darauf kann ich nur mit einem emphatischen *Nein* antworten. Durch den Vertrag über die Einstellung der Kernwaffenversuche in der Atmosphäre und im Weltraum, der 1963 unterzeichnet wurde, waren die Orion-Flüge illegal geworden. Bevor das Projekt wieder aufgenommen werden könnte, müßte dieses Abkommen gekündigt oder neu ausgehandelt werden. Doch unabhängig von diesem Vertrag möchte ich heute nicht mehr in einem Raumschiff herumfliegen, das radioaktiven Abfall auf die Köpfe der Passagiere unseres wichtigsten Raumschiffs, der Erde, herabregnen läßt. 1958 konnten wir uns noch mit Genuß dem Gedanken hingeben, uns in den Himmel zu schwingen und hinter uns eine Fahne atomarer Feuerbälle verglühen zu lassen; denn das war die Zeit, als die USA und die Sowjetunion in der Atmosphäre Bomben von vielen Megatonnen pro Jahr testeten. Wir hatten ausgerechnet, daß selbst unser allerehrgeizigstes Orion-Projekt die durch die Bombentests verursachte Verseuchung der Umwelt um höchstens ein Prozent verschlimmern könnte. Ein Prozent erschien damals tragbar. Nachdem ich allerdings die biologischen Folgen der Strahlung sorgfältig studiert hatte und auf Schätzungen kam, nach denen jeder Orion-Start durch seinen radioaktiven Niederschlag statistisch zwischen einem Zehntel und einem durch Strahlung verursachten Krebsfall mit Todesfolge nach sich ziehen würde, nahm meine Bereitschaft, die vorhandene Menge radioaktiven Niederschlags auch nur um ein Prozent zu vermehren, sehr schnell ab. In den letzten Jahren von Projekt Orion war man ohnehin davon abgekommen, direkt vom Erdboden zu starten. Der Konstruktionsplan des Raumschiffs wurde so modifiziert, daß es durch eine oder zwei Saturn-5-Raketen von Brauns in eine Umlaufbahn gebracht werden konnte und erst außerhalb der Erdatmosphäre damit beginnen sollte, Atombomben zu zünden. Das verteuerte das Raumschiff erheblich und löste das Problem des radioaktiven Niederschlags trotzdem nicht ganz. Das Orion-Raumschiff ist seiner Natur nach ein unsauberes Geschöpf und hinterläßt überall, wo es hinfliegt, seinen radioaktiven Schmutz. In den zwanzig Jahren, die seit den Anfängen Orions vergangen sind, hat sich die Einstellung der Öffentlichkeit zu Fragen der Umweltverschmutzung grundsätzlich geändert. Vieles, was 1958 noch akzeptabel war, ist heute ausgeschlossen. Auch meine eigenen Maßstäbe haben sich geändert. Die Geschichte ist an Orion vorbeigegangen. Ein Zurück kann es nicht mehr geben.

Die Geschichte der Weltraumforschung seit 1958 ist im wesentlichen die Geschichte der Experten und ihrer chemischen Raketen geblieben. Diese Experten fanden sich nie dazu bereit, grundlegend neuen Ideen eine faire Chance zu geben. Orion ist tot, und das nehme ich ihnen nicht übel. Orion hatte seine faire Chance und konnte sie nicht nützen. Doch da sind alle die anderen, radikal neuen Projekte, die nach Orion kamen, Projekte, die besser waren als Orion, die alles boten, was Orion bot, und mehr, die keinen radioaktiven Abfall im Sonnensystem verstreuten und doch nie die Chance erhielten, wie Orion in einem fairen Wettbewerb mit chemischen Raketen zeigen zu dürfen, was in ihnen steckt. Seit 1959 wurde kein einziger Erfinder neuer Raumschifftypen ermutigt, seine Ideen anhand von Flugmodellen zu testen, wie wir das in Point Loma konnten. Kein anderes Modell ist neben unserer «Hot Rod» im National Air and Space Museum in Washington zu sehen.

Die schönste aller unorthodoxen Raumfahrtmethoden ist das Sonnensegeln. Es ist im Prinzip möglich, ganz ohne Motor im Sonnensystem herumzusegeln. Alles, was es dazu braucht, ist ein riesiges, hauchdünnes Segel aus mit Aluminium beschichtetem Plastikfilm. Um einen Kurs zu steuern, kann man die Segel setzen und manövrieren, indem man den Druck des Sonnenlichtes auf das Segel ausgleicht gegen die Schwerkraft der Sonne, so wie ein Segler auf unseren irdischen Meeren den Druck des Windes auf sein Segel gegen den Wasserdruck auf seinen Kiel balanciert. Die Idee des Sonnensegelns hat eine lange Geschichte. Als erster sah der russische Raumfahrtpionier Konstantin Tsiolkowskij die Möglichkeiten, die in ihr steckten. Seither ist sie viele Male nacherfunden worden. Der jüngste und eleganteste Entwurf eines Sonnensegelbootes ist das Heliogyro Richard MacNeals. MacNeals Segel hat die Form eines zwölfzackigen Sterns, der sich wie der Rotor eines Autogiros dreht. 1976 unternahm das Jet Propulsion Laboratory in Kalifornien einen ernsthaften Versuch, zusammen mit MacNeal ein unbemanntes Heliogyro-Raumschiff zu entwickeln. Es sollte so gestartet und gesteuert werden, daß es zu einem Rendezvous mit dem Halleyschen Kometen kommt, der im März 1986 abermals die Erde passieren wird. Halleys Komet ist nur alle 76 Jahre sichtbar, und ein Rendezvous mit Hilfe von chemischen Raketen ist ausgeschlossen. Hier bot sich eine einzigartige Gelegenheit, die Tauglichkeit des Sonnensegels zu beweisen. Doch die Manager des Raumfahrtprogramms ließen die Mission mit dem Halleyschen Kometen als zu gewagt fallen. Sie können es sich nicht leisten, Risiken einzugehen. Die politischen Konsequenzen einer fehlgeschlagenen Mission könnten für ihr ganzes Programm verheerende Folgen haben. Deshalb können sie sich nie auf eine ernsthafte Erprobung grundsätzlich neuer und unerforschter Technologien einlassen. Das Verdikt über das Sonnensegelprojekt war in die bleierne Prosa der Verwaltungsbürokraten gekleidet: «Die Haupteinschränkung, die die JPL-Geschäftsleitung davon abhielt, dem Segelprojekt positiv gegenüberzustehen, war das hohe Risiko, das mit einer Abklärung seiner kurzfristigen Realisierbarkeit verbunden war, angesichts der Tatsache, daß keinerlei Funktionstests vorliegen.»

Wann wird das dritte romantische Zeitalter in der Geschichte der Raumfahrt beginnen? Das dritte romantische Zeitalter wird kleine Modellsegelschiffe sehen, die im Weltall ihre Flügel der Sonne entgegenstrecken, so frei und anmutig wie die kleinen, ferngesteuerten Segelflugzeuge, die in der Nähe der General-Atomic-Laboratorien jeden Sonntagnachmittag zwischen den Vögeln in der Meeresbrise über den Klippen tanzen. Dann wird es wieder Versuchsstände geben, so improvisiert, wie sie in Berlin und Point Loma waren, auf denen eine neue Generation junger Leute mit neuen, verrückten Ideen spielen wird.

Unabhängig von wissenschaftlichen Überlegungen gibt es drei Gründe, wieso die Menschheit nicht ohne die Raumfahrt auskommen kann: «Erstens die Abfallbeseitigung; wir müssen die Möglichkeit haben, industrielle Prozesse in den Weltraum zu verlegen, so daß unsere Erde ein grüner und angenehmer Lebensraum bleibt, den auch unsere Enkel noch genießen können. Zweitens müssen wir einen Ausweg aus der Rohstoffverknappung finden. Die Rohstoffvorräte unseres Planeten sind endlich, und auf die Dauer können wir es uns nicht leisten, auf den Überfluß an Sonnenenergie, Mineralien und Lebensraum zu verzichten, der rund um uns ausgebreitet ist. Der dritte Grund schließlich ist das geistige Bedürfnis des Menschen nach neuen Horizonten. Das höchste Ziel der Raumfahrt besteht darin, der Menschheit nicht nur wissenschaftliche Entdeckungen und von Zeit zu Zeit eine spektakuläre Fernsehshow, sondern vor allem anderen eine echte Erweiterung unseres geistigen Horizontes zu bieten.

Für die große Masse der Menschheit kann die Raumfahrt jedoch nur relevant sein, wenn sie völlig und allgemein verfügbar wird. In dieser Hinsicht haben wir noch einen langen Weg vor uns; und es ist denkbar, daß politisch orientierte Großprogramme wie das Apollo-Projekt nicht einmal in die richtige Richtung gehen. Dabei steht der bewundernswerte Mut unserer Astronauten, Gagarin, Armstrong, Aldrin, Collins und all der anderen, die nach ihnen kamen, außer Frage. Aber ich glaube, daß es ein einsamerer Weg sein wird, der die Menschheit zu den Sternen führt – der Weg, den schon Tsiolkowskij, und Orville und Wilbur Wright, und Robert Goddard, und die Männer vom VfR eingeschlagen haben, Männer, deren Visionen in kein Regierungsprogramm gepaßt hätten. Ich bin stolz darauf, daß ich einmal für kurze Zeit einer der Ihren war.

11

Pilgerväter, Heilige und Raumfahrer

William Bradford, der Gouverneur der Plymouth-Kolonie, Brigham Young, der Präsident der Kirche Jesu Christi der Heiligen der letzten Tage, und mein Freund, Gerard O'Neill, Professor für Physik an der Universität Princeton, haben vieles gemeinsam. Alle drei sind Männer mit visionärem Weitblick. Alle drei sind erfüllt von einem leidenschaftlichen Glauben an die Fähigkeit der einfachen Männer und Frauen, hinauszugehen in die Wildnis und dort eine bessere Gesellschaft aufzubauen als die, die sie hinter sich lassen. Alle drei haben ein Buch geschrieben, in dem sie ihre Vision und ihren Kampf darum für die Nachwelt aufgezeichnet haben. Alle drei standen und stehen fest auf dem Boden der Wirklichkeit des politischen und wirtschaftlichen Lebens. Alle drei wissen genau, welche Bedeutung Dollar und Cents, Pfunde und Schillinge für die Verwirklichung ihrer Träume haben.

Die Berichte Bradfords und Youngs wurden zu ihren Lebzeiten nicht gedruckt, sondern bloß in Manuskriptform zur Belehrung ihrer Nachfolger herumgereicht. Bradfords Manuskript wurde zwei Jahrhunderte später unter dem Titel *History of Plymouth Plantation (Geschichte der Plymouth-Kolonie)* veröffentlicht. Youngs Manuskript wird zwar in der offiziellen Geschichte der Mormonen-Kirche ausführlich zitiert, aber nicht vollständig wiedergegeben. O'Neills Buch schließlich *Unsere Zukunft im Raum* mußte glücklicherweise nicht bis nach seinem Tode auf eine Veröffentlichung warten.

Die menschlichen und die wirtschaftlichen Probleme, mit denen sich Weltraum-Kolonien von morgen auseinandersetzen müssen, unterscheiden sich nicht wesentlich von den Problemen, mit denen Bradford 1620 und Young 1847 zu kämpfen hatten. Der verschwenderische Stil und die ungeheuren Kosten der Apollo-Mondflüge ließen in der Öffentlichkeit den Eindruck aufkommen, daß jedes menschliche Raumfahrt-Unternehmen notwendigerweise mit Milliarden von Dollar verknüpft sein müsse. Diese Vorstellung halte ich für grundsätzlich falsch. Wenn wir den Stil der Apollo-Flüge ablehnen und uns statt dessen an den Stil der *Mayflower* und der Mormonen halten, werden auch die Kosten einer Weltraum-Kolonialisierung auf ein vernünftiges Maß zusammenschrumpfen. Damit meine ich Geldsummen, die in einem Verhältnis stehen zu dem, was die Pilgerväter aufbringen mußten.

Bradford und Young schildern beide ausführlich die Schwierigkeiten, die ihnen die Beschaffung der Geldmittel bereiteten. Bradford betont in seinem Buch, daß das schwierigste Problem des ganzen Unternehmens die Definition bestimmter Zielvorstellungen war, denen alle Pilger zustimmen konnten:

> Doch wie bei allen Geschäften der aktiv handelnde Teil der schwierigste ist, besonders wenn viele bei einer Arbeit zusammenwirken müssen, so war das auch hier. Denn einige derjenigen, die von England hätten gehen sollen, fielen ab und wollten nicht gehen; andere, Kaufleute und Freunde, die angeboten hatten, ihr Geld zu wagen, zogen sich zurück und schoben allerlei Entschuldigungen vor; den einen mißfiel, daß man nicht nach Guiana ging, andere wiederum wollten nichts wagen, außer man ginge nach Virginia. Wieder andere (und ausgerechnet die, auf die man am meisten gebaut hatte), faßten eine entschiedene Abneigung gegen Virginia und wollten nichts mit der Sache zu tun haben, falls man dorthin ginge.

Ohne Übereinkunft über die Ziele ist es unmöglich, Gelder aufzubringen. Diese Tatsache ist heute genau so gültig, wie sie es 1620 war. In den Berichten Bradfords und Youngs nimmt die Schilderung des Gerangels um Ziele und Finanzierung mehr Raum ein als die eigentliche Reisebeschreibung. Für beide war es eine Erlösung, als das mühevolle Hin und Her vorbei und die Expedition startbereit war. Endlich konnten sie ihre Aufmerksamkeit von den politischen und finanziellen Schwierigkeiten abwenden und sich ganz den einfacheren Problemen des physischen Überlebens widmen. Young schilderte dieses Gefühl in seinem Winterquartier im Februar 1847, sechs Wochen, bevor der lange Marsch über die Prärien begann:

> Mir ist zumute wie einem Vater mit einer großen Familie von Kindern um sich; draußen tobt ein Wintersturm, und er wartet voller Ruhe und Zuversicht und Geduld darauf, daß die Wolken auseinanderbrechen, die Sonne scheint und er hinausgehen kann und pflanzen und säen und Mais und Weizen ernten und sagen, Kinder, kommt nach Hause, der Winter kommt wieder, und ich habe Häuser und Holz und Mehl und Maismehl und Fleisch und Kartoffeln und Kürbisse und Zwiebeln und Kohl, und alles im Überfluß; und ich bin bereit, das gemästete Kalb zu schlachten und allen, die da kommen und mithalten wollen, ein frohes Fest auszurichten. Wir haben hier alles getan, was wir konnten, und sind zufrieden, daß es am Ende gut sein wird.

Aber ich muß von diesen idyllischen Gefühlen weg und noch einmal auf die harten Fragen von Dollars und Cents zurückkommen. Zwei Jahre zuvor hatte Young berichtet:

> Als Ausrüstung würde jede fünfköpfige Familie benötigen: einen guten Planwagen, drei Paar Zugochsen, zwei Kühe, zwei Rinder, drei Schafe, eintausend Pfund Mehl, zwanzig Pfund Zucker, ein Gewehr mit Munition, ein Zelt mit Zeltpflöcken – die Kosten würden sich auf ungefähr 250 Dollar belaufen, falls die Familie nichts außer Bettzeug und Kochgeschirr beizusteuern hätte, und das Gewicht der ganzen Ausrüstung einschließlich der Familie würde auf ungefähr 2700 Pfund kommen.

Auch für die Künste war Platz in Youngs Berechnungen. Am 1. November 1845 gab er 150 Dollar aus, um Instrumente für eine

Blaskapelle zu kaufen. Das war eine kluge Investition; denn wie sich zeigte, wurde die Kapelle «manchmal eingeladen, in den Dörfern, die an der Marschroute lagen, Konzerte zu geben. Das trug viel dazu bei, die Feindseligkeiten abzubauen, mit denen man uns manchmal begegnete. So war die Kapelle für die Marschkolonne von großem Nutzen und munterte die Pilger außerdem noch auf.»

Zusammen mit Young durchquerten die Prärie: 1891 Seelen, 623 Wagen, 131 Pferde, 44 Maultiere, 2012 Ochsen, 983 Kühe, 334 Stück Herdenvieh, 654 Schafe, 237 Schweine und 904 Hühner.

Somit können wir die gesamte Nutzlast der Youngschen Expedition auf 3500 Tonnen schätzen, die sich zur Hauptsache aus dem Viehbestand zusammensetzte, und die Gesamtkosten auf ca. 150000 Dollar - nach dem Dollarwert von 1847.

Für die Mayflower gibt Bradford leider keine so exakte Abrechnung. Er zitiert den Brief eines Robert Cushman, datiert vom 10. Juni 1620 in London, also zwei Monate vor der Abreise. Cushman war einer der Beauftragten, die Verpflegung und Ausrüstung für die Reise beschaffen mußten:

> Guter Freund, ich habe von Dir einige Briefe voller Aufregung und Klagen erhalten, und ich verstehe wirklich nicht, was Du von mir willst; bei all Deinem Geschrei über 'Nachlässigkeit' muß ich mich wirklich fragen, wieso man einen so nachlässigen Mann überhaupt mit diesem Geschäft betraut hat. - Wenn wir mit 150 Personen rechnen, ist nicht mehr als £1200 aufzutreiben und einige Gelder aus all den Beteiligungen, auf die wir zählen, außerdem etwas Tuch, Strümpfe und Schuhe, die nicht mitgezählt sind, so daß uns wenigstens £300 bis £400 fehlen. Ich hätte zuerst bei Bier und anderen Vorräten etwas gekürzt, in der Hoffnung auf weitere Beteiligungen; und nun könnten wir, sowohl in Amsterdam wie in Kent, genügend Bier für unseren Zweck haben, doch nun können wir es nicht ohne Schaden annehmen - £500 sagst Du, sollten genügen; den Rest, den wir hier und in Holland brauchen werden, müssen wir zusammenkratzen. - Nimm das Beste an und trage die Mängel mit Geduld, und der Herr leite uns alle.
>
> Dein treuer Freund Robert Cushman

Diesem Brief ist zu entnehmen, daß Cushman persönlich für Ausgaben in der Gegend von 1500 Pfund Sterling verantwortlich war. Ob diese Summe die gesamten Kosten und vor allem auch die Miete für die Mayflower deckte, wird aus diesem Brief nicht klar.

Drei Wochen später, am 1. Juli 1620, wurde zwischen den Kolonisten und den Unternehmern ein Vertrag unterzeichnet. Die Kolonisten waren die Auswanderer, die Unternehmer waren die Aktionäre, die Geld in das Unternehmen investierten und selber zu Hause blieben. In dem Vertrag wurde festgelegt, «daß nach Ablauf von sieben Jahren das Kapital, nämlich Häuser, Ländereien, Hab und Gut gleichmäßig zwischen den Kolonisten und den Unternehmern aufgeteilt werden sollte». Eine weitere Vertragsklausel sprach jedem der

Kolonisten als Prämie für die sieben Jahre harter Arbeit einen Anteil zu: «Jeder, der mitgeht und 16 Jahre oder mehr zählt, sei mit 10 Pfund veranlagt, und 10 Pfund soll als ein Anteil gelten.» Alles Bargeld, das die Kolonisten überdies beisteuern konnten, sollte sie zu weiteren Anteilen berechtigen.

Beide Seiten waren mit dem Vertrag von 1620 unzufrieden, da immer wieder Reibereien entstanden. 1626, ein Jahr vor der geplanten Aufteilung der Vermögenswerte, wurde die ganze Sache neu ausgehandelt und ein neuer Vertrag unterzeichnet, «aufgesetzt von den besten Rechtsberatern, die man bekommen konnte, um ihm Bestand zu geben». Nach dem Vertrag von 1626 verkaufen die Unternehmer den Kolonisten «für eintausend und achthundert Pfund Sterling, nach einer im folgenden festgelegten Zahlungsweise zu entrichten, alle Anteile und Aktien, Ländereien, Waren, Hab und Gut, auf das die Gesamtheit der genannten Unternehmer in irgendeiner Weise Anspruch hat oder sich in ihrem Besitz befindet». Nachdem die Kolonisten die Anteile der Unternehmer aufgekauft hatten, blieb ihnen eine Schuld von 1800 Pfund Sterling, die nach zweiundzwanzig Jahren endlich abbezahlt war.

Ich weiß nicht, wie groß der Gewinn oder Verlust war, den die Unternehmer mit dem Vertrag von 1626 machten. Ich weiß auch nicht, ein wie großer Anteil der ursprünglichen Expeditionskosten von den Kolonisten getragen worden war. Zum ersten Punkt ist zu bemerken, daß die Unternehmer kaum Verluste hinnehmen mußten, da die Kolonie 1626 nicht bankrott war und die Unternehmer nicht die Gewohnheit hatten, ihr Geld für nichts zu verleihen. Zum zweiten Punkt ist zu sagen, daß die Kolonisten wahrscheinlich weniger als die Hälfte der ursprünglichen Expeditionskosten zahlten. Wäre es ihnen möglich gewesen, die Hälfte zu bezahlen, hätten sie ihre Kosten vermutlich so weit reduzieren können, daß sie ohne die Unternehmer ausgekommen wären, was ihnen das ganze Kopfzerbrechen, das diese Partnerschaft mit sich brachte, erspart hätte. Ich schließe daher aus dem Vertrag von 1626, daß man £3600 als sichere, obere Kostengrenze für Miete und Ausrüstung der Mayflower ansetzen darf. Der Cushman-Brief impliziert eine untere Grenze von £1500. Ich will mich daher auf einen Schätzwert von £2500 an Expeditionskosten festlegen, immer nach dem Pfundwert von 1620. Diese Summe kann weder nach oben noch nach unten um einen Faktor zwei falsch sein. Die Nutzlast der Mayflower wird von Bradford explizit vermerkt. Sie betrug 180 Tonnen.

Mein nächstes Problem besteht darin, die Kostenangaben von 1620 und 1847 in ihre heutigen Äquivalente umzuwandeln. Eine nützliche Informationsquelle über die Geschichte der Löhne und

Preise in England ist das Werk von Ernest Phelps Brown und Sheila Hopkins, das in zwei Folgen in der Zeitschrift *Economica* erschienen und in einer Reihe namens *Essays in Economic History* nachgedruckt ist. Der erste Aufsatz befaßt sich mit Löhnen, der zweite mit Preisen. Es ist letztlich eine Frage des Geschmacks, ob man Löhne oder Preise als Grundlage für Kostenvergleiche zwischen verschiedenen Jahrhunderten heranzieht. Entscheidet man sich für die Löhne, so setzt man eine Arbeitsstunde des Jahres 1620 einer Arbeitsstunde im Jahre 1980 gleich. Ich persönlich halte die Löhne für einen besseren Maßstab als die Preise. Der folgende Vergleich soll dazu dienen, in einer groben, quantitativen Weise das Ausmaß der menschlichen Mühen und Opfer abzuschätzen, die die Mayflower- und die Mormonen-Expeditionen forderten.

Nach Phelps Brown und Hopkins lagen die Löhne von Bauarbeitern 1620 zwischen 8 und 12 Pence pro Tag. 1847 lagen sie zwischen 33 und 49 Pence. Als modernes Äquivalent dieser Zahlen stütze ich mich auf den Mindeststundenlohn von 9.63 Dollar, den die Gewerkschaftsabkommen von 1975 in New York festlegten. Auf der Grundlage dieser Löhne sehen die Wechselkurse dann so aus:

1 £ (1620) entspricht $2500 (1975)
1 $ (1847) entspricht $100 (1975)

Das sind sehr ungefähre Zahlen. Eine grobe Überprüfung der für 1620 angegebenen Werte ist durch die bereits erwähnte Tatsache möglich, daß jeder Kolonist dafür, daß er nach Plymouth ging und sieben Jahre lang ohne Lohn für die Gemeinschaft arbeitete, eine Gutschrift von £10 erhielt.

Unter diesen Gesichtspunkten betragen dann die Gesamtkosten in Dollar (1975) für die Mayflower schätzungsweise 6 Millionen und für die Mormonen-Expedition schätzungsweise 15 Millionen. Darauf beziehen sich die beiden ersten Spalten der nachfolgenden Tabelle. Was ich mit diesen Zahlen betonen möchte, ist die Tatsache, daß sowohl die Überfahrt der Mayflower wie der Marsch der Mormonen ungeheuer kostspielige Unternehmen waren. Zu ihrer Zeit stand jedes von ihnen an der Grenze dessen, was eine Gruppe privater Bürger ohne Hilfe der Regierung leisten konnte.

Vergleich von vier Expeditionen

Expedition	Mayflower	Mormonen	Island One L5-Kolonie	Besiedlung der Asteroiden
Datum	1620	1847	1990 +	2000 +
Anzahl Personen	103	1891	10000	23
Nutzlast (t)	180	3500	3.6 Mio.	50
Nutzlast (t) pro Person	1.8	2	360	2
Kosten ($ 1975)	$ 6 Mio.	$ 15 Mio.	$ 96000 Mio.	$ 1 Mio.
Kosten per Pfund ($ 1975)	$ 15	$ 2	$ 13	$ 10
Kosten in Jahreslöhnen pro Familie	7.5	2.5	1500	6

(Kosten-Umrechnungskurse beruhen auf den Löhnen des Baugewerbes; Mio = Millionen; amerikanische Gewichte)

Die Zahlen in der untersten Zeile der Tabelle geben eine grobe Schätzung der Anzahl Jahre, die ein durchschnittlicher Lohnempfänger sein gesamtes Einkommen sparen müßte, um die Reisekosten für sich und seine Familie bezahlen zu können. Obwohl die durchschnittliche Mormonen-Familie zweimal größer war als die durchschnittliche Familie auf der Mayflower, waren die Kosten in Jahreseinkünften pro Familie für die Mayflower dreimal höher als für die Mormomen.

Dieser Unterschied hatte einen entscheidenden Einfluß auf die Finanzierung der Kolonie. Mit zielstrebiger Hingabe an eine Sache und mit etwas Unterstützung von seinen Freunden kann ein Durchschnittsbürger Ersparnisse in der Höhe seines zwei- bis dreifachen Jahreslohnes ansammeln. Dagegen kann ein Durchschnittsbürger, der eine Familie zu ernähren hat, unmöglich Ersparnisse in der Höhe eines siebenfachen Jahresgehalts anhäufen. Daher kam es auch, daß die Mormonen ihren Marsch selber finanzieren konnten, während die Kolonisten der Mayflower gezwungen waren, bei den Unternehmern zu borgen und sich so schwer zu verschulden, daß sie ihre Schulden erst nach zweiundzwanzig Jahren abbezahlt hatten. Irgendwo, zwischen einer Summe von zwei und sieben Jahreslöhnen pro Familie, stößt die Eigenfinanzierung des Durchschnittsbürgers auf eine Grenze, die unüberwindbar ist.

Über die beiden letzten Spalten meiner Tabelle habe ich noch nichts gesagt. Sie stehen für zwei gegensätzliche Methoden der Weltraum-Kolonialisierung, die beide, mit einigen Veränderungen, für die ich verantwortlich bin, dem Buch O'Neills entnommen sind. Kolonne 3 stammt aus dem 8. Kapitel O'Neills, das er überschrieb: «Die Erste Neue Welt», in dem er eine von der amerikanischen Regierung im offiziellen NASA-Stil organisierte Weltraum-Kolonialisierung beschreibt. Kolonne 4 ist aus dem 11. Kapitel von O'Neills Buch übernommen, das den Titel trägt: «Besiedlung der Asteroiden», in dem er eine Weltraum-Kolonialisierung im Stil der Mayflower beschreibt, zu der sich eine Schar enthusiastischer Amateure entschließt.

Die Kosten des «Island One»-Projekts belaufen sich auf 96 Milliarden. Viele, zu denen auch ich gehöre, sind der Überzeugung, daß 96 Milliarden Dollar ein widersinnig hoher Betrag für ein einziges Projekt ist. Dessen ungeachtet müssen wir diese Zahl ernst nehmen. Sie wurde von einer Gruppe kompetenter Ingenieure und Kostenexperten berechnet, die mit den Methoden von Regierungsunternehmen und Raumfahrt-Industrie vertraut sind. Es ist zu vermuten, daß dieser Betrag sogar der exakteste Kostenvoranschlag in der Tabelle ist. Für diese 96 Milliarden Dollar kann man Berge von Ausrüstungsmaterial kaufen, eine vollständige, freischwebende Stadt für 10000 Menschen mit allem modernen Komfort, am magischen Punkt L5 gelegen, der genau so weit von der Erde und vom Mond entfernt ist wie diese beiden voneinander. Man kann ausreichendes synthetisches Ackerland für ein geschlossenes, ökologisches System kaufen, das die Siedler mit Nahrung, Wasser und Luft versorgt. Man kann eine im All schwebende Fabrik kaufen, in der die Siedler Sonnenkraftwerke produzieren, mit denen sie gewaltige Energiemengen in Form von Mikrowellen-Strahlen an Empfänger auf der Erde übermitteln. All das mag eines Tages Wirklichkeit werden. Es mag sogar zutreffen, daß – wie O'Neill behauptet – die Investition von 96 Milliarden Dollar sich innerhalb von vierundzwanzig Jahren durch den Verkauf von Elektrizität auszahlen würde. Falls diese Schuld in vierundzwanzig Jahren tatsächlich abbezahlt wäre, so wäre das vergleichbar mit dem Zeitraum, in dem die Mayflower-Kolonisten ihre Schuld tilgen konnten. Doch zwischen «Island One» und der *Mayflower* besteht ein unübersehbarer Unterschied. Der letzten Zeile der Tabelle ist zu entnehmen, daß der Siedler auf «Island One» 1500 Jahre arbeiten müßte, um den Kostenanteil seiner Familie decken zu können. Das bedeutet, daß «Island One» unter gar keinen Umständen als ein privates Unternehmen vorstellbar ist. Es muß, das ist unvermeidlich, als Regierungsprojekt ausgeführt werden, mit bürokratischer Leitung, angetrieben von nationalem Prestige, das auf dem Spiele steht, und all den Betriebssicherheits- und Gesundheitsvorschriften, die streng befolgt werden müssen. Sobald die Regierung für ein solches Projekt verantwortlich ist, wird jedes potentielle Risiko eines Mißerfolgs, oder jeder mögliche Verlust von Menschenleben, politisch untragbar. Aus denselben Gründen, die schon die hohen Kosten bei den Apollo-Expeditionen verursachten, wird auch das Projekt «Island One» so teuer. Die Regierung kann sich Geldverschwendung leisten; für eine Katastrophe verantwortlich zu sein, kann sie sich dagegen nicht leisten.

Nach diesem kurzen Exkurs in den superhygienischen Wohlfahrtsstaat von «Island One» kommen wir zur letzten Spalte der Tabelle. Sie beruht auf einer Vision O'Neills: eine Gruppe junger Pioniere hat genügend Geld zusammengespart, um sich auf eigene Faust aus der L5-Kolonie in die Wildnis des Asteroiden-Gürtels hinauszuwagen. Sie gehen ohne Rückfahrkarte, auf eigene Gefahr. Die Kostenvoranschläge geben hier eher Hoffnungen als Tatsachen wieder. Niemand kann heute voraussehen, ob eine Gruppe von 23 Privatpersonen tatsächlich eine solche Expedition mit einer Million Dollar ausrüsten kann. Wer berufsmäßig Kosten einschätzt, wird diese Zahl unsinnig niedrig finden. Ich halte sie dagegen nicht für lächerlich niedrig. Es ist kein Zufall, daß die Pro-Kopf-Kosten der Asteroiden-Besiedlung denen der Mayflower entsprechen. Das ist die äußerste Kostenschwelle, die es der Menschheit noch erlaubt, im Raum außerhalb unserer Erde jenes offene Land zu suchen, das es auf unserem Planeten nicht mehr gibt.

Wie der dritten und vierten Spalte unserer Tabelle zu entnehmen ist, liegen die Pro-Pfund-Kosten der Asteroiden-Besiedlung nicht wesentlich unter denjenigen, die sich bei «Island One» ergaben. Der große Unterschied zwischen den beiden Unternehmen liegt in der Anzahl der beförderten Personen und dem Gewicht, das pro Person befördert wird. Die Realisierbarkeit einer billigen Weltraum-Kolonialisierung im Stile der Asteroiden-Besiedlung beruht letztlich auf einer entscheidenden Frage. Kann eine Familie, die mit einer Nutzlast von nur zwei Tonnen pro Person auf einem Asteroiden ankommt, damit ein Haus und ein Treibhaus bauen, den Boden bepflanzen, den sie vorfindet, eine Ernte einbringen und überleben? So machten es die Mayflower- und die Mormonen-Siedler, und ebenso müssen es auch die Weltraum-Siedler machen, wenn sie wirklich frei und unabhängig sein wollen.

Bis jetzt ist noch keine Raumsonde bis zu einem Asteroiden gekommen. Keine wissenschaftlichen Instrumente haben je einen Asteroiden passiert, um uns Einblick zu gestatten. Über die Topographie und Chemie der Asteroiden wissen wir so wenig, wie wir vor den Mariner- und Viking-Missionen über die Topographie und Chemie des Mars wußten. Solange einige der Asteroiden nicht durch unbemannte Instrumentenflüge erkundet sind, ist es müßig, im einzelnen vorhersagen zu wollen, mit welchen Schwierigkeiten Siedler, die sich dort niederlassen möchten, konfrontiert werden. Es ist aussichtslos, die Kosten von Landwirtschaft auf einem Asteroiden abschätzen zu wollen, solange wir nicht einmal wissen, ob der Boden dort weich genug ist zum Umgraben, oder ob man mit Dynamit arbeiten muß. Anstatt über die technischen Einzelheiten einer Weltraum-Kolonialisierung in einer unbekannten Umwelt zu spekulieren, will ich mich damit begnügen, einige in der Natur der Sache liegende Gründe anzugeben, warum eine Kostenverminderung um einen Faktor 100000 von dem 96-Milliarden-Dollar-Projekt «Island One» zum Eine-Million-Dollar-Projekt der Asteroiden-Besiedlung nicht so absurd sein muß. Als erstes läßt sich ein Faktor 400 einsparen, indem die Anzahl der beförderten Personen von 10000 auf 23 verringert wird. Es bleibt also ein Faktor 250. Weiter können wir damit rechnen, einen Faktor 10 zu gewinnen, indem wir Risiken und Härten in Kauf nehmen, die keine Regierung ihren Bürgern zumuten könnte. Ein weiterer Faktor 5 wäre dadurch einzusparen, daß man Gewerkschaftsregulierungen und bürokratische Verwaltungsvorschriften außer acht läßt. Der letzte Faktor 5 schließlich ist schwieriger aufzutreiben. Er ließe sich vielleicht durch die Erfindung neuer Technologien herausholen, oder – was wahrscheinlicher ist – durch die Bergung und Wiederverwendung von Ausrüstungsmaterial, das von früheren Regierungsprojekten übrig ist. Bereits heute tummeln sich mehrere hundert aufgegebene Raumfahrzeuge in der Erdumlaufbahn, außerdem stehen einige auf dem Mond, die nur darauf warten, von unseren Asteroiden-Pionieren eingesammelt und wiederverwendet zu werden.

Das «Island One»-Projekt und die Asteroiden-Besiedlung sind Extremfälle. Ich habe sie als Illustrationen gewählt, um einen hohen und einen niedrigen Kostenschätzwert für eine Weltraum-Kolonialisierung geben zu können. Wenn diese Kolonialisierung einmal Wirklichkeit wird, werden die tatsächlichen Kosten wahrscheinlich irgendwo dazwischen liegen. Bei einem so schwierigen und auf lange Zeiträume angelegten Unternehmen ist Platz für eine Vermischung der Stile. Regierungs- und Industrieprojekte wie private Unternehmen müssen sich alle weiterentwickeln, sie müssen voneinander lernen und Erfahrungen austauschen, bis wir herausgefunden haben, wie wir Kolonien sicher und billig gründen können. Dabei werden die privaten Abenteurer alle nur erdenkliche Hilfe brauchen, die sie aus den Erfahrungen der Regierungsstellen und Industrien gewinnen können. In diesem Zusammenhang sollte man auch nicht außer acht lassen, daß zwischen den Reisen des Kolumbus und der Fahrt der Mayflower 128 Jahre verstrichen waren. In diesen 128 Jahren bauten die Könige, die Königinnen und die Prinzen Spaniens, Portugals, Englands und Hollands Schiffe und entwickelten die wirtschaftliche Infrastruktur, auf Grund deren die Mayflower dann eines Tages möglich war.

O'Neill und ich, wir haben einen Traum, daß es einmal kleine Gruppen privater Bürger geben wird, die sich frei über das ganze Sonnensystem und darüber hinaus bewegen können. Es mag ein müßiger Traum sein. Letztlich ist es eine Frage von Dollars und Cents – wie Bradford und Young genau wußten. Und bis wir es versuchen, werden wir nie wissen, was möglich ist.

12

Frieden stiften

In dem Jahr, in dem ich an Projekt Orion mitarbeitete, tobte ein heftiger Meinungsstreit über die Frage der Atombomben-Versuche. Sollten wir oder sollten wir nicht versuchen, mit der Sowjetunion einen Vertrag auszuhandeln, um den Kernwaffenversuchen ein Ende zu machen? Mein alter Freund, Hans Bethe, drängte in der Öffentlichkeit und in Regierungskreisen energisch auf einen umfassenden Versuchsstopp. Mein neuer Freund, Edward Teller, versuchte, einen solchen Versuchsstopp mit allen Kräften zu verhindern. Meine Liebe und Achtung für Bethe wankten nie, doch in dieser Kontroverse stand ich ganz auf Tellers Seite. Ohne Bombenversuche konnte Projekt Orion nicht überleben. Kurzfristig brauchten wir mindestens einen Versuch, um die Skeptiker zu überzeugen, daß unser Raumschiff die Detonation einer nur dreißig Meter entfernten Kernexplosion ohne Schaden überstehen könnte. Längerfristig waren noch viele Versuche notwendig, bis wir über spaltungsfreie Bomben verfügten, mit denen sich der radioaktive Niederschlag unserer Weltraumreisen praktisch auf Null reduzieren ließe. Ich wußte, daß ich bei meiner eigenen Arbeit für Projekt Orion friedliche und anständige Ziele verfolgte, und fand es ungerecht, Teller als Kriegshetzer zu etikettieren, bloß weil er von dem Wunsch besessen war, die thermonukleare Technologie, deren Pionier er war, vollständig zu erforschen. So kämpften Teller und ich gemeinsam und mit gutem Gewissen gegen einen Versuchsstopp. Ich bedauerte es, daß Hans Bethe im falschen Lager kämpfte, und sorgte mich, daß er möglicherweise dieser Fehleinschätzung wegen Schwierigkeiten mit den Sicherheitsorganen bekommen könnte, wie Oppenheimer damals vor fünf Jahren.

Als sich im Sommer 1959 meine Zeit bei Projekt Orion ihrem Ende näherte, versuchte ich, alles noch in meiner Macht Stehende zu tun, um die Überlebenschancen des Projekts zu verbessern. Zusammen mit Ted Taylor unternahm ich eine Pilgerfahrt nach Jackass Flat, einem Wüstengebiet in Nevada, wo wir in einem ersten, entscheidenden Versuch die Realisierbarkeit unseres Projekts mit einer wirklichen Bombe demonstrieren wollten. Ich verbrachte zwei Wochen in Tellers Waffen-Laboratorium in Livermore und arbeitete dort mit dem Team, das sich mit der Entwicklung spaltungsfreier Waffen befaßte. Und ich verfaßte einen Artikel für eine geachtete, politische Zeitschrift, *Foreign Affairs,* in dem ich mit aller Beredsamkeit, die mir zu Gebote stand, gegen ein Versuchsverbot argumentierte.

Ich habe nur einmal in meinem Leben absolute Stille erlebt – das war Jackass Flat unter der Mittagsglut. Vor langer Zeit hatte ich in Herbert Pontings *The Great White South* eine Schilderung der Stille eines windstillen Tages in der Antarktis gelesen. Jackass Flat war so still wie die Antarktis. Es ist eine seelenzermürbende Stille. Man hält den Atem an und hört nichts, gar nichts. Kein Blätterrauschen im Wind, kein fernes Verkehrsgedröhn, kein Vogelgezwitscher, kein Insektengesumme, kein Kindergeplapper. Eine Stille, in der man allein ist mit seinem Gott. In jener weißen, flachen Stille fühlte ich zum ersten Mal so etwas wie Scham über das, was wir vorhatten. In diese Stille wollten wir mit unseren Bulldozern und Lastwagen einbrechen und sie ein paar Jahre später als radioaktive Mülldeponie zurücklassen? In jener Stille stieg der erste Schatten eines Zweifels an der Richtigkeit des Orion-Projekts in mir auf.

Dessen ungeachtet ging ich ein paar Wochen später voller ehrgeiziger Pläne nach Livermore, um die Realisierbarkeit einer spaltungsfreien Bombe zu erforschen. Zwei Wochen lang arbeitete ich intensiv an der Entwicklung einer Bombe, die den durch einen Orion-Start erzeugten, radioaktiven Niederschlag um einen Faktor zehn reduzieren würde. Das war das einzige Mal in meinem Leben, daß ich mich konkret als Bombenbauer betätigte, und ich tat es nur, weil ich das Universum erforschen wollte. In meinem Herzen war kein einziger mörderischer Gedanke. Aber ich habe in Livermore gelernt, daß man keine klare Trennungslinie ziehen kann zwischen Bomben, die für friedliche, und solchen, die für kriegerische Zwecke gebaut werden, zwischen friedlichen und kriegerischen Beweggründen. In uns allen vermischen sich die Motive. Die Kollegen, mit denen ich in Livermore zusammenarbeitete, befaßten sich mit Konzepten, die schließlich in Form der Neutronenbombe realisiert wurden. Ich half ihnen und sie halfen mir. In den zwei Wochen wurden wir Freunde, und ich gehörte bis zu einem gewissen Grad zu ihrem Team. In diesem Sinne muß ich auch die Verantwortung für die Existenz der Neutronenbombe mittragen. Nach dieser Erfahrung konnte ich nie mehr mit ehrlicher Überzeugung behaupten, daß die Bomben, die wir für Orion einsetzen wollten, nichts mit den Bomben zu schaffen hatten, deren alleiniger Zweck es ist, Menschen zu töten.

Der Artikel in *Foreign Affairs* hatte den Titel «Die Künftige Entwicklung der Kernwaffen», die Herausgeber hatten ihn begeistert akzeptiert. Er erschien im April 1960. Die Hauptthese, die der Artikel vertrat, sah in einem endgültigen Versuchsstopp eine gefährliche Illusion, da künftige Entwicklungen in der Waffentechnologie unwiderstehliche Zwänge zu einer geheimen oder offenen Verletzung dieses Versuchsstopps mit sich bringen würden. Mit anderen Worten, die künftige Entwicklung läuft auf spaltungsfreie Bomben hinaus, und jede politische Vereinbarung, die diese Tatsache ignoriert oder verneint, ist zum Scheitern verurteilt. Das folgende Zitat gibt einen guten Eindruck von dem Gerede, das die Herausgeber von *Foreign Affairs* mit soviel Zustimmung aufgenommen hatten:

> Nehmen wir eine hypothetische Situation, in der die Vereinigten Staaten auf dem heutigen Stand der Bewaffnung stehengeblieben sind, während irgendein Gegner (nicht notwendigerweise die Sowjetunion) über einen entsprechenden Vorrat an Kernbrennstoffen verfügt und die Technik beherrscht, diesen spaltungsfrei zu zünden. In dieser Situation würden die Bombenvorräte des Gegners die unseren zehn oder hundert zu eins übertreffen und könnten überdies in einem Infanteriekrieg ungleich vielseitiger eingesetzt werden ... Jedes Land, das einseitig auf die Weiterentwicklung von Kernwaffen verzichtet, ohne die Gewißheit zu haben, daß seine Gegner dasselbe tun, wird sich mit größter Wahrscheinlichkeit in der Lage der polnischen Armee wiederfinden, die 1939 mit Pferden gegen Panzer antrat.

Ich kann diesen Erguß nicht damit entschuldigen, daß er ein letzter, verzweifelter Versuch war, Projekt Orion vor der Auflösung zu bewahren. Offensichtlich steckte mehr dahinter. So weit ich meine eigenen Beweggründe analysieren kann, war der Artikel vor allem eine Loyalitätserklärung an Edward Teller und an seine Kollegen, mit denen ich in Livermore zusammengearbeitet hatte. Ich war tief berührt, wie zerbrechlich und gefährdet die Bemühungen waren, in Livermore Sprengstoffe zu entwickeln, die wesentlich sauberer sein sollten. Von einem Stacheldrahtzaun umgeben, arbeiteten dort fünf oder sechs begabte, junge Leute unter deprimierenden Bedingungen physischer und psychischer Isolation; sie waren die einzigen, die ernsthaft darüber nachdachten. Und es bestand jederzeit die Möglichkeit, daß sie das Handtuch warfen. Auf der anderen Seite des Stacheldrahts stand eine ganze Gesellschaft, die ihre Bemühungen mit Gleichgültigkeit oder aktiver Gegnerschaft quittierte. In einem gewissen Sinne leistete ich mit meinem Artikel Edward Teller auch Abbitte dafür, daß ich ihn verließ und zu Oppenheimer nach Princeton zurückkehrte. Und meinen Freunden in Livermore wollte ich zeigen, daß es zumindest einen Menschen auf der anderen Seite des Zauns gab, dem an ihrer Sache gelegen war.

Nachträglich ist leicht zu sehen, daß meine Argumentation gleich in vierfacher Weise falsch war: in technischer, militärischer, politischer und moralischer Hinsicht. Was die Technik betrifft, so hatte ich den Zeitraum, der für die Entwicklung spaltungsfreier Waffen notwendig war, falsch eingeschätzt. Ich hatte angenommen, daß sie innerhalb von zehn Jahren allgemein verfügbar sein würden. Seither sind jedoch mehr als zehn Jahre ohne sichtbare Anzeichen vergangen. In militärischer Hinsicht hatte ich unrecht, weil ich in einem «taktischen Atomkrieg» eine militärische Einsatzmöglichkeit sah. Seit

1960 habe ich jedoch an einigen ausführlichen Studien mitgearbeitet, die den taktischen Atomkrieg zum Gegenstand hatten; und ich habe auch die Ergebnisse einiger Kriegsspiele gesehen, die von Experten durchgeführt worden waren. Dieses Beweismaterial hat mich davon überzeugt, daß ein taktischer Atomkrieg zweier beliebiger Atommächte rasch in einem unkontrollierbaren Chaos versinken wird, das - falls wir Glück haben - nur durch einen sofortigen Waffenstillstand, oder - falls wir Pech haben sollten - durch eine Eskalation strategischer Schläge zu beenden ist. In beiden Fällen würde das Vorhandensein spaltungsfreier Waffen bei der einen oder anderen Konfliktpartei den Ausgang des Krieges kaum beeinflussen.

Politisch war es falsch zu behaupten, ein Versuchsstopp trage mit Sicherheit nicht dazu bei, die Entwicklung spaltungsfreier Waffen zu stoppen. Zumindest unsere Seite wird durch einen vollständigen Versuchsstopp von der Entwicklung dieser Waffen abgehalten. Sobald aber bekannt wird, daß wir die Entwicklung eingestellt haben, da wir sie militärisch nicht für relevant halten, wird für die andere Seite der Ansporn, diese Entwicklung energisch voranzutreiben, wesentlich geringer. Andererseits erreichen wir mit Sicherheit, daß unsere Gegner diese Waffen so schnell wie möglich besitzen, wenn wir sie selber entwickeln und stationieren.

Mein moralisches Fehlurteil beruhte darauf, daß ich die moralische Berechtigung, unsere Soldaten mit neuen Waffen auszurüsten, fraglos voraussetzte. Vietnam hat uns gelehrt, daß wir nicht darauf zählen können, daß unsere eigenen Waffen immer weise eingesetzt werden. Trotz all der Fehler, die wir in Vietnam begangen haben - den größten Fehler konnten wir vermeiden, wir haben auf den Einsatz von Kernwaffen verzichtet. Hätten unsere Soldaten in Vietnam über handliche, spaltungsfreie Kernwaffen verfügt, wäre es schwierig gewesen, dem Druck, diese Waffen in Krisensituationen einzusetzen, zu widerstehen. Die Konsequenzen hätten leicht zu einer Tragödie führen können, die alles, was wir in Vietnam erlebten, noch übertroffen hätte.

Heute scheint es klar, daß der Artikel in *Foreign Affairs* ein verzweifelter Versuch war, eine unhaltbare Position mit emotionaler Phrasendrescherei zu retten. Das Erstaunliche dabei ist jedoch, daß ich den Artikel, bevor ich ihn bei *Foreign Affairs* einreichte, zwei der klügsten Männer zeigte, die ich kannte, Robert Oppenheimer und George Kennan, und um ihre Meinung bat. George Kennan hatte sich nach einer glänzenden diplomatischen Karriere der Geschichtswissenschaft zugewandt und war einer meiner Kollegen am Institute for Advanced Study in Princeton. Sowohl Oppenheimer wie Kennan lasen den Artikel und ermutigten mich, ihn zu veröffentlichen. Die

Besten unter uns sind womöglich heute ein wenig gescheiter, als wir es 1960 waren.

Oppenheimer änderte seine Meinung über den Artikel ziemlich schnell, nachdem er erschienen war. Er schrieb mir in seiner üblichen, undurchsichtigen Manier und zitierte ein ungarisches Sprichwort: «Unhöflich zu sein genügt nicht; man muß auch noch unrecht haben.»

In der Zwischenzeit hatte ich das amerikanische Bürgerrecht erworben. Der Entschluß, Königin Elisabeth meine Untertanentreue aufzukündigen, wäre mir vielleicht schwergefallen, hätten die Minister der Königin es mir nicht so leichtgemacht. Eine offizielle Dame im Außenministerium Ihrer Majestät beschloß, meine Kinder seien nach britischem Gesetz illegitim. Sie waren daher auch keine britischen Untertanen und hatten kein Anrecht auf einen britischen Paß. Die Konsequenz dieser Entscheidung war, daß meine Familie eine Zeitlang aus fünf Personen mit fünf verschiedenen amtlichen Identitäten bestand: britisch, deutsch, schweizerisch, amerikanisch und staatenlos. Es ist kein Vergnügen, mit einem staatenlosen Kind in Europa herumzureisen. Deshalb fand ich mich mit großer Erleichterung im Gerichtsgebäude von Trenton ein und sprach die magischen Worte, die mich aus der Abhängigkeit von fremden Prinzen und Potentaten befreiten. Illegitim oder nicht, zumindest waren die Vereinigten Staaten bereit, meinen Kindern Pässe auszustellen.

Als neugebackener Amerikaner nahm ich meine Bürgerrechte rasch wahr und betätigte mich aktiv in der «Vereinigung amerikanischer Wissenschaftler», einer politischen Organisation, die ihren Einfluß in Washington für verschiedene öffentliche Interessen einsetzte. Die Vereinigung unterhielt ein Büro in Washington, das von Daniel Singer geleitet wurde, einem Anwalt, den die Vereinigung als Rechtsberater verpflichtet hatte. Damals arbeitete Singer noch auf einer Teilzeitbasis, heute erfüllt Jeremy Stone diese Funktion hauptamtlich. 1960 wurde ich in den Aufsichtsrat der Vereinigung gewählt und von Singer in die Feinheiten der Kongreß-Politik eingeführt. Singer war sehr zufrieden, daß mein Artikel in *Foreign Affairs* mir den Ruf eines militärischen Falken eingetragen hatte. Das Hauptproblem der Vereinigung bestand nämlich darin, daß ihre Sprecher in der Regel notorische Liberale waren, deren Ansichten von vornherein abgeschrieben waren.

1961 unterstützte die Vereinigung die Bemühungen einer Lobby, die im Kongreß für die Verabschiedung eines Gesetzes arbeitete, mit dem eine neue Verwaltungsstelle der amerikanischen Regierung geschaffen werden sollte, die «Arms Control and Disarmament Agency» (ACDA) – Agentur für Rüstungskontrolle und Abrüstung. Kennedy hatte die ACDA sofort nach seinem Amtsantritt einrichten wollen; er versprach sich davon Hilfe bei künftigen Rüstungskontroll- und Abrüstungsverhandlungen, die in einem fachmännischeren, weniger zufälligen Stil abgewickelt werden sollten als bisher. Doch der Kongreß mußte der Einrichtung der ACDA zustimmen. Einen Tag bevor der Kongreß sich für die Septemberpause vertagte, hatte das Gesetz den Senat noch nicht passiert, und es schien zweifelhaft, ob es überhaupt zur Abstimmung kommen würde. Verzweifelt suchte Singer in den Mitgliederlisten der Vereinigung nach einem Namen, der sich beim konservativen Flügel des Senats Gehör verschaffen konnte. Er stieß auf Herman Kahn, dessen Buch *On Thermonuclear War (Über den thermonuklearen Krieg)* kurz zuvor erschienen war und dessen Reputation als militärischer Falke daher noch solider war als die meine. Singer rief Kahn an und fragte ihn, ob er augenblicklich nach Washington kommen könne, um das ACDA-Gesetz zu retten. Kahn, der selber ein Experte auf dem Gebiet der Rüstungskontrolle war, hielt die ACDA für notwendig. Er erschien im letzten Moment vor dem Senats-Komitee und setzte sich in einer Sprache für die ACDA ein, die auch die konservativsten Senatoren verstehen konnten. Die Vorlage passierte, und die Senatoren hasteten zu ihren Flugzeugen.

Anfang 1962 wurde die ACDA in großer Eile organisiert. Leiter des Büros für Wissenschaft und Technik war Frank Long, ein Chemiker von der Cornell Universität. Long mußte innerhalb von wenigen Monaten ein Team von kompetenten Wissenschaftlern zusammenstellen. Er hielt es daher für vernünftig, in seinem Büro einige auf die Sommermonate befristete Stellen anzubieten. Diese temporären Angestellten würden nicht viel Schaden anrichten, falls sie unfähig sein sollten, und falls sie etwas taugten, könnte man sie zum Bleiben überreden. Dan Singer fragte mich, ob ich mich für einen dieser Sommerjobs interessiere. Ich sprach mit Long und wurde eingestellt. So kam es, daß ich im Juni meine Arbeit bei der ACDA aufnahm und dort zwei Sommer, 1962 und 1963, arbeitete. Nach 1963 war der Personalbestand der ACDA konsolidiert, und Saisonarbeiter wurden nicht mehr gebraucht.

1962 und 1963 war es ein Vergnügen, für die ACDA zu arbeiten. Die ACDA besaß den Status eines Ministeriums, beschäftigte aber nur ungefähr fünfzig Personen. Das Büro für Wissenschaft und Technik bestand aus zehn Mitarbeitern. Wir hatten noch keine Zeit gehabt, bürokratisch zu verknöchern. Wir saßen in geräumigen, altmodischen Büros im Erdgeschoß des alten State-Department-Gebäudes. Jeden Morgen wurden Kopien der diplomatischen Telegramme der letzten vierundzwanzig Stunden herumgereicht, damit wir uns informieren konnten. Manchmal konnte ich mich einer leichten Nervosität nicht erwehren, wenn ich die Telegramme auf einem Schreibtisch unter einem Fenster liegen sah, in Sichtweite der Passanten, die vor dem Fenster vorbeigingen. Das Gebäude stammte aus jener großzügigen, kultivierten Zeit, als Henry Stimson als Aussenminister die Einrichtung eines amerikanischen Entschlüsselungsbüros mit den Worten ablehnte: «Ein Gentleman liest keine Post, die nicht für ihn bestimmt ist.» An solchen Maßstäben gemessen waren meine Kollegen und ich keine Gentlemen. Wir lasen jeden Morgen vergnügt den Klatsch über die Eheprobleme des sowjetischen Parteisekretärs oder über die Tochter eines bedeutenden Diplomaten, die man stockbetrunken in den Straßen von Paris aufgelesen hatte. Einige Telegramme befaßten sich auch mit ernsthafteren Themen und referierten Einzelheiten der damals stattfindenden Verhandlungen.

Im Sommer 1962 war die ACDA hauptsächlich damit beschäftigt, Positionen für zwei verschiedene Verhandlungen vorzubereiten, die Versuchsstopp-Verhandlungen mit der Sowjetunion und die von den Vereinten Nationen organisierten Abrüstungsverhandlungen, an denen achtzehn Staaten teilnahmen. Die Eingeweihten wußten, daß die Verhandlungen um einen Versuchsstopp ernst, die Abrüstungsverhandlungen dagegen lediglich eine Propagandaübung waren. Die meisten der jungen Mitarbeiter drängten daher darauf, sich mit den aktuellen Problemen des Versuchtsstopps zu befassen. Frank Long wußte, daß ich von der Idee eines Versuchsstopps nicht begeistert war, und schlug mir daher vor, mich in den zwei Monaten mit dem Studium längerfristiger Abrüstungsprobleme zu beschäftigen. Ich sollte prüfen, ob für die amerikanische Delegation nicht doch eine Möglichkeit bestand, die Konferenz der achtzehn Nationen zu nützlichen Aktionen zu veranlassen.

Das Hauptproblem dieser Achtzehn-Nationen-Konferenz war, daß die Sowjetunion über «allgemeine und vollständige Abrüstung» sprach, während die westlichen Delegationen über eine begrenzte und spezifische Abrüstung redeten. Um Offenheit gegenüber den sowjetischen Vorschlägen zu demonstrieren, hatten die Vereinigten Staaten einen eigenen Plan vorgelegt, der eine stufenweise allgemeine und vollständige Abrüstung vorsah. Nach unserem Plan mußte Stufe eins zu einem befriedigenden Abschluß gekommen sein, bevor wir bereit waren, uns auf Stufe zwei einzulassen. Jedermann wußte, daß Stufe zwei und Stufe drei nicht viel mehr als Potemkinsche Dörfer waren. Es wäre schon fast ein Wunder, wenn wir Stufe eins je abschließen könnten.

Der einzige Mensch bei der ACDA, der den Gedanken einer allgemeinen und vollständigen Abrüstung allen Ernstes verfolgte, war Louis Sohn, ein in Harvard ausgebildeter Jurist, Spezialist für internationales Recht. Ich redete oft mit Sohn und lernte viel von ihm. Als fairen Kompromiß zwischen dem sowjetischen und dem westlichen Standpunkt vertrat er einen sogenannten «Zonen-Abrüstungs-Plan». Die Spielregeln einer Zonen-Abrüstung sahen so aus: Jede Nation teilt ihr Territorium in eine bestimmte Anzahl von Zonen ein. Zu Beginn eines jeden Jahres wird eine dieser Zonen einer Inspektorengruppe zugänglich gemacht, die Demontage und Zerstörung aller in dieser Zone vorhandenen Waffen überwacht. Die Auswahl der betroffenen Zone soll entweder durch ein gegnerisches Land oder einen Zufallsprozeß getroffen werden. So ist es für jedes Land von Vorteil, seine Waffen gleichmäßig über alle Zonen zu verteilen. Außerdem gibt es in bezug auf Hauptstädte und besondere militärische Einrichtungen noch einige Sonderbestimmungen und Ausnahmen. Das war der Sohn-Plan, der damals vor allem in liberalen, intellektuellen Kreisen sehr populär war.

Eines meiner ersten Projekte bei der ACDA bestand darin, eine Variante des Sohn-Plans auszuarbeiten, die ich als «progressive geographische Abrüstung» bezeichnete. Sohns Gedanken, die Abrüstung wie ein Spiel mit zwei Spielern zu betreiben, erschien mir zu logisch, sie entsprach akademischen Spiel-Theoretikern, nicht wirklichen Politikern. Ich vereinfachte also Sohns Plan, indem ich die spieltheoretischen Züge eliminierte. Ein progressiver, geographischer Abrüstungsvertrag verpflichtet jedes Land, sein Gebiet in gleiche Zonen aufzuteilen. Zu Beginn jedes Jahres wird eine Zone freigegeben, inspiziert und demilitarisiert. Allerdings darf das Land, dem die Zone gehört, diese Auswahl selber treffen. Auf diese Weise hoffte ich, den sowjetischen Empfindlichkeiten Rechnung zu tragen und ihnen den Gedanken einer internationalen Aufsicht schmackhafter zu machen. So hat jedes Land genügend Zeit, militärisch sensitives oder politisch belastendes Material aus der Zone zu entfernen, bevor die Inspektoren sie betreten. Die schmutzige Wäsche kann privat gewaschen, das Blut an der Wand übertüncht werden. Ich besprach Einzelheiten meines Plans mit Sohn und legte ihn schließlich in einem offiziellen ACDA-Memorandum dar, das ich voller Stolz Frank Long als meine Lösung des Abrüstungsproblems überreichte. Es verschwand auf Nimmerwiedersehen in den ACDA-Archiven.

1961 und 1962 zündeten die Vereinigten Staaten und die Sowjetunion mehr Bomben als je zuvor, und überall auf der nördlichen Hemisphäre nahm der radioaktive Niederschlag beängstigend zu. An einem ruhigen Abend trug ich in meinem ACDA-Büro die Informationen über diese Tests zusammen und zeichnete ein einfaches Diagramm auf Millimeterpapier, das zeigte, was geschah. Von links nach rechts trug ich die Jahre von 1945 bis 1962 ein. Über jedem Jahr zeichnete ich in der Vertikalen die kumulative Gesamtzahl aller von 1945 bis zu diesem Jahr gezündeten Bomben ein. Als das Diagramm fertig war, war die Situation klar. Die Kurve des kumulativen Bombentotals war für den Zeitraum von 1945 bis 1962 eine fast exakte Exponentialfunktion, mit einer Verdoppelungszeit von drei Jahren. Für diese in einem Zeitraum von drei Jahren stattfindende Verdoppelung lag eine einfache Erklärung auf der Hand. Einen Bombentest zu planen und durchzuführen nimmt ungefähr drei Jahre in Anspruch. Nehmen wir an, jeder Bombentest werfe zwei neue Fragen auf, so müssen diese drei Jahre später durch zwei neue Bombentests beantwortet werden. Das erklärt die Exponentialkurve. Nachdem mir diese tiefe Wahrheit über die Bombentests aufgegangen war, war ich bereit, die Konsequenzen zu ziehen: Einige Fragen müssen ungelöst bleiben. An einem bestimmten Punkt müssen wir aufhören. An jenem Abend akzeptierte ich zum ersten Mal die Unausweichlichkeit eines Versuchsstopps.

Am 4. Juli, dem amerikanischen Unabhängigkeitstag, ging ich mit meiner Frau und unseren zwei jüngsten Kindern zur Ellipse hinter dem Weissen Haus, um von dort dem Feuerwerk zuzuschauen. Eine große, mehrheitlich schwarze Menge war versammelt, um dem Schauspiel zuzusehen. Wir setzten uns dazu. Unsere Kinder spielten schon bald mit den anderen Kindern. Dann begann das Feuerwerk. Nachdem der offizielle Teil vorbei war, durfte die Menge ihr eigenes Feuerwerk abbrennen, und alle schienen dafür etwas mitgebracht zu haben. Die schwarzen Kinder hatten alle kleine Raketen, Feuerräder oder Wunderkerzen, die sie unter Freudengeschrei anzündeten. Nur unsere Kinder saßen still und traurig daneben, weil wir nicht daran gedacht hatten, etwas für sie mitzubringen. Doch plötzlich trat eines der schwarzen Kinder auf uns zu und drückte unseren Kindern einige Wunderkerzen in die Hand, damit sie an dem Spaß teilhaben konnten. Und da – nicht bei der Zeremonie in Trenton – begann ich, mich als Amerikaner zu fühlen. Da wußte ich, daß wir in Amerika zu Hause waren.

Die zweite Hälfte des Sommers 1962 verbrachte ich damit, eine gründliche Studie sowjetischer Politik und taktischer Einstellungen zu erstellen. Frank Long war der Ansicht, daß einige Wochen intensiver Beschäftigung mit sowjetischen Dokumenten und Unterlagen mir zu einer realistischeren Einschätzung der Abrüstungsproblematik verhelfen würden. Ich hatte von Frank Thompson eine dauerhafte Liebe für die russische Sprache und die Fähigkeit, sie einigermaßen fließend zu lesen, geerbt. Die ACDA verfügte über eine ausgezeichnete Sammlung von Quellenmaterial, Zeitungen und Zeitschriften, militärischen und politischen Veröffentlichungen. Außerdem war da auch Raymond Garthoff, ein erfahrener Sowjetologe, der mir half, mich in den Archiven zurechtzufinden. Ich wollte in die Haut der sowjetischen Führer schlüpfen und die Welt mit ihren Augen sehen; danach konnte ich der ACDA vielleicht einige nützliche Hinweise geben, wie man mit ihnen umzugehen hatte.

Vor allem las ich jede Äußerung Chruschtschows, die ich in die Hände bekam. Für mich war Chruschtschow unbezahlbar. Anders als die übrigen offiziellen Russen redete er frei von der Leber weg. Kein Redenschreiber hätte es wagen können, das für ihn zu schreiben, was er sagte: manchmal inkonsistent, häufig bombastisch, erstaunlich oft menschlich und persönlich. Ich hatte das starke Gefühl, daß die Tatsache, daß ein so offener und unberechenbarer Mensch in Rußland an der Macht war, ein einzigartiger Moment in der Geschichte war. Und wenn wir ihn nicht nützten und rasch damit begannen, mit ihm über grundsätzliche Fragen in einer ihm verständlichen Sprache zu verhandeln, könnte diese Gelegenheit für immer verspielt sein.

Die sowjetischen Schriften und Dokumente, die ich studiert hatte, hatten mich davon überzeugt, daß es den Russen absolut ernst war damit, ihre Überlegenheit auf dem Gebiet der konventionellen Streitkräfte, der Panzer und der Geschütze zu erhalten; denn ihr verdankten sie ihren Sieg im zweiten Weltkrieg. Ernst war es ihnen auch mit dem Zivilschutz, der - als eine der Hauptaktivitäten der Bürger - Sport- und Trainingsbewegung (DOSAAF) organisiert - einen wichtigen Beitrag zur Pflege des Solidaritätsgefühls zwischen Zivilbevölkerung und Armee leistet. Weniger ernst war es ihnen dagegen, wo es um fortgeschrittene, hochtechnisierte Waffensysteme ging, die das amerikanische Denken beherrschten. Chruschtschow steckte zwar gewaltige Geldsummen in die Entwicklung eines antiballistischen Raketenabwehr-Systems mit riesigen Radars und Langstrecken-Abfangraketen, doch ob das Ding dann auch funktionierte, interessierte ihn wenig. Die Idee der Kosteneffektivität, die in unserem Denken eine so zentrale Rolle spielt, kam in seinem Weltbild nicht vor. Unsere Experten und Politiker, die sich um sowjetische Geheimwaffen sorgten, vertraten den Standpunkt, daß Chruschtschow das sowjetische ABM-System nicht herstellen würde, falls es tatsächlich so untauglich wäre, wie es wirkte. Das wußte ich besser. Chruschtschow hatte selber einmal erzählt, daß er einen Testfilm über sein ABM-System veröffentlichen wollte, von seinen Beratern jedoch davon abgehalten worden sei. Offensichtlich waren Waffensysteme für Chruschtschow politische Schaustücke, während die Besorgnis seiner Berater vor allem den Unzulänglichkeiten des militärischen Systems galt.

Chruschtschows ABM-System ist lediglich das letzte Beispiel in einer langen Tradition sowjetischer Verteidigungsbluffs: moderne Waffensysteme von zweifelhaftem militärischem Wert werden für politische und psychologische Zwecke ausgenützt. In den dreißiger Jahren führte man das Fallschirmspringen in großen Verbänden öffentlich vor. In den fünfziger Jahren wurden hochmoderne Düsenbomber öffentlich zur Schau gestellt. Die prompte Umfunktionierung der ersten sowjetischen Interkontinentalrakete in eine Startrakete für den Sputnik stand in derselben Tradition. In jedem dieser Fälle hat die Sowjetunion die Gelegenheit ergriffen, eine neue Waffe in eine eindrückliche Demonstration ihrer Stärke umzumünzen. Obwohl die vorgestellten Waffen in Wirklichkeit Prototypen waren, wurde in der Öffentlichkeit der Eindruck erweckt, daß sie sich bereits im Stadium der Massenproduktion befänden. Ohne konkret zu lügen, gelang es der sowjetischen Führung auf diese Weise, ihre Stärke zu übertreiben und von ihren Schwächen abzulenken. Die im Inneren der Sowjetunion rigoros gehandhabten Sicherheitsbestimmungen ermöglichen diese Taktiken und garantieren ihren Erfolg.

Im Herbst 1962, in der Zeit zwischen meinen zwei Sommern bei der ACDA, verblüffte Chruschtschow die Welt mit seinem Versuch, auf Kuba Atomwaffen zu stationieren. So wie ich Chruschtschows Charakter einschätzte, war das ein weiteres Beispiel für seine Unfähigkeit, moderne Waffensysteme wirklich ernst zu nehmen. Er sah sie vermutlich in einem ausschließlich politischen Kontext, als eine eindrückliche Stärkedemonstration, mit der er seinen kubanischen Alliierten politisch unter die Arme greifen konnte. Er hatte nicht erwartet, daß Kennedy die Stationierung von Raketen als militärischen Schachzug, der einen militärischen Gegenzug erforderte, sehen und folglich mit militärischen Mitteln dagegen vorgehen könnte. Nachdem die Kuba-Krise überwunden war, glaubten alle rechtschaffenen Amerikaner, Kennedy hätte sie meisterhaft und heroisch bewältigt. Selbst wenn ich im Sommer 1962 die Ereignisse jenes Herbstes hätte voraussehen können, wäre es ein müßiges Unterfangen gewesen, die leitenden Mitarbeiter der ACDA überzeugen zu wollen, daß diese Raketen ein typischer, sowjetischer Verteidigungsbluff waren, den Kennedy nicht unbedingt bloßzustellen brauchte.

Am Ende jenes Sommers verfaßte ich ein Memorandum, in dem ich alles, was ich über das sowjetische ABM-System gelernt hatte, zusammenfaßte und vorschlug, die offizielle amerikanische Reaktionsweise radikal zu ändern. Ich war der Meinung, daß Amerika auf den sowjetischen Bluff bisher sehr plump reagiert hatte. Wir hatten nicht bedacht, daß eine auf Vorspiegelung falscher Tatsachen beruhende Verteidigung einer militärisch ernstzunehmenden vorzuziehen ist, selbst wenn unser Geheimdienst nicht tüchtig genug ist, diesen Unterschied festzustellen. So waren wir zum Beispiel 1960 auf dem Gebiet der Angriffsraketen überlegen, während die Sowjetunion ihre schwächere Position hinter einem Raketenbluff verbarg. Durch öffentliche Erklärungen über die Ergebnisse von U-2-Erkundungsflügen stellten wir dann diesen sowjetischen Raketenbluff so deutlich wie möglich bloß und zwangen dadurch die Sowjetunion, ihre fingierte Raketenmacht durch eine wirkliche zu ersetzen. Von unseren Interessen her wäre es klüger gewesen, den sowjetischen Bluff bestehen zu lassen.

In Zukunft, so argumentierte ich, sollten die Vereinigten Staaten alles in ihrer Macht Stehende tun, um den sowjetischen ABM-Bluff aufrechtzuerhalten und zu stärken. Wir sollten den amerikanischen Verteidigungsminister nach Möglichkeit von lautstarken, öffentlichen Erklärungen über die Ineffizienz des sowjetischen Systems abhalten. Chruschtschows Anspruch auf technische Überlegenheit auf diesem Gebiet sollte nicht in Frage gestellt werden. In den Verhandlungen mit der Sowjetunion sollten wir uns damit begnügen, eine Beschränkung der Angriffswaffen, die eine Gefahr für uns bedeuten, anzustreben und jedes Verbot einer Stationierung von ABM-Systemen unterlassen. Wenn wir nämlich unserem bisherigen Verhaltensmuster folgen und die sowjetische Führung durch unsere Erklärungen von der Nutzlosigkeit ihrer ABM-Systeme überzeugen, zwingen wir sie damit lediglich, ihre enormen technischen Mittel und Möglichkeiten von einem harmlosen Verteidigungsbluff abzuziehen und sie in viel gefährlichere und militärisch schlagkräftigere Waffensysteme zu stecken – so meine Argumentation.

Ich überreichte Frank Long auch mein zweites Memorandum mit dem Titel: «Die amerikanische Reaktion auf die ballistische Raketen-Abwehr der Sowjets.» Diesmal hatte ich zwar Taktik und Motive der Sowjets realistisch beurteilt, dabei aber jene Hälfte der Welt völlig außer acht gelassen, mit der sich Frank Long vor allem befaßte. Ich hatte die amerikanische Innenpolitik vergessen. Wie konnte ich Verteidigungsminister NcNamara zumuten, vor den Kongreß zu treten und das sowjetische ABM-System zu loben, wenn seine Zuhörer das sofort als ein Eingeständnis der verbrecherischen Nachlässigkeit der Kennedy-Administration auffassen würden, die es zugelassen hatte, daß die Russen uns überholen konnten? Mein zweites Memorandum verschwand – wie schon mein erstes – in den Archiven der ACDA.

Nach einem Jahr in Princeton kehrte ich für den Sommer 1963 zur ACDA zurück. Die Atmosphäre war völlig verwandelt. Die letzten Stadien der Versuchsstopp-Verhandlungen sollten in Kürze in Moskau beginnen. Die ACDA zog ins Feld und brauchte alle Hände für den bevorstehenden Kampf. Ich legte die langfristige Analyse der sowjetischen Strategie-Doktrin gerne beiseite und schloß mich dem Versuchsstopp-Team an. Frank Long und einige der ranghöheren ACDA-Mitarbeiter waren nach Moskau geflogen, um Averell Harriman bei den Vertragsverhandlungen zu beraten. Wir Zurückgebliebenen hatten die Aufgabe, die Stellungen für die zweite Kampfphase vorzubereiten, für den Kampf um die Ratifizierung im amerikanischen Senat.

Kurz bevor der Vertrag unterzeichnet wurde, hatte ich meinen kleinen, glorreichen Augenblick. Einer der schwierigsten Punkte der Verhandlungen war die Frage gewesen, ob friedliche Atomexplosionen in das Verbot der Atomversuche in der Atmosphäre mit einzubeziehen seien. Die amerikanische Verhandlungsposition sah vor, friedliche Explosionen zu gestatten. Die Russen sagten nein dazu und waren durch nichts davon abzubringen. Die amerikanische Haltung beruhte auf taktischen Überlegungen, man wollte für die Ratifizierung die Stimmen jener Senatoren gewinnen, die Projekt «Pflugschar» energisch befürworteten, ein Projekt der Laboratorien in Livermore, das vorsah, die Aushubarbeiten bei Kanal- und Hafenbauten mittels Atomsprengstoff vorzunehmen. Die Russen erklärten dagegen, «Pflugschar» sei bloß ein taktisches Manöver, um die Waffenversuche unter einem anderen Namen weiterführen zu können. Über mehrere Tage steckten die Verhandlungen in einer Sackgasse. Harriman schickte ein Telegramm an Kennedy in Washington: «Ich glaube, wir werden einen Vertrag haben, wenn wir in diesem Punkte nachgeben.» Wie man mir erzählte, griff Kennedy zum Telephon und fragte William C. Foster, den Direktor der ACDA, was er von der Sache halte. Foster erbat sich Bedenkzeit, um seine Experten zu konsultieren, und rief seinerseits das Büro für Wissenschaft und Technik an, wo er Al Wadman, einen der Mitarbeiter der Büros, erwischte. Es war spät am Nachmittag, und die meisten waren bereits nach Hause gegangen. Einzig Wadman und ich waren noch da. Er kam herüber und fragte mich, ob wir, meiner Meinung nach, auf friedlichen Explosionen beharren sollten. Ich war der einzige Mitarbeiter der ACDA, der in Livermore gewesen war und Projekt Pflugschar ein wenig aus eigener Erfahrung kannte. In jenem Augenblick dachte ich allerdings weniger an «Pflugschar» als an Orion. Dann sagte ich zu Wadman: «Natürlich sollten wir nachgeben.» Wadman telephonierte Foster und Foster Kennedy, und das Telegramm ging an Harriman, und der Vertrag wurde unterzeichnet.

Diese Episode vermittelte ein irreführendes Bild von dem, was tatsächlich geschah, obwohl sich alles genau so abgespielt hat. Zweifellos sprach Kennedy nicht nur mit Foster und Foster nicht nur mit

Wadman. Ich bin sicher, daß der Vertrag unterzeichnet worden wäre, auch wenn meine Antwort an Wadman anders ausgefallen wäre. Der Vertrag lag schon lange im Schoße der Geschichte bereit, die Zeit war reif, die Stunde seiner Geburt war gekommen, wir waren nur die Geburtshelfer.

Zwei Tage später traf ich Ted Taylor in Washington und gestand ihm, daß ich Orions Todesurteil unterschrieben hatte. Ted nahm diese Nachricht ruhig auf. Auch er hatte seit einiger Zeit gewußt, daß sein fünfjähriger Kampf, Orion am Leben zu erhalten, unausweichlich dem Ende zuging.

Mein nächster Auftrag, den ich für die ACDA erledigte, war ein Besuch beim Direktor von Projekt Pflugschar im Hauptquartier der Atom-Energie-Kommission. Ich ging zusammen mit Wadman zu ihm, um ihn zu einer schriftlichen Erklärung auf die Frage zu bewegen, ob sein Projekt innerhalb der Bedingungen des Vertrags, wie er unterzeichnet wurde, funktionieren könne oder nicht. Der Direktor saß in der Zwickmühle. Falls er die Frage bejahte, trug er zur Ratifizierung des Vertrags bei. Verneinte er sie und wurde der Vertrag trotzdem ratifiziert, riskierte er die Beendigung seines Projekts. Bürokratische Intrigen sind ein schmutziges Spiel, selbst wenn die gute Sache dabei gewinnt. Wir hatten ihn in der Hand, und er wußte es. Schließlich bejahte er unsere Frage, und wir kehrten mit seiner Erklärung im Triumph zur ACDA zurück.

Ende August begannen vor dem Senatsausschuß für Außenpolitik die Hearings über die Vertragsratifizierung; Senator Fulbright führte den Vorsitz. Edward Teller argumentierte beredt gegen den Vertrag. Ich wurde eingeladen, als privater Bürger und Vertreter der Vereinigung amerikanischer Wissenschaftler für den Vertrag zu sprechen. Daniel Singer, der freundschaftliche Beziehungen zu den Mitarbeitern des Fulbright-Ausschusses unterhielt, hatte die Einladung arrangiert. Er war der Ansicht, daß ich, der ich dem gegnerischen Lager abtrünnig geworden war, ein wirkungsvollerer Zeuge sein würde als einer der alten Kämpen der Vereinigung, die von Anfang an für den Versuchsstopp gearbeitet hatten.

Ich hatte das Glück, unmittelbar nach George Meany, dem Präsidenten der amerikanischen Gewerkschaften, an der Reihe zu sein. Die Senatoren erschienen in Scharen, um Meany zu hören, und die meisten blieben, um mir auch noch zuzuhören. Meany sprach für fünfzehn Millionen Wähler, ich für zweitausend. Meany bot eine mitreißende Schau. Fünfzehn Minuten lang wetterte er gegen die Russen, beschrieb die Verachtung und das Mißtrauen, mit dem die ehrlichen, amerikanischen Arbeiter die ränkeschmiedenden, kommunistischen Unterhändler betrachteten. Dann, ganz am Ende seiner Rede, kam die Pointe. Aber, sagte er, die ehrlichen, amerikanischen Arbeiter müssen auch an ihre Frauen und Kinder denken. Sie müssen ihre Frauen und Kinder vor dem Gift schützen, das als Folge der Bomben-Versuche vom Himmel regnet. Deshalb - um ihrer Frauen und Kinder willen - und trotz ihres Mißtrauens und ihrer Verachtung für die Kommunisten, unterstützten die ehrlichen, amerikanischen Arbeiter die Ratifizierung des Vertrags.

Es mit einer solchen Nummer aufzunehmen, war nicht leicht, aber ich hielt meine kleine Rede, und die Senatoren hörten aufmerksam zu. Ich erklärte kurz, was ich bei der ACDA und durch Kontakte zu russischen Wissenschaftlern über das Wesen der sowjetischen Gesellschaft gelernt hatte. Ich schilderte die verheerende Wirkung, die ein Mißlingen der Vertragsratifizierung auf jene Vertreter des sowjetischen Establishments haben würde, die an einer friedlichen Koexistenz interessiert sind. Als ich fertig war, stellte mir Senator Fulbright eine Frage - deren Antwort er genau kannte. Was meinte Chruschtschow eigentlich, als er sagte: «Wir werden Euch noch begraben?» Ich entgegnete, daß dieser Satz im Russischen häufig mit der Bedeutung verwendet wird: «Wir werden Euer Begräbnis noch erleben.» Das heißt einfach: «Wir werden länger leben als ihr», und impliziert keine mörderischen Absichten.

Am Tage nach meiner Aussage vor dem Senat nahm ich einen halben Tag frei und spazierte vom State Department zur Constitution Avenue, ein paar Häuserblocks entfernt. Dort wurde eine andere Art von Geschichte gemacht. Dort hatten sich schwarze Amerikaner aus dem ganzen Land zu einem Marsch versammelt, eine Viertelmillion Menschen. Es war still, keine Musik, keine stampfenden Füße. Ich ging bis zum Ende der Avenue, wo sich die Marschierenden sammelten, und schloß mich dem Zug zum Lincoln Memorial an. Jede der Gruppen trug Transparente, auf denen ihr Herkunftsort geschrieben war. Manchmal brach die Menge in Klatschen und Zurufe aus, wenn eine Gruppe aus einem der berüchtigten Orte vorbeikam - Birmingham, Alabama oder Albany, Georgia, oder Prince Edward County, Virginia, die Schlachtfelder der ersten Freiheitskämpfer. Die Leute aus dem tiefen Süden waren sehr jung, kaum mehr als Kinder. Die Nordstaatler waren älter, viele Männer mit ihren Frauen, oder Gewerkschaftsmitglieder, die von ihren Gewerkschaften nach Washington gebracht worden waren. In jenen Städten im Süden, in denen der Kampf um die Bürgerrechte tobte, konnten es sich Schwarze mit Familie damals nicht leisten, ein Risiko einzugehen. Aus den hart umkämpften, berüchtigten Orten kamen nur junge Leute.

Die meisten dieser Kinder aus den Kampfgebieten der Südstaaten hatten ihren Wohnort noch nie verlassen. Ihr Kampf war einsam gewesen, ihnen hatte noch nie jemand zugejubelt. Sie hatten nicht gewußt, daß sie so viele Freunde hatten. Sie sangen ihre Freiheitslieder, während die Nordstaatler zuhörten, und sie sahen aus wie die Hoffnung einer besseren Zukunft, wie sie tanzten und sangen, mit leuchtenden Gesichtern und glänzenden Augen.

Am Memorial, überragt von der gewaltigen Statue Lincolns, sprachen von zwei bis vier Uhr die Führer der schwarzen Amerikaner zu ihrem Volk. Einzig James Farmer war nicht unter ihnen, er schickte eine Botschaft aus seiner Gefängniszelle in Louisiana. Martin Luther King sprach wie ein Prophet des alten Testaments. Ich stand ganz in seiner Nähe, und ich war nicht der einzige, der Tränen in den Augen hatte: «I have a dream», sagte er immer wieder, «Ich habe einen Traum», während er uns seine Visionen von Frieden und Gerechtigkeit schilderte. In meinem Brief an meine Familie schrieb ich in jener Nacht: «Für ihn würde ich jederzeit ins Gefängnis gehen.» Damals wußte ich noch nicht, daß ich eine der berühmtesten Reden in der Geschichte der Menschheit gehört hatte. Ich wußte nur, daß es eine der größten war. Und ich wußte auch nicht, daß Martin Luther King innerhalb von fünf Jahren tot sein würde.

Es wäre schwierig, zwei verschiedenartigere Menschen zu finden als George Meany und Martin Luther King, den alten Klempner aus der Bronx und den jungen Propheten aus Atlanta. Doch ihre Verschiedenheiten waren nicht so wichtig im Vergleich zu dem, was sie gemeinsam hatten. Beide waren hart und zäh. Beide wurden zu Führergestalten, weil sie Gerechtigkeit forderten für die Ihren. Beide glaubten an die Zukunft, an die Kinder. Und jeder war, auf seine Weise, ein Friedensstifter.

13

Verteidigungsethik

Auf der einen Seite das Evangelium der Gewaltlosigkeit, wie es Jesus und Gandhi und Martin Luther King predigten und vorlebten. Auf der anderen Seite der Wahnsinn der Wasserstoffbombe und der Doktrin der «Mutual Assured Destruction», der gegenseitigen, sicheren Vernichtung, mit dem wir heute gefahrenträchtig leben müssen. Angesichts einer solchen Wahl kann sich ein vernünftiger Mensch eigentlich nur für den Weg der Gewaltlosigkeit entscheiden. Dafür hatte ich mich mit fünfzehn Jahren, in den Tagen der «Kosmischen Einheit», bereits einmal entschieden. Damals schien die Wahl einfach, ich wollte lieber für Gandhi sterben, als für Churchill kämpfen. Seither war die Entscheidung nie mehr so einfach. 1940 wählten die französischen Kollaborateure den Weg der Gewaltlosigkeit und arrangierten sich mit Hitler. Wenige Jahre später ließen sich die Juden Europas ohne Widerstand in die Gaskammern von Auschwitz treiben. Nachdem ich die Entwicklung in Frankreich gesehen hatte, kam ich zu dem Schluß, daß es doch besser war, für England zu kämpfen. Nachdem sie Auschwitz erfahren hatten, beschlossen die Juden, die überlebt hatten, daß sie für Israel kämpfen mußten. Die Gewaltlosigkeit ist oft der Weg der Weisheit, aber nicht immer. Gegen manche Arten der Gewaltherrschaft sind Liebe und passiver Widerstand verblüffend wirksame Waffen, aber nicht gegen alle. Der Instinkt der Selbsterhaltung zwingt uns, mit Kugeln und Bomben gegen einen Feind zu kämpfen, der unser Überleben gefährdet, denn wenn es um das Überleben geht, kann die Waffe des passiven Widerstandes zu langsam und zu unsicher sein.

Doch selbst wenn es der Selbsterhaltungstrieb erlaubt, zur Selbstverteidigung zu den Waffen zu greifen, berechtigt das auch zu einer Doktrin der gegenseitigen Vernichtung? Diese Strategie war für die Vereinigten Staaten und die Sowjetunion der Anlaß, ein atomares Vernichtungspotential anzuhäufen, mit dem sie die Städte und Industriezentren des Gegners gleich mehrmals dem Erdboden gleichmachen könnten, während bewußt auf jede Verteidigungsmöglichkeit verzichtet wurde. Historisch geht diese Strategie auf die strategische Bombardierungsdoktrin der dreißiger Jahre zurück, die sich schon im zweiten Weltkrieg gegen Deutschland als Fehlschlag erwies, aber leider auf dem japanischen Kriegsschauplatz einen Scheinerfolg verbuchen konnte. Die Doktrin der gegenseitigen Vernichtung beruht auf der Überlegung, daß die Gewißheit eines katastrophalen Vergeltungsschlages alle Parteien davon abhalten wird, einen Atomkrieg auszulösen. Diese Annahme ist gerechtfertigt, solange man es mit nüchtern und rational denkenden Kontrahenten zu tun hat, die überdies die Macht fest im Griff haben. Wenn nun aber jemand nicht nüchtern und nicht rational ist und wenn ihm die Macht entgleitet, was dann? Dann bleibt uns nichts anderes übrig, als unserem Glück zu vertrauen und das Beste zu hoffen. Und wenn das Glück uns im Stich läßt, steigen die Raketen auf und richten das verheerendste Massaker Unschuldiger in der Geschichte der Menschheit an. Damit konnte ich mich nie abfinden, und damit werde ich mich nie abfinden können; es ist weder ethisch vertretbar noch militärisch notwendig.

Irgendwo zwischen dem Evangelium der Gewaltlosigkeit und der Strategie der gegenseitigen Vernichtung muß sich eine mittlere Position finden, die vernünftige Menschen einnehmen können, eine Position, die es erlaubt, in Selbstverteidigung zu töten, aber das sinnlose Morden Unschuldiger verbietet. Seit vierzig Jahren suche ich nach dieser Position, und ich will nicht behaupten, daß ich sie gefunden habe. Aber ich glaube zu wissen, wo sie ungefähr liegen könnte. Der Grund, auf dem ich meinen Standpunkt beziehen werde, ist eine klare, moralische Trennung zwischen offensiver und defensiver Kriegführung, zwischen einem offensiven und einem defensiven Einsatz aller Waffenarten. Die Trennungslinie ist oft schwierig zu ziehen und verläuft keineswegs eindeutig und unumstritten. Dessen ungeachtet ist sie real und wesentlich. Und zumindest ihre wichtigsten Implikationen sind unbestritten: Bomber sind schlecht. Abfangjäger und Flugabwehrraketen sind gut. Panzer sind schlecht, Panzerabwehrraketen sind gut. U-Boote sind schlecht, die Technologie der U-Boot-Bekämpfung ist gut. Atomwaffen sind schlecht. Radar und Sonar sind gut. Interkontinentalraketen sind schlecht, antiballistische Raketenabwehr-Systeme sind gut. Diese Liste moralischer Präferenzen ist eine klare Absage an das strategische Denken, das unsere Politik in den letzten vierzig Jahren beherrscht hat. Und weil sie sich gegen unsere allgemein akzeptierten Dogmen richtet, bietet sie uns eine realistische Chance, uns aus der Falle zu befreien, in der wir gefangen sind.

Jeder Soldat wird diese moralischen Kriterien ablehnen und zur Begründung den militärischen Grundsatz vom Angriff als der besten Form der Verteidigung ins Feld führen. In manchen Fällen mag dieser Einwand durchaus berechtigt sein. Oft ist die beste Panzerabwehrkraft tatsächlich ein Panzer und die beste U-Boot-Abwehr ein U-Boot. Jeder Fall muß einzeln betrachtet und beurteilt werden. Doch in einem größeren Rahmen stehen die Forderungen der Ethik und die Realitäten militärischer Operationen in keinem grundsätzlichen Gegensatz. Die Faustregel, daß Angriff die beste Verteidigung ist, sollte ein taktischer Grundsatz sein, kein strategischer; ein

Grundsatz, der für einen Truppenkommandanten, der ein lokales Gefecht befehligt, zu billigen ist, nicht aber für einen Oberbefehlshaber, der einen Krieg plant. Dieser Grundsatz, aus dem taktischen Bereich herausgelöst und auf die großangelegte Strategie angewendet, führte sowohl Napoleon wie Hitler ins Verderben. Eine moralische Unterscheidung zwischen Verteidigungs- und Angriffswaffen müßte den Einsatz von Panzern und Flugzeugen bei lokalen Gegenoffensiven keineswegs ausschließen. Abzulehnen sind lediglich die Aufrüstung mit gewaltigen, strategischen Panzer- und Flugzeugverbänden, die hauptsächlich auf einen Offensivkrieg ausgerichtet sind, und vor allem die rein strategischen Angriffswaffen wie z.B. Interkontinentalraketen und Raketen-U-Boote, für die keine wirklich defensive Mission denkbar ist.

Das ist, kurz zusammengefaßt, mein moralischer Standpunkt, der, meiner Meinung nach, nicht im Gegensatz zur Ethik eines Berufssoldaten zu stehen braucht, dem ernsthaft darum zu tun ist, sein Können für die Verteidigung seines Landes einzusetzen. Leider steht er jedoch im Gegensatz zu den festen Überzeugungen der zivilen Wissenschaftler und Strategen, die uns in diese Sackgasse geführt haben, an deren Ende die gegenseitige Vernichtung steht. Den Wissenschaftlern ist es gelungen, die politische Führung und die Öffentlichkeit zu überzeugen, die Überlegenheit offensiver Waffen als unumstößliche Tatsache zu akzeptieren. Sie haben die Überlegenheit der Offensive zum Dogma erhoben, das in Frage zu stellen, kein wissenschaftlich ungebildeter Laie sich erdreisten darf. Weil also die Überlegenheit der Offensive unumstößlich feststeht, so ist – nach ihrer Argumentation – die Strategie einer gegenseitigen Vernichtung noch die beste unter den düsteren Alternativen, die uns bleiben. Doch in Tat und Wahrheit ist dieses Dogma, auf dem die ganze Doktrin beruht, eine Lüge. Es ist nicht zutreffend, daß gegen moderne Waffen eine Verteidigung unmöglich ist. Verteidigung ist schwierig und teuer und langwierig und kompliziert und undramatisch und unberechenbar; doch ein hoffnungsloses Unterfangen ist sie nicht. Wenn wir uns zu der politischen Entscheidung durchringen, unsere offensiv ausgerichtete Strategie aufzugeben und uns auf eine defensive umzustellen, unsere Waffenbeschaffung, die Forschung und die Entwicklung in neue Bahnen zu lenken und zusammen mit unseren diplomatischen Kräften eine Vernichtung aller Angriffswaffen anzustreben, so enthalten die Gesetze der Physik und der Chemie nichts, was dem im Wege stehen könnte. Wir sind in die Falle der Vernichtungsdoktrin geraten, weil uns der Wille und der moralische Mut fehlten, uns daraus zu befreien.

Was macht unsere wissenschaftlichen Strategen zu so fanatischen

Anhängern einer offensiven Strategie? Ein großer Teil der Schuld ist sicher der intellektuellen Arroganz meines Berufsstandes zuzuschreiben. Waffen, die der Verteidigung dienen, entspringen nicht als großer Wurf dem Gehirn brillanter Physikprofessoren. Solche Waffen werden in mühseliger Kleinarbeit von Ingenieurteams in Industrielaboratorien entwickelt. Mit Verteidigungswaffen sind keine akademischen Lorbeeren zu ernten. Kein Mensch käme auf die Idee, ein antiballistisches Raketenabwehr-System zu beschreiben, wie Robert Oppenheimer die Wasserstoffbombe beschrieb. *Verteidigungswaffen sind technisch nicht verlockend.*

Ein besonders tragischer Aspekt unserer Situation ist die Tatsache, daß es 1962 wesentlich leichter gewesen wäre, auf eine defensive Strategie umzuschwenken als heute. Die Verteidigungs-Strategie, die ich befürworte, ist von der in den sowjetischen Dokumentationen umrissenen Strategie, die ich 1962 bei der ACDA studierte, gar nicht so weit entfernt. Hätten wir uns damals umgestellt, so wären auf sowjetischer Seite keine großen Umstellungen erforderlich gewesen, um zu einer bilateralen Vereinbarung zu gelangen. Chruschtschow trieb zu jener Zeit die Entwicklung des sowjetischen antiballistischen Raketenabwehr-Systems voran und hatte nur wenig offensive Interkontinentalraketen stationiert. Uns hätte sich damals die Gelegenheit geboten, Chruschtschow eine bilaterale Beschränkung aller Offensivkräfte anzubieten und die Stationierung von Abwehrsystemen zu erlauben, die sich dann allmählich, so ist anzunehmen, so weit entwickelt hätten, daß sie das begrenzte Angriffspotential auf beiden Seiten hätten ausschalten können. Es ist auch anzunehmen, daß Chruschtschow, der zu jenem Zeitpunkt auf dem Gebiet der Verteidigungswaffen vorne lag, während er bei den Angriffswaffen ins Hintertreffen geraten war, ein solches Angebot angenommen hätte. Zumindest hätten wir es versuchen müssen. Damals haben wir eine Gelegenheit verpaßt, die sich kein zweites Mal bieten wird.

Im Herbst 1962 ging ich nach England, um an einer Pugwash-Konferenz teilzunehmen. Pugwash-Konferenzen sind internationale Treffen von Wissenschaftlern, bei denen politische und strategische Fragen in einer freundlichen und informellen Atmosphäre besprochen werden. Es waren auch einige Russen anwesend, darunter ein paar, die über politische Verbindungen verfügten und in engem Kontakt zu ihrer Regierung standen. Einer von ihnen ließ deutlich durchblicken, ohne es je explizit zu sagen, daß er nach seiner Rückkehr Chruschtschow persönlich von den Schlußfolgerungen unserer Tagung informieren werde. Die Russen wußten, daß ich für die ACDA arbeitete und hielten mich daher irrtümlicherweise für einen geeigneten Kanal, Informationen an meine Regierung weiterzuleiten. In privaten Gesprächen redeten sie eindringlich und voller Sorge auf mich ein und baten mich, der amerikanischen Regierung die Dringlichkeit der Lage bewußtzumachen. Sie sagten, daß in der Sowjetunion große Entscheidungen unmittelbar bevorstünden, die eine Kontrolle des Wettrüstens wesentlich erschweren würden. Sie ließen durchblicken, daß, falls wir noch zu unseren Lebzeiten zu einem vernünftigen Abrüstungsvertrag kommen wollten, wir das jetzt und heute erreichen müßten. Ich zweifle nicht daran, daß sie damals wußten, daß die gewaltige Aufrüstung der sowjetischen Offensivstreitkräfte, deren wahres Ausmaß wir erst Jahre später erkannten, eben anlief. Leider bot sich mir keine Gelegenheit, Kennedy diese Botschaft persönlich zu überbringen. Ich erzählte meinen Freunden bei der ACDA von diesen Gesprächen, doch sie nahmen die Sache nicht ernst. Und als ich im Sommer des folgenden Jahres an die ACDA zurückkehrte, waren wir alle mit dem Versuchsstopp beschäftigt.

Der Versuchsstopp war wirklich eine verhängnisvolle Ablenkung. Ausgerechnet in jenen kurzen Kennedy-Chruschtschow-Jahren, in denen möglicherweise auf beiden Seiten die Bereitschaft und die politischen Gegebenheiten bestanden, im Hinblick auf eine atomare Abrüstung drastische Schritte ins Auge zu fassen, hatten die Leute in leitenden Stellungen keine Zeit, über Abrüstung nachzudenken, sie waren viel zu sehr mit dem Versuchsstopp beschäftigt. Auch ich ließ mich letztlich von dem Versuchsstopp-Fieber hinreißen und versäumte so meine Chance, ernsthaft zu dem Versuch beizutragen, das Wettrüsten in eine andere Bahn zu lenken. Es ist ein kleiner Trost, daß es im Sommer 1963 schon zu spät war, um den Lauf der Geschichte noch zu ändern. Fünfzehn Monate später war Kennedy tot und Chruschtschow im unfreiwilligen Ruhestand.

Die wichtigste Frage, die durch die Existenz von Waffen in der realen Welt, in der Menschen und Nationen leben müssen, aufgeworfen wird, ist die Frage nach ihrem Einsatz. Der Einsatz von Waffen ist wichtiger als die Produktion, und die Produktion ist wichtiger als Versuche. Mit Ausnahme des radioaktiven Niederschlags, den sie verursachen, haben Versuche kaum Auswirkungen auf die menschlichen Lebensumstände. Wäre es uns wirklich ernst damit, Massenvernichtungsmittel abzuschaffen, müßte die Reihenfolge unserer Prioritäten so aussehen: Einsatz, Produktion, Versuche. Sowohl bei der ACDA wie in der Kennedy-Administration war die Reihenfolge der Prioritäten genau umgekehrt. Unser ganzes mageres politisches Kapital wurde für den Versuchsstopp aufgewendet. Einsatz und Stationierung von Kernwaffen wurden dagegen kaum beachtet, und das obwohl das Wettrüsten in Wirklichkeit durch die strategische Planung und die Stationierungen aufgeheizt wird. Wir haben uns nie mit dem Problem des Einsatzes von Kernwaffen auseinandergesetzt, und das ist der eigentliche Grund, wieso es uns nie gelungen ist, Kernwaffen zu kontrollieren.

1959 verfaßte Kennan einen Artikel mit dem Titel «Gedanken zu unserer gegenwärtigen internationalen Lage», der mehr kluge Einsicht zeigte als alles, was ich aus jener Zeit gelesen habe. Kennan erkannte klar, was zu tun war. Er sah, daß wir als erstes unsere Auffassungen über den Einsatz von Waffen ändern müßten, bevor wir hoffen konnten, das Problem der Rüstungskontrolle in technischer Hinsicht in den Griff zu bekommen. Er hatte den größeren Teil seines Lebens in offiziellem Kontakt zur Sowjetunion gestanden und verstand die Komplexität der sowjetischen Gesellschaft. Kennedy schickte ihn als Botschafter nach Jugoslawien und hörte nicht auf das, was Kennan zu den umfassenderen Zeitfragen zu sagen hatte.

Dies sind die Kernpunkte seines Artikels:

> Glauben Sie mir, dieses Festgelegtsein auf die Waffen einer wahllosen Massenvernichtung, das unser strategisches und in den letzten Jahren zunehmend auch unser politisches Denken beherrscht hat, ist eine morbide Fixierung der allerverhängnisvollsten und hoffnungslosesten Art. Auf diesem Weg ist keine positive Lösung für irgendein echtes menschliches Problem zu finden ... Ich frage deshalb: Haben wir es nicht bald satt? ... Wir sollten nicht aus den Augen verlieren, daß die Russen von allem Anfang an eine völlige Abschaffung von Waffen dieser Art begünstigt haben ... Es ist anzunehmen, daß wir nur bereit sind, unsere Kernwaffen aufzugeben, wenn sie dasselbe tun und wenn ausreichende Kontrollmöglichkeiten bestehen. Aber wären wir selbst unter diesen Bedingungen wirklich bereit dazu? Auf die Vernachlässigung unserer konventionellen Streitkräfte, welche die wachsende Konzentration auf Kernwaffen begleitete, bin ich bereits zu sprechen gekommen. Eine Begleiterscheinung dieser Schwächen der konventionellen Streitkräfte war, soweit ich das beurteilen kann, die Ausrichtung auf das sogenannte Prinzip des Ersteinsatzes; danach wären wir bereit, in jedem ernsthaften, militärischen Konflikt Kernwaffen einzusetzen, unabhängig davon, ob sie zuerst gegen uns eingesetzt worden waren oder nicht. Dahinter steht selbstverständlich die Überzeugung, daß wir gar nicht in der Lage wären, einen Konflikt ohne Kernwaffen erfolgversprechend auszutragen.
>
> Der erste Schritt, der meiner Meinung nach für aussichtsreiche Verhandlungen über eine Abschaffung von Kernwaffen, ja selbst für eine schlüssige, nationale Verteidigungsstrategie, unerläßlich ist, ist die Entwöhnung von diesem verhängnisvollen und verderblichen Prinzip des Ersteinsatzes. Das bedeutet offensichtlich eine Stärkung unserer konventionellen Streitkräfte, einschließlich derer – so ist zu hoffen – unserer Alliierten. Das ist – ich weiß es wohl – kein populärer Vorschlag ... Er überschreitet jedoch unsere Möglichkeiten keineswegs; was fehlt, ist lediglich der Wille dazu.

Am 4. Februar 1961 fand in New York eine Sitzung des Aufsichtsrates der Vereinigung amerikanischer Wissenschaftler statt. An jenem Tag tobte ein heftiger Schneesturm. In Princeton brach die Stromversorgung zusammen, und ich frühstückte mit meiner Frau bei Kerzenlicht, bevor ich mich durch das Schneegestöber nach New York kämpfte, das unter einer dreißig Zentimeter hohen Neuschneedecke plötzlich freundlich und schön war. In seiner Sitzung befaßte sich der Aufsichtsrat in einer eingehenden und umfassenden Diskussion mit dem Prinzip des Ersteinsatzes von Kernwaffen. Zum Schluß wurde einstimmig die folgende Resolution verabschiedet:

> Wir fordern die Regierung eindringlich auf, zu beschließen, daß die Vereinigten Staaten niemals und unter gar keinen Umständen je Kernwaffen, in welcher Form auch immer, einsetzen werden, außer als Vergeltung für den Einsatz von Kernwaffen durch andere. Wir fordern, daß die Regierung diesen Beschluß zur festen und unabänderlichen Politik der Vereinigten Staaten erklärt. Weiter drängen wir darauf, die strategische Planung und die militärische Stationierungspolitik der Vereinigten Staaten und ihrer Alliierten so rasch wie möglich auf einen Stand zu bringen, der konsistent ist mit einer globalen Politik, die auf den Ersteinsatz von Kernwaffen verzichtet.

Soviel ich weiß, war diese Erklärung die einzige öffentliche Reaktion auf Kennans Aufruf. Doch am nächsten Tag waren die Zeitungen voll von Berichten über den Schneesturm. Ein Bericht über unseren Feldzug gegen die Politik des Ersteinsatzes war nirgends zu finden. Auch später ist es der Vereinigung nie gelungen, dieses Thema zu einem Politikum zu machen, das das Interesse der Presse erregt hätte. Die Öffentlichkeit hat keine Lust, über die Gründe nachzudenken, die gegen eine Strategie des Ersteinsatzes sprechen. Die Öffentlichkeit will sich überhaupt nicht mit den Realitäten eines Kernwaffeneinsatzes befassen.

Während meiner beiden Sommer bei der ACDA versuchte ich verschiedentlich, meine Vorgesetzten davon zu überzeugen, daß sie gut daran täten, sich ein wenig um die Auswirkungen zu kümmern, die unsere Politik des Ersteinsatzes auf die Realisierbarkeit der Rüstungskontrolle haben könnten. Jedesmal wurde mir dann mit Nachdruck bedeutet, daß das nicht unsere Sorge sei. Die Politik des Ersteinsatzes war nämlich inzwischen fester Bestandteil der Struktur der NATO und fiel daher in die Zuständigkeit des Außenministeriums; die ACDA hatte nichts mehr damit zu schaffen und konnte es sich nicht leisten, das Außenministerium zu verärgern, indem die Klugheit seiner Politik in Frage gestellt wurde. Falls ich es also nicht lassen konnte, peinliche Fragen zur Politik des Ersteinsatzes zu stellen, täte ich besser daran, mich von der ACDA zu distanzieren und das anderswo zu tun.

Auf Kennedys Tod folgten die Jahre des Vietnam-Kriegs. Die Strategie des Ersteinsatzes nahm eine noch beängstigendere, unmittelbarere Realität an. In jenen Jahren erlebte ich manchmal, wie Regierungsbeamte das Thema in ihren Sitzungen diskutierten. Bei einer solchen Sitzung erläuterte einer der Beamten, nennen wir ihn X, die amerikanische Doktrin des Ersteinsatzes mit einer Phantasielosigkeit, die eines Dr. Strangelove würdig war. Er verteilte Kopien eines Memorandums mit dem Titel «Situationen, in denen der Einsatz taktischer Kernwaffen vertretbar ist». Das Memorandum unterstand keiner Geheimhaltung. Nr. 1 auf seiner Liste hypothetischer Situationen war die folgende: «Eindämmung einer chinesischen Invasion mit dem minimalen Risiko einer zufälligen Einbeziehung Rußlands.» Y, ebenfalls ein Beamter, der unter den Zuhörern saß, kritzelte etwas auf einen Zettel und schob ihn mir verstohlen zu: «Mit anderen Worten, atomisiert die Schlitzaugen, aber seid ja lieb zu den Weißen.» Y gehörte zu jenen Beamten im Verteidigungsministerium, die sich in den ganzen traurigen Vietnam-Jahren abmühten, die Stimme der Vernunft auch in unseren militärischen Entscheidungen anklingen zu lassen. Sie konnten den Krieg weder stoppen noch den Stil beeinflussen, in dem er ausgetragen wurde. Alles, was sie konnten, alles, was sie taten, war zu verhindern, daß der Krieg sich zu einer noch furchtbareren Katastrophe ausweitete, als er es ohnehin war.

1966, bei einer dieser Sitzungen, erklärte der Beamte Z, daß es, seiner Meinung nach, keine schlechte Idee wäre, «hie und da eine Atombombe zu schmeißen, nur um die andere Seite im unklaren zu lassen.» Ich war zu verblüfft, um zu protestieren. Z war nicht nur unzugänglich für vernünftige Argumente, sondern auch taub. Es war nicht auszumachen, ob er im Spaß oder im Ernst gesprochen hatte. Zu jener Zeit eskalierte Präsident Johnson den Krieg bewußt, ohne seine eigentlichen Absichten klarzumachen. Alle Möglichkeiten, darunter auch die, daß Johnson Z's Ratschlag befolgen könnte, mußten ernstgenommen werden. Nach der Sitzung versicherte ich mich bei drei anderen Wissenschaftlern, die anwesend waren, daß Z tatsächlich sagte, was ich hörte. Alle drei waren genauso schockiert wie ich.

Wir vier beschlossen, daß wir etwas unternehmen mußten. Offizielle Proteste gegen den Vorschlag Z's wären völlig wirkungslos gewesen. Wir kamen zu dem Schluß, daß wir nur hoffen konnten, einen wirklichen Einfluß auszuüben, wenn wir eine ausführliche Expertise erstellten, in der wir die Konsequenzen, die sich aus Z's Vorschlag ergeben würden, aufzeigten. Wir besorgten uns die Erlaubnis des Verteidigungsministeriums, eine solche Studie zu erstellen. In dreiwöchiger, harter Arbeit trugen wir Fakten über die Stationierung der Streitkräfte auf beiden Seiten zusammen und analysierten die Konsequenzen eines Einsatzes von Kernwaffen in diesem Konflikt. Die Analyse war in einem bewußt kaltschnäuzigen, militärischen Stil gehalten und faßte unsere Folgerungen in einem Bericht mit dem Titel «Taktische Kernwaffen in Südost-Asien» zusammen. In unserer Analyse zeigten wir, daß selbst vom allerengsten, rein militärischen Standpunkt, unter Mißachtung aller politischen und ethischen Überlegungen der Einsatz von Kernwaffen ein katastrophaler Fehler wäre. Wir überreichten den Bericht unseren Kontaktpersonen im Verteidigungsministerium, und das war das letzte, was wir davon sahen oder hörten.

Ich weiß nicht, ob unsere Analyse je gelesen wurde. Ich kann nicht feststellen, ob je eine reale Gefahr bestand, daß Johnson in Vietnam Kernwaffen einsetzen wollte. Ich weiß nur, daß, falls Johnson diese Möglichkeit je ernsthaft in Erwägung gezogen hat und seine Militärberater entsprechend konsultiert hat, unser Bericht dazu beigetragen hätte, die Stimme jener zu stärken, die gegen ein solches Projekt argumentierten. Wir konnten nichts anderes tun, als die Argumente, auf die sich Johnsons Berater hätten stützen können, um ihn von einem solchen Unterfangen abzuhalten, mit handfesten, militärischen Fakten zu untermauern. Und genau das haben wir getan. Es besteht für mich kein Grund, anzunehmen, daß sich unser Bericht in irgendeiner Weise auf den Vietnam-Krieg auswirkte. Aber es ist auch denkbar, daß er sich auf das Schicksal der Menschheit auswirkte und sehr viel weitreichendere Konsequenzen hatte als alles, was ich bei der ACDA unternahm.

Selbst in den schlimmsten Tagen des Vietnam-Kriegs herrschte im Verteidigungsministerium ein gewisser Pluralismus, man war nie völlig unzugänglich für Kritik. Die meisten Pentagon-Beamten entsprachen dem Typ von X, sie waren gewissenhaft und phantasielos. Einige wenige waren wie Y, sie übten aktiv Kritik und versuchten, das Ministerium zu einer vernünftigeren Politik zu bewegen. Einige wenige waren Z ähnlich und lieferten damit den Beweis, daß die Vorstellungen, die sich radikale Studenten von einem Pentagon-Kriegshetzer machten, keineswegs jeder Grundlage entbehrten. Vieles hing davon ab, ob es bei den jeden Tag zu treffenden Entscheidungen Y oder Z gelang, X auf seine Seite zu ziehen. Indem wir uns von außen einschalteten, Y unterstützten und Z widerlegten, konnten wir Wissenschaftler einen zwar geringen, aber doch wirklichen Einfluß auf diese Entscheidungen ausüben.

Der ehrgeizigste Versuch ziviler Wissenschaftler, mit technischen Mitteln in den Vietnam-Krieg einzugreifen, war ein Projekt, das unter der Bezeichnung «die Barriere» bekannt war. Die Idee dieser Barriere bestand darin, feindlichen Truppen die Infiltration nach Südvietnam unmöglich zu machen, indem die Grenze mit einem ausgeklügelten System elektronischer Alarmanlagen und Minenfelder bewehrt wurde, das aus Flugzeugen abgeworfen werden sollte. Verteidigungsminister McNamara war von der Idee der Barriere begeistert, da er darin einen möglichen Ersatz für die kostspieligen und politisch unpopulären Einsätze amerikanischer Bodentruppen in Spürtrupp- und Ausmerzaktionen sah. Die Berufsmilitärs waren allerdings weniger enthusiastisch. Sie glaubten nicht an den Erfolg des Systems. Ich wurde eingeladen, an dem Barrieren-Projekt mitzuarbeiten, und wog die ethischen Fragen, die das aufwarf, sorgfältig ab. Auf Grund meines allgemeinen Prinzips, das Verteidigungsstrategien den Vorzug gab, war die Barriere, zumindest theoretisch, positiv zu bewerten. Es ist moralisch eher vertretbar, eine feste Grenze gegen Infiltration von außen zu verteidigen als ein ganzes Land zu verwüsten und zu zerstören. Doch wenn man, wie ich in diesem Falle, diesen Krieg für grundsätzlich unmoralisch hielt, so konnte auch die Umstellung auf eine Verteidigungsstrategie ihn nicht gerechter machen. Ich lehnte es ab, mit der Barriere etwas zu tun zu haben, und begründete das damit, daß die angestrebten Ziele ohnehin illusorisch waren. Andererseits kann ich meine Freunde nicht verurteilen, die mit gutem Gewissen daran arbeiteten, weil sie glaubten, so viele Menschenleben retten und die Kriegsauswirkungen auf die vietnamesische Zivilbevölkerung mildern zu können. Ihre Bemühungen verliefen im Sande, die Barriere wurde nie installiert. Doch selbst wenn sie je in Betrieb genommen worden wäre, hätte sie den Lauf der Geschichte nicht aufhalten können.

Ich bin überzeugt, daß die Barriere nicht nur ihren Zweck erfüllt, sondern auch eine moralisch vertretbare Lösung bedeutet hätte, wenn im Innern Regierung und Volk willens und fähig gewesen wären, dieses System in eigener Regie zu bedienen. Als Teil nationaler Verteidigungsbemühungen wäre die Barriere sinnvoll gewesen. Sinnlos war in diesem Falle, daß amerikanische Techniker und Flugzeugbesatzungen ein raffiniertes Verteidigungssystem aufbauten, um ein Land zu verteidigen, daß keinen politischen Zusammenhalt und keine eigenen, fähigen Truppen besaß. Es ist bedauerlich, daß das Konzept der Barriere ausgerechnet dem hoffnungslosen Versuch entsprungen ist, die amerikanische Intervention in Vietnam vor der unausweichlichen Niederlage zu bewahren. Die Verknüpfung mit Vietnam gab einer guten Idee einen schlechten Klang.

Auf die Dauer ist für das Überleben der menschlichen Gesellschaft auf diesem Planeten eine von zwei möglichen Entwicklungen erforderlich. Entweder wird eine beliebige Form der Weltregierung etabliert, die über ein Monopol der militärischen Macht verfügt. Oder es gelingt uns, die Welt in stabile, unabhängige Staaten aufzuteilen, deren Streitkräfte ausschließlich der Verteidigung des eigenen Territoriums dienen. Aus humanistischen, kulturellen und politischen Gründen ziehe ich die zweite Alternative bei weitem vor.

Glücklicherweise scheinen die meisten Menschen diese Präferenz zu teilen. Von den Anfängen der Menschheitsgeschichte bis zum heutigen Tag waren Imperien zum Zerfall verurteilt, und Weltregierungen fanden keinen großen Widerhall. Wenn wir eine Weltregierung für nicht wünschenswert oder für nicht realisierbar halten, sollten unsere militärischen und diplomatischen Bemühungen darauf ausgerichtet sein, den Nationalismus nicht auszurotten, sondern ihn in bewußt verteidigungsorientierte Bahnen zu lenken. Wir müßten versuchen, eine friedliche und harmonische Vereinigung unabhängiger Staaten aufzubauen, von denen jeder eine Milizarmee nach dem Vorbild der Schweiz unterhält, die keine Gefahr für die Nachbarn bedeutet, aber bereit ist, wie der Teufel gegen jeden zu kämpfen, der mit Eroberungsträumen daherkommt.

Es ist für eine dauerhafte Stabilität wesentlich, daß friedliche Staaten über eine gut ausgerüstete Armee und einen gut organisierten Zivilschutz verfügen. Es werden immer wieder wahnsinnige Demagogen wie Hitler auftreten oder technologische Überraschungen wie die Erfindung des Schießpulvers oder die Entwicklung der Kernwaffen über uns hereinbrechen. Vor allem zwei Faktoren lassen jedoch die langfristigen Perspektiven für die Selbstverteidigung günstig erscheinen, der eine ist technischer, der andere menschlicher Natur. Der technische Faktor ist die wachsende Effektivität kleiner, raffinierter Verteidigungswaffen, der ferngesteuerten Panzer-, Flugzeug- und Raketenabwehrgeschosse, die sich gut zur Verteidigung fester Grenzen eignen. Der Nahost-Krieg von 1973 hat uns nur einen Vorgeschmack von der Leistungsfähigkeit dieser Waffen gegeben. Wenn uns wirklich daran gelegen ist, so können wir in Zukunft Rüstungsbegrenzungsabkommen aushandeln, die das technologische Gleichgewicht immer weiter zu Gunsten der Verteidigung verschieben. Der menschliche Faktor, der eine Selbstverteidigung begünstigt, ist die belebende Kraft, die von einer echten, politischen Unabhängigkeit ausgeht. Die Schweiz, Finnland und Israel, alles Länder, die sich für ihre Verteidigung mehr auf die eigene Kraft als auf Bündnisse verlassen, verfügen über überdurchschnittlich gute Armeen. Es sind auch die einzigen Länder, die ich aus persönlicher Erfahrung kenne, in denen es einem jungen Mann aus guter Familie Spaß machen darf, Soldat zu sein, ohne daß er für geistig unterentwickelt gilt.

Wir haben noch einen weiten Weg vor uns, aus unserer Welt der gegenseitigen Vernichtungspläne, der übermächtigen Offensivstreitkräfte in die Welt meiner Träume, eine Welt der unabhängigen Staaten mit wirksamen Verteidigungskräften nach dem Vorbild der Schweiz. Wie können wir überhaupt hoffen, je dorthin zu gelangen? Eine Antwort darauf habe ich nicht; ich weiß nur, daß es uns gelingen muß, wenn wir auf diesem Planeten überleben wollen. Es ist aber denkbar, daß der Weg in eine bessere Welt gar nicht so unüberwindbar ist, wenn sich einmal die allgemeine Überzeugung durchgesetzt hat, daß unsere jetzige Lage menschlich und ethisch unerträglich ist.

Den besten Wegweiser, den ich für einen hoffnungsvollen Weg in die Zukunft finden kann, ist eine Episode aus unserer eigenen Vergangenheit. Aus der Perspektive der hundertsechzig Jahre, die seither vergangen sind, können wir vielleicht erkennen, was einem Abkommen über Rüstungskontrolle Dauerhaftigkeit verleiht. Aus diesem Grund will ich kurz die Geschichte des Rush-Bagot-Abkommens umreißen, mit dem die Flotten-Aufrüstung auf den Großen Seen Nordamerikas eingeschränkt wurde. Das Abkommen, das 1817 durch den amtierenden Außenminister, Richard Rush, und den britischen Minister in Washington, Sir Charles Bagot, unterzeichnet wurde, sah folgende Punkte vor:

> Die Seestreitkräfte, die auf den amerikanischen Seen durch Seine Majestät und durch die Regierung der Vereinigten Staaten unter Flagge gehalten werden, sollen in Zukunft auf beiden Seiten auf die folgenden Schiffe beschränkt sein: Auf dem Lake Ontario ein Schiff, das eine Kapazität von hundert Tonnen nicht überschreiten und mit einer 18pfündigen Kanone bestückt sein darf. Auf den Oberen Seen zwei Schiffe, die die eben genannte Kapazität nicht überschreiten und ebenso bewaffnet sein sollen. Auf den Wassern des Lake Champlain ein Schiff, welches die eben genannte Kapazität nicht überschreiten soll ...

Die Flottenverbände, die 1817 auf den Seen stationiert waren, waren wesentlich stärker, als in dem Abkommen festgelegt, und die einzelnen Schiffe waren zu groß, um den St.-Lawrence-Strom zu befahren. Das Abkommen machte also beträchtliche Abrüstungsvorkehrungen notwendig, die auch prompt durchgeführt wurden, indem beide Seiten Schiffe abtakelten. Das Hauptziel des Abkommens war die Vermeidung von Konfrontationen, die leicht einen erneuten Ausbruch des unentschiedenen Krieges von 1812 hätten heraufbeschwören können. Dieses Ziel wurde auch erreicht. Das Abkommen ließ das Problem künftiger technologischer Neuerungen völlig außer Betracht. Nichts deutet darauf hin, daß Mr. Rush und Sir Charles auch nur einen Gedanken daran verschwendeten, daß 18pfündige Kanonen nicht auf ewig das letzte Wort bei der Bestückung von Kriegsschiffen sein konnten.

In den hundert Jahren nach der Unterzeichnung des Abkommens schufen technische Neuerungen und Erfindungen immer wieder Schwierigkeiten bei der Vertragserfüllung. In jenen Jahren war die amerikanisch-kanadische Grenze nicht immer so friedlich, wie das später der Fall war. 1841 verstieß Großbritannien mit zwei Dampfregatten gegen das Abkommen. 1843 konterten die Vereinigten Staaten mit einem Schiff, das über eine Kapazität von 685 Tonnen verfügte und mit zwei 6-Inch-Geschützen bestückt war, deren Geschosse schwerlich unter 18 Pfund wogen. In diesem Stil ging es weiter. Seit 1843 gab es keine Zeit, in der nicht die eine oder andere Seite sich technischer Verstöße gegen das Abkommen schuldig machte. Als sich dann gegen Ende des 19. Jahrhunderts die politischen Beziehungen der beiden Parteien etwas entspannten, nahm die Größenordnung der einzelnen Verstöße zu. Jeder neue Verstoß wurde von der Gegenseite mit lautstarken Protesten beantwortet. Doch mit der Zeit verloren die Proteste ihren Öffentlichkeitscharakter und gerieten immer mehr zum Ritual. Noch 1920 konnte jedoch ein leitender Beamter der kanadischen Marine allen Ernstes folgendes schreiben: «Es ist von allergrößter Wichtigkeit, daß Truppen bereitstehen, um gegebenenfalls sofort die amerikanische Seite des St. Lawrence besetzen zu können ... und daß Kanada über einen ausreichenden Vorrat an Minen verfügt, um die Straße von Mackinac, den Detroit River, ect. zu blockieren.» Zu jener Zeit war allerdings außerhalb der militärischen Führungsstäbe niemand mehr bereit, solche Alpträume im Ernst zu erwägen.

Die Tatsache, daß sich die technischen Verstöße gegen das Rush-Bagot-Abkommen nur so häuften, beeinträchtigten seinen politischen Nutzen keineswegs. Selbst in den schlimmsten Zeiten der kanadisch-amerikanischen Spannungen blieb das Abkommen in Kraft und trug wesentlich dazu bei, diese Spannungen unter Kontrolle zu halten. Für die Politiker beider Seiten war es ein nützliches Instrument, das sie geschickt handhabten, um einerseits die kriegslustigen Elemente in den eigenen Reihen im Zaum zu halten und um andererseits die angriffslustigen Elemente der anderen Seite in ihre Schranken zu weisen. 1817 waren die technischen Einzelheiten des Abkommens noch wichtig, doch je älter und ehrwürdiger es wurde, desto unwichtiger wurden diese Details. Heute, hundertsechzig Jahre später, ist das Abkommen noch immer in Kraft, und noch immer wird mehrmals im Jahr dagegen verstoßen. Es ist längst Teil der Folklore geworden als Symbol eines dauerhaften Friedens.

Ich habe einen Traum, in dem irgendein Physikprofessor in hundertsechzig Jahren auf die Geschichte des Vertrags zwischen den Vereinigten Staaten und der Sowjetunion zurückblickt, der die Stationierung von Bomben und Raketen mit atomaren Sprengköpfen verbietet. Falls alles gut geht, wird der Professor darlegen können, wieso sich die technologischen Mängel des Vertragswerks nicht nachteilig auswirkten. Er wird erzählen, wie in der turbulenten ersten Hälfte des 21. Jahrhunderts die beiden Großmächte abwechselnd gegen das Abkommen verstießen, das aber, trotz dieser offenkundigen

Verstöße, in Kraft blieb. Weiter wird er berichten, wie die erste Demonstration eines billigen und effektiven, nicht atomaren antiballistischen Raketenabwehr-Systems durch die Japaner die strategischen Angriffswaffen nach und nach ins Abseits drängte, bis sie schließlich überholt waren und nur noch in kleinen Mengen zu zeremoniellen Zwecken bereitgehalten werden. Allerdings nur - wenn wir so klug sind, wie Rush und Bagot. Und wenn alles gut geht.

14

Die Ermordung Dover Sharps

Am Morgen des 11. April 1969 schreckte mich ein gewaltiger Knall aus dem Schlaf; dann hörte ich jemanden um Hilfe schreien. Mein erster Gedanke war, daß jemand mit hundert Stundenkilometern direkt in den Universitätsclub gerast war. In jenem Augenblick merkte ich, daß ich doch ein Feigling bin. Anstatt sofort zu Hilfe zu eilen, zauderte ich ungefähr eine Minute lang und versuchte, mich gegen den Anblick, der mich draußen erwartete, zu wappnen. Eine Minute lang stand ich wie gelähmt, und in dieser Minute verbrannte Dover Sharp.

Während des zweiten Weltkriegs und viele Jahre danach verfolgte mich ein immer wiederkehrender Alptraum. Ich sah ein Flugzeug vom Himmel stürzen, neben mir zerschellen und in Flammen aufgehen. Ich stand entsetzt, gelähmt und sah, wie die Menschen im Inneren des Flugzeugs verbrannten. Verzweifelt bemühte ich mich, mich zu bewegen, etwas zu tun, bis ich mich schließlich schweißgebadet und atemlos in meinem Bette wiederfand. Nach jenem Morgen in Santa Barbara, an dem Dover Sharp ermordet wurde, blieb der Alptraum aus.

Schließlich stürzte ich aus meinem Zimmer, die Treppe hinunter und in den Innenhof des Hauses. Dort zeigte sich, daß es gar kein Autounfall gewesen war. Zwei Studenten waren eben im Begriff, Dover Sharp in ein Wasserbecken zu tragen, um seine brennenden Kleider zu löschen. Seine Verletzungen sahen nicht allzu schlimm aus, seine Beine waren schwarz und eine Hand blutete. Ich telephonierte nach einem Krankenwagen, doch die Explosion war bereits gemeldet und der Wagen unterwegs.

Einige Minuten später war er da, die Studenten hoben Dover Sharp auf eine Tragbahre, und die Sanitäter trugen ihn hinaus. Dann kam die Feuerwehr und hatte den Brand im Eßzimmer mit Handfeuerlöschern rasch erstickt. An jenem Morgen glaubten wir noch, daß Dover Sharp überleben werde. Er hatte sich noch lebhaft mit den Studenten unterhalten, die ihn zum Krankenwagen trugen. Doch mittags hörten wir, daß seine Verbrennungen sehr schwerwiegend waren und er nur eine geringe Überlebenschance hatte. Zwei Tage später starb er im Krankenhaus.

Der Universitätsclub hatte nur sechs Gästezimmer. Dover Sharp arbeitete als Hausmeister des Clubs und bewohnte eines der Zimmer. Ich war Gastprofessor an der Universität von Kalifornien in Santa Barbara und wohnte in einem anderen Zimmer. Zur Zeit der Explosion hielt sich sonst niemand in dem Gebäude auf. Dover Sharp war am Morgen heruntergekommen und hatte vor der Eßzimmertüre ein großes Paket gefunden. Es war so konstruiert, daß es beim Öffnen explodierte, und enthielt eine mit Benzin gefüllte Zweiliterflasche, ein zwölf Zentimeter langes Rohrstück voller Sprengstoff und einen batteriegespeisten Zündmechanismus. Wer das Paket deponiert hatte und wieso, war nicht festzustellen.

Ich wurde von der Polizei, die den Mord untersuchte, befragt, konnte ihnen jedoch nichts Aufschlußreiches erzählen. Sie fragten mich nicht nach jener Minute, die ich in meinem Zimmer vertrödelt hatte, während die Studenten von ihrem Studentenhaus auf der anderen Straßenseite zu Hilfe eilten. Die Polizei sah in dieser einen, untätigen Minute nichts, was für ihren Fall von Bedeutung war. Nur für Dover Sharp machte sie möglicherweise den Unterschied zwischen Leben und Tod aus. Und für mich ist dieses Wissen eine Tatsache, die ich nicht mehr ändern kann, mit der ich, so gut ich kann, leben muß.

Der Psychologe Robert Lifton hat ein Buch geschrieben, *Death in Life (Der Tod im Leben),* das sich mit den Überlebenden des Atombomben-Angriffs auf Hiroshima befaßt. Er beschreibt ihre Empfindungen, wie sie ihm in Gesprächen siebzehn Jahre danach geschildert wurden. Durch alle diese Berichte läuft wie ein roter Faden das Schuldgefühl, am Leben zu sein, während die anderen starben. In diesem Zusammenhang zitiert Lifton Albert Camus, einen Überlebenden der französischen Résistance:

> In Zeiten der Revolution sind es die Besten, die umkommen. Das Gebot der Opferbereitschaft bringt es mit sich, daß es immer die Feigen und die Vorsichtigen sind, die zu Worte kommen, die anderen setzten diese Möglichkeit aufs Spiel, weil sie ihr Bestes gaben. Sprache impliziert immer Verrat.

Frank Thompson hinterließ ein Buch mit Gedichten und Briefen. Alles, was mir von Dover Sharp geblieben ist, ist ein Name: Dover Sharp. Zumindest daran will ich festhalten. Ich habe vergessen, wie er aussah, wie seine Stimme klang, mit welchen Worten er mich begrüßte, wenn ich im Universitätsclub zum Frühstück herunterkam. In der ganzen Zeit, in der ich dort wohnte, hatte ich kaum ein Wort mit ihm gewechselt. Als Person existierte er für mich nicht, ich behandelte ihn, als ob er Teil des Mobiliars wäre. Es ist eine üble Gewohnheit vieler Professoren, Hausmeister so zu behandeln, als ob sie zum Inventar gehörten. Diese üble Gewohnheit war eine der Ursachen für Dover Sharps Tod. Hätte ich ihn als Menschen und als Freund gesehen, hätte ich nicht gezaudert, sein Leben zu retten.

Jener Frühling war eine Zeit des Aufruhrs an den Universitäten überall in Amerika. In Santa Barbara hatten einige radikale Studenten im Studentenzentrum in der Nähe des Universitätsclubs eine

«Freie Universität» organisiert. Gerüchte gingen um, daß an der «Freien Universität» Kurse in Guerilla-Taktik und der Herstellung selbstgebastelter Waffen angeboten wurden. Einige Professoren meinten, daß sich der Universitätsclub mit seiner eleganten, mexikanisch inspirierten Architektur und seinen privilegierten Bewohnern geradezu als Zielscheibe für die Radikalen anböte. Doch als ich selber an die «Freie Universität» ging und Vorträge über die Ethik des Verteidigungsgedankens hielt, schienen mir die Studenten so friedfertig und freundlich wie diejenigen an den offiziellen Universitäten. An der Wand hing ein großes Plakat mit einem Zeitungsbericht über Dover Sharps Tod, und darüber stand in riesigen Buchstaben nur «WARUM?» Es gab nie Beweise dafür, daß die radikalen Studenten etwas mit dem Mord an Dover Sharp zu tun gehabt hätten.

Am Sonntag nach Dover Sharps Tod schaute ich aus meinem Fenster im Universitätsclub. Es war ein warmer, sonniger Tag, Blut und Asche waren von der Seite des Wasserbeckens, wo Dover Sharp gesessen hatte, abgewaschen worden. Scharen von Kindern tollten und planschten in dem Becken herum, als ob nichts geschehen wäre. Ihre Eltern lagen an der Sonne und diskutierten den Zustand der Welt. «Fahre deinen Wagen und deinen Pflug über die Knochen der Toten», sagte William Blake, ein hartes, aber weises Wort. Ich hörte dem glücklichen Toben der Kinder zu und wünschte, die meinen wären ebenfalls dabei. Ich dachte, daß wir alle Glück gehabt hatten - alle außer Dover Sharp -, daß es diesmal nur eine Benzinbombe gewesen war und nicht Plutonium. Wer weiß, ob wir beim nächsten Mal wieder so viel Glück haben. Ich ging hinunter in den Innenhof, um in der Nähe der Kinder zu sitzen.

Seit ich Ted Taylor in dem kleinen roten Schulhaus in San Diego kennengelernt hatte, verfolgte ihn die Schreckensvision von Kernwaffen in den Händen von Terroristen. Wann immer sich die Gelegenheit zu einem privaten Gespräch bot, in der Zeit, als wir gemeinsam am Projekt Orion arbeiteten und bei sonstigen Begegnungen, benützte er mich als Resonanzboden, um seine Ängste zu formulieren. Zehn Jahre lang, in denen sich kein Mensch Gedanken um die Probleme eines nuklearen Terrorismus zu machen schien, sorgte er sich darum. Aus seiner Zeit in Los Alamos wußte er besser als sonst jemand, wie leicht es ist, wenn man nur über ein paar Pfund Plutonium verfügt, eine Bombe zu konstruieren, die Tausende umbringen oder eine Stadt unbewohnbar machen könnte. Er machte sich Sorgen, daß Kriminelle bereits vorhandene Kernwaffen oder Plutonium stehlen und ihre eigenen Waffen herstellen könnten. Lange bevor die Baader-Meinhof-Gruppe und die Roten Brigaden aktiv wurden, dachte er bereits voller Sorge an die Möglichkeit internationaler Terror-Organisationen. Ich war einer der wenigen, mit denen er offen sprechen konnte. Stundenlang saßen wir beisammen, überprüften jeden einzelnen Aspekt des Problems, diskutierten, wie und wo Plutonium gestohlen werden könnte; wie und wo eine kleine Gruppe von Leuten dieses Plutonium chemisch behandeln und eine Bombe daraus bauen könnte; wie es mit Reichweite und Zuverlässigkeit einer solchen Bombe stehen würde; wie Terroristen sie zu Erpressungsversuchen verwenden könnten; und wie eine friedliebende Gesellschaft ihre nuklearen Unternehmungen organisieren müßte, um alle diese Schrecken zu vermeiden. Ich überprüfte die Daten, und Teds Ausführungen überzeugten mich davon, daß es in der Tat denkbar ist, mit ein oder zwei Leuten und einem Bruchteil der Hilfsmittel, die für die Erstentwicklung in Los Alamos notwendig waren, in einer Garage eine Bombe zu konstruieren. Während ich in Santa Barbara neben jenem Wasserbecken saß und den goldbraunen Kindern bei ihren Spielen zusah, dachte ich an Ted und seine Befürchtungen. Hätte jenes Paket Plutonium enthalten, so wären Blut und Asche nicht so leicht wegzuwaschen gewesen.

Die Tatsache, daß Ted sich der Möglichkeiten eines nuklearen Terrorismus bewußt war, bedeutete für ihn ein quälendes Dilemma. Einerseits wollte er die Regierungsstellen und die friedlichen Bürger vor der ernsten Gefahr warnen, so daß einfache Vorsichtsmaßnahmen getroffen werden konnten, um Plutonium für Leute mit kriminellen Absichten weniger leicht erreichbar zu machen. Andererseits befürchtete er, dadurch, daß er die Öffentlichkeit auf dieses Problem aufmerksam machte, potentiellen Terroristen eine Idee in den Kopf zu setzen, auf die sie von alleine vielleicht nicht gekommen wären. Warnte er die Öffentlichkeit in so dramatischer Weise, daß sie aufmerksam werden mußte, so müßte er sich verantwortlich fühlen, wenn es dann irgendwo auf der Welt zu einem nuklearen Erpressungsversuch käme. So oder so, ob er nun schwieg oder redete, er trug eine furchtbare Verantwortung. Mindestens hundertmal wogen Ted und ich die Argumente, die für Schweigen sprachen, gegen jene ab, die zum Reden drängten. Einen Ausweg aus diesem Dilemma fanden wir nicht. Viele Jahre schwieg Ted. Dann entschloß er sich, über private Verbindungskanäle zu versuchen, die Verantwortlichen in unserer Regierung wie auch in ausländischen Regierungen zu einem vorsichtigeren Umgang mit Plutonium zu bewegen. Erst wenn seine Bemühungen, die Regierungen auf diesem Wege zu alarmieren, fehlschlugen, wollte er erneut abwägen, ob die Zeit reif war, mit seinem Anliegen an die Öffentlichkeit zu treten.

1963, nachdem der Atomversuchsstopp unterzeichnet war, trat er sein Amt als technischer Direktor von Projekt Orion an seinen Stellvertreter, Jim Nance, ab, der das sinkende Schiff tapfer durch die letzten zwei Jahre seines Bestehens steuerte. Ted begann eine neue Karriere als stellvertretender Direktor der «Defense Atomic Support Agency», jener Abteilung des Verteidigungsministeriums, der die atomaren Waffenlager direkt unterstellt sind. Diese Stellung bot ihm eine ausgezeichnete Gelegenheit, festzustellen, wie die Regierung der Vereinigten Staaten mit ihrem Plutonium umging und wo die Schwachstellen des Sicherheitssystems lagen, die von Dieben leicht ausgenützt werden könnten. Er hatte auch die Möglichkeit, private Gespräche mit leitenden Beamten der Atom-Energie-Kommission und mit wichtigen Leuten im Kongreß zu führen. Er sprach mit allen diesen Leuten und versuchte, ihnen klarzumachen, wie wichtig es war, daß sie damit begannen, die Löcher in ihrem Zaun dicht zu machen. Er erzählte ihnen von Fällen, die er selber ganz unauffällig aufgespürt hatte, in denen Plutonium erschreckend leichtfertig gelagert und transportiert wurde. Doch alle seine Bemühungen waren zum größten Teil vergeblich. Zwei Faktoren arbeiteten gegen ihn. Erstens wurden die leitenden Beamten von ihren eigenen Experten darüber beruhigt, daß niemand so leicht hausgemachte Bomben basteln könne, wie Ted sich das vorstellte. Zweitens war die rechtliche Situation verzwickt und verhinderte die Einführung einheitlicher Sicherheitsbestimmungen für Plutonium. Je nachdem, ob das Plutonium dem Militär, der Zivilregierung oder der Industrie gehörte, wurde es von separaten Bürokratien verwaltet, und niemand besaß die Autorität und Kompetenz, für alle drei einheitliche Richtlinien festzusetzen. Nach einiger Zeit kam Ted zu dem Schluß, daß es aussichtslos war, die Regierungsstellen durch sein stilles Wirken hinter den Kulissen zu tatkräftigem Handeln bewegen zu wollen. Ja es gelang ihm nicht einmal, sie davon zu überzeugen, daß sie mit einem ernsthaften Problem konfrontiert waren.

Obwohl sein Versuch, die Regierung der Vereinigten Staaten zu warnen, fehlgeschlagen war, konnte sich Ted noch immer nicht dazu entschließen, das Risiko einer öffentlichen Warnung auf sich zu nehmen. Er beschloß, noch einen privaten Überzeugungsversuch zu unternehmen, diesmal auf internationalem Parkett. Die Internationale Atom-Energie-Agentur (IAEA), ein Organ der Vereinten Nationen mit Sitz in Wien, ist für die Ausarbeitung internationaler Richtlinien und Vorschriften verantwortlich, welche die Sicherheit ziviler nuklearer Einrichtungen gewährleisten sollen. Diesen IAEA-Richtlinien mangelt es zwar an Durchschlagskraft, um sich allgemein Geltung zu verschaffen, doch zumindest entspringen sie internationalen Bemühungen, eine Verbreitung der Atomwaffen-Technologie zu verhindern. So ging Ted nach Österreich. Er trat von seinem Regierungsposten zurück und ließ sich mit seiner Frau und den fünf Kindern in Wien nieder. Er stand in keiner offiziellen Verbindung zur IAEA und verfügte über keinerlei finanzielle Sicherheit. Er wollte ganz einfach in Wien bleiben, bis ihm das Geld ausging, und sehen, was er dort erreichen konnte.

Er blieb zwei Jahre lang in Österreich und schloß dauerhafte Freundschaften mit vielen technischen Mitarbeitern der IAEA, mit Indern, Russen, Jugoslawen und Westeuropäern. Es gelang ihm, viele von ihnen von der Notwendigkeit verschärfter Schutzvorkehrungen gegen nuklearen Diebstahl zu überzeugen. Diese Technokraten kannten die Schlupflöcher, die die IAEA-Richtlinien offenließen, nur zu gut. Doch als Ted versuchte, mit den Politikern in den oberen Rängen der IAEA-Administration zu sprechen, war er weniger erfolgreich. Die Politiker machten ihm klar, daß die IAEA ohne die Zustimmung der einzelnen Mitgliedstaaten nichts tun könne und daß diese Regierungen keine Lust hätten, der IAEA weiterreichende Kontrollbefugnisse einzuräumen als die, über die sie bereits verfügte. Als Ted schließlich nach Amerika zurückkehrte, hielt er seine Mission in Wien für einen Fehlschlag. Die IAEA scheute sich offenbar genauso wie die amerikanische Regierung vor drastischen Schritten, die politisch mißliebig sein könnten. In Wirklichkeit waren jedoch seine Jahre in Österreich nicht verloren. Die weitverzweigten, internationalen Kontakte, die er damals knüpfte, erwiesen sich in späteren Jahren als ungeheuer nützlich.

Dover Sharp wurde wenige Monate nach Teds Rückkehr aus Wien ermordet. Ted besuchte mich in Santa Barbara, und wir verbrachten den Tag zusammen. Wir waren beide niedergeschlagen. Ich trauerte um Dover Sharp; Ted hatte vier seiner besten Jahre damit zugebracht, in Washington und in Wien für bessere nukleare Sicherheitsmaßnahmen zu kämpfen, ohne daß etwas Greifbares dabei herausgekommen war. Wir betrachteten die Welt um uns und sahen, wie ziellose Gewalt- und Terrorakte überall zunahmen. Entmutigt kamen wir zu dem Schluß, daß die Welt zu dumm war, aus diesen begrenzten Katastrophen zu lernen. Es schien nur eine Frage der Zeit, bis es zur großen Katastrophe kam, zu einem Akt sinnloser Gewalt wie jenem in Santa Barbara, nur in nuklearen Dimensionen.

Aber Ted ist hartnäckig. Er setzte seinen stillen Feldzug für bessere, nukleare Sicherheitsvorkehrungen in den Vereinigten Staaten fort und arbeitete diesmal mit Hilfe der Ford Foundation. Die Stiftung stellte ihm die finanziellen Mittel für eine gründliche Untersuchung des nuklearen Diebstahls zur Verfügung, die er zusammen mit Mason Willrich durchführen wollte. Willrich war Mitarbeiter der ACDA, als ich dort arbeitete. Er ist von Beruf Jurist, und juristische

Details und Besonderheiten sind bei der richtigen Handhabung von Sicherheitsvorkehrungen so wichtig wie die Kernphysik. Willrich und Taylor waren ein gutes Gespann. Zusammen verfaßten sie das Buch *Nuclear Theft: Risks and Safeguards (Der nukleare Diebstahl: Risiken und Sicherheitsmaßnahmen),* das 1974 von der Ford Foundation veröffentlicht wurde.

Als er sich dazu entschloß, das Buch zu schreiben, hatte sich Ted endlich zu der Entscheidung durchgerungen, der Öffentlichkeit zu sagen, was er wußte. *Nuclear Theft* sollte die Öffentlichkeit bis in alle Einzelheiten über die Gefahren des nuklearen Terrorismus aufklären. Er hoffte, daß der bewußt undramatische, unterkühlte Stil des Buches die Gefahr, daß es zu einer Inspiration für Kriminelle werden könnte, vermindern würde. Er wollte seine öffentliche Warnung so frei von aller Sensationsmache halten wie nur möglich. Eine Zufallsbekanntschaft lenkte jedoch alles in ganz andere Bahnen. Eines Tages spielte Mason Willrich mit dem Schriftsteller John McPhee Tennis. John McPhee war auf der Suche nach einem Thema für seinen nächsten *New Yorker*-Artikel in der Serie «Ein Reporter unterwegs». Willrich sagte: «Wie wär's mit nuklearem Terrorismus?» Und so machte sich McPhee an den Artikel, der sich zu einer Kurzbiographie Ted Taylors auswuchs und später als Buch unter dem Titel *The Curve of Binding Energy (Die Bindungsenergie-Kurve)* erschien. Auf dem Schutzumschlag setzte der Verlag einen Untertitel dazu: «Eine Reise in die furchterregende und beunruhigende Welt des Theodore B. Taylor.»

McPhee wußte von Anfang an, daß sein Buch einen gewaltigen Schock auslösen würde. Es war seine Absicht, dem Publikum Angst einzujagen, und das ist ihm auch gelungen. Er schrieb das Buch mit der bei ihm üblichen Sorgfalt und bis in alle Einzelheiten gehender Genauigkeit und sparte auch Teds Vorstellungen, wie leicht es für Terroristen sein kann, selber Bomben zu bauen, nicht aus. Tagelang führte er endlose Gespräche mit Ted. Er unterhielt sich ausführlich mit Willrich und mit mir. Auch McPhee und Ted sahen sich mit dem Dilemma konfrontiert, das Ted und ich in den alten Tagen in San Diego so oft diskutiert hatten. Konnten wir es verantworten, diese Tatsachen an die Öffentlichkeit zu bringen? Wir kauten all die alten Argumente noch ein paarmal durch. Schließlich sagte McPhee: «Schaut her, egal was wir tun, dieses Material wird sich nicht viel länger geheimhalten lassen. Es ist auf jeden Fall besser, daß Ihr damit direkt sachkundig an die Öffentlichkeit tretet, als zu warten, bis eine verwirrte Version aus zweiter Hand die ganzen Probleme noch unklarer macht.» Darauf erklärte sich Ted bereit, offen mit McPhee zu sprechen, und McPhee übernahm die Aufgabe, Teds Worten die größtmögliche öffentliche Wirkung zu sichern. Das Buch McPhees erschien ein Jahr vor dem Ford-Foundation-Buch. Es machte Ted schlagartig berühmt, bereitete den Boden für das Ford-Foundation-Buch und schuf ihm ein Publikum. Ohne McPhee wäre es Taylor und Willrich möglicherweise gar nicht gelungen, nennenswerte Aufmerksamkeit zu erregen. McPhee hatte den Zeitpunkt genau richtig gewählt. Die Öffentlichkeit reagierte auf seinen Aufruf, die Terroristen nicht. Noch nicht.

Der nukleare Diebstahl ist ein wissenschaftliches Buch, das sich mit dem ganzen Spektrum der juristischen und technischen Probleme bis in alle Einzelheiten gründlich auseinandersetzt, die McPhees dramatischer Bericht öffentlich zur Diskussion gestellt hatte. Es ist bemerkenswert, was für einen Einfluß ein Buch ausüben kann, wenn es klar und objektiv geschrieben ist, und nicht versucht, die Gefahren zu verschleiern oder zu dramatisieren. Nicht nur in den Vereinigten Staaten, sondern überall auf der Welt veränderten Willrich und Taylor die offizielle Haltung zur nuklearen Proliferation. Nachdem er zehn Jahre lang als verschrobener Kauz behandelt worden war, fand sich Ted plötzlich überhäuft mit Einladungen, er sollte vor Kongreß-Komitees referieren und ausländische Regierungen beraten. Überall sahen die Politiker in Ted den Mann, der sie am besten in realistischer und praktischer Weise beraten konnte, wie ihre Sicherheitsmaßnahmen zu verschärfen waren. Langsam, viel zu spät, wurde die Sache dann doch in Angriff genommen. Es ist nicht mehr so leicht, an nukleares Material heranzukommen. Daß es immer noch leichter ist, als es sein sollte, ist wohl unvermeidlich.

Es gelang Willrich und Taylor, eine Grundlage von Tatsacheninformationen zu schaffen, die eine politische Diskussion der nuklearen Sicherheitsmaßnahmen ermöglichte. Ihre wichtigsten Schlußfolgerungen sind nie ernsthaft angezweifelt worden, weder von Befürwortern noch von Gegnern der Atomkraft. Weil es dieses Buch gab, konnten beide Seiten in der Diskussion über Diebstahlsicherung ein rationales Gespräch führen. Beide Seiten sind sich im wesentlichen über den Tatbestand einig und können vernünftig über die notwendigen Maßnahmen sprechen. Es ist bedauerlich, daß auf den anderen beiden Gebieten, auf denen die Atomkraft Kontroversen auslöste, der Reaktorunfall-Verhütung und der nuklearen Abfallbeseitigung, keine vergleichbar objektiven Bücher geschrieben wurden. Im Streit über Unfallverhütung und Abfallbeseitigung fehlt eine Willrich/Taylor-Bestandsaufnahme, auf die sich beide Seiten einigen können: die Polemik überwiegt und eine rationale Auseinandersetzung ist selten.

1976 unterrichtete Harold Feiveson, ebenfalls ein Ehemaliger der ACDA, an der Princeton Universität, Kurs Nr. 452: Gesellschaftskunde. Das Thema des Kurses lautete: «Atomwaffen, Strategie und Rüstungskontrolle.» Die Klasse bestand aus zwölf Studenten, von denen zehn Politik als Hauptfach gewählt hatten und zwei Physik. Einer der beiden Physik-Studenten hieß John Phillips. Die Organisation des Kurses war eher locker. Die Studenten sollten sich gründlich in die über Rüstungskontrolle vorhandene Literatur einlesen und Arbeiten über Themen ihrer Wahl schreiben. Vor der Klasse gaben sie einen mündlichen Bericht über ihre schriftlichen Arbeiten und diskutierten die Probleme mit Feiveson und den anderen Studenten. Feiveson lud mich ein, bei dem Kurs als Beobachter dabei zu sein, und ich nahm gerne an. Es war faszinierend, mitzuerleben, wie Kenntnisse und Verständnis der Studenten von Woche zu Woche zunahmen. Ich las die Arbeiten und beteiligte mich an den Diskussionen. In den letzten zwei Kurswochen spalteten sich die Studenten in ein amerikanisches und ein sowjetisches Team und handelten einen Abrüstungsvertrag aus. Es überraschte mich, wie rasch sie in ihre Rollen hineinwuchsen. Das sowjetische Team verteidigte die sowjetischen Sicherheitsinteressen mit einem verbissenen Eifer, der jedem sowjetischen Diplomaten gut angestanden hätte.

Sowohl John McPhees Buch wie das von Willrich/Taylor standen auf der Leseliste für den Kurs. Als die Zeit kam, die Themen für die letzte Serie von Arbeiten zu wählen, sagte John Phillips, daß er gerne über das Problem des nuklearen Terrorismus schreiben würde. Er meinte, daß er als angehender Physiker am besten für eine sorgfältige Analyse der Ideen Ted Taylors qualifiziert wäre. Er wollte selber herausfinden, ob eine entschlossene Terroristengruppe mit ein wenig gestohlenem Plutonium wirklich eine Atombombe konstruieren könnte, wie Taylor behauptete. Er bat mich, die Aufsicht über seine Arbeit zu übernehmen. Ich sagte zu, erklärte ihm aber, daß er bei den technischen Details keine Hilfe von mir erwarten könne. Ich war mit seinem Projekt einverstanden, weil es sich gut in die allgemeine Zielsetzung unseres Kurses einfügte. Der Zweck seiner Übung bestand hauptsächlich darin, die übrigen Studenten über die Bedeutung des nuklearen Sicherheitsproblems aufzuklären. Der nukleare Terrorismus war zwar in der Klasse diskutiert worden, aber die anderen Studenten verfügten über keinen ausreichenden wissenschaftlichen Hintergrund, um beurteilen zu können, wie real die Gefahr einer terroristischen Bombe war. John Phillips sollte ihnen mit seiner Arbeit Entscheidungshilfen geben. Ich wies ihn auf Bücher hin, die er in der Bibliothek finden konnte, und sprach zweimal mit ihm über seinen allgemeinen Arbeitsplan. Im übrigen war er sich selbst überlassen.

Nach sechs Wochen trug John Phillips der Klasse seinen Bericht vor. Ich war verblüfft, als ich hörte, was er getan hatte. Anstatt sein

Thema wie eine akademische Problemstellung anzugehen, hatte er sich aus eigener Initiative mit der realen Welt auseinandergesetzt. Er war nach Washington gefahren und hatte sich von der Geheimhaltung befreite Los-Alamos-Berichte verschafft, die viel mehr Information enthielten als die Lehrbücher, die ich ihm empfohlen hatte. Er hatte zum Telephon gegriffen und mit dem Leiter der Sprengstoffabteilung einer Fabrik, die wirkliche Bombenteile herstellte, gesprochen. Und in diesem Stil ging es weiter. Mit wem immer er sprach, die Leute waren nur zu gerne bereit, ihm entgegenzukommen und ihn mit Informationen zu versorgen. Die Klasse hörte ihm mit bestürztem Schweigen zu. Als er geendet hatte, drückte Pam, eine Studentin der Politikwissenschaften, die allgemeine Stimmung aus, als sie ruhig sagte: «John, ich fürchte, Du gehörst hinter Schloß und Riegel.»

Johns Arbeit bestand aus zwei Teilen. Der erste war eine Zusammenfassung der Information, die er zusammengetragen hatte, und schilderte auch, wie er sie bekommen hatte. Der zweite war eine grobe Skizze einer möglichen Bombenkonstruktion und erklärte, wie sie funktionieren würde. Der zweite Teil war nicht besonders verblüffend. John hatte sich schnell und gründlich in die Prinzipien der Dynamik der Stoßwellen eingearbeitet. Doch seine Konstruktionsskizze war viel zu ungenau, als daß die Frage «Wird sie wirklich explodieren?» relevant gewesen wäre. Was mich beeindruckte und ängstigte, war der erste Teil der Arbeit. Der Gedanke, daß ein zwanzigjähriger Student so rasch und problemlos so viel Information zusammentragen konnte, ließ mich erschauern. Ich las seine Arbeit, gab ihm die beste Note und riet ihm, sie zu verbrennen. Zu meiner Erleichterung ging das Trimester im Juni zu Ende, ohne daß die Arbeit öffentliches Aufsehen erregt hätte.

Dann, im Oktober, brach ganz plötzlich ein Publizitätssturm über uns herein. John hatte nichts damit zu tun. Ausgelöst wurde alles, weil ein Student, der als freier Mitarbeiter für die *Trenton Times* arbeitete, mit einem der Studenten sprach, der Kurs 452 besucht hatte. Innerhalb weniger Tage brachten Zeitungen und Zeitschriften überall auf der Welt phantastisch übertriebene Berichte über Johns Bombe. Johns Bild zierte das Titelblatt der Sonntagsbeilagen von Philadelphia bis Johannesburg, und selbst die seriöse *New York Times* erschien mit der Schlagzeile «Nationen belagern Princeton Studenten wegen Atombomben-Plan». John meisterte die Situation mit bewundernswertem Verantwortungsgefühl. Anfänglich lehnte er alle Fernsehangebote ab. Erst später, als die Sache immer mehr aufgeblasen wurde und unserer Kontrolle völlig entglitten war, nahm er an und versuchte, dem Publikum die Gefahren eines nuklearen Diebstahls bewußtzumachen. Er war ein begabter Schauspieler und genoß die Fernsehshows, den Ruhm und die Verehrerpost. Es machte ihm Spaß, nach Paris eingeladen zu werden, um das Problem der nuklearen Weiterverbreitung im französischen Fernsehen mit Vertretern der Regierung und der Industrie zu diskutieren. All das verdrehte ihm jedoch nicht den Kopf. Die Erfahrung, eine Berühmtheit zu sein, war für ihn Teil seiner Ausbildung.

Auch mir machte die Publizität einerseits Spaß, vor allem Johns Fernsehauftritte, in denen es ihm glänzend gelang, dem Publikum die Lektionen klarzumachen, die er selber in Kurs 452 gelernt hatte. Andererseits war ich aber auch von Furcht und Abscheu erfüllt. Kaum hatten die Medien Johns Story in die Finger gekriegt, schlachteten sie sie mit wenig Respekt für die Wahrheit und ohne jede Rücksicht auf die öffentliche Sicherheit aus. Sie hoben Johns Jugend und seinen Charme hervor, betonten seinen raschen Aufstieg zu Ruhm und Erfolg. Das Publikum mußte den Eindruck gewinnen, daß man lediglich in seinem Hinterhof eine Bombe zu basteln brauchte, um ebenfalls reich und berühmt zu werden. John war selber entsetzt über den verantwortungslosen Sensationshunger, der ihn umgab. Genau diese Art von Publizitätsrummel, in dem Gewalt und Terror mit falschem Glamour verbrämt werden, hatte Ted gefürchtet, als er so viele Jahre zögerte, öffentlich vor einem nuklearen Terrorismus zu warnen.

Im Herbst 1976 klingelte mein Telephon mehrere Wochen lang pausenlos, Journalisten und Fernsehleute belagerten mich, um etwas über John Phillips zu erfahren. Ich lernte diese Menschen hassen, die pathologische Faszination, mit der sie hinter allem herrannten, was mit Bomben und Terroristen zu tun hatte. Später, nachdem sich der Sturm gelegt hatte, kam ich zu der Einsicht, daß diese Fixierung auf Gewalttaten nicht nur den Medien angelastet werden kann. Ihre Jagd nach Bomben und blutigen Greueln ist nur ein Spiegelbild des kranken Publikumsgeschmacks. Im tiefsten Herzen spüren wir alle die Faszination der Gewalt. Im Innersten sind wir nicht viel besser als die Massen, die vor 1900 Jahren ins Kolosseum strömten, um sich am Schauspiel der Gladiatorenkämpfe zu ergötzen.

Ob zum Guten oder zum Schlechten, die Welt hat nun Ted Taylors Warnungen vor einem nuklearen Terrorismus in einer Sprache gehört, die jeder verstehen kann. Wir sollten uns jedoch durch die Tatsache, daß noch keine Terroristen, noch keine verrückten Fanatiker mit einer Atombombe aufgetaucht sind, nicht in Sicherheit wiegen lassen. Wir Erwachsenen sind bloß große Kinder, die gerne mit gefährlichem Spielzeug spielen. Dover Sharps Mörder sind noch immer unter uns.

15

Dr. Moreaus Insel

Not to go on all-fours; that ist the Law.
Are we not men?
Not to suck up Drink; that ist the Law.
Are we not men?
Not to eat Flesh or Fish; that is the Law.
Are we not men?
Not to claw Bark or Trees; that ist the Law.
Are we not men?
Not to chase other Men; that ist the Law.
Are we not men?

Nicht auf allen Vieren gehn; das ist das Gebot.
Sind wir nicht Menschen?
Nicht Trank zu schlürfen; das ist das Gebot.
Sind wir nicht Menschen?
Nicht Fleisch oder Fisch zu schlingen; das ist das Gebot.
Sind wir nicht Menschen?
Nicht an Borke oder Baum zu kratzen; das ist das Gebot.
Sind wir nicht Menschen?
Nicht Menschen zu jagen; das ist das Gebot.
Sind wir nicht Menschen?

Die Mutationsfähigkeit der Arten war die große Entdeckung der Biologie des 19. Jahrhunderts. Darwin bewies, daß alle Arten, auch der Mensch, sich im Laufe der Zeit verändern. Er war sich wohl bewußt, wie quälend seine Entdeckung für gewissenhafte Menschen sein würde, und zögerte deshalb die Veröffentlichung zwanzig Jahre lang hinaus. Ihm war nicht daran gelegen, den Konflikt zwischen der Idee von der Mutationsfähigkeit der Arten und den normalen, menschlichen Werten und Gefühlen zu verschärfen. Die Abgründe dieses Konflikts erforschte als erster H.G. Wells in zwei Werken voll makabrer Phantasie, *Die Zeitmaschine* und *Die Insel des Dr. Moreau.* Wells war ein genialer Schriftsteller, aber auch ein geschulter Biologe. Er durchschaute die Komödie der einzelnen, menschlichen Existenz besser als die meisten unter uns und verlor dennoch den biologischen Hintergrund nie aus den Augen – die menschliche Spezies, die sich aus ungewissen Ursprüngen einem noch viel ungewisseren Schicksal entgegentastet. *Die Insel des Dr. Moreau* erschien 1896, kurz nachdem *Die Zeitmaschine* ihn berühmt gemacht hatte. Beide Werke standen in schroffem Gegensatz zu der damals vorherrschenden Atmosphäre eines spätviktorianischen Zukunftsglaubens. Erst später, als Pessimismus Mode wurde, wandelte Wells sich zum Optimisten. Er zog es immer vor, gegen den Strom zu schwimmen. Nachdem die Modeschwankungen, die Wells optimistische Werke zuerst gefeiert, dann verworfen hatten, längst im Sand verlaufen sind, bleibt *Die Insel des Dr. Moreau* ein Klassiker. Die Insel der Tiere, die der wahnsinnige Physiologe Dr. Moreau mit grobschlächtigem Handwerk in ein menschenähnliches Panoptikum verwandelt, ist einer der nachhaltigsten Alpträume der wissenschaftlichen Schauerliteratur geblieben.

Dr. Moreau begnügte sich nicht damit, seine Tiere mit dem Skalpell in eine äußerlich menschenähnliche Form zu zwingen, durch seine Gebote, die sie unaufhörlich wiederholen müssen, werden ihnen auch menschliche Verhaltensweisen aufgezwungen. In ihrer elenden Hütte versammelt, leiern sie alle zusammen, «Nicht auf allen Vieren gehn; das ist das Gebot. Sind wir nicht Menschen?» Doch das ist noch nicht das Schlimmste. Nachdem sie die Gebote aufgesagt haben, folgt der Lobgesang auf ihren Schöpfer:

His is the House of Pain.
His is the Hand that makes.
His is the Hand that wounds.
His is the Hand that heals.
His is the lightning-flash.
His is the deep salt sea.
His are the stars in the sky ...

Sein ist das Haus der Schmerzen.
Sein ist die Hand, die schafft.
Sein ist die Hand, die verwundet.
Sein ist die Hand, die heilt.
Sein ist der leuchtende Blitz.
Sein ist die tiefe Salzsee.
Sein sind die Sterne am Himmel ...

Mit diesem Lobgesang wirft Wells jene Frage auf, der sich letztlich jeder, der an den wissenschaftlichen Fortschritt glaubt, stellen muß. Kann der Mensch Gott spielen, ohne den Verstand zu verlieren? Wells vermied es, diese Frage offen zu stellen oder deutlich zu beantworten. Er war in erster Linie Schriftsteller, nicht Philosoph; er stellte die Frage durch seinen Roman; und die Figur des Dr. Moreau beantwortete sie mit einem deutlichen «Nein».

Nachdem Wells' Hauptfigur den Schrecken der Insel entronnen ist, kehrt er wie Swifts Gulliver in die Zivilisation zurück, verfolgt von dem, was er gesehen hat und seinen menschlichen Artgenossen entfremdet.

Seit einigen Jahren bin ich von einer rastlosen Angst erfüllt, einer rastlosen Angst, wie sie ein halbgezähmtes Löwenjunges empfinden mag. Mein Leiden nahm die seltsamsten Formen an. Ich konnte mich nicht von der Vorstellung befreien, daß die Männer und Frauen, mit denen ich zu tun hatte, genau so gut leidlich geglückte Tier-Menschen sein könnten; Tiere, halbwegs nach dem äußeren Bild menschlicher Seelen geformt, deren ursprünglicher Zustand jederzeit hervorbrechen, sich bald in diesem, bald in jenem tierischen Merkmal verraten könnte ... Und es schien sogar, daß auch ich kein vernünftiges Wesen, sondern bloß ein Tier war, das, von einer seltsamen Verirrung des Gehirns getrieben, einsam umherirrte wie ein von der Drehkrankheit befallenes Schaf.

Darin drückt sich, in Wells' persönlicher Sprache, die ihn als Schriftsteller auszeichnet, die Angst jedes Menschen aus, der sich die Implikationen der modernen Biologie vorzustellen sucht. Durch den Fortschritt der Biologie im allgemeinen und durch die Mutationsfähigkeit der Arten im besonderen droht die Menschheit zwei wesentliche psychologische Grundwerte zu verlieren: das Gefühl unserer eigenen Identität und das Gefühl brüderlicher Gemeinsamkeit, das den einen mit dem anderen verbindet. Die Einzigartigkeit der menschlichen Spezies und die brüderliche Gemeinschaft der Menschen sind zwei Fixpunkte, die möglicherweise für unsere geistige Stabilität unentbehrlich sind. Wer je Dr. Moreaus Insel besucht, verliert diese innere Orientierung. Er wird nie mehr sicher wissen, was für ein Lebewesen er nun eigentlich wirklich ist.

Seit 1896 sind wir einen weiten Weg gegangen. Inzwischen verstehen wir in einem Maße, das Wells sich in seinen kühnsten Träumen nicht vorgestellt hätte, die Sprache der DNA-Moleküle, in denen die Instruktionen für die Reproduktion der Lebewesen kodiert sind. Unser Wissen ist noch fragmentarisch und unvollständig. Aber es dürften kaum mehr als ein paar Jahrzehnte oder höchstens ein Jahrhundert vergehen, bis wir die DNA-Sprache in allen Einzelheiten beherrschen. Schon bald werden wir nicht nur das Alphabet und die Wörter verstehen, sondern auch die Syntax und die Pharagraphen, die vollständige Organisationsstruktur, die einige wenige DNA-Moleküle befähigt, einer undifferenzierten Eizelle vorzuschreiben, in welcher Weise sie sich zu teilen und zu einem menschlichen Wesen zu entwickeln hat. An diesem Punkt verfolgt uns Wells' alter Alptraum erneut. Wenn wir bis in alle Einzelheiten wissen, wie Leben reproduziert wird, so werden wir auch lernen, wie es produziert werden kann. Wer die DNA-Sprache lesen kann, kann sie auch schreiben lernen. Wer die Sprache schreiben kann, wird mit der Zeit fähig sein, Lebewesen nach seinem Geschmack zu planen. Dann wird die Technologie, mit der Gott die Arten schuf, in unserer Hand sein. An die Stelle von Dr. Moreau, dem simplen Vorläufer aus dem 19. Jahrhundert mit seinen Skalpellen und Messern, wird im 21. Jahrhundert sein hochqualifiziertes Gegenstück treten, der junge Zoologe, der an seiner Computerkonsole die genetischen Instruktionen für eine neue Tierart zusammenstellt – oder für eine neue Spezies quasimenschlicher Wesen. Dann wird Wells' Frage nicht nur in utopischen Zukunftsromanen zu beantworten sein, sondern in unserer realen Welt der Menschen und ihrer Regierungen: Kann der Mensch Gott spielen, ohne den Verstand zu verlieren? In unserer realen Welt wie auf Dr. Moreaus Insel muß die Antwort unweigerlich NEIN sein.

Wells erkannte richtig, daß die eigentliche Bedrohung für die geistige Gesundheit und das Überleben der Menschheit auf die Dauer eher von der Biologie als von der Physik ausgehen würde. Die Wasserstoffbombe kann leicht unsere Zivilisation zerstören, doch als Spezies kann sie uns kaum ausrotten. Verglichen mit den Problemen, vor die eine bewußte Verzerrung oder Verstümmelung des genetischen Apparates menschlicher Wesen uns stellen würde, ist die Wasserstoffbombe fast eine einfache Sache. Ein Atomkrieg ist nicht der schlimmste aller denkbaren Schrecken. Dr. Moreaus Insel wäre schlimmer.

Nach Wells war J.B.S. Haldane der nächste Biologe, der in die Zukunft schaute, um die Gestalt künftiger Entwicklungen zu erkennen. 1924 veröffentlichte Haldane ein schmales Buch mit dem Titel *Daedalus, or Science and the Future (Dädalus, oder Wissenschaft und Zukunft),* in mancher Hinsicht das beste Buch, das je über die menschlichen Konsequenzen des Fortschritts in der Biologie geschrieben wurde. Im Vergleich zu Wells ist Haldanes Stil leichter, ironischer, doch seine Schlußfolgerungen sind nicht weniger düster. Die meisten der biologischen Erfindungen, die Aldous Huxley einige Jahre später in seinem Roman *Schöne neue Welt* als Hintergrund verwendete, stammen aus Haldanes *Dädalus.* Haldanes Vision einer zukünftigen Gesellschaft mit allgemeiner Empfängnisverhütung, Retorten-Babies und freiem Zugang zu bewußtseinsverändernden Drogen wurde durch Huxleys brillante Dramatisierung Teil der Volkskultur unseres Jahrhunderts. Huxley fügte den Visionen Haldanes eine wichtige neue Variante hinzu, die Produktion ganzer Serien identischer menschlicher Wesen durch Klonieren. Doch im wesentlichen ist Huxleys schöne neue Welt nichts anderes als eine vergrößerte und dem Stand der modernen Technologie angepaßte Version von Dr. Moreaus Insel. Drogen traten an die Stelle der Peitsche und die genetische Programmierung ersetzt die Chirurgie. Huxleys Held ist, wie bei Wells, ein natürlicher Mensch, der durch die Entdeckung, daß seine Mitmenschen, zu denen er Beziehungen herstellen möchte, nicht wirklich Menschen sind, völlig verwirrt wird. Für jemanden, der wirklich menschlich empfindet, ist Huxleys Welt einer synthetischen Glückseligkeit so fremd wie Wells' Insel der Leiden und Erniedrigungen.

Haldane stattete Wells' Alptraum nicht nur mit technischer Raffinesse aus, er verlieh auch dem Charakter des Wissenschaftlers neue Dimensionen. Dr. Moreau war eine pathologische Persönlichkeit von einfacher Struktur: ein intellektuell hochbegabter Mensch, den sein frustrierter Ehrgeiz in den Wahnsinn getrieben hatte. Als Archetypen des Experimentalbiologen wählte Haldane die mythologische Figur des Dädalus, unter dessen Ägide nach der Legende die erfolgreiche Kreuzung von Frau und Stier stattfand, aus der der Minotaurus hervorging.

Der chemische oder physikalische Erfinder ist immer ein Prometheus. Es gibt keine große Erfindung, vom Feuer zum Fliegen, die nicht als Frevel gegen irgendeine Gottheit begrüßt wurde. Doch wenn jede physikalische oder chemische Erfindung eine Gotteslästerung ist, so ist jede biologische Erfindung eine Perversion ... Ich nehme an, daß eine gewisse sentimentale Anteilnahme für Prometheus uns ganz zu Unrecht von der viel interessanteren Gestalt des Dädalus abgelenkt hat. Er zeigte als erster, daß der Wissenschaftler nichts mit Göttern zu schaffen hat. Das Unbewußte der frühen Griechen, die in dieser erstaunlichen Gestalt die verschwommenen Traditionen der minoischen Wissenschaft zusammenfließen ließen, war sich dieser Tatsache vermutlich bewußt. Die ungeheuerlichste und unnatürlichste Tat der ganzen Menschheitssage blieb ungerächt, in dieser wie in der nächsten Welt. Sokrates nannte ihn stolz einen seiner Ahnen ...

Zur Zeit wissen wir fast nichts über Biologie, eine Tatsache, die sich der Einsicht der Biologen oft entzieht, und sie, in der Einschätzung der gegenwärtigen Stellung ihrer Wissenschaft anmaßend, in ihren Ansprüchen für die Zukunft allzu bescheiden erscheinen läßt ... Wer Gegenwärtiges zu bewahren sucht, hat wenig zu fürchten von einem Menschen, dessen Verstand der Diener seiner Leidenschaften ist, doch er hüte sich vor jenem, in dem die Ratio zur größten und verzehrendsten aller Leidenschaften geworden ist. Das sind die Zerstörer erschlaffter Imperien und Zivilisationen, das sind die Zweifler, Zersetzer, die Gottesmörder ... Ich will nicht behaupten, daß sich die Biologen im allgemeinen die zukünftigen Anwendungen ihrer Wissenschaft auszumalen suchen. Sie sehen sich nicht als düstere oder revolutionäre Gestalten. Sie haben keine Zeit zum Träumen. Doch ich vermute, daß manch einer unter ihnen Träume hat, die er nicht ohne weiteres eingestehen würde ...

Je mehr sich der Wissenschaftler der Zukunft seiner entsetzlichen Mission bewußt und von Stolz darauf erfüllt wird, desto größer wird seine Ähnlichkeit mit der einsamen Gestalt des Dädalus.

Black is his robe from top to toe,
His flesh ist white and warm below,
All through his silent veins flow free
Hunger and thirst and venery,
But in his eyes a still small flame
Like the first cell from which he came
Burns round and luminous as he rides
Singing my song of deicides.

Schwarz ist sein Gewand von Kopf bis Fuß,
Darunter weiß und warm sein Fleisch,
Durch seine stillen Adern fließet frei
Hunger und Durst und Lebensgier,
Doch in seinen Augen unbewegt eine kleine Flamme,

Wie die erste Zelle, der er entsprang,
Brennt voll und leuchtend, indes er reitend
Göttermordgesänge singt.

Haldane sah sich offenbar ebensogerne als Renaissancemenschen, als klassischen Gelehrten und Dichter wie als Biologen. Seine Schilderung des Dädalus ist in ihrer Art so eindrücklich wie Goethes Porträt des Faust. Doch haben diese poetischen Bilder überhaupt etwas mit der Realität zu tun? Reiten etwa unsere Biologieprofessoren unter Göttermordgesängen durch ihre Laboratorien? In einem wörtlichen Sinne sicher nicht. In ihrer äußeren Erscheinung haben Biologieprofessoren ebensowenig mit Dädalus zu schaffen, wie Physikprofessoren mit Faust. Und trotzdem enthält die Legende auf einer tieferen Ebene ein Körnchen Wahrheit. Teller mit seinem unbezähmbaren Drang, auf unserem Planeten ein Wasserstoffeuer zu entfachen, folgte den Spuren Fausts. Darwin, der in aller Stille eine Tatsache um die andere zusammentrug, bis er das behagliche Universum viktorianischer Gläubigkeit unwiderruflich niederreißen konnte, war ein Gottesmörder, so unerbittlich wie Dädalus. Die modernen Molekularbiologen, die im Begriffe sind, die Sprache der Gene zu verstehen, werden letzten Endes, ob sie das wollen oder nicht, unsere behagliche Welt der festgelegten Arten zerstören, in der undurchlässige Schranken menschliches und nichtmenschliches Leben voneinander trennen. In jedem von ihnen regt sich der Geist des Dädalus.

Zwei Dinge haben wir von Wells und Haldane gelernt. Der Mensch kann nicht Gott spielen, ohne den Verstand zu verlieren. Und die Fortschritte der Biologie legen dem Menschen diese Macht unausweichlich in die Hände. Aber das heißt nicht, daß keine Hoffnung mehr besteht für uns. Wir haben immer noch die Wahl, unser Geschick selbst zu lenken. Um jedem Menschen die Macht, Gott zu spielen, zu verwehren, ist es nicht notwendig, ihm jedes Experimentieren und Forschen zu verbieten. Es genügt, wenn wir die Anwendung der so gewonnenen Erkenntnisse einer strengen, gesetzlich geregelten, öffentlichen Kontrolle unterstellen. Solche Gesetze gibt es bereits in vielen Ländern; sie regeln die Anwendung gefährlicher medizinischer Techniken, die Verwendung von Drogen und Sprengstoffen. Für die Zukunft werden wir nicht umhinkönnen, einen vernünftigen, politischen Kompromiß auszuhandeln, der einerseits den Biologen die Freiheit einräumt, die Wunder der genetischen Programmierung zu erforschen, die der lebendigen Welt zugrunde liegen, und andererseits das Recht scharf begrenzt, neue Arten zu programmieren und sie auf eine Welt loszulassen, deren natürliche Balance oder gesellschaftliches Gleichgewicht dadurch gestört werden könnte. Ein solcher politischer Kompromiß liegt durchaus im Bereich des

Möglichen, und die Biologen haben bereits einen guten Anfang gemacht.

Ihr Vorgehen in den Fragen der biologischen Kampfstoffe zeugt von einem außerordentlichen Weitblick. Diesem Weitblick verdanken wir es, daß unsere Chancen wesentlich besser stehen, annehmbare politische Lösungen zu finden, um auch in Zukunft einem Mißbrauch der Biologie vorzubeugen. In *Schöne neue Welt* spricht Huxley einmal von den Milzbrandbomben, die im Neunjährigen Krieg, welcher der wohltätigen Herrschaft der Weltaufsichtsräte vorangegangen war, ganze Landstriche entvölkert hatten. Milzbrandbomben sind eine reale Möglichkeit, sie könnten billig und leicht hergestellt werden, und die Konsequenzen für eine unvorbereitete Bevölkerung wären verheerend. Milzbrand-Bazillen sind besonders unangenehm, weil sie Sporen bilden, die über viele Jahre lebendig und ansteckend bleiben können. Bei der Entwicklung biologischer Waffen zog man daher in der Regel andere Krankheitskeime vor, deren Wirkung ebenso tödlich ist wie Milzbrand, die jedoch nicht so hartnäckig weiterleben. In großem Umfang eingesetzt, würde jede dieser Waffen wahrscheinlich ebensoviel Tod und menschliches Elend verursachen wie der Einsatz von Wasserstoffbomben.

Es wird der internationalen Gemeinschaft der Biologen immer zur Ehre gereichen, daß sie, von wenigen Ausnahmen abgesehen, der Entwicklung biologischer Waffen nie Vorschub geleistet hat. Auch ist es den Biologen gelungen, jene Regierungen, die ein ernsthaftes, biologisches Waffenprogramm betrieben, zu überzeugen, diese Programme einzustellen und ihre biologischen Waffenlager zu vernichten. Um das Ausmaß dieser Leistung zu ermessen, müssen wir uns nur vorstellen, wie es heute um die Welt bestellt wäre, wenn die Physiker es damals abgelehnt hätten, die Entwicklung der Atomwaffen voranzutreiben, und später ihre Regierungen dazu gebracht hätten, ihre Kernwaffenlager zu vernichten. Im Gegensatz zu den Physikern haben also die Biologen ihre erste Bewährungsprobe vor der Geschichte bestanden, ohne sich die Hände schmutzig gemacht zu haben.

Der Mensch, der mehr als jeder andere dazu beigetragen hat, die Menschheit vor der Bedrohung durch biologische Waffen zu befreien, ist Matthew Meselson, Professor der Biologie an der Harvard University. Er arbeitete im Sommer 1963 ebenfalls bei der Agentur für Rüstungskontrolle und Abrüstung, um zu sehen, was er für den Frieden tun konnte. Im Gegensatz zu mir ließ er sich jedoch nicht von dem Wirbel um den Versuchsstopp ablenken, er kümmerte sich um seine eigene Sache. Und seine Sache waren biologische Waffen.

Als Meselson seine Arbeit bei der ACDA aufnahm, wußte er wenig über biologische Waffen. Wie die meisten Biologen aus der akademischen Welt hatte er kaum Kontakt zu den geschlossenen, militärischen Kreisen, in denen biologische Kampfstoffe entwickelt und ihre Anwendungsbereiche geplant wurden. Die ACDA eröffnete ihm diese Welt. Er diskutierte mit Militärs, die sich auf die biologische Kriegsführung spezialisiert hatten, und las ihre Schriften. Er konnte sich in der Welt der biologischen Kampfstoffe und ihrer Verteilungssysteme ungehindert bewegen, und was er dort sah, erfüllte ihn mit Entsetzen.

Das Furchterregendste, dem Meselson in jenem Sommer bei der ACDA auf die Spur kam, war die Armeedienstvorschrift 3-10. Das war eine Broschüre, die den Kampfverbänden ausgehändigt wurde, um sie über die Einzelheiten der biologischen Kriegführung zu instruieren. Anhand von Diagrammen wurde gezeigt, wie viele biologische Kampfstoffbomben ein Flugzeug abwerfen mußte, um ein bestimmtes Gebiet bei Tag oder bei Nacht, je nach Bodenbeschaffenheit und der Art des menschlichen Ziels, abzudecken. Die Broschüre ist in derselben nüchternen Prosa verfaßt, wie sie die Armee auch in einer Dienstanweisung zum Latrinenbau verwenden würde. Und die Broschüre untersteht nicht der Geheimhaltung. Unter amerikanischen Einheiten war sie 1963 weit verbreitet und für ausländische Geheimdienste leicht zugänglich. Die Konsequenzen lagen für jeden ausländischen Generalstabsoffizier auf der Hand. Die Broschüre konnte nur bedeuten, daß die Vereinigten Staaten für eine biologische Kriegführung ausgerüstet und bereit waren; daß eine moderne Armee eine solche Ausrüstung und Ausbildung brauchte; und daß ein Land, das mit seinen Nachbarn Schritt halten wollte, über seine eigenen, biologischen Kampfstoffe und Bomben verfügen mußte.

Nachdem Meselson die Armeedienstvorschrift 3-10 gelesen hatte, schwor er sich, gegen diesen Unsinn zu kämpfen und nicht aufzugeben, bis er ihn aus der Welt geschafft hatte. Er arbeitete unermüdlich, im privaten Kreis und in der Öffentlichkeit, um die Stumpfsinnigkeit der amerikanischen Politik in Fragen der biologischen Kriegführung aufzudecken. Seine Argumentation beruhte auf drei Hauptpunkten: 1. Biologische Waffen sind eine außergewöhnliche Gefahr, weil sie es einem kleinen und armen Land, ja selbst einer Gruppe von Terroristen ermöglichen, einer großen Nation wie den Vereinigten Staaten schwerwiegenden und ausgedehnten Schaden zuzufügen. 2. Das Risiko, daß andere Staaten biologische Waffen erwerben und einsetzen könnten, wird zur Hauptsache durch unsere eigene Kampfstoffentwicklung und durch unsere eigene Propaganda, für welche die Armeedienstvorschrift 3-10 ein Beispiel ist, vergrößert. 3. Biologische Waffen sind außerordentlich unzuverlässig und daher völlig ungeeignet für jeden rationalen, militärischen Einsatz, den die Vereinigten Staaten in Betracht ziehen könnten; das gilt selbst für einen Vergeltungsschlag nach einem biologischen Angriff auf unser Land.

Meselson fand, daß es nicht schwierig war, die militärische und politische Führung von den beiden ersten Punkten zu überzeugen. Die kritische Frage war die dritte. Bestand für die Vereinigten Staaten ein realistischer, militärischer Bedarf an biologischen Waffen? In diesem Punkt waren die auf eine biologische Kriegführung spezialisierten Generale und der Rest des militärischen Establishments geteilter Meinung. Die biologischen Strategen waren fest davon überzeugt, daß wir biologische Waffen brauchten, um die anderen durch die Drohung mit einem Vergeltungsschlag vom Einsatz ihrer biologischen Waffen abzuschrecken. Meselson mußte zeigen, daß diese Überzeugung auf einer Illusion beruhte. So pflegte er ihnen vor den Kongreß-Komitees, vor denen sie ihre Programme vertreten mußten, entgegenzutreten und fragte in seiner ruhigen und höflichen Art: «General, angenommen die Vereinigten Staaten wären mit biologischen Waffen angegriffen worden und der Präsident hätte den Befehl zu einem Vergeltungsschlag gegeben, was würden sie genau tun? Wo, und wie, und gegen wen würden sie unsere Waffen einsetzen?» Die Generale waren nie in der Lage, ihm eine klare Antwort zu geben. Tatsächlich sind diese Fragen gar nicht zu beantworten. Biologische Waffen sind so unsicher und riskant, ihre Auswirkungen so unvorhersehbar und unkontrollierbar, daß sich kein verantwortungsbewußter Soldat ihrer bedienen möchte, solange er noch andere Möglichkeiten hat. Nach einem massiven und vorsätzlichen biologischen Angriff könnte für einen Vergeltungsschlag immer noch auf Atomwaffen zurückgegriffen werden, was auf jeden Fall vorzuziehen wäre. Nachdem die Kongreßabgeordneten Meselsons Frage und die Antworten der Generale gehört hatten, gelangten sie zur Überzeugung, daß sein dritter Punkt ebenfalls stichhaltig war. Selbst vom beschränktesten, rein militärischen Standpunkt aus war unsere biologische Waffenbeschaffungspolitik unsinnig.

1968 spielte das Schicksal Meselson eine großartige Chance in die Hand. Henry Kissinger war viele Jahre Professor an der Harvard University gewesen, er hatte in dem Gebäude neben Meselsons Laboratorium gearbeitet und die Fortschritte seines Feldzugs gegen biologische Waffen verfolgt. 1968 wurde Kissinger Präsident Nixons rechte Hand, und Meselson drängte ihn, rasch zu handeln. Einzig im Bereich der biologischen Waffen konnte Nixon das Wettrüsten unilateral stoppen und dabei mit der Unterstützung des Kongresses rechnen. Kissinger und die übrigen Mitglieder des nationalen Sicherheitsrates legten Nixon die Gründe vor, die für und gegen biologische

Waffen sprachen. Im November 1969, weniger als ein Jahr nach seinem Amtsantritt, verkündete Nixon den Entschluß der Vereinigten Staaten, unilateral auf die Entwicklung biologischer Waffen zu verzichten, alle biologischen Waffenlager zu vernichten und die Forschungseinrichtungen für biologische Kriegführung in medizinische Forschungsstätten umzuwandeln.

Dies war Nixons größte Stunde. Es war ein historischer, staatsmännischer Akt, der glücklicherweise abgeschlossen war, bevor die Schatten von Watergate sich um ihn legten. Es war ein kühner Schritt, eine Abrüstungsmaßnahme grösseren Umfangs einseitig vorzunehmen. Es gab viele Stimmen innerhalb der Regierung, die zwar bereit waren, die biologischen Waffen abzuschaffen, aber nicht unilateral. Sie wollten mit den Russen verhandeln und die Bestände so lange behalten, bis diese sich ebenfalls bereit erklärten, ihre Lager zu vernichten. Doch Meselson beharrte darauf, daß der unilaterale Verzicht zuerst, die Verhandlung nachher kommen müsse. Hätte Nixon zuerst verhandelt, so hätte man sich in endlosen Diskussionen über die technischen Überwachungsprobleme bei Vertragsbrüchen festgefahren, und es wäre mit größter Wahrscheinlichkeit zu keiner Übereinkunft gekommen. Selbst im allerbesten Falle hätte es Jahre gedauert, bis ein solches Abkommen unter Dach gewesen wäre, und in der Zwischenzeit hätten die biologischen Waffenprogramme leicht zusätzliche Unterstützung gewinnen können, was eine Vertragsratifizierung erschwert hätte. Nixons unilateraler Schritt räumte alle diese Probleme aus dem Weg. Nachdem Nixon den amerikanischen Verzicht auf biologische Waffen bekanntgegeben hatte, lud er die Sowjetunion zu Verhandlungen über ein multilaterales Vorgehen in dieser Frage ein. Die Verhandlungen wurden aufgenommen und mußten von den Vereinigten Staaten aus «einer Position der Schwäche» geführt werden, da sie für ein sowjetisches Einlenken nichts mehr anzubieten hatten. Nach orthodoxen, politischen Grundsätzen ist es ein Fehler, aus einer Position der Schwäche zu verhandeln. Doch in diesem Falle war die Taktik erfolgreich. Offenbar ließ sich die sowjetische Führung durch Nixons Vorgehen überzeugen, daß ihre eigenen biologischen Waffen ebenso nutzlos und gefährlich sein mußten wie die amerikanischen. Im Sommer 1972, genau neun Jahre, nachdem Meselson seine Arbeit bei der ACDA begonnen und auf die Armeedienstvorschrift 3-10 gestoßen war, unterzeichnete Breschnew die Konvention und erklärte sich damit bereit, die sowjetischen Programme ebenfalls zu stoppen. Selten in der menschlichen Geschichte hat ein einzelner, nur mit der Stimme der Vernunft bewaffnet, einen so vollständigen Sieg errungen.

Meselson selber hält seinen Sieg für unvollständig, solange nicht auch die chemischen Kampfstoffe für ungesetzlich erklärt und abgeschafft sind. Er kämpft weiter gegen die chemische Kriegführung. 1970 ging er nach Vietnam, um den Einsatz chemischer Kampfstoffe auf diesem Kriegsschauplatz zu untersuchen und zu dokumentieren. Die Argumente, die er gegen die chemische Kriegführung ins Feld führt, beruhen auf einer genauen Kenntnis der militärischen Geschichte und Doktrin und sind so hieb- und stichfest wie die Argumente, mit denen er gegen die biologischen Kampfstoffe vorging. Doch dieser Kampf wird noch längere Zeit in Anspruch nehmen.

Es ist durchaus denkbar, daß Meselsons Taktik auch gegen andere gefährliche Waffentypen mit Erfolg einzusetzen wäre, dies gilt vor allem für taktische Atomwaffen. Man könnte den taktischen Atomwaffen-Generalen ebenso geschickt zusetzen, wie Meselson das mit ihren Kollegen von der biologischen Kriegführung machte, indem man sie zum Beispiel fragt: «Bitte schön, Herr General, angenommen die Nordkoreaner überrennen Seoul, die Südkoreaner befinden sich auf dem Rückzug, wären Sie so freundlich uns zu sagen, wo und wie und gegen wen Sie Atomwaffen einsetzen würden?» Vielleicht können die Generale diese Frage nicht überzeugend beantworten. Vielleicht würden wir sogar, nachdem wir ihre Antworten gehört haben, zu dem Schluß kommen, daß ein unilateraler Rückzug taktischer Atomwaffen für alle von Vorteil wäre.

Die Welt vor biologischen Waffen zu bewahren war für Meselson nur eine Nebenbeschäftigung. In all den Jahren arbeitete er erfolgreich in der biologischen Forschung. Er leitete ein Laboratorium an der Harvard Universität, in dem die Genstruktur erforscht wurde. Dabei gelangten verschiedene Techniken zur Anwendung, darunter auch die Technik, DNA-Moleküle durch künstliche Rekombination zu klonen. Bei dieser «rekombinierten» DNA-Technik wird ein Stück eines DNA-Stranges eines Gens, das man zu erforschen trachtet, in eine geeignete Bakterie eingesetzt, so daß die Vermehrung der Bakterie ein Klonieren des Gens bewirkt. Da Meselson eine führende Rolle in der DNA-Forschung an der Harvard Universität spielte, fand er sich in einen weiteren politischen Kampf verwickelt. Der Bürgermeister der Universitätsstadt Cambridge, unterstützt von einigen wenigen, bekannten Biologen und den radikalen Gruppierungen der verschiedenen Universitäten der Stadt, versuchte, Experimente mit rekombiniertem DNA in Cambridge zu verbieten. Meselson und seine Kollegen erklärten dem Bürgermeister, daß sie nichts taten, was die öffentliche Gesundheit gefährdete. Der Stadtrat beschloß, ein Bürgerkomitee einzusetzen, eine Gruppe von acht Personen ohne persönliche Kontakte zur biologischen Forschung, das die Stadt in der Frage beraten sollte, ob man die Arbeit mit rekombiniertem DNA weiterhin gestatten wollte oder nicht. Während sich das Bürgerkomitee mit dem Problem befaßte, waren Experimente verboten. Dieses vorläufige Verbot dauerte sieben Monate.

Das Bürgerkomitee der Stadt Cambridge arbeitete hart und hörte sich alle Seiten der Kontroverse um das rekombinierte DNA an. Meselson und seine Kollegen legten dem Komitee die Gründe dar, die für eine Fortsetzung der Experimente mit rekombiniertem DNA sprachen. Mit unerschöpflicher Geduld erklärte Meselson die vielen schwierigen, technischen und moralischen Fragen, die das Komitee abzuwägen hatte. Die Mitglieder des Komitees hörten ihm zu und vertrauten dem ruhigen Eingeständnis seiner Ungewißheiten mehr als der lauten Sicherheit seiner Gegner. Schließlich beschlossen sie einstimmig, der Stadt Cambridge eine Fortsetzung der Experimente mit rekombiniertem DNA zu empfehlen, unter der Voraussetzung vernünftiger Einschränkungen und unter der Aufsicht der örtlichen Gesundheitsbehörde. Der Stadtrat schloß sich der Empfehlung des Komitees an, und Meselson konnte an die Arbeit in seinem Laboratorium zurückgehen.

Woher kommt diese heftige öffentliche Reaktion auf die Experimente mit rekombiniertem DNA? Die öffentliche Besorgnis entstand, weil zwei völlig voneinander getrennte Problemkreise verwechselt wurden. Einerseits kann durchaus eine unmittelbare Gefahr für die öffentliche Gesundheit bestehen, wenn bestimmte Arten von rekombiniertem DNA im Labor hergestellt und in unverantwortlicher Weise in die Umwelt freigesetzt würden. Andererseits droht die Schreckensperspektive, an deren Anfang Dr. Moreau steht und die mit dem Klonieren menschlicher Wesen enden könnte, wie es als Folge einer mißbräuchlichen Anwendung biologischen Wissens denkbar wäre. Die Biologen, die die Arbeit mit rekombiniertem DNA begannen, wußten, daß eine unmittelbare gesundheitliche Gefährdung der Öffentlichkeit möglich wäre. So veröffentlichte die Molekularbiologin Maxine Singer, die mit Daniel Singer, dem ehemaligen Rechtsberater der Vereinigung amerikanischer Wissenschaftler verheiratet war, kurz nach den ersten DNA-Experimenten eine Erklärung, in der sie auf diese Gefahren hinwies. 1975 verabschiedete eine internationale Biologen-Konferenz eine Reihe von freiwilligen Vorschriften und Richtlinien, in denen unverantwortlich erscheinende Experimente verboten und Eindämmungsvorkehrungen für die zulässigen Experimente empfohlen wurden. Vergleichbare Richtlinien sind seither von Biologen und ihren Regierungen überall auf der Welt in Kraft gesetzt worden. Durch diese Richtlinien ist jede unmittelbare, öffentliche Gefährdung durch DNA-Experimente sehr unwahrscheinlich geworden. Es ist nicht zu bestreiten, daß ein gewisses Risiko besteht, doch ist dieses Risiko geringer als die Risiken, die aus einem routinemäßigen Umgang mit Krankheitskeimen in klinischen Laboratorien und Krankenhäusern entstehen. Vom Standpunkt der Gesundheitsbehörden sind demnach die Risiken von rekombinierten DNA-Experimenten ausreichend unter Kontrolle. Was also ist es, das die Öffentlichkeit weiter beunruhigt? Die Furcht der Öffentlichkeit kommt daher, daß die Menschen in die Zukunft blicken und sich mit der längerfristigen Perspektive befassen und nicht nur mit unmittelbaren Gesundheitsrisiken. Man weiß, daß die Biologen durch ihre rekombinierten DNA-Experimente den genetischen Aufbau aller Lebewesen, einschließlich des Menschen, immer besser verstehen werden. Die Furcht vor dem Mißbrauch eines solchen Wissens ist berechtigt. Als die Nationale Akademie der Wissenschaften in Washington eine Tagung organisierte, um allen Standpunkten in der Debatte über rekombiniertes DNA die Gelegenheit zu bieten, gehört zu werden, war die Öffentlichkeit durch eine Gruppe junger Leute vertreten, die auf Spruchbändern und in Sprechchören wissen ließen: «Wir lassen uns nicht klonen!» Hinter dem ehrlichen Gesicht eines Matthew Meselson, einer Maxine Singer sieht die Öffentlichkeit die unheimlichen Gestalten von Dr. Moreau und von Dädalus.

Rekombinierte DNA-Experimente werden an vielen Orten mit großem Erfolg durchgeführt, ohne daß schädliche Auswirkungen auf die Gesundheit der Menschen, der Tier- oder Pflanzenwelt festgestellt worden wären. Aber das bedeutet nicht, daß die weitreichenden Gefahren biologischer Erkenntnis verschwunden wären. Rekombiniertes DNA ist nur eine Technik unter vielen in der breitgefächerten Fortschrittsphalanx der Biologie. Mit oder ohne rekombiniertes DNA, der Vormarsch der Biologie ist nicht aufzuhalten. Es ist die Biologie an sich und nicht irgendeine bestimmte Technik, die uns mit Windeseile in jenen unbekannten Ozean hinaustreibt, in dem Dr. Moreaus Insel liegt. Matthew Meselson sieht seine Aufgabe als Biologe und als Bürger darin, «ein Ethos für die Zukunft aufzubauen, ein Ethos, das uns dazu verpflichtet, tiefe Einsichten in Lebensprozesse ausschließlich dazu zu verwenden, das eigentlich Menschliche in uns zu stärken.»

16

Areopagitica

Während das Bürgerkomitee in Cambridge noch an der Arbeit war, ersuchte die Universität von Princeton im Herbst 1976 die Stadt um eine Baugenehmigung für zwei Laboratorien für die rekombinierte DNA-Forschung. Die städtischen Behörden waren auf eine solche Entscheidung nicht vorbereitet und folgten daher dem Beispiel von Cambridge. Sie setzten ein Bürgerkomitee ein, das sie beraten sollte. Das Komitee bestand aus elf Bürgern; ich war einer von ihnen. Wie das Komitee in Cambridge arbeiteten wir vier Monate lang hart. Doch im Gegensatz zum Cambridge-Komitee gelang es uns nicht, zu einem einstimmigen Votum zu kommen. Am Schluß waren wir acht zu drei gespalten, die Mehrheit billigte das Gesuch der Universität von Princeton, die Minderheit lehnte es ab. Wir verfaßten je ein Mehrheits- und ein Minderheitsvotum. Doch trotz unserer Meinungsverschiedenheiten oder vielleicht gerade deswegen gehört meine Arbeit in diesem Bürgerkomitee zu den beglückendsten und befriedigendsten Erfahrungen meines Lebens. Wir kämpften mit komplexen Problemen und wurden gute Freunde.

Unser Komitee entsprach einem guten Querschnitt der Bevölkerung von Princeton. Wir waren sechs Männer und fünf Frauen, neun Weiße und zwei Schwarze, vier waren gesprächig, sieben schweigsam. Wir waren zwei Ärzte, zwei Wissenschaftler, zwei Schriftsteller, zwei Lehrer, ein presbyterianischer Geistlicher, eine Unterwasserphotographin und eine Rentnerin, die zu den führenden Persönlichkeiten der schwarzen Gemeinde gehörte. Wallace Alston, der Geistliche, Susanna Waterman, die Photographin, und Emma Epps, die schwarze Gemeindeälteste, stellten die unbeirrbare Minderheit. Es war von Anfang an klar, daß diese drei die stärksten Persönlichkeiten unseres Komitees waren und die tiefsten Überzeugungen hatten. Ich konzentrierte mich vor allem darauf, sie kennenzulernen, die philosophischen Wurzeln ihrer Vorbehalte gegen das rekombinierte DNA zu verstehen und einen Kompromiß zwischen ihren Ansichten und den meinigen zu suchen. Letzten Endes mußten wir uns eingestehen, daß ein Kompromiß unerreichbar war. Doch je mehr unsere Hoffnung auf Übereinstimmung schwand, desto mehr respektierten und schätzten wir einander.

Der Auftrag der Stadt an unser Komitee war klar: unsere Empfehlungen sollten sich auf das unmittelbare Problem einer öffentlichen Gefährdung durch rekombinierte DNA-Experimente in Princeton beziehen. Die beiden Ärzte des Komitees wollten ihren Auftrag dementsprechend eng interpretieren. Sie waren gewohnt, im täglichen Leben Risiken abzuwägen, bei denen es um Leben oder Tod gehen konnte, und reagierten ungeduldig auf langwierige Diskussionen über weit hergeholte Eventualitäten. Sie urteilten nach den Maßstäben der normalen, medizinischen Praxis und kamen zu dem Schluß, daß die gesundheitliche Gefährdung der Allgemeinheit durch rekombiniertes DNA durch die bestehenden Richtlinien bereits ausreichend unter Kontrolle und der Auftrag unseres Komitees damit erfüllt sei. Sie hatten kein Bedürfnis, ihre Zeit damit zu verschwenden, weiterreichende philosophische Probleme zu diskutieren. Ich empfand große Sympathie für die beiden Ärzte, vielbeschäftigte Leute mit schwerer Verantwortung, die sich stundenlang verschlungene Diskussionen anhören mußten, die sie für irrelevant hielten.

Andererseits waren die drei die Minderheit vertretenden Komiteemitglieder von der Überzeugung durchdrungen, daß es falsch wäre, unsere Überlegungen auf die unmittelbaren Gesundheitsrisiken zu beschränken. Für sie handelte es sich um eine Gewissensfrage. Sie konnten aus ihrem Entscheidungsprozeß die großen Fragen des menschlichen Geschicks, zu dem die rekombinierte DNA-Forschung führt, nicht guten Gewissens ausklammern. Auch für sie empfand ich große Sympathie. Susanna Waterman formulierte ihre Position im letzten Satz ihres Minderheitsvotums:

> Auf Grund der außerordentlichen und tiefgreifenden Auswirkungen, die die rekombinierte DNA-Forschung und ihre Anwendungen in Zukunft auf unsere empfindliche und räumlich begrenzte Biosphäre haben werden, sollte jede Entscheidung, diese Forschung voranzutreiben, wenn das überhaupt ratsam ist, durch die Zustimmung einer informierten Öffentlichkeit, zuverlässige wissenschaftliche Daten und ein demokratisches Vorgehen abgesichert werden.

Emma Epps, die an einer unserer Sitzungen ihren 76. Geburtstag feierte, fügte dem Minderheitsvotum noch eine kürzere und beredtere eigene Erklärung hinzu:

> Mein Gewissen befiehlt mir, in dieser Sache nein zu sagen, und ich will nicht gegen mein Gewissen handeln. Auch sagen mir Freunde, die selbst Wissenschaftler sind, daß sie keinen Grund sehen, wieso ich gegen mein Gewissen handeln sollte.

Ich bin stolz, zu ihren Freunden zu zählen.

Obwohl ich mich persönlich und in meinen Wertvorstellungen der Minderheit näher fühlte, stimmte ich letzten Endes mit der Mehrheit, und zwar aus rechtlichen Erwägungen. Von einem juristischen Standpunkt aus ist die Stadt Princeton berechtigt und verpflichtet, jede Forschungsarbeit an der Universität Princeton einzuschränken, die die Gesundheit ihrer Bürger gefährden könnte. Keine Behörde sollte jedoch das Recht haben, Forschung einzuschränken, bloß weil sie der Weltanschauung der Entscheidungsbefugten zuwiderläuft. Obwohl ich die verschiedenen Befürchtungen, die Alston, Waterman und Epps zu ihrem Nein veranlaßten, für legitim halte, erscheint mir die Vorstellung unannehmbar, daß die Stadt Princeton die Macht haben sollte, der Universität ihre weltanschaulichen Überzeugungen auf dem Umweg über städtische Verordnungen aufzuzwingen. Wie Thomas More in Robert Bolts Theaterstück *Ein Mann für jede Jahreszeit* sagt: «Ich weiß, was legal ist, nicht, was recht ist. Und ich halte mich an das, was legal ist.»

Im Juni 1977 legten wir unser Mehrheits- und unser Minderheitsvotum einem nicht gerade beglückten Stadtrat vor. Die Stadträte hatten sich von uns genaue Verhaltensregeln erhofft. Da wir jedoch mit geteilter Stimme sprachen, waren sie gezwungen, die Probleme in allen Einzelheiten selber zu durchdenken und in eigener Verantwortung eine Entscheidung zu fällen. Sie hatten einen langen Winter vor sich, in dem sie sich neben ihren normalen Pflichten, den städtischen Abwässern und Zonenplänen, auch noch mit rekombiniertem DNA befassen mußten. Es dauerte neun Monate, bis sie sich zu einem Entschluß durchgerungen hatten. In diesen neun Monaten konnte Princeton für sich in Anspruch nehmen, die einzige Stadt der Welt zu sein, in der die rekombinierte DNA-Forschung verboten war. Schließlich stimmten sie im Frühjahr 1978 mit fünf gegen eine Stimme, sich den Empfehlungen unseres Mehrheitsvotums anzuschließen. Wie in Cambridge wurde eine Verordnung verabschiedet, die alle biologisch riskanten Forschungsarbeiten der Kontrolle der Stadt unterstellte. Die Demokratie hatte in ihrer schleppenden, stolperigen Art ein schwieriges, emotionsbefrachtetes Problem gelöst und es so gelöst, daß die Minderheit den Eindruck haben konnte, daß ihre Überzeugungen sorgfältig geprüft und nicht willkürlich übergangen worden waren.

Zum Lohn für meine Mitarbeit beim Bürgerkomitee von Princeton wurde ich nach Washington eingeladen, um vor dem Subkomitee für Wissenschaft, Forschung und Technik des Repräsentantenhauses zu sprechen. Dieses Komitee unter dem Vorsitz des Abgeordneten Ray Thornton aus Arkansas bemühte sich ernsthaft, sich über die durch das rekombinierte DNA entstandenen, wesentlichen Probleme einer nationalen Politik zu informieren. Weitere Komitees des Repräsentantenhauses und des Senats befaßten sich mit den unmittelbaren Problemen einer Kontrolle biologisch riskanter Experimente. Ray Thornton wollte darüber hinausblicken und prüfen, was die Debatte über das rekombinierte DNA für die zukünftigen Beziehungen zwischen Wissenschaft und Regierung bedeuten könnte. Diese Einladung bot mir die Gelegenheit, in Washington der Stimme John Miltons Gehör zu verschaffen, so wie er selber vor langer Zeit in London das Wort ergriffen hatte, um den Mächtigen die Wahrheit zu sagen:

Es ist gelegentlich behauptet worden, daß es nichts gibt in unserer Geschichte, das mit den Gefahren der rekombinierten DNA-Technologie zu vergleichen wäre; denn die Konsequenzen, die daraus entstehen, daß wir ein neues Lebewesen in die Welt setzen, könnten unwiderruflich sein. Ich bin dagegen der Meinung, daß wir durchaus historische Parallelen finden können, Fälle, in denen Regierungen Gefahren abzuwehren suchten, die ebenso unwiderruflich waren. Ich möchte kurz auf zwei solche historische Parallelen eingehen und es Ihnen überlassen, die Konsequenzen für die Probleme, die uns heute beschäftigen, zu ziehen.

Das erste Beispiel, das ich geben möchte, ist das Personal-Überwachungssystem, das die U.S. Atom-Energie-Kommission in den Jahren nach dem zweiten Weltkrieg zur Sicherung der atomaren Geheimnisse einrichtete. Die Regierung entschied zu Recht, daß es unabsehbare und unwiderrufliche Konsequenzen haben könnte, wenn atomare Geheimnisse in der Welt verbreitet werden. Das Personal-Überwachungssystem war darauf ausgerichtet, eine größtmögliche Abschirmung wichtiger Geheimnisse zu gewährleisten. Unglücklicherweise waren die Vorschriften aber so streng und ihre Anwendung so starr, daß viele Wissenschaftler immer mehr so etwas wie Verachtung dafür empfanden. Wie sie alle wissen, kam es 1954 zu einer Konfrontation zwischen Robert Oppenheimer und den Beamten, deren Aufgabe es war, die Vorschriften unnachsichtig durchzusetzen. Es kam zum Kampf, und Oppenheimer unterlag. Ich will nicht behaupten, daß Oppenheimer im Recht war. Er hatte sich den Sicherheitsbehörden gegenüber arrogant und unverantwortlich benommen. Dagegen behaupte ich, daß sich die Atom-Energie-Kommission durch ihr Vorgehen gegen Oppenheimer den Respekt vieler Wissenschaftler verscherzt hat. Überdies bin ich der Meinung, daß die daraus resultierende Entfremdung zwischen der Atom-Energie-Kommission und der wissenschaftlichen Welt wesentlich zu den Schwierigkeiten beigetragen hat, mit denen die Kernindustrie und alles, was damit zusammenhängt, im letzten Jahrzehnt zu kämpfen hatte. Daher möchte ich Ihnen den Rat geben, die Richtlinien für die rekombinierte DNA-Forschung behutsam aufzustellen. Bleiben Sie flexibel, wenden Sie die Vorschriften menschlich an, so daß ein Biologe, so brillant und arrogant wie damals Oppenheimer, der sich darüber hinwegzusetzen versucht, seinen Kollegen und der Öffentlichkeit nicht unbedingt als Held erscheinen muß.

Mein zweites Beispiel ist einer viel weiter zurückliegenden Vergangenheit entnommen. Vor 337 Jahren verfaßte der Dichter John Milton eine Rede mit dem Titel «Areopagitica», die an das englische Parlament gerichtet war. Ich habe einige Passagen aus dieser Rede, die mir für das, was uns heute beschäftigt, relevant scheinen, herausgegriffen. Ich meine, daß eine Analogie besteht zwischen der Furcht des 17. Jahrhunderts vor einer moralischen Verseuchung durch seelenzersetzende Bücher und der Angst des 20. Jahrhunderts vor einer physischen Verseuchung durch pathogene Mikroben. In beiden Fällen kann man diese Furcht weder grundlos noch unvernünftig nennen. Im Jahre 1644, als Milton seine Rede schrieb, hatte England einen langen und blutigen Bürgerkrieg hinter sich, und der Dreißigjährige Krieg, der Deutschland verwüstete, ging sogar erst vier Jahre später zu Ende. Die Kriege des 17. Jahrhunderts waren Religionskriege, in denen unterschiedliche Lehrmeinungen eine wesentliche Rolle spielten. In jenem Jahrhundert haben Bücher nicht nur die Seelen verdorben, sie verstümmelten auch die Körper. Das englische Parlament sah zu Recht, daß Bücher, wenn sie ohne jede Kontrolle in die

Welt gesetzt werden durften, ein tödliches und unwiderrufliches Risiko bedeuteten. Milton war der Ansicht, daß dieses Risiko trotzdem in Kauf genommen werden mußte. Hier sind vier hervorstechende Punkte seiner Argumentation. Ich bitte Sie darüber nachzudenken, ob das, was er zu sagen hat, nicht auch für unsere Zeit zutreffen könnte, wenn wir bloß das Wort «Buch» durch das Wort «Experiment» ersetzen.

Erstens war Milton bereit, Bücher zu unterdrücken, die in aller Offenheit zu Aufruhr und Gotteslästerung aufriefen. Genauso sind wir bereit, nachweisbar gefährliche Experimente zu verbieten.

> «Ich leugne nicht, daß es von der größten Wichtigkeit für die Kirche und den Staat ist, ein wachsames Auge darauf zu haben, wie sich Bücher sowohl als Menschen benehmen, und sie darnach zu strafen, einzukerkern, und die schärfste Gerechtigkeit gegen sie als Übelthäter zu üben; denn Bücher sind nicht unbedingt todte Dinge, sondern enthalten eine Nachkommenschaft von Leben in sich, die ebenso thätig sein wird, als die Seele, deren Nachkommenschaft sie sind; ... Ich weiß, daß sie so lebendig und kraftvoll productiv sind, wie die fabelhaften Drachenzähne und daß aus ihnen, wenn sie ausgesäet sind, möglicher Weise bewaffnete Männer hervorwachsen können.»

Das entscheidende Wort ist hier «darnach». Bücher sollten erst bestraft und eingekerkert werden, wenn sie die Gelegenheit hatten, tatsächlich einiges Unheil zu stiften. Was Milton bekämpfte, war eine Zensur im voraus, auf Grund deren Bücher verboten wurden, noch bevor sie eine Gelegenheit hatten, das Tageslicht zu sehen.

Als nächstes kommt Milton zur eigentlichen Crux des Problems, der Schwierigkeit, etwas zu regulieren, das «auf ungewisse Art und doch gleichmäßig Gutes und Böses bewirken» kann.

> «Gesetzt, wir könnten durch diese Mittel die Sünde austreiben; seht, so viel Sünde wir auf diese Weise austreiben, so viel Tugend treiben wir aus; denn die Ursache zu beiden ist dieselbe: entfernt diese, und Ihr entfernt zugleich Beide. Dies rechtfertigt die hohe Vorsehung Gottes, der, obwohl er uns Mäßigkeit, Gerechtigkeit, Enthaltsamkeit anbefiehlt, dennoch alle wünschenswerten Dinge, selbst bis zur Überfülle vor uns ausgießt, und uns Neigungen gibt, die über alle Grenzen und jede Befriedigung hinaus schweifen können. Warum sollten wir dann eine Strenge affectiren, welche dem Thun Gottes und der Natur entgegen ist, indem wir jene Mittel verkürzen oder einschränken, welche, wenn Bücher frei erlaubt sind, sowohl eine Prüfung der Tugend, als eine Übung der Wahrheit sind? Es wäre besser, wenn man lernte, daß es ein Gesetz, welches darauf hinausgeht, Dinge, die auf ungewisse Art und doch gleichmäßig Gutes und Böses bewirken, zu unterdrücken, notwendigerweise wertlos sein muß.»

Als nächstes zitiere ich eine Stelle über Galileo, dessen Name in der Debatte über rekombiniertes DNA oft beschworen wurde. Das Zitat zeigt, daß ein Zusammenhang zwischen dem erzwungenen Verstummen Galileos und dem allgemeinen Niedergang des geistigen Lebens im Italien des 17. Jahrhunderts keine Erfindung der Molekularbiologen unserer Tage ist, sondern auch für einen zeitgenössischen Beobachter augenfällig war.

> «Und wenn Euch, Lords und Gemeine, Jemand überreden möchte, daß diese Gründe von der Entmuthigung gelehrter Männer über Eure Verordnung leere Rednerblumen und nichts Wirkliches seien, so könnte ich wenigstens weitläu-

fig erzählen, was ich in anderen Ländern gesehen und gehört habe, wo diese Art von Inquisition tyrannisirt; wenn ich unter ihren gelehrten Männer saß (denn diese Ehre hatte ich) und glücklich gepriesen wurde, in einem solchen Lande philosophischer Freiheit, wie England ihrer Voraussetzung nach war, geboren zu sein, während sie beständig die knechtische Lage beklagten, in welche die Gelehrsamkeit bei ihnen gebracht worden sei; daß diese es wäre, welche den Ruhm des italienischen Geistes erdrückt hätte; daß seit vielen Jahren nur Schmeicheleien und Schwulst geschrieben worden seien. Dort war es, wo ich den berühmten Galileo fand und besuchte, der alt geworden war und welcher ein Gefangener der Inquisition wurde, weil er in der Astronomie anders dachte, als sein Censoren, die Franziskaner und Dominikaner.»

Mein letztes Zitat ist ein Ausdruck von Miltons patriotischem Stolz auf die intellektuelle Lebendigkeit Englands im 17. Jahrhundert, ein Stolz, den die Amerikaner des 20. Jahrhunderts mit gutem Grund teilen können.

«Lords und Gemeine von England! bedenkt, zu welcher Nation Ihr gehört, und daß Ihr die Regierer derselben seid; einer Nation, die nicht träge und stumpfsinnig, sondern raschen, großmüthigen und durchdringenden Geistes ist, scharfsinnig im Erfinden, fein und nervig im Gespräche, nicht unter dem Bereiche irgend eines der höchsten Punkte, zu denen sich die menschliche Fähigkeit emporzuschwingen vermag ... Auch geschieht es nicht umsonst, daß der ernsthafte und genügsame Siebenbürger von den entferntesten gebirgigen Grenzen Rußlands und weit über die hercynische Wildnis hinaus, alljährlich, nicht seine Jugend, sondern gesetzte Männer aussendet, um unsere Sprache und unsere theologischen Wissenschaften zu erlernen.»

Da wir es hier mit einem Problem zu tun haben, das immer aktuell ist, der Schwierigkeit, persönliche Freiheit und öffentliche Sicherheit miteinander in Einklang zu bringen, mag uns die Weisheit eines großen Dichters einen zuverlässigeren Weg weisen als alle Kalkulationen, die Risiko und Nutzen gegeneinander abzuwägen suchen.

III

Jenseits der Zukunft

And indeed there will be time
To wonder, 'Do I dare?' and, 'Do I dare?'
Time to turn back and descend the stair,
With a bald spot in the middle of my hair ...
    Do I dare
    Disturb the universe?
T.S. Eliot, 'The Love-Song of J. Alfred Prufrock', 1917

In der Tat ist noch viel Zeit
Zu fragen «Hat es Zweck?» und «Hat es Zweck?»
Zeit zur Umkehr über Treppen weg,
Mittendrin in meinem Haar den kahlen Fleck ...
    Hat es Zweck,
    Das Weltall aufzustören?

17

Der Ferne Spiegel

Im Frühling 1966 war Stanley Kubrick in den MGM-Studios im Londoner Norden mit der Produktion seines Filmes *2001, A Space Odyssey*, beschäftigt. Er hatte mich eingeladen, einen Tag in den Studios zu verbringen. So erschien ich früh am Morgen und machte mich auf die Suche nach Kubricks Studio; ich irrte durch Schuppen voller alter Filmausstattungen, in denen sich die Überreste von Hunderten von Filmen stapelten. Zwischen diesen Lagerschuppen gab es saftig grüne Grasflächen, auf denen gemächlich Schafe weideten. Als ich Kubrick endlich gefunden hatte, fragte ich ihn nach den Schafen. «Oh», sagte er, «ich brauche sie nicht, aber sie sind ganz nützlich, wenn jemand eine ländliche Szene drehen will. Und außerdem haben wir eine Kantine.» Und richtig, als wir zum Mittagessen dorthin gingen, stand Lammbraten auf der Speisekarte.

Kubrick verbrachte den ganzen Vormittag damit, seine Scheinwerfer und Kameras ein- und umzustellen. Sein Studio war eine riesige, leere Lagerhalle. Die Szenenausstattung bestand aus einer Metall- und Sperrholzkonstruktion, die einen Teil der kreisförmigen Gallerie mit der Instrumentenkonsole des Raumschiffs «Entdeckung» darstellen sollte. Die Konstruktion quitschte und ratterte, als sie sich in dem Gerüst, in dem sie aufgehängt war, langsam hin und her bewegte. Die Idee war, daß die Schauspieler in dieser Konstruktion herumgingen, während sie sich bewegte, so daß sie immer am niedrigsten Punkt standen, wo der Boden horizontal war. Die Kameras waren an dieser Konstruktion befestigt und bewegten sich mit ihr. Auf diese Weise erzeugte Kubrick die Illusion von Menschen, die sich im Innern eines sich drehenden Raumschiffs bewegten und durch die Zentrifugalkraft eine künstliche Schwerkraft erhielten. Wo immer sie auf ihrer Gallerie gerade standen, ihre lokale Schwerkraft zeigte direkt nach außen, weg von der Achse des Raumschiffs. Dieser Trick funktionierte jeweils nur für einen Teil der Gallerie. Es war nicht möglich, zwei Schauspieler gleichzeitig in verschiedenen Teilen der Gallerie zu zeigen. Doch Kubrick war zufrieden, wie sich die Gallerieaufnahmen entwickelten. Er erklärte mir, daß es kein Problem sei, schnell von einem Schauspieler zum anderen zu schneiden, anstatt sie gleichzeitig zusammen zu zeigen. «Wetten, daß keiner im Publikum das bemerkt», sagte er.

An jenem Tag stand nur ein Schauspieler vor den Kameras, Keir Dullea, der als Darsteller des David in dem Film *David und Lisa* bekannt geworden war. David war ein psychotischer junger Mann, der vor jedem physischen Kontakt mit seiner Umwelt entsetzt zurückschreckte. Dullea hatte diese Rolle großartig gespielt. Es war direkt eine Überraschung für mich, daß er nun auf mich zukam und mir die Hand gab. In *2001* spielte er die Hauptrolle des Astronauten Bowman. Er beklagte sich heftig, daß Kubrick ihm nichts zu tun gab. Er hatte die Rolle akzeptiert, weil er sich nicht sein Leben lang auf psychotische Jünglinge festlegen lassen wollte. Doch nachdem er drei Monate lang an *2001* mitgearbeitet hatte, fühlte er sich frustriert und gelangweilt. Ich sah ihm bei der Arbeit zu. Er ging langsam die Galleriekonstruktion entlang, die sich unter ihm drehte; als die Bewegung aufhörte, wandte er sich der Instrumentenkonsole zu und betätigte einige Schalter. Das war alles. Der ganze Vorgang dauerte ungefähr eine Minute. Dann verbrachte Kubrick zwanzig Minuten damit, die Scheinwerfer und Kameras umzustellen. Dann kletterte Dullea wieder auf die Gallerie und ließ dieselben Bewegungen ablaufen. Dann weitere zwanzig Minuten herumstehen, während Kubrick an den Scheinwerfern herumbastelte. Dann wieder eine Ein-Minuten-Aufnahme. Und so weiter. «Wieso zum Teufel läßt er mich nicht endlich spielen?» stöhnte Dullea.

Ich versuchte, etwas von Kubrick zu erfahren, indem ich ihn nach Themen und Charakteren des Films fragte. Doch er schien völlig uninteressiert; das einzige, worüber er sprechen wollte, waren seine Konstruktionen und Apparaturen. Er schilderte mit großer Begeisterung die verschiedenen Tricks, mit denen es ihm gelang, mittels kleiner Modelle die Illusion eines lebensgroßen Raumschiffs zu erzeugen. Er war ungeheuer stolz auf seine drehbare Gallerie. Er weihte mich in die Feinheiten der Beleuchtungs- und Kameraarbeit ein. Ich fühlte mich bald genauso frustriert wie Keir Dullea.

Für mich hatten die besonderen Effekte und technischen Tricks der Filmproduktion keinen besonderen Reiz. Es erstaunte mich, daß Kubrick so viel Zeit auf solche Trivialitäten verschwendete. Ich bewunderte in Kubrick den Schöpfer von *Dr. Strangelove,* jener wunderbar tiefsinnigen und komischen Satire auf eine nukleare Katastrophe. Die Größe von *Strangelove* lag darin, daß Kubrick das Unvorstellbare, eine nukleare Katastrophe, aufgriff und ihm Realität verlieh, indem er auf der Leinwand jene Menschen zeigte, die das Schicksal der Welt in ihren Händen halten. Die Charaktere in *Strangelove* sind Menschen wie wir alle. Ein Freund, der einmal einen Übungsflug eines B-52-Bombers mitmachte, erzählte mir, daß die Besatzung genauso aussah und sprach wie die Besatzung von Kubricks «Leper Colony». In *Strangelove* vertrat Kubrick eine einfache Aussage und gestaltete sie überzeugend durch die Meisterschaft, mit der er Dialog und Charakterisierung handhabte. Der Dialog ist von beißender Schärfe, die Charaktere sind unvergeßlich, und die Absurdität des ganzen Geschehens entspricht der absurden Wirklichkeit, in der wir leben. Ich war also in der Erwartung ins Studio gekommen, Kubrick bei der Arbeit an einem neuen *Strangelove* anzutreffen. Statt dessen sah ich nur Apparaturen und technische Spitzfindigkeiten. Soweit ich das beurteilen konnte, schien *2001* weder Handlung noch Dialog noch Charaktere zu haben. Ich beklagte mich bei Kubrick und fragte ihn, wieso er in diesem Film alles weglasse, was *Strangelove* so großartig machte. Er entgegnete bloß: «Sie werden es verstehen, sobald sie den Film sehen.» Sonst nichts.

Nach unserem Lammbraten gingen wir in ein anderes Gebäude, in dem ein riesiger Computer stand. Allerdings nicht der legendäre HAL, der gefühlvolle Computer, der sich als lebendigster Charakter in *2001* entpuppte. Es war ein Computer des Jahrgangs 1960, der eifrig damit beschäftigt war, die Lohnabrechnungen für die Angestellten der MGM zu erstellen und auszudrucken. Es war Kubricks Idee, eine seiner wenigen, hoffnungslos schlechten Ideen, den Film *2001* durch einige Interviews mit angesehenen Wissenschaftlern einzuleiten, in denen die Wahrscheinlichkeit einer Begegnung mit außerirdischen Zivilisationen diskutiert werden sollte. Er war der Meinung, seinem Film durch diese einleitende Diskussionsrunde mehr Glaubwürdigkeit zu verschaffen. Ich war einer der Wissenschaftler, die er zu diesem Zwecke eingeladen hatte. Die Tatsache, daß ich ein Wissenschaftler war, mußte natürlich visuell zum Ausdruck gebracht werden, und dazu sollte der Computer dienen. Wenn mich das Publikum vor diesem imposanten Computer stehen sah, mußte ihm auch sofort klar sein, daß ich ein richtiger Wissenschaftler war.

Die Sache hatte nur einen Haken. Der Computer veranstaltete einen solchen Lärm, daß unser Gespräch nicht zu hören war. Dreimal stellten die Tontechniker die Mikrophone um und begannen die ganze Prozedur noch einmal von vorne, und jedes Mal schüttelte der Mann mit den Kopfhörern den Kopf. Nach dem vierten mißglückten Versuch schlug ich Kubrick vor, unser Gespräch doch anderswo, ohne den Computer, zu führen. «Nein», sagte er entschieden, «die sollen das verdammte Ding abstellen.» So telephonierte einer der Techniker mit der Zentrale und kam nach einem kurzen Gespräch zurück: «Das geht nicht, sie brauchen die Maschine, um die Gehaltsauszahlungen bis morgen fertig zu machen. Wenn sie den Computer stillegen, müssen sie dem Personal einen Überstundenzuschlag bezahlen.» «Wieviel?» fragte Kubrick. Eine Rückfrage bei der Zentrale: «Einhundert Pfund pro Stunde.» – «Sehr gut», sagte Kubrick, «sag ihnen, sie sollen uns eine halbe Stunde geben.» Noch ein Gespräch mit der Zentrale und die Maschine verstummte, eine Stille, die Kubrick Sixpence pro Sekunde kostete.

Wir beendeten unser Interview in der uns zugeteilten Zeit und kehrten ins Studio zurück, um noch mehr Aufnahmen von der drehbaren Gallerie zu drehen. Kubrick verbrachte den Rest des Nachmittags damit, an seinen Scheinwerfern und Kameras herumzubasteln. Als der Tag zu Ende war, bedankte ich mich und ging. Ein paar Monate später erhielt ich einen Entschuldigungsbrief, in dem mir mitgeteilt wurde, daß unser Interview der Cutter-Schere zum Opfer gefallen war.

Ich sah den Film - ohne die Interviews - 1968 bei seiner New Yorker Premiere und war immer noch verwirrt davon. Kubrick hatte ganz bewußt auf die Schärfe und das Tempo verzichtet, die *Strangelove* so aufregend gemacht hatten. Seine Entschlossenheit, Keir Dulleas schauspielerische Fähigkeiten unter Verschluß zu halten, war offensichtlich nie ins Wanken geraten. So wie *2001* schließlich vor mir ablief, erschien mir der Film langsam und unmenschlich und verwirrend. Anfangs gefiel er mir überhaupt nicht. Erst nachdem ich ihn bis zum Ende gesehen hatte, begann ich zu begreifen, wieso Kubrick ihn so gewollt hatte.

Es ist aufschlußreich, den Film *2001* mit dem Buch desselben Titels zu vergleichen, das nachträglich von Arthur Clarke herausgebracht wurde. Das Skript des Films hatten Clarke und Kubrick zusammen geschrieben, das Buch stammt von Clarke allein. Das Buch erzählt dieselbe Geschichte wie der Film, aber in einem völlig anderen Stil. Das Buch erklärt alles. Alles wird logisch motiviert, das Verhalten der Charaktere, die Betriebsstörung des Computers HAL und die Natur der fremdartigen Gegenstände, die die Menschen entdecken. Es wird deutlich erklärt, was am Schluß geschieht. Alle losen Enden sind sauber verwoben. Und genau das wollte Kubrick nicht. Im Film sind die Motivationen nur angedeutet, die Außerirdischen sind völlig mysteriös, das Ende des Films ist ein Rätsel, alles bleibt offen. Kubrick gestaltete das Geschehen bewußt vage und traumhaft, so daß soviel wie möglich der Phantasie des Zuschauers überlassen bleibt.

Mit *Strangelove* wollte Kubrick sagen, daß die Menschen, die einen Atomkrieg planen und führen, Menschen sind wie wir alle und unsere menschlichen Schwächen und Unzulänglichkeiten teilen. Um das bewußtzumachen, waren Komik und ein witziger Dialog die angemessenen Ausdrucksmittel. Mit *2001* will er uns jedoch genau das Gegenteil sagen. Mit *2001* will er uns klarmachen, daß wir, sollten wir je auf eine außerirdische Zivilisation stoßen, diese Außerirdischen nicht als verwandte Geschöpfe erfahren würden. Diese Außerirdischen würden uns so fremd sein, daß wir fast nichts von dem, was sie tun, logisch erfassen könnten. Die Ausdrucksmittel, die Kubrick in

Strangelove so erfolgreich eingesetzt hatte, wären völlig ungeeignet, um eine solche Aussage zu vermitteln. Hätte er meinen Erwartungen entsprochen und ein Raumfahrtdrama im Stil von *Strangelove* geschaffen, wäre möglicherweise eine geistreichere Version von *Krieg der Sterne* entstanden, die vielleicht ebenso erfolgreich und ein ebenso überwältigender Kassenschlager geworden wäre. Aber ein solcher Film hätte nicht ausgedrückt, was Kubrick sagen wollte. Er wollte zeigen, daß eine außerirdische Zivilisation vollständig unmenschlich und jenseits allen Begreifens wäre. Zu diesem Zweck brauchte er einen Stil, der ebenfalls unmenschlich, sprachlos, mystisch sein mußte. Und wie andere große Künstler erfand er einen neuen Stil, um etwas Neues auszudrücken. Er war nicht daran interessiert, zweimal dasselbe zu tun. Der Film *2001* weist viele Mängel auf, trotzdem ist er ein Meisterwerk. In seiner seltsamen, langgezogenen Art verkörpert er die Größe der Vision Kubricks, die uns eine Menschheit zeigt, die klein und demütig vor etwas steht, das, wie Haldane sagte, «nicht nur seltsamer ist, als wir uns vorstellen, sondern seltsamer, als wir uns vorstellen *können*».

Wenn *2001* von Zeit zu Zeit in den Programmen auftauchte, fragte ich mich manchmal, ob ich nun eigentlich enttäuscht oder erleichtert war, daß mein Gesicht mit dem MGM-Computer im Hintergrund nicht auf der Leinwand erschien, um dem Publikum Kubricks Botschaft näherzubringen. Im ganzen gesehen bin ich froh darüber. Kubrick war mit Sicherheit nicht auf meine Unterstützung angewiesen. Seltsam ist nur, daß er überhaupt auf die Idee kam, er könnte sie brauchen. Und wie kam ein ehrbarer Wissenschaftler wie ich dazu, jenen Tag in den MGM-Studios zwischen Schauspielern und Illusionisten zu verbringen?

Ich fragte mich wie Lewis Carroll in einer ähnlichen Situation:

Yet what are all such gaieties to me
Whose thoughts are full of indices and surds?
x-squared plus seven-x plus fifty-three
Equals eleven thirds.

Doch was sind mir all die Lustbarkeiten,
Mir, dem der Kopf schwirrt von Wurzeln und von Exponenten?
x im Quadrat plus sieben x plus dreiundfünfzig,
Das ergibt elf Drittel.

Tatsache ist, daß ich in mancher Beziehung ein eigenartiger Naturwissenschaftler bin, so wie Lewis Carroll ein eigenartiger Mathematiker war. Kubrick hatte mich in sein Studio eingeladen, weil er wußte, daß ich ein unter Naturwissenschaftlern eher ungewöhnliches Interesse hatte für die Dinge, denen er auf der Spur war. Er wußte, daß ich von der Zukunft besessen bin.

Ich weiß nicht mehr, wie es zu dieser Zukunftsbesessenheit kam. Aber vielleicht liegen die Wurzeln in meiner Kindheit inmitten der mittelalterlichen Bauten von Winchester. Winchester ist eine Stadt, die in die Vergangenheit verliebt ist. Die Vergangenheit ist gegenwärtig, nahe und greifbar. Das Haus, in dem ich meine Kindheit verbrachte, war dreihundert Jahre alt, das Gebäude von William of Wykeham, in dem ich zur Schule ging, fast sechshundert. Die Menschen um mich herum diskutierten unermüdlich irgendwelche Feinheiten der Lokalgeschichte, Einzelheiten der mittelalterlichen Kirchenarchitektur oder die neuesten Funde der archäologischen Ausgrabungen, die dauernd vor sich gingen. Mit der Ungeduld des Kindes lehnte ich mich heftig gegen all das auf. Wieso waren die Menschen so sehr der Vergangenheit verhaftet? Wieso versetzte sie ein Bischof, der vor sechshundert Jahren gelebt hatte, in solche Aufregung? Ich wollte nicht sechshundert Jahre zurückgehen, in jene langweilige, alte Welt, die sie so sehr liebten. Ich wollte viel lieber sechshundert Jahre vorwärts gehen. Während sie also gelehrt über Chaucer und William of Wykeham redeten, träumte ich von Raumschiffen und außerirdischen Zivilisationen. Für jemanden, der in Winchester aufgewachsen ist, sind sechshundert Jahre keine lange Zeitspanne. Ich wußte, daß mich, wenn ich sechshundert Jahre in die Zukunft gehen konnte, sehr viel Aufregenderes erwarten würde als alte Kirchen.

Daher kommt meine Zukunftsbesessenheit, und sie ist mir geblieben. Der dritte Teil dieses Buches befaßt sich mit dieser Besessenheit. Nach England und Amerika ist die Zukunft meine dritte Heimat. Meine Streifzüge in dieses Land werden das Hauptthema der folgenden Kapitel sein.

Ich bin kein Vertreter jener Pseudowissenschaft, der Futurologie, die in den letzten Jahren fast so etwas wie eine professionelle Disziplin geworden ist, indem sie versucht, für die nähere Zukunft quantitative Voraussagen auf Grund extrapolierter Tendenzen der jüngsten Vergangenheit oder Gegenwart zu machen. Längerfristig gesehen sind qualitative Veränderungen immer schwerwiegender als quantitative. Quantitative Prognosen ökonomischer und gesellschaftlicher Tendenzen werden durch qualitative Veränderungen der Spielregeln überholt. Quantitative Prognosen über den technologischen Fortschritt veralten durch unvorhersehbare Erfindungen. Was mich fasziniert, sind die großen Zeiträume, die ferne Zukunft, für die quantitative Prognosen bedeutungslos sind. Das einzige, was sich mit Gewißheit über jene ferne Zukunft sagen läßt, ist, daß radikal Neues geschehen wird. Der einzige Weg, sie zu erforschen, führt über unsere Phantasie. Ich hatte Kubricks Einladung angenommen, weil ich wußte, daß er sich ebenso ernsthaft wie ich mit der Zukunft befaßte.

Und ich wußte, daß er, mehr noch als ich, bereit war, seiner Phantasie bedingungslos zu folgen, wohin sie ihn auch führen mochte.

Vor einigen Jahren schrieb Barbara Tuchman ein ausgezeichnetes Buch über das 14. Jahrhundert, das Jahrhundert Chaucers und Williams of Wykeham. Sie nannte es *Der Ferne Spiegel,* womit sie sagen will, daß sie uns die Geschichte jener fernen Vergangenheit als Spiegel vorhält, um darin die tragischen Erfahrungen des 20. Jahrhunderts und unsere gegenwärtigen Probleme deutlich zu machen. In der Tat war das 14. Jahrhundert eine Zeit voller Tragik, der unseren nicht unähnlich, obgleich in Dichtkunst und Architektur so viel Wertvolles entstand, das die Jahrhunderte überdauerte. Im Verlauf seines Lebens hatte William of Wykeham sechs große Bauwerke geschaffen. Alle sechs Bauten stehen noch und dienen überdies immer noch den Zwecken, für die sie ursprünglich gebaut wurden. Chaucers Dichtkunst hat ungeachtet aller Veränderungen der Aussprache und des Vokabulars, die die englische Sprache inzwischen erfahren hat, nichts von ihrer Macht, uns anzurühren, eingebüßt. Barbara Tuchmans Spiegel zeigt uns nicht nur ein Jahrhundert ungeheurer menschlicher Leiden und Verwirrungen, er zeigt uns auch eine tapfere Menschenschar, die über die Jahrhunderte hinweg zu uns herübergrüßt und uns mit ihren Worten und Werken aufmuntert und ermutigt.

Ich versuche, die Zukunft zu erforschen wie Barbara Tuchman die Vergangenheit. Die Zukunft ist mein ferner Spiegel. Auch mir dient er dazu, die Probleme und Schwierigkeiten der Gegenwart in eine weitere Perspektive zu rücken. Wie sie sehe ich in meinem Spiegel ein gewaltiges Panorama voller Not und Aufruhr. Doch das ist nicht alles. Ich sehe auch den einzelnen Menschen, der über die Jahrhunderte hinweg dankbar für unsere Anteilnahme zu uns zurückblicken wird, so wie wir Chaucer und William of Wykeham das Erbe danken, das sie uns hinterlassen haben.

Einstein verdanken wir eine neue wissenschaftliche Vision des Universums als harmonisches Ganzes, in dem Vergangenheit und Zukunft keine absolute Bedeutung haben. Im März 1955, kurz vor seinem eigenen Tod, erfuhr Einstein, daß Michele Besso gestorben war. In den großen Jugendjahren Einsteins hatte Besso seine Gedanken geteilt und war über mehr als fünfzig Jahre Einsteins vertrautester Freund geblieben. Einstein schrieb einen Beileidsbrief an Bessos Schwester und Sohn in der Schweiz, der mit den folgenden Sätzen endete:

> Nun ist er mir auch mit dem Abschied von dieser sonderbaren Welt ein wenig vorausgegangen. Dies bedeutet nichts. Für uns gläubige Physiker hat die Scheidung zwischen Vergangenheit, Gegenwart und Zukunft nur die Bedeutung einer wenn auch hartnäckigen Illusion.

Vier Wochen später sah Einstein seinem eigenen Tod mit heiterer Gelassenheit entgegen. Seine Entdeckung der Relativität lehrt uns, daß in der Physik die Aufteilung der Raum-Zeit in Vergangenheit, Gegenwart und Zukunft eine Illusion ist. Er erkannte auch, daß diese Aufteilung im menschlichen Leben ebenso illusorisch ist wie in der Physik.

Einsteins Vision bekräftigt die Lektion, die ich von Barbara Tuchmans und meinem eigenen «Fernen Spiegel» gelernt habe. Vergangenheit und Zukunft sind uns nicht fern. Die Menschen, die vor sechshundert Jahren gelebt haben, und jene, die in sechshundert Jahren leben werden, sind Menschen wie wir. Sie sind unsere Nachbarn in diesem Universum. Durch die Technologie wurden und werden tiefgreifende Veränderungen in unserem Lebensstil und unserem Denken geschaffen, die uns von unseren Nachbarn trennen. Um so kostbarer sind deshalb die verwandtschaftlichen Bande, die uns miteinander verbinden.

18

Gedankenexperimente

«Je mehr sich der Wissenschaftler der Zukunft seiner furchtbaren Mission bewußt und von Stolz darauf erfüllt wird, desto größer wird seine Ähnlichkeit mit der einsamen Gestalt des Dädalus.» Unter all den Wissenschaftlern, die ich gekannt habe, war es kein Biologe, der Haldanes Dädalus am ähnlichsten war, sondern ein Mathematiker namens John von Neumann. Wer von Neumann nur von seiner äußeren Erscheinung her kannte, rundlich und jovial, mag den Vergleich mit Dädalus als lächerlich unpassend empfinden. Doch wer ihn persönlich kannte, jenen Mann, der der Menschheit wissentlich und willentlich den Weg ins Computerzeitalter wies, wird kaum bestreiten, daß Haldane ein psychologisch außerordentlich prophetisches Porträt von Neumanns gezeichnet hat.

Im zweiten Weltkrieg war von Neumann mit großem, persönlichem Einsatz an der Entwicklung der Atombombe in Los Alamos beteiligt. Doch schon damals war ihm klar, daß die Kernenergie nicht das zentrale Thema der menschlichen Zukunft war. 1946 traf er zufällig auf seinen alten Freund, Gleb Wataghin, der die Kriegsjahre in Brasilien verbracht hatte. «Hallo, Johnny», sagte Wataghin. «Interessierst Du Dich überhaupt noch für Mathematik? Man sagt, daß Du nur noch Bomben im Kopf hast.» – «Das ist völlig verkehrt», entgegnete von Neumann. «Ich denke an etwas viel Wichtigeres als Bomben, ich denke über Computer nach.»

Im September 1948 gab von Neumann eine Vorlesung mit dem Titel «Die allgemeine und logische Theorie der Automaten», die im 5. Band seiner gesammelten Werke nachgedruckt ist. Die Vorlesung wirkt auch heute noch frisch und gut lesbar. Da seine Ausführungen allgemein gehalten sind, ist wenig daran überholt. Von Neumanns Automaten sind eine begriffliche Verallgemeinerung der elektronischen Computer, deren revolutionäre Implikationen er als erster erkannt hatte. Ein Automat ist jede beliebige Maschine, deren Verhalten präzise in einer streng mathematischen Terminologie definiert werden kann. Von Neumann bemühte sich darum, die Grundlagen für eine Theorie der Konstruktion und Arbeitsweise solcher Maschinen zu schaffen, welche auch auf Maschinen anwendbar sein sollte, die wesentlich komplexer und höher entwickelt sind als die bisher gebauten. Er glaubte, daß wir aus einer solchen Theorie nicht nur lernen könnten, leistungsfähigere Maschinen zu bauen, sondern auch Aufbau und Arbeitsweise lebender Organismen besser zu verstehen.

Von Neumann lebte nicht mehr lange genug, um seine Automatentheorie realisieren zu können. Aber er hat noch erlebt, daß seine

Einsichten in die Funktionsweise lebender Organismen eine glänzende Bestätigung durch die Biologen erfuhr. Hauptthema seiner Vorlesung von 1948 ist eine abstrakte Analyse der Struktur eines Automaten, der immerhin so komplex ist, daß er sich selbst reproduzieren kann. Er zeigt, daß ein sich selbst reproduzierender Automat über vier verschiedene Bestandteile verfügen muß, die die folgenden Funktionen haben: Bestandteil A ist eine automatische Fabrik, ein Automat, der die Rohmaterialien sammelt und sie gemäß schriftlichen Instruktionen, die von außen eingegeben werden müssen, zu einem Produkt verarbeitet. Bestandteil B ist eine Kopiermaschine, ein Automat, der eine schriftliche Instruktion entgegennimmt und sie kopiert. Bestandteil C ist eine Kontrollinstanz, ein Automat, der sowohl an A wie an B angeschlossen ist. Erhält C eine Instruktion, so leitet er sie zuerst an B weiter, wo sie kopiert wird, dann gibt er sie an A, wo sie ausgeführt wird, und schließlich versorgt er das Produkt von A mit der kopierten Instruktion und behält selber das Original. D ist eine schriftliche Instruktion, welche die vollständigen Spezifikationen enthält, nach denen A das kombinierte System A plus B plus C herstellt. Von Neumanns Analyse zeigte, daß eine solche Struktur logisch notwendig und hinreichend für einen sich selbst reproduzierenden Automaten ist; und er vermutete, daß diese Struktur auch in lebenden Zellen vorhanden ist. Fünf Jahre später entdeckten Crick und Watson die DNA-Struktur, und heute lernt jeder Gymnasiast die biologischen Entsprechungen der vier Bestandteile. D entspricht den genetischen Materialien RNA und DNA; A entspricht den Ribosomen; B entspricht den Enzymen RNA- und DNA-Polymerase; und C entspricht den Repressor- und Derepressor-Kontrollmolekülen und anderen Substanzen, deren Funktionsweise noch nicht ausreichend verstanden wird. Soweit wir wissen, ist die grundlegende Anordnung eines jeden Mikroorganismus, der größer ist als ein Virus, genau so, wie von Neumann damals vermutete. Viren sind nicht selbst reproduzierend im Sinne von Neumanns, da sie die Ribosomen von den Zellen, in die sie eindringen, borgen.

Von Neumanns erste Hauptfolgerung war, daß sich selbst reproduzierende Automaten, die diese Charakteristika aufweisen, im Prinzip gebaut werden können. Seine zweite Hauptfolgerung, die er aus dem Werk des Mathematikers Turing ableitete, ist weniger bekannt und führt tiefer in das Wesen des Automationsproblems. Er zeigte, daß es theoretisch einen Universalautomaten geben muß, das heißt eine Maschine von einer bestimmten, eindeutigen Größe, die – mit der richtigen, schriftlichen Instruktion versehen – alles kann, was jede andere Maschine kann. Von einem gewissen Punkt erübrigt es sich also, die Maschine noch größer und komplexer zu konstruieren, damit sie noch komplexere Aufgaben erfüllen kann. Es genügt, ihr längere und ausführlichere Instruktionen zu geben. Auch dieser Universalautomat kann sich selbst reproduzieren, wenn man ihn in die Fabrikationseinheit (Bestandteil A) des bereits beschriebenen, sich selbst reproduzierenden Systems einbezieht. Von Neumann glaubte, daß dieser Universalautomat letztlich dafür verantwortlich war, daß eine unbegrenzte, biologische Evolution überhaupt möglich war. Auf dem Weg von einfacheren zu komplexeren Organismen ist es so nicht nötig, den grundlegenden, biochemischen Mechanismus umzugestalten. Lediglich die genetischen Instruktionen müssen modifiziert und erweitert werden. Alles, was wir seit 1948 über die Evolution gelernt haben, scheint von Neumanns Vermutung zu bestätigen. Auf dem Weg ins 21. Jahrhundert wird von Neumanns Analyse für uns immer relevanter werden, sowohl im Hinblick auf künstliche Automaten wie auf lebende Zellen. Und je mehr wir über die Biologie erfahren, desto verschwommener wird die Trennlinie zwischen elektronischer und biologischer Technologie werden. In diesem Sinne stelle ich das Problem: Angenommen, wir bringen es fertig, einen nützlichen und mehr oder minder universalen, sich selbst reproduzierenden Automaten herzustellen und zu programmieren. Was würde das für uns auf intellektueller Ebene bedeuten? Und wie würde es sich im besonderen auf unsere wirtschaftlichen Prinzipien und unsere ökologischen und gesellschaftlichen Vorstellungen auswirken?

Ich werde versuchen, diese Fragen anhand einer Reihe von Gedankenexperimenten zu beantworten. Ein Gedankenexperiment ist ein imaginäres Experiment, das dazu dient, eine theoretische Vorstellung zu beleuchten. Das Gedankenexperiment ist eine Erfindung der Physiker; sein Zweck besteht darin, eine imaginäre Situation zu erfinden, in der die logischen Widersprüche und Absurditäten einer geplanten Theorie so deutlich wie möglich zutage treten. Je komplexer die Theorien werden, desto nützlicher wird das Gedankenexperiment, um schlechte Theorien auszuscheiden und die guten gründlicher zu begreifen. Wenn ein Gedankenexperiment zeigt, daß allgemein akzeptierte Ideen logisch in sich selbst widersprüchlich sind, so nennt man das ein «Paradoxon». Ein beträchtlicher Teil der Fortschritte, die die Physik in diesem Jahrhundert gemacht hat, folgte aus der Entdeckung von Paradoxa und der daraus resultierenden Kritik oder Theorie. Oft ist ein Gedankenexperiment sehr viel aufschlußreicher als ein tatsächlich ausgeführtes, und auf jeden Fall ist es sehr viel billiger. In der Physik wurde die Erfindung von Gedankenexperimenten zu einer Kunstform, in der es Einstein zu höchster Meisterschaft gebracht hat. Ein Gedankenexperiment ist etwas völlig anderes als eine Vorhersage. Die Situationen, die ich im folgenden beschreiben werde, sind nicht als Vorhersagen von tatsächlich zu erwartenden Vorgängen gedacht. Es handelt sich um idealisierte Modellfälle von Entwicklungen, mit denen wir uns intellektuell auseinandersetzen müssen, bevor wir hoffen können, sie praktisch in den Griff zu bekommen.

Mein erstes Gedankenexperiment ist nicht meine Erfindung. Der Grundgedanke erschien vor zwanzig Jahren in der Zeitschrift *Scientific American* in einem Artikel des Mathematikers Edward Moore. Der Titel dieses Artikels lautete «Künstliche Pflanzen». Das Gedankenexperiment beginnt mit dem Stapellauf eines flach gebauten Schiffes von einer unscheinbaren Werft der RUR Company irgendwo an der Nordwestküste Australiens. RUR steht für «Rossum's Universal Robots» und ist eine Gesellschaft mit einer langen und erfolgreichen Tradition. Das Schiff nimmt langsam Kurs aufs offene Meer und verschwindet irgendwo am Horizont. Einen Monat später schwimmen im Indischen Ozean zwei Schiffe, wo vorher eines war. Das ursprüngliche Schiff hat eine Miniaturfabrik mit allen notwendigen Anlagen, einschließlich eines Computerprogramms, an Bord, die es ihm ermöglichen, eine vollständige Replika seiner selbst zu bauen. Die Replika entspricht in allem genau dem Originalschiff, auch die Fabrik und das Computerprogramm gehören dazu. Als Konstruktionsmaterialien dienen hauptsächlich Kohlenstoff, Sauerstoff, Wasserstoff und Stickstoff, die aus Luft und Wasser gewonnen und mit Hilfe von Sonnenenergie zu widerstandsfähigen Kunststoffen verarbeitet werden. Metallteile werden hauptsächlich aus Magnesium hergestellt, das im Meerwasser reichlich vorkommt. Andere, weniger leicht zugängliche Elemente werden entsprechend sparsamer verwendet. Man nennt diese Schiffe «künstliche Pflanzen», weil sie mit Hilfe von Maschinen und Computern den Lebenszyklus mikroskopischer Pflanzen imitieren, die in den oberen Regionen des Ozeans treiben. Es ist leicht auszurechnen, daß es nach einem Jahr tausend Schiffe geben wird, nach zwei Jahren eine Million, nach drei Jahren eine Milliarde, und so weiter, eine Bevölkerungsexplosion, die ein paar hundertmal schneller abläuft als unsere eigene.

Die RUR Company ließ dieses Schiff mit seiner kostspieligen Fracht natürlich nicht zum Spaß vom Stapel laufen. Neben seiner automatischen Fabrik führt jedes Schiff einen riesigen Tank mit, den es nach und nach mit Süßwasser auffüllt, das mit Hilfe von Sonnenenergie aus dem Meer gewonnen wird. Auch Regenwasser wird, soweit vorhanden, als besonderes Himmelsgeschenk gesammelt. An geeigneten Stellen rund um die australische Küste hat die RUR Company Pumpstationen eingerichtet, die alle über Funkfeuer verfügen. Jedes Schiff, dessen Süßwassertank voll ist, ist darauf programmiert, die nächste Pumpstation anzulaufen, wo es rasch leergepumpt und wieder auf die Reise geschickt wird. Sobald die Schiffe nach drei Jahren über alle Weltmeere verteilt sind, bietet die RUR Company allen Küstenstädten, die Süßwasser brauchen, ihre Dienste an. Überall an den Küsten Kaliforniens, Afrikas und Perus entstehen Pumpstationen, und die Gebühren fließen auf die Konten der RUR Company. Wüsten erblühen - doch das hatten wir schon einmal, als wir auf die Kernenergie hofften. Wo mag der Haken diesmal liegen?

Das Gedankenexperiment hat zwei offensichtliche Haken. Der erste ist ökonomischer Natur. Die Schiffe mögen uns zwar mit einem kostenlosen Süßwasservorrat versorgen, es kostet jedoch Geld, dieses Wasser zu verwenden. Es genügt nicht, Süßwasser in eine Wüste zu pumpen, um Gärten erstehen zu lassen. Den meisten Wüstengebieten der Erde wird auch Wasser im Überfluß keinen schnellen Reichtum bescheren. Um das Wasser richtig einzusetzen, braucht es Wasserleitungen, Röhren, Häuser, Bauernhöfe, sachkundige Bauern, Ingenieure; alles Dinge, deren Verdoppelungsrate noch immer eher Jahrzehnte als Monate beträgt. Die zweite grundsätzliche Schwierigkeit des RUR-Projekts ist die Ökologie. Die künstlichen Pflanzen haben keine natürlichen Feinde. Im dritten Betriebsjahr findet sich die RUR Company bereits in Prozesse mit mehreren Schiffahrtsgesellschaften verwickelt, deren Schiffsverkehr durch die RUR-Schiffe behindert wird. Im fünften Jahr sind die RUR-Schiffe dicht über die Oberfläche der meisten Ozeane verteilt. Im sechsten Jahr türmt sich an den Küsten aller Kontinente der Schrott havarierter oder in Stürmen gesunkener RUR-Schiffe. Inzwischen hat jedermann erkannt, daß das RUR-Projekt eine ökologische Katastrophe ist, und weitere Experimente mit künstlichen Pflanzen werden auf Grund eines internationalen Abkommens verboten. Mein Glück, daß sich dieses Verbot nicht auf Gedankenexperimente erstreckt.

Die Einzelheiten meines zweiten Gedankenexperiments stammen teilweise aus einem Science-fiction-Roman von Isaac Asimov. Nehmen wir den Planeten Mars, ein gewaltiges Stück Land ohne jeden wirtschaftlichen Wert, da ihm zwei wesentliche Voraussetzungen fehlen, flüssiges Wasser und Wärme. Um den Planeten Saturn kreist der Satellit Enceladus. Enceladus hat eine Masse, die ungefähr fünf Prozent der Ozeane unserer Erde entspricht, und eine Dichte, die eher geringer ist als die Dichte von Eis. Für den Zweck unseres Gedankenexperiments ist es erlaubt anzunehmen, daß Enceladus aus schmutzigem Eis und Schnee besteht, wobei der Schmutz chemisch so zusammengesetzt sein soll, daß er als Konstruktionsmaterial für sich selbst reproduzierende Automaten dienen kann.

Das Gedankenexperiment beginnt mit einer Rakete, die mit ihrer nicht sehr umfangreichen, aber hochkomplizierten Fracht unterwegs ist von der Erde zum Enceladus. Zu dieser Fracht gehört ein Automat, der fähig ist, sich selbst aus den auf dem Enceladus vorhandenen Materialien zu reproduzieren, indem er als Energiequelle das schwache Licht der weit entfernten Sonne benützt. Der Automat ist darauf programmiert, eine Nachkommenschaft von Miniatursonnenseglern zu produzieren, von denen jeder über ein großflächiges, dünnes Segel verfügt, mit dem er, unter Ausnützung des Drucks des Sonnenlichtes, im All navigieren kann. Die Segelboote werden von der Oberfläche des Enceladus mittels einer einfachen, katapultähnlichen Maschine in den Weltraum befördert. Die Schwerkraft ist auf dem Enceladus so schwach, daß ein sanfter Schub für den Start ausreicht. Auf seiner Reise in den Weltraum trägt jedes dieser Segelboote einen kleinen Block Enceladus-Eis mit sich. Die Segelboote haben nur einen Zweck, sie sollen ihre Fracht sicher zum Mars bringen. Der Weg, der vor ihnen liegt, ist lang. Zuerst müssen sie sich mit Hilfe ihrer Segel und des schwachen Drucks des Sonnenlichtes gegen die Schwerkraft des Saturn aufwärtskämpfen. Sobald sie sich vom Saturn befreit haben, geht es abwärts; den Abhang der Sonnenschwerkraft hinunter gleiten sie ihrem Rendezvous mit dem Mars zu.

In den ersten Jahren, nachdem die Rakete auf dem Enceladus gelandet ist, ist die Automatenvermehrung von der Erde aus nicht auszumachen. Dann beginnt sich eine Wolke kleiner Segelboote langsam spiralförmig aus der Bahn des Enceladus herauszubewegen. Von der Erde aus entsteht der Eindruck, der Saturn bilde einen neuen Ring, ungefähr doppelt so groß wie die alten Ringe. Nachdem wieder eine Reihe von Jahren vergangen ist, erstreckt sich der äußere Rand des neuen Rings weit hinaus bis zu einem Ort, wo sich die Auswirkungen der Schwerkraft von Saturn und Sonne gegenseitig aufheben. Dort kommen die Segelboote langsam zum Stillstand und ergießen sich in einem langen Strom in freiem Fall der Sonne entgegen.

Noch ein paar Jahre später beginnt der Nachthimmel über dem Mars durch das pausenlose Aufblitzen kleiner Meteore zu erglühen. Sie fallen Tag und Nacht, nur sind sie nachts besser sichtbar. Tag und Nacht ist der Himmel warm. Sanfte, laue Winde streichen über das Land, und langsam beginnt Wärme in den gefrorenen Boden einzudringen. Noch etwas später fällt auf dem Mars seit einer Milliarde Jahren der erste Regen. Es dauert nicht lange, bis sich Ozeane bilden. Enceladus verfügt über genügend Eis, um das Klima auf dem Mars noch 10000 Jahre lang warm zu halten und die Marswüsten zum Blühen zu bringen. Überlassen wir also die Schlußfolgerungen aus diesem Experiment den Science-fiction-Autoren und schauen selber, ob wir daraus einige allgemeine Prinzipien ableiten können, die für die reale Welt Gültigkeit haben. Das Resultat dieses Experiments ist ein echtes Paradoxon. Das Paradoxon liegt in der Tatsache, daß eine endliche Maschine, die - gewußt wie - mit bescheidenem Aufwand gebaut werden kann, einen unermeßlichen Ertrag einbringt oder doch wenigstens einen, an menschlichen Maßstäben gemessen, absurd hohen Ertrag. Es scheint, daß wir in diesem Falle etwas umsonst bekommen, während uns viele, harte Erfahrungen mit praktischen Problemen gelehrt haben, daß alles seinen Preis hat. Das Paradoxon zwingt uns, der Frage auf den Grund zu gehen, ob die Entwicklung sich selbst reproduzierender Automaten uns die Möglichkeit geben kann, uns über die herkömmlichen Weisheiten der Ökonomen und der Soziologen hinwegzusetzen. Ich kann diese Frage nicht beantworten. Aber ich glaube, daß man mit Sicherheit annehmen kann, daß diese Frage die Menschheit im 21. Jahrhundert wesentlich beschäftigen wird. Es ist daher keineswegs zu früh, sich Gedanken darüber zu machen.

Ich möchte die Frage mit einem dritten Gedankenexperiment illustrieren. Ein Nebenprodukt des Enceladus-Projekts ist ein kleiner, sich selbst reproduzierender Automat, der gut für die Arbeitsbedingungen in den Wüstengebieten der Erde geeignet ist. Er konstruiert sich hauptsächlich aus Silizium und Aluminium, die er, wo immer er sich befindet, aus gewöhnlichem Felsgestein gewinnen kann. Der trockenen Wüstenluft kann er immer noch genügend Feuchtigkeit für seinen internen Bedarf entziehen. Seine Energiequelle ist das Sonnenlicht. Er produziert mit mittelmäßiger Effizienz Elektrizität, und zwar einschließlich der Überlandleitungen, mittels deren diese Elektrizität überall dorthin transportiert werden kann, wo sie gebraucht wird. Im Kongreß kommt es über der Frage, ob dieser Maschine die Genehmigung erteilt werden soll, sich über die westlichen Bundesstaaten auszubreiten, zu einer erbitterten Debatte. Die Nachkommenschaft einer einzigen Maschine könnte leicht das Zehnfache der gesamten Elektrizität liefern, die die Vereinigten Staaten zur Zeit produziert. Andererseits kann niemand behaupten, daß die Maschinen die Wüstenlandschaften verschönern. Schließlich kann sich die Umwelt-Lobby mit ihrem Standpunkt durchsetzen. Die beiden anderen Energiequellen, Erdöl und Kernenergie, haben nämlich inzwischen in immer ernsthaftere Umweltprobleme geführt. Neben der chemischen und radioaktiven Verschmutzung, die zu ihren Lasten geht, tragen neue Werke beider Typen dazu bei, die Abwärmebelastung zu erhöhen, die sich immer zerstörerischer auf die Umwelt auswirkt. Im Gegensatz dazu erzeugt der felsenfressende Automat überhaupt keine Abwärme. Er bedient sich lediglich der Energie, die andernfalls die Wüstenluft erhitzen würde, und setzt einen Teil davon in eine nutzbare Form um. Er erzeugt weder Smog noch Radioaktivität. Man einigt sich schließlich auf Gesetze, die es den Automaten gestatten, sich zu vermehren, unter einer Bedingung: jede Maschine muß den ursprünglichen Zustand der Landschaft an ihrem Standort in ihrem Gedächtnis speichern und ist, falls dieser Standort aus irgendeinem Grunde aufgegeben wird, programmiert, diesen ursprünglichen Zustand wieder herzustellen.

Damit ist auch mein drittes Gedankenexperiment unterwegs ins Reich der Science-fiction-Romane; ich will es deshalb an diesem Punkte auf sich beruhen lassen. Die ökologischen Probleme, an denen das RUR-Schiff-Projekt scheiterte, scheinen hier umgangen. Es wirft jedoch verschiedene, neue Fragen auf, die wir überdenken müssen. Falls Sonnenernergie tatsächlich so reichlich vorhanden und so unbelastet von Umweltproblemen ist, wieso wird sie dann nicht jetzt schon in größerem Umfang genutzt? Der Grund sind ganz einfach die zu hohen Kapitalkosten. Der sich selbst reproduzierende Automat scheint einen Ausweg aus dieser Schwierigkeit zu bieten. Wenn der Prototyp der Maschine einmal vorhanden ist, dazu Land und Sonne, so ist alles weitere gratis. Wenn der Felsfresser je funktionsfähig wird, könnte er die ökonomischen Hindernisse, die einer großangelegten Nutzung der Sonnenenergie bisher im Wege standen, wegräumen.

Läßt sich aus dieser Idee ein sinnvolles, praktisches Programm für das 21. Jahrhundert entwickeln? Eine der unbekannten Größen, die für die praktische Nutzbarkeit solcher Ideen entscheidend sein wird, ist die Entwicklungszeit eines sich selbst reproduzierenden Automaten, die durchschnittliche Zeitspanne also, in der sich eine Automatenpopulation verdoppelt. Wenn diese Entwicklungszeit, einer menschlichen Generationsspanne vergleichbar, zwanzig Jahre beträgt, so können die Automaten keine dramatische Veränderung der menschlichen Lebensbedingungen bewirken. In diesem Falle würden sie sich bloß mit einer Geschwindigkeit vermehren und neuen Reichtum schaffen, die unserem normalen, industriellen Wachstum entspricht. Beträgt die Entwicklungszeit aber ein Jahr, ist die Situation eine völlig andere. Eine einzige Maschine produziert dann in zwanzig Jahren eine Nachkommenschaft von einer Million, von einer Milliarde in dreißig Jahren, und die wirtschaftlichen Grundlagen der Gesellschaft könnten innerhalb einer Menschengeneration verändert werden. Wenn die Entwicklungszeit einen Monat betrüge, wäre die Natur des Problems abermals drastisch verändert. Dann könnten wir ohne weiteres daran denken, unsere Industrieanlagen und Städte abzureißen und sie innerhalb einiger weniger Jahre angenehmer und schöner wieder aufzubauen. Es ist schwierig, eine logische Grundlage zu finden, auf der sich die Entwicklungszeit der in meinen drei Experimenten postulierten Automatentypen abschätzen läßt. Wir können uns dabei nur auf die Biologie stützen. Wir wissen, daß Bakterien und Einzeller, die einfachsten, echt selbst reproduzierenden Organismen, eine Entwicklungszeit von wenigen Stunden oder Tagen haben. Auf der zweiten Hauptstufe der biologischen Organisation benötigt ein höherer Organismus, wie zum Beispiel ein Vogel, eine Entwicklungszeit von der Größenordnung eines Jahres. Auf der dritten Stufe biologischer Organisation, die nur durch eine Spezies, den *Homo sapiens,* eher prekär vertreten ist, finden wir eine Entwicklungszeit von zwanzig Jahren. Grob gesagt kann man deshalb sagen, daß sich ein biochemischer Automat in einem Tag reproduzieren kann, ein Zentralnervensystem in einem Jahr und eine Kulturtradition in zwanzig Jahren. Mit welcher dieser drei Organisationsstufen sind unsere künstlichen Automaten zu vergleichen?

Von Neumann sprach in seiner Vorlesung von 1948 hauptsächlich über Automaten der logisch einfachsten Art, die sich durch direkte Duplikation reproduzieren. Für diese Automaten postulierte er eine Struktur, wie sie einzelligen Organismen eigen ist. Er stellte sie als unabhängige Einheiten dar, die in flüssigen Rohmaterialien herumschwimmen und keine Notiz voneinander nehmen. Diese unterste Organisationsstufe reicht aus für mein erstes Experiment, nicht aber für das zweite oder dritte. Die Automaten auf dem Enceladus können sich nicht einfach wie Fruchtfliegen auf einem faulen Apfel vermehren. Um die Funktionen zu erfüllen, die ich im zweiten und dritten Experiment beschrieben habe, müssen sich die Automaten wie die Zellen eines höheren Organismus kontrolliert vermehren und differenzieren. Die vollständig entwickelte Maschinenpopulation muß so gut koordiniert sein wie die Zellen eines Vogels. Es muß Automaten geben, die spezifische Funktionen erfüllen, die den Funktionen des Muskels, der Leber, der Nervenzelle entsprechen. Es müssen qualitativ hochstehende Sinnesorgane vorhanden sein und eine zentrale Batterie von Computern, die die Aufgaben des Gehirns übernehmen.

Heutzutage sind die Mechanismen der Zelldifferenzierung und Wachstumsregulierung in höheren Organismen noch völlig unbekannt. Wenn man von Neumanns abstrakte Analyse sich selbst reproduzierender Automaten über die Stufe der Einzeller hinaus ausdehnte, böte das vielleicht eine gute Möglichkeit, diese Mechanismen besser zu verstehen. Wir sollten versuchen, die minimale Anzahl von Begriffskomponenten zu analysieren, die ein Automat enthalten muß, um als Keimzelle für einen höheren Organismus zu dienen. Ein solcher Automat muß die Instruktionen für den Bau jedes einzelnen seiner Abkömmlinge enthalten, außerdem ein komplexes Schaltsystem, das sicherstellt, daß Abkömmlinge vieler, verschiedener Arten in einer aufeinander abgestimmten Weise reproduzieren und funktionieren. Ich habe nie ernsthaft versucht, eine solche Analyse zu machen. Und nun, da von Neumann tot ist, sind wir vielleicht gar nicht mehr in der Lage, eine solche Analyse durch logisches Schließen durchzuführen, sondern werden uns gedulden müssen, bis die Embryologen experimentell herausgefunden haben, wie die Natur das Problem gelöst hat.

Mein viertes Gedankenexperiment ist lediglich eine verallgemeinerte Version des dritten. Nachdem die RUR Company mit ihrem felsenfressenden Automaten einen Erfolg verbuchen konnte, bringt sie ein industrielles Entwicklungspaket auf den Markt, das auf die Bedürfnisse der Entwicklungsländer zugeschnitten ist. Gegen eine kleine Anzahlung kann ein Land ein Startpaket kaufen, das sich in wenigen Jahren zu einem vollständigen System von Grundstoffindustrien auswächst, bis hin zu den dazugehörigen Transport- und Kommunikationsnetzen. Das Paket wird nach den Spezifikationen des Kunden maßgeschneidert. Die Garantie des Herstellers ist an eine Bedingung geknüpft: der Kunde muß sich verpflichten, während der Entwicklungszeit des Systems alle menschlichen Bewohner von der Konstruktionszone fernzuhalten. Nachdem das System vollständig entwickelt ist, steht es dem Kunden frei, in den Betriebsablauf einzugreifen oder ihn so zu modifizieren, wie er das für nötig hält.

Ein weiteres erfolgreiches Projekt der RUR Company ist das Stadtsanierungspaket. Eine Stadt, die ästhetisch oder wirtschaftlich heruntergekommen ist, muß nur eine Gruppe von Architekten und Stadtplanern beauftragen, Pläne für einen Wiederaufbau zu erstellen. Dann wird das Stadtsanierungspaket programmiert, diese Arbeiten gegen ein festgesetztes Honorar durchzuführen.

Ich will mir keine Prognosen darüber anmaßen, was für Auswirkungen die Möglichkeit einer so schnellen, industriellen Entwicklung und so rascher, städtebaulicher Veränderungen auf die menschlichen Werte und Institutionen haben könnte. Negativ wäre sicherlich, daß durch die unmenschliche Dimension und Geschwindigkeit dieser Operationen die Entfremdung zwischen der Mehrheit der Bevölkerung und der Minderheit, welche die Maschinen kontrolliert, noch zunehmen könnte. Denn Stadtsanierungen wären auch weiterhin für die davon betroffenen Menschen etwas Abscheuliches. Positiv wäre, daß die neue Technologie die meisten unserer heutigen, ökonomischen Probleme aus der Welt schaffen würde. Die Mehrheit der Bevölkerung müßte sich nicht mehr mit der Produktion und Verteilung von Gütern plagen. Die meisten Menschen hätten wohl nichts dagegen einzuwenden, die wirtschaftlichen Sorgen den Computertechnikern zu überlassen und ihre Zeit vergnüglicher zu verbringen. Positiv wäre auch, daß durch das industrielle Entwicklungspaket der Graben zwischen Industrienationen und Entwicklungsländern geschlossen würde. Wir würden dann alle gleichermaßen in einer nachindustriellen Gesellschaft leben.

Wie wäre das Leben in einer solchen nachindustriellen Gesellschaft? In seinem *Dädalus* versuchte Haldane, einen Eindruck davon zu geben:

> Synthetische Nahrungsmittel werden den Blumengarten und die Fabrik den Misthaufen und das Schlachthaus ersetzen, und die Stadt wird sich endlich selbst versorgen können.

There's many a strong farmer whose heart would break in two,
If he could see the townland that we are riding to.
Boughs have their fruit and blossom at all times of the year,
Rivers are running over with red beer and brown beer,
An old man plays the bagpipes in a golden and silver wood,
Queens, their eyes blue like the ice, are dancing in a crowd.

Manchem starken Bauern bräch' das Herz entzwei,
Könnt' er das Stadtland seh'n, dem wir entgegenreiten.
Zu allen Jahreszeiten tragen die Zweige Frucht und Blüte,
Flüsse überschäumen voll roten Biers und braunen Biers,
Ein alter Mann spielt seinen Dudelsack in einem Gold- und Silberwald,
Königinnen, mit Augen blau wie Eis, tanzen in der Menge.

Das ist eine poetische Vision und keine sozialwissenschaftliche Analyse. Aber ich zweifle, ob es bis heute jemandem gelungen ist, die menschlichen Aspekte einer nachindustriellen Welt besser zu schildern als Haldane im Jahre 1924.

19

Außerirdische Intelligenzen

Im Jahre 1918 glänzte für wenige Wochen ein leuchtender, neuer Stern am Äquatorialhimmel, den die Astronomen Nova Aquilae nannten, die hellste Nova dieses Jahrhunderts. Der Biologe Haldane, der damals in der britischen Armee in Indien diente, schilderte, wie er das Ereignis erlebte:

Drei Europäer in Indien, die einen herrlichen Stern in der Milchstraße betrachten. Sie waren offensichtlich die einzigen Gäste eines großen Balls, die sich dafür interessierten. Unter jenen, die überhaupt in der Lage waren, sich eine Meinung über die Ursachen einer solchen kosmoklastischen Explosion zu bilden, herrschte die Theorie vor, sie einer Kollision zwischen zwei Sternen, oder zwischen einem Stern und einem Sternnebel, zuzuschreiben. Es scheint aber mindestens noch zwei andere mögliche Alternativen zu dieser Hypothese zu geben. Vielleicht war es das letzte Gericht einer bewohnten Welt, vielleicht experimentierten aber auch einige der dortigen Bewohner allzu erfolgreich mit induzierter Radioaktivität. Vielleicht verschmelzen diese beiden Hypothesen zu einer einzigen, und was wir an jenem Abend erlebten, war die Detonation einer Welt, auf der zu viele Menschen in die Sterne guckten, anstatt zu tanzen.

Haldanes Sprache bedarf hier einiger Erklärungen. Mit dem Ausdruck «induzierte Radioaktivität» bezeichnete er das, was wir heute Kernenergie nennen. Er schrieb fünfzehn Jahre, bevor die Entdeckung der Kernspaltung der Menschheit die Möglichkeiten der Kernenergie eröffnete. Wissenschaftlich gebildete Leute wußten 1924 um die gewaltigen Energievorräte, die im Urankern eingeschlossen sind und im Prozeß der natürlichen Radioaktivität langsam freigesetzt werden. Die Gleichung $E = mc^2$ war bereits bekannt. Doch Versuche, die natürliche Radioaktivität auf künstlichem Wege zu beschleunigen oder zu verlangsamen, waren völlig fehlgeschlagen. Die Kernphysiker jener Zeit konnten die Vorstellung nicht ernst nehmen, daß eben diese «induzierte Radioaktivität» der Menschheit eines Tages die Macht geben könnte, gewaltige Energiemengen freizusetzen – zu ihrem Segen oder zu ihrem Fluche. Haldane hatte den Vorteil, ein Außenseiter zu sein, ein Biologe, der mit den Einzelheiten der Kernphysik nicht vertraut war. Er war bereit, gegen die Expertenmeinung den Standpunkt zu vertreten, daß die «induzierte Radioaktivität» bei irdischen oder außerirdischen Katastrophen als Ursache in Betracht kommen könnte.

Das Beispiel der Nova Aquilae wirft verschiedene Fragen auf, die beantwortet werden müssen, bevor wir allen Ernstes damit beginnen können, Beweismaterial für die Existenz intelligenten Lebens anderswo im Weltall zu suchen. Wo genau müssen wir suchen, und woran sollen wir die Beweise erkennen, wenn wir ihnen begegnen? Nova

Aquilae war für mehrere Nächte der hellste Stern am Himmel, und man mußte schon blind oder überaus beschäftigt sein, um ihn zu übersehen. Vielleicht ging er tatsächlich auf eine technologische Zivilisation zurück, wie Haldane vorgeschlagen hat. Wie können wir das mit Sicherheit ausschließen? Und woher nehmen wir die Sicherheit, daß wir zu eben dieser Stunde nicht ebenso augenfällige Beweise für das Vorhandensein außerirdischer Intelligenzen übersehen, weil das Gesehene unser Verständnis übersteigt? Es gibt viele seltsame Phänomene am Himmel, über die nur wenig bekannt ist. Wenn eines davon künstlichen Ursprungs sein sollte, so ist es durchaus denkbar, daß es uns jahrzehntelang geradezu in die Augen springen könnte, ohne daß wir realisierten, was wir vor uns haben.

1959 traten die Physiker Cocconi und Morrison mit einem Vorschlag an die Öffentlichkeit, wie das Problem der Identifizierung künstlich erzeugter Objekte einfach zu lösen wäre. Sie schlugen vor, nach Funksprüchen außerirdischer Zivilisationen zu suchen. Wenn unsere Nachbarn im All tatsächlich solche Funksprüche aussenden, um unsere Aufmerksamkeit zu erregen, so wären diese in einer Form verschlüsselt, die auf ihren künstlichen Ursprung hinweisen würde. Cocconi und Morrison lösten das Identifikationsproblem in der Annahme, daß die Wesen, welche solche Funksprüche aussenden, mit uns zusammenarbeiten, indem sie dafür sorgen, daß die Meldungen leicht zu identifizieren sind. Ein solcher Funkspruch beweist schon durch seine Existenz, daß er künstlichen Ursprungs sein muß. Ein Jahr nachdem Cocconi und Morrison ihren Vorschlag veröffentlicht hatten, führte Edward Purcell ihn einen Schritt weiter und beschrieb einen solchen interstellaren Dialog, der mittels Funksignale über die Galaxis hin und zurück geht:

> Worüber können wir uns mit unseren fernen Freunden unterhalten? Es gibt vieles, was wir gemeinsam haben: die Mathematik, die Physik, die Astronomie ... Von dieser gemeinsamen Grundlage könnten wir unser Gespräch eröffnen, bevor wir uns an die sehr viel spannendere Erforschung jener Gebiete machen, in denen wir keine gemeinsame Erfahrung haben. Es versteht sich von selbst, daß der Austausch, das Gespräch, unter dem eigenartigen Vorzeichen einer inhärenten Verzögerung stattfinden müßte. Wir erhalten erst Jahrzehnte später Antwort. Aber sie kommt mit Sicherheit. Damit werden unsere Kinder etwas haben, für das sie leben, auf das sie sich freuen können. Und das Gespräch wird im tiefsten Sinne völlig harmlos sein. Keiner kann den anderen mit Objekten bedrohen. Wir haben gesehen, was für ein Aufwand notwendig ist, um *Objekte* zu transportieren, Informationen sind dagegen fast kostenlos. Es wäre der Inbegriff eines philosophischen Gesprächs; denn wir könnten nichts anderes tun, als Ideen auszutauschen, das allerdings nach Herzenslust.

Man kann Religionsgründer nicht verantwortlich machen für die Dogmen, die ihre Jünger auf ihren Worten aufbauen. Cocconi und

Morrison schlugen lediglich vor, daß wir mit Radioteleskopen nach einer bestimmten Art von Funksprüchen suchen. Purcell drückte bloß in poetischer Sprache aus, welche Entdeckerfreuden, welch ein tröstliches Gemeinschaftsgefühl uns erwarten, wenn es uns tatsächlich gelingt, mit einer außerirdischen Spezies in Kontakt zu treten. Alles, was Cocconi und Morrison und Purcell sagten, war zutreffend. Doch in den darauf folgenden zwanzig Jahren sind ihre Vorschläge zu Dogmen versteinert. Viele von denen, die daran interessiert sind, nach außerirdischen Intelligenzen zu suchen, glauben inzwischen an eine Doktrin, die ich das Dogma des philosophischen Gesprächs nennen möchte. Für sie ist es ein Glaubenssatz, daß das All voll ist von Zivilisation, die über gewaltige Distanzen hinweg philosophische Gespräche miteinander führen. Das Dogma des philosophischen Gesprächs setzt die folgenden Wahrheiten voraus: 1. Leben ist im All reichlich vorhanden. 2. Ein beträchtlicher Teil der Planeten, auf denen Leben vorkommt, entwickeln intelligente Arten. 3. Ein beträchtlicher Teil dieser intelligenten Arten übermitteln Funksprüche zu unserer Aufklärung.

Wenn man diesen Aussagen zustimmt, so ist es durchaus sinnvoll, alle Bemühungen auf die Suche nach Funksprüchen zu konzentrieren und andere Methoden zur Identifikation außerirdischer Intelligenzen zu vernachlässigen. Doch ich halte das Dogma des philosophischen Gesprächs keineswegs für so selbstverständlich erwiesen. Wir haben weder Beweise dafür noch dagegen. Da es richtig sein kann, bin ich durchaus dafür, nach Funksprüchen zu suchen. Da es aber auch falsch sein kann, bin ich der Meinung, daß wir uns auch nach anderem Beweismaterial für die Existenz außerirdischer Intelligenzen umsehen müssen, vorzugsweise solchem, das der Mitwirkung der Wesen, die wir entdecken möchten, nicht unbedingt bedarf.

In den letzten Jahren wurde verschiedentlich ernsthaft versucht, solche Funksprüche zu orten. Die Auffangtechnologie wurde ständig verbessert. Bis heute wurden noch keine Funksprüche entdeckt, doch das entmutigt die Lauscher nicht. Ihre Anstrengungen erstreckten sich bis jetzt nur auf einen geringen Teil der Frequenzen und Richtungen, aus denen Funksprüche kommen könnten. Man plant, diese Suche in Zukunft sehr viel effizienter zu gestalten. Dazu braucht man keine riesigen, neuen Radioteleskope, um den Himmel nach Funksprüchen abzusuchen. Alles, was man braucht, ist eine bescheidene Zeitzuteilung auf einem bereits vorhandenen Teleskop und bescheidene, finanzielle Mittel, um datenverarbeitende Empfänger zu konstruieren, die es erlauben, eine große Anzahl von Frequenzen parallel zu kontrollieren. Verschiedene Gruppen von Radioastronomen sind bemüht, diese Pläne in die Tat umzusetzen. Ich unterstütze diese

Projekte und wünsche ihnen Erfolg. Wenn es ihnen wirklich gelingt, einen interstellaren Funkspruch aufzufangen, so wird das die größte wissenschaftliche Entdeckung des Jahrhunderts sein, ein Wendepunkt der menschlichen Geschichte, ein Ereignis, das das Selbstverständnis des Menschen und seine Stellung im Universum revolutionieren müßte. Doch leider brauchen sie zu diesem Erfolg sehr viel Glück. Glück in politischer Hinsicht, damit sie die Gelder für ihre Instrumente bekommen; und Glück in wissenschaftlicher Hinsicht, damit sie auf einen hilfreichen Außerirdischen stoßen, der ihnen einen Funkspruch übermittelt.

Sollten jedoch die Radioastronomen kein Glück haben oder die Außerirdischen nicht hilfsbereit sein, werden wir auch keine Funksprüche auffangen können. Doch das Fehlen von Funksprüchen impliziert nicht das Fehlen ausserirdischer Intelligenzen. Es ist deshalb wichtig, sich Gedanken darüber zu machen, welche anderen Möglichkeiten uns noch offenstehen, um Beweismaterial für die Existenz außerirdischer Intelligenzen zu finden; Möglichkeiten, die anwendbar sind, selbst wenn sich das Dogma des philosophischen Gesprächs als unrichtig entpuppen sollte. Wir dürfen unsere Suche nicht an eine bestimmte Hypothese über Natur und Motivation der Außerirdischen knüpfen. Die Vorstellung von einem Commonwealth der außerirdischen Intelligenzen, die in einem von Funksignalen erfüllten Universum einander ihre Geheimnisse zuflüstern, ist eine Möglichkeit. Ebenso möglich, und wahrscheinlicher, ist die Annahme, daß wir es mit einem dünnbesiedelten und wenig kooperativen Universum zu tun haben, in dem Leben selten, Intelligenz noch seltener und niemand interessiert ist, uns bei unseren Entdeckerträumen zu helfen. Aber selbst unter diesen ungünstigen Bedingungen ist die Suche nach Leben nicht hoffnungslos. Wenn wir von den Funksprüchen einmal absehen, so sind wir abermals mit dem Problem konfrontiert, das Cocconi und Morrison so geschickt gelöst haben: woran erkennen wir, daß ein Objekt künstlich erzeugt ist?

Wenden wir uns nochmals dem Beispiel der Nova Aquilae zu. Heute wird Haldanes Vermutung, es könnte sich dabei um ein allzu erfolgreiches, kernphysikalisches Experiment gehandelt haben, nicht mehr ernst genommen. Wieso eigentlich nicht? Was ist seit 1924 geschehen, das diese Vermutung absurd erscheinen läßt? Der Grund ist nicht etwa, wie man vielleicht vermuten könnte, daß sich Haldanes zweite Vermutung, die Nova sei aus einer Kollision entstanden, bestätigt hat. In Wahrheit glaubt heute niemand mehr an eine der von Haldane vorgebrachten Theorien. Der Grund ist vielmehr der, daß wir heute dank der glänzenden Beobachtungsarbeit, die hauptsächlich von Robert Kraft am Lick Observatorium in Kalifornien geleistet wurde, viel zuviel über Novae wissen, um eine Theorie zu akzeptieren, die ein solches Ereignis als eine Art unglücklichen Zufall erklärt. Kraft beobachtete mit größter Sorgfalt zehn schwach leuchtende Sterne, von denen jeder der matte Überrest einer Novaexplosion ist. Einer dieser Sterne ist die Nova Aquilae. Er stellte fest, daß mit Sicherheit sieben dieser zehn und wahrscheinlich alle zehn eine besondere Struktur aufweisen, die sie von den anderen Sternen am Himmel unterscheidet. Jeder ist ein Doppelstern, der aus einem sehr kleinen heißen und einem verdünnten, kühlen Stern besteht. Bei allen kreisen die beiden Sterne auf so kurze Distanz umeinander, daß sie sich praktisch berühren. Die Umlaufzeiten sind bei allen sehr kurz. Für die Nova Aquilae beträgt sie drei Stunden und zwanzig Minuten. Wir verstehen immer noch nicht, wieso im einzelnen Doppelsterne dieser besonderen Art mit Novaexplosionen verknüpft sind. Nach einer Theorie soll vom kühlen Stern ein gleichmäßiger Materieregen auf die Oberfläche des heißen Sterns niedergehen, der sich auf so hohe Temperaturen erhitzt, daß sich dieses Material von Zeit zu Zeit wie eine Wasserstoffbombe entzündet. Diese Theorie kann sich bestätigen oder durch eine bessere Theorie ersetzt werden. Jedenfalls können wir nach den Beobachtungen Krafts keine Theorie über diese Explosionen ernsthaft in Betracht ziehen, die nicht auch zu erklären vermag, wieso sie sich nur in Doppelsternen dieser besonderen Art ereignen. Diesen Test kann keine der Vermutungen Haldanes bestehen. Vor allem ist es unwahrscheinlich, daß intelligente Wesen, die in der Lage sind, so fatale kernphysikalische Experimente durchzuführen, an vielen, weit auseinanderliegenden Punkten des Universums ausgerechnet immer auf Planeten auftauchen, die mit Doppelsternen einer seltenen und besondern Art verbunden sind.

Meiner Meinung nach sind alle Bemühungen, die Häufigkeit intelligenten Lebens im Universum aus theoretischen Prinzipien ableiten zu wollen, völlig wertlos. Unsere Unkenntnis der chemischen Prozesse, durch die das Leben auf der Erde entstanden ist, läßt alle solchen Spekulationen sinnlos erscheinen. Je nachdem, wie diese Chemie im einzelnen funktioniert, ist Leben im Universum vielleicht reichlich vorhanden, vielleicht selten, vielleicht kommt es auch außerhalb unseres Planeten gar nicht vor. Dessen ungeachtet gibt es gute Gründe, weiterhin mit einiger Hoffnung auf Erfolg nach Beweisen für die Existenz außerirdischer Intelligenzen zu suchen.

Der wesentliche Punkt, der uns bei unserer Beobachtung zu Hilfe kommt, ist der, daß wir nicht nach den Manifestationen einer durchschnittlich intelligenten Spezies suchen müssen. Es genügt schon, wenn wir die Spuren der üppigsten, der vom grandiosesten Expansionsdrang befallenen, der technologiebesessensten Gesellschaft des

Universums entdecken. Es sei denn, wir wären selber die Spezies, die alle anderen in dieser Hinsicht übertrifft.

Man kann sich ohne weiteres eine hochintelligente Gesellschaft ohne besonderes Interesse für die Technik vorstellen. In unserer Umgebung können wir leicht Beispiele einer Technologie finden, die nicht mit Intelligenz gepaart ist. Wenn wir im Universum nach Anzeichen künstlich erzeugter Vorgänge suchen, so müssen wir nach Technologie und nicht nach Intelligenz suchen. Es wäre viel befriedigender, direkt nach Intelligenz zu forschen, aber nur bei der Technologie haben wir eine Chance, sie zu bemerken. Wenn wir entscheiden wollen, ob wir überhaupt darauf hoffen dürfen, Auswirkungen einer außerirdischen Technologie zu beobachten, müssen wir die folgende Frage beantworten: Wo liegen die Grenzen, welche die Natur den Aktivitäten einer expansionistischen, technologischen Gesellschaft im Hinblick auf Umfang und Ausmaß setzt? Die Gesellschaften, auf die wir mit der größten Wahrscheinlichkeit stoßen werden, sind jene, die - ob aus guten oder schlechten Beweggründen sei dahingestellt - bis an die Grenze dessen, was die Gesetze der Physik noch gestatten, expandiert haben.

Damit kommen wir zu meinem Hauptpunkt. Genügend Zeit vorausgesetzt, gibt es wenig, was eine technologische Gesellschaft nicht erreichen kann. Nehmen wir als erstes die Frage der Kolonisation. Vom Standpunkt menschlicher Kolonisten sind interstellare Distanzen bedrohlich groß, wenn man in der Größenordnung der menschlichen Lebenserwartung denkt. In einem Menschenleben kommt man nicht sehr weit. Aber eine langlebige Gesellschaft wird nicht auf die Dauer eines Menschenlebens beschränkt sein. Wenn wir eine bescheidene Reisegeschwindigkeit von einem Hundertstel der Lichtgeschwindigkeit annehmen, so läßt sich damit eine ganze Galaxis innerhalb von zehn Millionen Jahren von einem Ende zum anderen kolonialisieren. Selbst mit unserer heutigen, primitiven Technologie könnte ein Raumschiff mit Kernantrieb eine Geschwindigkeit von einem Prozent der Lichtgeschwindigkeit erreichen. Das Problem der Kolonialisierung ist deshalb ein biologisches und kein physikalisches Problem. Die Kolonisten könnten langlebig Geschöpfe sein, für die tausend Jahre wie ein Tag sind, oder sie könnten die Technik beherrschen, sich selbst für die Dauer der Reise auf Eis zu legen. Auf jeden Fall sind interstellare Distanzen kein Hindernis für eine Spezies, die Millionen Jahre zur Verfügung hat. Wenn wir annehmen, was mir nicht unwahrscheinlich erscheint, daß Raumschiffe dank der Fortschritte der physikalischen Technologie eine Reisegeschwindigkeit von fünfzig Prozent der Lichtgeschwindigkeit erreichen können, dann sind selbst intergalaktische Distanzen kein Hindernis mehr.

Eine Gesellschaft, welche die Kolonialisierung bis an die Grenzen des Möglichen treibt, wird alle Resourcen einer Galaxis - vielleicht auch vieler Galaxien - erreichen und ausschöpfen können.

Was sind die ausbeutbaren Resourcen einer Galaxis? Die Rohmaterialien sind Materie und Energie; Materie in der Form von Planeten, Kometen oder Staubwolken und Energie in der Form von Sternenlicht. Um diese Resourcen wirklich auszuschöpfen, muß eine technologische Gesellschaft die vorhandene Materie in biologischen Lebensraum und Industrieanlagen umwandeln, die in Schalen auf Umlaufbahnen um die Sterne angeordnet sind, um deren Licht maximal auszunützen. Ein Planet von der Größe und chemischen Zusammensetzung des Jupiters enthält genügend Materie, um eine künstliche Biosphäre zu schaffen, die das Licht eines Sterns von der Größe unserer Sonne voll ausnützen würde. Es gibt vielleicht in der ganzen Galaxis nicht genügend Planeten, um Biosphären um alle Sterne anzulegen, doch es gibt andere Quellen leicht zugänglicher Materie, die für diesen Zweck ausreichen. Die ausgedehnten Hüllen roter Riesensterne, zum Beispiel, eignen sich zum Abbau und liefern Materie in sehr viel größeren Mengen, als in den Planeten vorhanden ist. Es bleibt die Frage, ob es technisch möglich ist, die notwendigen Maschinen zu bauen, um künstliche Biosphären zu schaffen. Vorausgesetzt wir haben genügend Zeit, ist auch das machbar. Um mich davon zu überzeugen, daß das tatsächlich möglich ist, habe ich einige Konstruktionsskizzen jener Maschinen angefertigt, die nötig wären, um einen Planeten von der Größe der Erde auseinanderzunehmen und zu einer Ansammlung bewohnbarer Ballone zusammenzusetzen, die alle um die Sonne kreisen. Um Mißverständnissen vorzubeugen, ich schlage keineswegs vor, der Erde so etwas anzutun. Es gibt genügend tote Planeten, die sich zum Experimentieren eignen, so daß wir einen lebenden nicht zu zerstören brauchen. Doch in diesem Kapitel möchte ich mich nicht mit dem befassen, was die Menschheit in Zukunft noch erreichen kann. Ich beschäftige mich lediglich mit den wahrnehmbaren Auswirkungen dessen, was andere Gesellschaften in der Vergangenheit getan haben mögen. Die Schaffung einer künstlichen Biosphäre, die das Licht eines Sterns vollständig ausnützt, liegt mit Sicherheit im Rahmen der Möglichkeiten jeder langlebigen, technologischen Spezies.

Einige Science-fiction-Autoren haben mir fälschlicherweise das Verdienst zugeschrieben, das Konzept der künstlichen Biosphäre erfunden zu haben. In Wirklichkeit habe ich die Idee bei Olaf Stapledon geborgt, einem ihrer Kollegen:

> Nicht nur war jedes Sonnensystem nun von einem feinen Geflecht von Lichtfallen umgeben, welche die entfliehende Sonnenenergie für den intelligenten Ge-

brauch fokussierten, so daß die ganze Galaxis verblaßte, sondern es wurden auch viele Sterne, die als Sonnen ungeeignet waren, zerlegt und ihrer reichen, subatomaren Energievorräte beraubt.

Diese Stelle entdeckte ich in einem abgenutzten Exemplar von Stapledons *Star Maker,* die mir 1945 in der Londoner Paddington Station in die Hände fiel.

Der russische Astronom Kardaschew hat vorgeschlagen, die Zivilisationen des Universums in drei Typen einzuteilen. Eine Zivilisation vom Typus 1 ist im Besitz der Resourcen eines Planeten. Eine Zivilisation vom Typus 2 beherrscht die Resourcen eines Sterns. Und eine Zivilisation vom Typus 3 verfügt über die Resourcen einer Galaxis. Wir haben den Stand einer Typus-1-Zivilisation noch nicht erreicht, haben aber Aussichten, in ein paar hundert Jahren so weit zu sein. Der Größen- und Machtunterschied, der den ersten vom zweiten oder den zweiten vom dritten Typus trennt, ist, nach menschlichen Maßstäben, ungeheuer groß und beträgt einen Faktor von der Größenordnung von zehn Milliarden. Doch der Prozeß eines exponentiellen Wirtschaftswachstums erlaubt es, diesen Abgrund bemerkenswert rasch zu überbrücken. Um in der Größenordnung eines Faktors von zehn Milliarden zu wachsen, sind dreiunddreißig Verdoppelungszeiten notwendig. Eine Gesellschaft mit der bescheidenen Zuwachsrate von einem Prozent pro Jahr schafft den Übergang vom ersten zum zweiten Typus in weniger als 2500 Jahren. Der Übergang vom zweiten zum dritten Typus wird länger dauern, da hierzu interstellare Reisen erforderlich sind. Aber die Übergangszeiten sind wahrscheinlich in der Geschichte jeder langlebigen Gesellschaft verhältnismäßig kurz. Kardaschew kommt deshalb zu dem Schluß, daß, falls wir je eine außerirdische Zivilisation entdecken, diese wahrscheinlich eher ganz klar dem ersten, zweiten oder dritten Typus angehört, als einer der kurzen Übergangsphasen.

Dem technologischen Wachstum einer Gesellschaft sind auf die Dauer nur innere Grenzen gesetzt. Jede Gesellschaft hat die Möglichkeit, ihr Wachstum einzuschränken, entweder durch eine bewußte Entscheidung, durch innere Stagnation oder durch Gleichgültigkeit. Eine Gesellschaft ohne diese inneren Beschränkungen kann ihr Wachstum immer weiter vorantreiben. Eine Gesellschaft mit einem starken Expansionsdrang wird ihr Habitat innerhalb einiger weniger tausend Jahre von einem einzelnen Planeten (Typus 1) auf eine Biosphäre ausdehnen und die Resourcen eines ganzen Sterns nutzen (Typus 2), um sich dann innerhalb einiger weniger Millionen Jahre von einem einzelnen Stern über eine ganze Galaxis auszubreiten (Typus 3). Eine Spezies, die sich über den Typus 2 hinaus entwickelt hat, ist gegen jede Ausrottung, selbst durch die schlimmsten denkbaren

Katastrophen, ob natürlicher oder künstlich erzeugter Art, gefeit. Bei unserer Universumserforschung haben wir bessere Chancen, auf eine Gesellschaft zu stoßen, die bereits so weit expandiert hat, daß sie zum Typus 2 oder 3 gehört, als auf eine, die sich auf den Typus 1 beschränkt hat. Das gilt auch für den Fall, daß expandierende Gesellschaften sehr selten sind und nur einmal in einer Million vorkommen.

Nachdem damit die Größenordnung der technologischen Aktivitäten, nach denen wir Ausschau halten sollten, definiert ist, komme ich endlich zu jenen Fragen, die für die Astronomen von größtem Interesse sind: Was sind die wahrnehmbaren Konsequenzen solcher Vorgänge? Welche Beobachtungsmethoden haben die beste Chance, sie zu entdecken, falls sie existieren? Es empfiehlt sich, diese Fragen für die Zivilisationen der drei verschiedenen Typen einzeln zu diskutieren.

Eine Typus-1-Zivilisation ist auf interstellare Distanzen nur über Funk aufzuspüren. Die einzige Chance, eine Zivilisation dieses Typus zu entdecken, besteht darin, dem Vorschlag Cocconis und Morrisons zu folgen und nach Funksignalen zu fahnden. Das ist die Suchmethode, auf die sich unsere Radioastronomen in den letzten zwanzig Jahren konzentriert haben.

Eine Typus-2-Zivilisation kann starke Funksignale aussenden, muß aber nicht. Solange wir keine Ahnung vom Lebensstil der Bewohner haben, können wir auch Umfang oder Natur der zu erwartenden Funkemissionen nicht abschätzen. Es gibt jedoch eine Art von Emissionen, die bei einer Typus-2-Zivilisation unvermeidlich ist. Nach dem zweiten thermodynamischen Gesetz muß eine Zivilisation, welche die Energievorkommen eines ganzen Sterns ausbeutet, einen beträchtlichen Teil dieser Energie in Form von Abwärme wieder abstrahlen. Diese Abwärme wird als Infrarotstrahlung in den Weltraum abgegeben und kann von den Astronomen auf der Erde beobachtet werden. Jede Typus-2-Zivilisation muß Infrarot-Strahlung von einer Intensität aussenden, die der Helligkeit eines normalen Sterns entspricht. Diese Infrarot-Strahlung stammt hauptsächlich von der warmen, äußeren Biosphäre, in der die Zivilisation lebt. Es ist anzunehmen, daß in dieser Biosphäre Temperaturen herrschen, die ungefähr denen auf unserer Erde entsprechen, wenn sie von Wesen bewohnt wird, die flüssiges Wasser enthalten. Die Hitzestrahlung, die von der Oberfläche der Biosphäre ausgeht, wird sich dann hauptsächlich auf einem Wellenlängeband von ungefähr zehn Mikrometern bemerkbar machen, was etwa zwanzigmal der Wellenlänge des sichtbaren Lichtes entspricht. Zum Glück ist das Zehnmikrometerband für die Arbeit der Infrarotastronomen günstig, da unsere Atmosphäre dafür ziemlich durchlässig ist.

Nachdem Cocconi und Morrison die wissenschaftliche Diskussion über die Existenz außerirdischer Intelligenzen ausgelöst hatten, schlug ich den Astronomen, die nach künstlich erzeugten Objekten am Himmel suchen wollten, vor, ihr Hauptaugenmerk auf starke Infrarotquellen im Zehnmikrometerbereich zu richten. Es wäre selbstverständlich absurd, jede neu entdeckte Infrarotquelle als Existenzbeweis außerirdischer Intelligenzen zu werten. Wir müssen in der umgekehrten Richtung schließen. Ein Objekt, das keine Infrarotquelle ist, kann auch nicht die Heimat einer Typus-2-Zivilisation sein. Ich machte daher den Vorschlag, die Astronomen sollten zuerst eine Himmelskartierung erstellen, daraus einen Katalog von Infrarotquellen zusammentragen und dann die in diesem Katalog aufgeführten Objekte sorgfältig mit Fernrohr und Radioteleskop untersuchen. Mit dieser Taktik hätte die Suche nach Funkübermittlungen sehr viel bessere Erfolgsaussichten. Denn anstatt den ganzen Himmel abzusuchen, könnten die Radioastronomen ihre Suche auf eine beschränkte Zahl genau festgelegter Richtungen konzentrieren. Sollte eine der Infrarotquellen zudem seltsame optische Signale oder Funksignale aussenden, könnte man sie als Kandidaten in Betracht ziehen, eventuell künstlichen Ursprungs zu sein.

Als ich das vor zwanzig Jahren vorschlug, steckte die Infrarotastronomie noch in den Kinderschuhen. Nur einige wenige Pioniere hatten mit Hilfe kleiner Teleskope und einfacher Empfangsgeräte damit begonnen, nach Infrarotquellen zu suchen. Heute ist die Situation eine ganz andere. Die Infrarotastronomie hat sich zu einem bedeutenden Zweig der Astronomie entwickelt. Der Himmel wurde sorgfältig abgesucht, die Infrarotquellen sind katalogisiert. Das ist nicht mein Verdienst. Die Astronomen, die diese Arbeit geleistet haben, waren nicht auf der Suche nach Typus-2-Zivilisationen. Sie brachten lediglich die traditionelle Aufgabe der Astronomen, den Himmel abzusuchen und eine Bestandsaufnahme des Vorhandenen vorzunehmen, einen Schritt weiter.

Bis jetzt sind die Infrarotastronomen noch auf keine Objekte gestoßen, die den Verdacht erregen, künstlichen Ursprungs zu sein. Statt dessen haben sie eine wunderbare Vielfalt natürlicher Objekte entdeckt, einige innerhalb unserer Galaxis, andere außerhalb. Manche dieser Objekte können wir verstehen, andere nicht. Häufig handelt es sich dabei um dichte Staubwolken, die durch heiße Sterne erwärmt werden; diese heißen Sterne sind nur manchmal sichtbar. Wenn der Stern nicht sichtbar ist, nennt man ein solches Objekt einen «Hüllenstern», einen Stern, der in einer Staubhülle verborgen ist. Hüllensterne finden sich oft in jenen Regionen des Weltraums, in denen auch helle, neue Sterne auftauchen, wie zum Beispiel im großen Orionnebel. Diese Tatsache legt die Vermutung nahe, daß die Hülle eine normale, aber kurzlebige Phase im Entstehungsprozeß eines Sterns ist.

Oberflächlich gesehen scheint eine gewisse Ähnlichkeit zwischen einem Hüllenstern und einer Typus-2-Zivilisation zu bestehen. In beiden Fällen haben wir einen unsichtbaren Stern, umgeben von einer warmen, undurchsichtigen Hülle mit starker Infrarotstrahlung. Wieso kommt dann niemand auf die Idee, in den jetzt entdeckten Hüllensternen Typus-2-Zivilisationen zu vermuten? Vor allem sind die Hüllen viel zu hell. Die meisten strahlen einige hundertmal oder einige tausendmal so viel Energie aus wie die Sonne. Sterne von einer solchen Helligkeit haben notwendigerweise ein nach astronomischen Maßstäben kurzes Leben. Eine Typus-2-Zivilisation würde sich viel eher um einen Stern mit langer Lebensdauer wie die Sonne entwickeln. Die Infrarotstrahlung einer solchen Typus-2-Zivilisation wäre vielhundertmal schwächer als die Strahlung, die wir von den meisten dieser Hüllen auffangen. Ein anderer Grund, nicht an den künstlichen Ursprung von Hüllen zu glauben, liegt in der Tatsache, daß die darin herrschenden Temperaturen für eine Biosphäre zu hoch sind. Die meisten haben Temperaturen, die 300 Grad Celsius übersteigen, liegen also weit über dem Bereich, in dem Leben, wie wir es kennen, existieren kann. Ein dritter Grund ist der, daß es sichtbare Beweise für das Vorhandensein dichter Staubwolken in der Nachbarschaft von Hüllen gibt. Es besteht kein Grund anzunehmen, daß eine Typus-2-Zivilisation auf die Idee käme, sich einzunebeln. Der vierte und schlüssigste Grund, diese Hüllen als natürliche Objekte zu interpretieren, ist der allgemeine Kontext, in dem sie auftreten. In derselben Region des Universums kann man beobachten, wie neue Sterne entstehen und wie sich riesige Staubwolken zusammenballen. Die Hüllen müssen in einem kausalen Zusammenhang zu diesen anderen, natürlichen Vorgängen stehen, mit denen sie verknüpft sind.

Ich muß zugeben, daß in den zwanzig Jahren, die seit meiner Anregung vergangen sind, die Infrarotastronomie, ungeachtet all ihrer glänzenden Erfolge, noch keinen Beweis für die Existenz einer Typus-2-Zivilisation erbracht hat. Sollten wir deshalb jede weitere Hoffnung aufgeben? Ich denke nicht. Kandidaten für eine Typus-2-Zivilisation können wir nur zu finden hoffen, wenn wir uns jenen Infrarotquellen zuwenden, die hundertmal schwächer strahlen als die spektakulären Quellen, mit denen sich die Astronomen bisher befaßt haben. Ein Astronom verbringt seine Zeit am Teleskop lieber damit, ein auffallend interessantes Objekt bis in alle Einzelheiten zu studieren als einen langen Katalog schwacher Quellen für zukünftige Untersuchungen zusammenzutragen. Ich tadle die Astronomen nicht dafür, daß sie zuerst die hellen Quellen absahnen wollen, bevor sie sich der mühseligen Kleinarbeit einer Bestandsaufnahme der schwachen zuwenden. Wir werden uns noch einige Jahre gedulden müssen, bis wir einen vollständigen Überblick über alle diese Quellen, bis hin zu jenen von der Helligkeit der Sonne, haben. Erst wenn wir über eine lange Liste von schwachen Quellen verfügen, können wir hoffen, Kandidaten für eine Typus-2-Zivilisation darunter zu finden. Und wir haben keine Möglichkeit abzuklären, ob es sich um ernstzunehmende Kandidaten handelt, bevor wir nicht mindestens so viel über die Struktur und Verteilung der schwachen Quellen wissen, wie wir inzwischen über die hellen herausgefunden haben.

Eine Typus-3-Zivilisation in einer fernen Galaxis sollte Funk-, Licht- und Infrarotemissionen von einer wahrnehmbaren Helligkeit erzeugen, vergleichbar mit denen einer Typus-2-Zivilisation in unserer Galaxis. Insbesondere sollte eine Typus-3-Zivilisation als außergalaktische Infrarotquelle auszumachen sein. Sie wäre jedoch aus zwei Gründen schwerer zu erkennen als eine Typus-2-Zivilisation. Erstens sind unsere Vorstellungen über das Verhalten einer Typus-3-Zivilisation noch unbestimmter und unzuverlässiger als unsere Vorstellungen von einer Typus-2-Zivilisation. Zweitens wissen wir sehr viel weniger über die Struktur und Entwicklung von Galaxien als über Entstehung und Untergang von Sternen und können deshalb außergalaktische Infrarotquellen, die natürlichen Ursprungs sind, noch schlechter beurteilen als diejenigen, die in unserer Galaxis liegen. Wir wissen wenigstens so viel über Hüllensterne, um zur Überzeugung zu kommen, daß es sich dabei nicht um Typus-2-Zivilisationen handeln kann. Die außergalaktischen Infrarotquellen verstehen wir zu wenig, um irgend etwas mit Sicherheit sagen zu können. Wir können nicht hoffen, eine Typus-3-Zivilisation als solche erkennen zu können, bevor wir nicht die vielen seltsamen und gewaltsamen Vorgänge gründlich erforscht haben, die wir von Zeit zu Zeit in den Zentren ferner Galaxien beobachten können.

Ist es denkbar, daß eine Typus-3-Zivilisation in unserer eigenen Galaxis existiert? Das ist eine Frage, die sorgfältiger erwogen werden sollte, als das bisher geschehen ist. Wenn wir unter einer Typus-3-Zivilisation eine Zivilisation verstehen, welche die Galaxis mit schonungsloser Effizienz überrollt und das Licht jedes verfügbaren Sterns ausbeutet, so müßten wir die Frage verneinen. Aber es sind auch andere Arten von Typus-3-Zivilisationen denkbar. Eine verlockende Alternative wäre eine Zivilisation, die auf reichlich im All wachsender Vegetation beruht anstatt auf einer massiven Ansammlung von Industrieanlagen. Eine Typus-3-Zivilisation könnte Kometen anstatt

Planeten als Habitat verwenden und Bäume anstatt Dynamos als Energiequellen nutzen. Wenn es eine solche Zivilisation nicht schon gibt, so könnten wir sie vielleicht eines Tages selber schaffen.

Doch ich muß diese müßigen Träume auf ein späteres Kapitel verschieben und mich wieder dem eigentlichen Thema dieses Kapitels zuwenden, und das heißt Beobachtung. Ich glaube nämlich nicht, daß unser Wissen über Sterne, Planeten, Leben und Vernunft jetzt schon ausreicht, um uns eine feste Grundlage zu geben, von der wir entscheiden können, wie wahrscheinlich oder unwahrscheinlich das Vorhandensein außerirdischer Intelligenzen im Universum ist. Viele Biologen und Chemiker haben aus unzureichendem Beweismaterial geschlossen, daß die Entwicklung intelligenten Lebens in unserer Galaxis ein häufiges Phänomen sein muß. Nachdem ich ihre Beweise geprüft und mir ihre Argumente angehört habe, halte ich den Standpunkt, daß keine intelligente Spezies außer der unsrigen je existiert hat, für ebenso wahrscheinlich. Diese Frage kann nur durch Beobachtungen beantwortet werden.

Aus diesen Ausführungen über die Nova Aquilae, die Typus-1-2-3-Zivilisationen und die Infrarotquellen ziehe ich den allgemeinen Schluß, daß unsere Suche nach künstlich erzeugten Objekten am Himmel am aussichtsreichsten ist, wenn wir so vielseitig wie möglich nach ihnen suchen. Es ist unwahrscheinlich, daß wir eine korrekte Vermutung darüber anstellen können, wie ein künstlich erzeugtes Objekt aussehen sollte. Unsere beste Erfolgschance liegt darin, eine große Vielfalt natürlicher Objekte zu erforschen und zu versuchen, sie bis in alle Einzelheiten zu verstehen. Wenn wir dann auf ein Objekt stoßen, das jeder natürlichen Erklärung trotzt, können wir uns fragen, ob es möglicherweise künstlichen Ursprungs sein könnte. Ein vernünftiges, langfristiges Programm, das Beweismaterial für das Vorhandensein außerirdischer Intelligenzen im Universum zusammentragen soll, ist nicht zu trennen von einem vernünftigen, langfristigen Programm allgemeiner astronomischer Erkundungen. Wir sollten die Erforschung des Kosmos auf allen verfügbaren Kanälen vorantreiben, mit sichtbarem Licht, Funk, Infrarot, Röntgenstrahlen, kosmischen Strahlen und Gravitationswellen. Nur wenn wir gleichzeitig auf vielen Kanälen Beobachtungen anstellen, werden wir so viel über die von uns entdeckten Objekte erfahren, daß wir sagen können, ob sie natürlichen oder künstlichen Ursprungs sind. Und unabhängig davon, ob wir das Glück haben werden, ein künstliches Objekt zu finden, wird unser Forschungsprogramm uns eine reiche Ernte neuentdeckter natürlicher Objekte bringen.

Kladen und Klone*

Als ich siebzehn Jahre alt war, fuhr ich mitten im Winter mit einer Studentengruppe des Bergsteigerclubs der Universität Cambridge nach Wales. Wir hatten unser Quartier in der Helyg-Hütte in der Nähe von Capel Curig und kletterten im windgepeitschten Nebel und Regen, manchmal im Schneetreiben, an den Felswänden des Tryfan herum. Damals dachte noch niemand daran, beim Klettern einen Helm zu tragen. Wenn man der dritte Mann am Seil war, mußte man einfach auf die Steine aufpassen, die von den Vordermännern losgetreten wurden. Ich paßte nicht auf, und ein kleiner, scharfer Stein durchschnitt mir eine Arterie auf der Kopfhaut. Der Schnitt war winzig, blutete jedoch spektakulär. Ich band mich vom Seil los und schrie in die Nebelschwaden hinauf, daß ich genug vom Klettern hätte und nach Hause ginge. Ich stieg zur nächsten Straße hinunter und hoffte, von jemandem nach Capel Curig mitgenommen zu werden; ich war auf einen langen Marsch gefaßt, denn wir waren im Krieg, und nur wer dienstlich unterwegs war, erhielt Benzin zugeteilt. Überdies wurden diese Bergstraßen ohnehin selten benutzt, und der kurze Dezembertag ging bereits zur Neige. Ich war ungefähr zehn Minunten die Straße entlang marschiert, da kam ein Bus und hielt an. Ich stieg ein und fragte den Fahrer, wie häufig er diese Paßstraße befuhr. Er betrachtete mit offener Mißbilligung meine blutgetränkten Haare und Kleider und sagte: «Oh, wir fahren nur an Dienstagen.» So kaufte ich eine einfache Fahrkarte nach Betws-y-Coed und fuhr von dort weiter das Tal hinab nach Llandudno. In Llandudno gibt es ein Krankenhaus, das langjährige Erfahrung im Zusammenflicken beschädigter Bergsteiger hat.

Ich blieb zwei Tage im Krankenhaus von Llandudno. Man legte mich in einen Saal mit neun anderen Patienten. Ich wurde gewaschen, gefüttert, man schnitt mir die Haare und nähte meine Kopfhaut wieder zusammen. Doch alle meine Bemühungen, Krankenschwestern und Patienten in ein freundliches Gespräch zu verwickeln, verpufften im Leeren. Niemand, außer dem Arzt, der mich zusammennähte, sagte in meiner Gegenwart ein einziges, englisches Wort. Alle, Patienten, Schwestern und Besucher, sprachen ausschließlich walisisch und gaben vor, mich nicht zu verstehen, wenn ich englisch sprach. Walisisch ist eine wunderschöne Sprache, und ich genoß es, der Musik in ihren Stimmen zuzuhören. Doch was sie damit sagen wollten, war unmißverständlich klar. Ich war ein Außensei-

* Nach dem Griechischen ὁ κλάδος, der Zweig, der Ast.

ter, und je eher ich den Zug bestieg und zurück nach England fuhr, desto besser.

Für einen jungen Engländer, der «englisch» und «britisch» gewohnheitsmäßig als Synonyme betrachtete, war diese Erfahrung ernüchternd. Nach sechshundert Jahren Knechtschaft und siebzig Jahren obligatorischer Schulpflicht in Englisch, der Sprache der Eroberer, waren die Waliser von Llandudno immer noch Waliser. Wenn ihnen einer ihrer Unterdrücker zufällig hilflos in die Hände fiel, versorgten sie seine Wunden und erteilten ihm eine Lektion, die er nicht so schnell vergaß.

Ich habe in späteren Jahren noch ein paarmal gesehen, wie diese Taktik geschickt eingesetzt wurde, so von Deutschschweizern gegen Deutsche in Zürich, von rätoromanischsprechenden Schweizern gegen Deutschschweizer in Pontresina, von Armeniern gegen Russen in Eriwan und von Pueblo-Indianern gegen Angloamerikaner im Jemez Pueblo in New Mexico. Je kleiner und unbedeutender die Minderheit, desto kostbarer ist ihre alte Sprache, die einzige Waffe, die ihnen geblieben ist, um den Stolz ihrer Eroberer zu demütigen und ihre Volksidentität zu wahren. Auf der ganzen Welt sprechen nur zweitausend Menschen die Sprache des Jemez Pueblo. Ein Jemez-Indianer fährt höchstwahrscheinlich einen Chevrolet, geht zur Arbeit nach Albuquerque und muß an seinem Arbeitsplatz den ganzen Tag englisch oder spanisch sprechen. Wenn er abends in den Pueblo zurückkommt, so tut es gut, die Kinder in der Jemez-Sprache sprechen zu hören, selbst wenn sie sich bloß über Rock 'n' Roll und Fußball unterhalten. Man lehrt die Kinder, ihre Würde nicht gegen Touristendollars zu verkaufen. Der Jemez Pueblo ist keine Touristenattraktion und kein Museum. Er ist eine lebendige Gemeinschaft von Menschen, denen es besser als den meisten eroberten Völkern gelungen ist, sich dem Eroberer anzupassen, ohne ihr kulturelles Erbe und ihren Stolz preiszugeben. Wie die Waliser in Llandudno haben sie sich ihre Sprache bewahrt. Und solange ihre Sprache lebt, verfügen sie über eine innere Festung, gegen die die Eroberer nichts vermögen.

Die jüdischen Einwanderer in Israel wußten besser als irgend jemand sonst um die Macht, die der Sprache als treibender Kraft im menschlichen Leben zukommt. Als ich Israel besuchte, war mein eindrücklichstes Erlebnis – eindrücklicher als alle Museen, Universitäten, Städte und landwirtschaftlichen Betriebe – eine Gruppe von Kindergartenkindern in einem öffentlichen Park in Haifa, die miteinander hebräisch sprachen, eine Sprache, die vor hundert Jahren praktisch tot gewesen war. Die Wiederbelebung des Hebräischen war das Meisterstück der zionistischen Pioniere. Erst diese Leistung machte alle ihre anderen Leistungen möglich.

Ob Juden oder Nichtjuden, es ist eine erstaunliche Eigenart des menschlichen Wesens, daß wir uns mit einer angeborenen Fähigkeit, ja vielleicht einem angeborenen Bedürfnis nach rascher Veränderung und Diversifikation der Sprache entwickelt haben. Das entspricht keineswegs dem, was man naiverweise erwarten möchte. Naiverweise müßte man erwarten, daß eine intelligente Spezies, die den Gebrauch der Sprache entwickelt, eine einzige Sprache hervorbringt. Man würde erwarten, daß die ersten sprechenden Lebewesen eine feste Struktur von Wörtern und Bedeutungen entwickelten, die dann so unveränderlich fest blieb wie der genetische Kode, der drei Milliarden Jahre früher entstanden war. Die weisen Männer, die die Bibel geschrieben haben, wußten um dieses Problem und schufen die Legende vom Turm zu Babel, um unsere Sprachenvielfalt zu erklären. Offensichtlich waren sie der Meinung – die viele Leute auch heute noch teilen –, daß das menschliche Leben einfacher und die menschlichen Beziehungen weniger kompliziert wären, wenn wir alle dieselbe Sprache sprächen.

Unbestritten wäre eine Welt mit einer Universalsprache für Bürokraten und Verwaltungsbehörden einfacher zu handhaben. Es gibt jedoch sowohl in unserer eigenen Geschichte und Vorgeschichte wie auch in der Geschichte zeitgenössischer, primitiver Gesellschaften starke Beweise, die die Hypothese stützen, daß eben diese Formbarkeit und Vielfalt der Sprachen eine wesentliche Rolle in der menschlichen Evolution gespielt haben. Es ist nicht nur ein unbequemer, historischer Zufall, daß wir eine Vielfalt von Sprachen besitzen. Dies war der Weg, auf dem die Natur uns eine schnelle Evolution ermöglicht hat. Eine rasche Entwicklung der menschlichen Fähigkeiten erforderte, daß gesellschaftlicher und biologischer Fortschritt Hand in Hand gingen. Der biologische Fortschritt war die Folge zufälliger Fluktuationen, die nur in kleinen, genetisch isolierten Gemeinwesen signifikant sein konnten. Um die genetische Isolation von Gemeinwesen zu gewährleisten und um es ihnen zu ermöglichen, neue gesellschaftliche Institutionen zu entwickeln, war es lebenswichtig, daß ihre Mitglieder durch Sprachbarrieren rasch von ihren Nachbarn abgeschottet werden konnten. Daß wir überhaupt als intelligente Spezies in Erscheinung treten konnten, mag deshalb entscheidend auf der Tatsache beruht haben, daß wir dieses erstaunliche Talent besitzen, innerhalb weniger Generationen von der indoeuropäischen Ursprache ins Hethitische, Hebräische, Lateinische, Englische und schließlich wieder zurück ins Hebräische zu wechseln. Vermutlich hängen unser Überleben und unsere weitere Entwicklung in Zukunft ebenso entscheidend von der Bewahrung dieser kulturellen und biologischen Vielfalt ab. Wir werden in der Zukunft, wie schon in der Vergangenheit, lebensfähiger sein, wenn wir viele Sprachen sprechen und rasch bei der Hand sind, neue zu erfinden, sobald sich Gelegenheit für eine kulturelle Differenzierung bietet. Wir haben heute Gesetze zum Schutz der bedrohten Arten. Wieso gibt es nicht ebenso starke Gesetze zum Schutz der bedrohten Sprachen?

Diese Analogie zwischen Arten und Sprachen ist nur ein Aspekt einer tieferliegenden Analogie zwischen den Vorkehrungen, mit denen die Natur die biologische und die Intelligenz die kulturelle Evolution vorangetrieben hat. Ich bin mir wohl bewußt, daß ich mich mit solchen Analogien auf ein gefährliches Pflaster begebe. Der politische Mißbrauch, der mit dem Darwinismus als Gesellschaftstheorie getrieben wurde, hat die ganze Idee, biologische Konzepte in den Bereich der menschlichen Gesellschaften zu übernehmen, in Verruf gebracht. Andererseits besteht jedoch keine Veranlassung, wieso wir aus der berechtigten Furcht vor politischem Mißbrauch das Vorhandensein von Analogien zwischen der biologischen und der kulturellen Evolution leugnen sollten. Die Analogien, die mir in diesem Zusammenhang vorschweben, sind die folgenden: In den gewaltigen Zeiträumen, die vor drei Milliarden Jahren begannen und vor einer halben Milliarde Jahre endeten, gelang der Übergang von primitiven, einzelligen Organismen zu vielzelligen Geschöpfen mit verschiedenartigen und komplexen Strukturen. Wie es im einzelnen zu diesem großen Sprung gekommen ist, wissen wir nicht. Wir wissen nur, daß drei biologische Erfindungen entscheidend damit zusammenhängen. Diese drei fundamentalen Erfindungen, die vor der Evolution höherer Organismen notwendig waren, sind Tod, geschlechtliche Fortpflanzung und Artenbildung. Mit dem Tod ist der Zukunft die Möglichkeit gegeben, anders zu sein als die Vergangenheit. Die geschlechtliche Fortpflanzung sichert eine rasche Vermischung und Verteilung der genetischen Charakteristika. Und die Artenbildung, die Bildung von durch genetische Barrieren voneinander isolierten Arten, gestattet erst die Evolution der Vielgestaltigkeit. Diese drei Erfindungen waren die Voraussetzung, durch die lebende Wesen die Ellbogenfreiheit erhielten, sich in Form und Verhalten so anzupassen, daß sie die reiche Vielfalt ökologischer Lebensräume ausfüllen konnten, die ihnen gerade durch diese ihre wachsende Vielgestaltigkeit eröffnet wurden.

Jede dieser biologischen Erfindungen hat ihre Entsprechung in der Evolution der menschlichen Kultur. Dem Tod entspricht die Tragödie. In jeder menschlichen Kultur haben Intelligenz und Phantasie den Gedanken des Todes aufgegriffen und ihn zum zentralen Thema von Ritual, Drama und Heldengedicht gemacht. Dem Tod haben die großen Kulturen die Meisterwerke ihrer tragischen Literatur abgewonnen. Der geschlechtlichen Fortpflanzung entspricht das Romantische. In jeder Kultur hat der menschliche Geist den Geschlechtstrieb verzaubert und ihn in etwas Geheimnisvolles, Schönes verwandelt, aus dem die großen Werke des Tanzes, die romantischen Epen, die Lyrik hervorgegangen sind. Damit kommen wir zur dritten und großartigsten biologischen Erfindung, der Artenbildung. Der menschliche Geist hat auch sie in ein neues, kreatives Prinzip umgesetzt, die Formbarkeit und Vielgestaltigkeit der Sprachen. So wie dem Leben erst durch die Artenbildung die Freiheit gegeben wurde, mit einer Vielfalt von Formen und Funktionen zu experimentieren, so erhielt die Menschheit erst durch die Unterschiedlichkeit der Sprachen die Freiheit, mit einer Vielfalt, sozialer und kultureller Traditionen zu spielen. Die Flexibilität unserer gesellschaftlichen Institutionen ist die Frucht unseres mannigfaltigen, linguistischen Erbes. Wenn die Waliser je aufhören, walisisch, die Jemez-Indianer die Jemez-Sprache zu sprechen, bedeutet das für die ganze Menschheit einen Verlust, so wie das Leben an jenem Tage ärmer wurde, an dem der letzte Moa, die letzte Stellers Seekuh von den Menschen getötet wurde.

Wir können diese Analogie zwischen Arten und Sprachen vielleicht noch einen Schritt weitertreiben und sie auf die Prozesse ausdehnen, durch die neue Arten und neue Sprachen entstehen. Es gibt Anzeichen dafür, daß Arten im allgemeinen in Gruppen entstehen, den sogenannten Kladen. *Klados* stammt aus dem Griechischen und bezeichnet den Ast eines Baumes; hier ist der Baum der Evolution gemeint, an dem die einzelnen Arten die Zweige sind. Wenn eine klimatische oder geographische Revolution das gewohnte Gleichgewicht der Natur stört, so tritt innerhalb einer geologisch kurzen Zeit nicht nur eine neue Spezies auf, sondern ein ganzer Klados. Ein Klados von Arten scheint das Ergebnis einer Zeit rascher Vermehrung und Diversifikation kleiner Populationen zu sein, die sich in einem neuen oder gestörten Habitat ausbreiten. Bedeutende evolutionäre Veränderungen entstehen eher durch die Bildung neuer Kladen als durch die Modifikation bestehender Arten. All das hat eine bemerkenswerte Ähnlichkeit mit dem, was sich nach dem Zerfall des römischen Reichs in Europa abspielte. Eine große Zivilisation, die durch die lateinische Sprache zusammengehalten wurde, zerbrach. An ihre Stelle trat der Klados der neuen Sprachen lateinischer Abstammung – Französisch, Spanisch, Italienisch, Portugiesisch, Rumänisch –, von denen jede nach und nach ihre eigene, neue Zivilisation mit einer eigenen Literatur und Tradition hervorbrachte. Zu diesem Klados gehörten auch einige andere Sprachen, die sich noch immer nur mühsam gegen ihre mächtigen Geschwister behaupten können, Katalanisch, Provenzalisch und Rätoromanisch. Andere, ältere Sprachgruppen wie die keltischen Sprachen, einschließlich des Russischen, entstanden wahrscheinlich auf ähnliche Weise durch Mehrfachgeburten. Nur im Falle der romanischen Sprachen fand die Kladformation in einer historisch erfaßbaren Zeit statt und kann anhand schriftlicher Zeugnisse nachvollzogen werden. Entstehung und Differenzierung des romanischen Klados gingen erstaunlich rasch vor sich. Höchstens zwanzig Generationen trennen das vereinigte, römische Europa vom Europa der festverwurzelten Landessprachen.

Das Gegenteil eines Klados ist in der Biologie ein Klon. Ein Klados ist eine Gruppe von Populationen, die zwar einen gemeinsamen Ursprung haben, genetisch jedoch so verschieden voneinander sind, daß Kreuzungen ausgeschlossen sind. Ein Klon ist eine einzelne Population genetisch identischer Individuen. Kladen sind der Stoff, aus dem die großen, evolutionsgeschichtlichen Sprünge gemacht sind. Klone sind dagegen evolutionsgeschichtliche Sackgassen, die sich langsam entwickeln und langsam anpassen. Kladen sind nur bei Organismen möglich, die sich geschlechtlich fortpflanzen, Klone sind in der Natur typisch geschlechtslos.

Auch dazu gibt es Analogien im Bereich der Linguistik. In der Linguistik ist ein Klon eine einsprachige Kultur, eine Population, die eine Sprache spricht und dadurch abgeschirmt ist gegen fremde Wörter und fremde Gedanken. Sie reicht ihr linguistisches Erbe unberührt von Generation zu Generation weiter, so daß es Gefahr läuft, mit der Zeit zu verarmen.

Dieser Verarmungsprozeß läßt sich an der Schrumpfung des Wortschatzes bei den großen Dichtern des anglo-amerikanischen Sprachbereichs von Shakespeare bis Dickens verfolgen, ganz zu schweigen von Faulkner und Hemingway. Im Verlaufe der Zeit gibt es immer weniger Wörter und Ausdrücke, und die literarischen Meisterwerke werden seltener. Der linguistische Verjüngungsprozeß erfordert etwas Ähnliches wie die geschlechtliche Fortpflanzung: eine Vermischung der Sprachen und gegenseitige Befruchtung des Wortschatzes. Die große Blüte der englischen Kultur war die Folge der Vermählung des Französischen mit dem Angelsächsischen im normannischen England. Der Klados der romanischen Sprache entsprang nicht nur aus dem Lateinischen, sondern aus einer gegenseitigen Befruchtung des Lateinischen und der Sprachen der lokalen Barbarenstämme in der Zeit des Niedergangs des Imperiums. In der menschlichen Kultur wie in der Biologie sind Klone Sackgassen, Kladen versprechen Unsterblichkeit.

Wollen wir Klados oder Klon sein? Das ist vielleicht die zentrale Frage der menschlichen Zukunft. Mit anderen Worten, wie können wir es erreichen, daß unsere gesellschaftlichen Institutionen so flexibel bleiben, daß unsere kostbare, biologische und kulturelle Vielgestaltigkeit bewahrt wird? Es ist ermutigend, daß vieles darauf hindeutet, daß unsere Gesellschaft an Flexibilität eher zunimmt. Viele Verhaltensweisen, die vor dreißig oder vierzig Jahren ausgeschlossen waren, werden heute akzeptiert. In vielen Ländern, in denen die Sprachen von Minderheiten früher unterdrückt wurden, werden sie heute geduldet oder sogar gefördert. Fünfunddreißig Jahre nach meinem Aufenthalt in Llandudno besuchte ich einen Freund in Cardiff, der Hauptstadt der englischen Eroberer in Wales, und sah mit Freude, daß die Kinder meines bengalischsprechenden Freundes in den städtischen Schulen von Cardiff Walisisch lernten. Da sie bereits fließend englisch, bengalisch und arabisch sprachen, nahmen sie auch die Hürde des Walisischen spielend und ohne Schwierigkeiten. In diesen Kindern kam die Gabe der kulturellen und sprachlichen Formbarkeit, mit der die Natur unsere Spezies ausgestattet hat, auf spektakuläre Weise zum Ausdruck. Solange uns solche Kinder heranwachsen, besteht keine Gefahr, daß wir uns als Klone totlaufen.

1930 schrieb Olaf Stapledon ein Buch, *Last and First Men (Die letzten und die ersten Menschen),* in dem er versucht, sich eine Menschheitsgeschichte der Zukunft in einem möglichst weitgesteckten Rahmen auszumalen. Ein Thema, das er in der menschlichen Zukunft für wichtig hält, ist eine philosophische Haltung, die er den «Kult der Vergänglichkeit» nennt. Der Kult der Vergänglichkeit ist nichts Neues. Er hat in Homers *Ilias* und im apokryphen Buch *Ekklesiastes* der hebräischen Bibel seine Spuren hinterlassen. Seine Essenz ist ein tiefempfundenes Gefühl für die Erhabenheit und die Schönheit der vergänglichen Kreatur, eine Schönheit, die durch die Tatsache ihrer Vergänglichkeit noch gesteigert wird. Der Kult ist ein unauflösbares Gemisch aus Freude und Trauer. Es ist dieser Kult der Vergänglichkeit, der in Stapledons Zukunftvision die Menschheit im Gleichgewicht und in Verbindung mit der natürlichen Welt hält. Er ist ein Gegengewicht gegen unsere fatale Neigung, die Vielgestaltigkeit der Natur mit Hilfe unserer Technologie zu vereinheitlichen, anzugleichen und sie so letztlich zu vernichten. Der Kult lehrt uns immer wieder Demut vor der Fülle des Universums.

Der Kult der Vergänglichkeit wird in den Gedichten vieler Sprachen besungen und kommt vor allem auch in den Gedichten von Gerard Hopkins und Dylan Thomas zum Ausdruck. Hopkins war ein Engländer, der seine poetische Inspiration in Wales fand:

All things counter, original, spare, strange;
Whatever is fickle, freckled (who knows how?)
With swift, slow; sweet, sour; adazzle, dim;

He fathers-forth whose beauty is past change;
Praise him.

Alle Dinge verquer, ureigen, selten, wunderliche;
Was immer veränderlich ist, scheckig (wer weiß wie?)
Mit schnell, langsam; süß, sauer; blitzend, trüb;
Was er hervorzeugt, dessen Schönheit wandellos:
Preis ihn.

Hopkins war der einzige englische Dichter, der sich die Mühe nahm, Walisisch zu lernen. Von den klassischen, walisischen Dichtern übernahm er einige seiner eindrucksvollsten Reim- und Verstechniken und schrieb sogar einige seiner Gedichte in der walisischen Sprache. Meine walisischen Freunde behaupten allerdings, daß Hopkins im Walisischen kein so guter Dichter ist, wie Dylan Thomas, ein Waliser, im Englischen. Wir Engländer haben vom Walisischen viel mehr geschenkt bekommen, als wir je zurückgeben können. Die Gedichte von Dylan Thomas überfließen vor Melodien der Jugend und der Vergänglichkeit, doch unter diesen Oberflächentönen schlägt manchmal ein tieferer Klang an, ein stolzer Geist, den eine fremde Kultur, eine fremde Sprache, in Ketten halten:

Oh as I was young and easy in the mercy of his means,
Time held me green and dying
Though I sang in my chains like the sea.

O als ich jung war und leicht in der Gnade ihrer Allmacht
Erhielt die Zeit mich grün und sterbend
Obwohl ich sang in meinen Ketten wie das Meer.

21

Die Begrünung der Galaxis

Als der Burenkrieg 1899 begann, war meine Mutter neunzehn Jahre alt; sie hat es noch erlebt, daß die Amerikaner in Vietnam geschlagen wurden. Sie hat mir oft erzählt, daß ihre Erinnerungen aus der Zeit des Burenkrieges es ihr leicht machten, zu verstehen, was der Vietnamkrieg für Amerika bedeutete. Der Burenkrieg war für England nicht nur eine militärische und politische Katastrophe, er brachte ein ganzes Wertsystem zum Einsturz. Dabei entstand für meine Mutter und ihre Generation, die in der Tradition des liberalen Imperialismus groß geworden war, das tiefe, psychologische Trauma nicht daraus, daß sie sehen mußten, wie das große, britische Weltreich von zwei winzigen Burenrepubliken überlistet und ausmanövriert wurde; was sie traf, war der Anblick des großen, britischen Weltreichs, das die Buren aushungerte und in die Knie zwang, indem es ihr Land verbrannte und ihre Frauen und Kinder in Konzentrationslager trieb. Einige Freunde meiner Mutter sympathisierten insgeheim mit den Buren. Öffentlich für die Buren Partei zu ergreifen brauchte so viel Mut, wie 1965 in Amerika öffentlich auf der Seite Ho Chi Minhs zu sein. Der Krieg spaltete Familien und stellte Loyalitäten in Frage. Er war, plötzlich aus heiterem Himmel hereingebrochen, das Ende eines langen Sommers viktorianischen Fortschritts und Wohlstands.

Am schlimmsten war das Jahr 1901. Im Januar war die alte Königin gestorben, und ihr Tod symbolisierte das Schwinden der alten Sicherheiten, an die sich das englische Volk in den dreiundsechzig Jahren ihrer Regierung gewöhnt hatte. 1901 schleppte sich der Krieg dahin, ebenso schändlich und ergebnislos wie der Krieg in Vietnam. Das Jahr 1901 ging zu Ende, 1902 begann, die Buren kämpften weiter, und in den Konzentrationslagern starben ihre Familien weiter an der Ruhr. Der viktorianische Optimismus war endgültig tot. Verhängnis und Untergang lagen in der Luft.

In jenem Moment, am Freitag, dem 24. Januar 1902, sechs Jahre nachdem H.G. Wells *Die Insel des Dr. Moreau* geschrieben hatte, gab er vor der Royal Institution in London eine Vorlesung mit dem Titel «Die Entdeckung der Zukunft». Nun, da der seichte Optimismus seiner Landsleute einer nicht minder seichten Verzweiflung gewichen war, hielt Wells die Zeit für gekommen, ihnen etwas zu erzählen, was so verschieden war von Dr. Moreau, wie man sich das nur vorstellen kann. Er schloß seine Vorlesung mit den folgenden Worten:

> Mißverstehen Sie mich nicht, wenn ich Ihnen von der Größe des menschlichen Schicksals spreche. Erlauben Sie mir offen zu gestehen, daß ich von mir als Endpro-

dukt keine sehr hohe Meinung habe, dasselbe gilt (die Anwesenden natürlich ausgenommen) von meinen Mitmenschen. Ich glaube nicht, daß ich in den Lobgesang auf die Menschheit mit Ernst und Überzeugung einstimmen könnte. Stellen Sie es sich doch vor. Stellen Sie sich die nackten Tatsachen vor. Wir alle kennen Stimmungen, in denen wir Swifts Erstaunen teilen, daß eine solche Kreatur es wagt, ihren Stolz zu Markte zu tragen. Wir kennen die Stimmungen, in denen wir in das Gelächter des Demokrit einstimmen möchten; und wir wären ihnen häufiger unterworfen, wenn das Schauspiel der menschlichen Dürftigkeit nicht so schmerzvoll wäre. Aber die Welt ist nicht nur voller Schmerz, sie ist auch mit Hoffnung durchwirkt. So kläglich wir in unserer Eitelkeit und Sinnlichkeit erscheinen, es gab eine Zeit, in der alles noch geringer war. Und es ist dieser lange Aufstieg aus der Vergangenheit, der unsere Verzweiflung Lügen straft. Wir wissen nun, daß all das Blut und die Leidenschaft unseres Lebens in der Zeit des Karbon und des Perm in Wesen verkörpert war, die mit kaltem Blut und klammer Haut, zwischen Luft und Wasser verborgen lauerten und vor den Riesenamphibien jener Tage die Flucht ergriffen. Trotz all der Torheit, Blindheit und Not unseres Lebens haben wir einen weiten Weg zurückgelegt. Und dieser weite Weg, den wir hinter uns haben, gibt uns einen Vorgeschmack von dem, was noch vor uns liegt ...

Es ist durchaus denkbar, daß die ganze Vergangenheit nur der Anfang eines Anfangs war, und alles, was ist, und alles, was war, nur das Zwielicht der Morgendämmerung. Es ist denkbar, daß alles, was der menschliche Geist hervorgebracht hat, nur wie ein Traum vor dem Erwachen ist. Wir können nicht und müssen nicht voraussehen, wie diese Welt sein wird, wenn ihre Zeit einmal gekommen ist. Wir sind Geschöpfe des Zwielichts. Doch unserer Rasse und unserem Geschlecht werden Geister entspringen, die sich uns in unserer Dürftigkeit zuwenden und uns besser verstehen werden als wir uns selbst und die furchtlos nach dieser Zukunft greifen werden, die unseren Augen verschlossen bleibt. Diese ganze Welt ist schwanger mit Hoffnung auf Größeres; und ein Tag wird kommen, ein Tag in der endlosen Folge der Tage, an dem Wesen, die nun in unseren Gedanken schlummern und in unseren Lenden verborgen sind, auf dieser Erde stehen werden, wie man auf einem Schemmel steht, und lachend mit ihren Händen zwischen die Sterne greifen werden.

Fünfundvierzig Jahre später, nach einem noch größeren und noch brutaleren Krieg, formulierte der Dichter Robinson Jeffers scharf und prägnant das Gegenargument zu dieser Zukunftsvision:

Names foul in the mouthing.
The human race is bound to defile, I've often noticed it,
Whatever they can reach or name, they'd shit on the morning star
If they could reach ...
The awful power that feeds the life of the stars has been tricked down
Into the common stews and shambles ...
A day will come when the earth will scratch herself and smile and rub of
humanity.

Namen faulen im Maul.
Die menschliche Rasse beschmutzt, ich hab' es oft bemerkt,
Was sie erreichen oder nennen kann, sie würden auf den Morgenstern
scheißen
Wenn sie nur könnten ...

Die furchtbare Macht, die das Leben der Sterne speist, wurde heruntergenarrt
In die gemein Schlamassel und Krawalle ...
Der Tag wird kommen, an dem die Erde sich kratzen wird und lächelnd die
Menschheit abstreift.

Wells und Jeffers haben alle beide recht. Die Menschheit ist etwas Behelfsmäßiges und Verächtliches, vielversprechend und unheilstiftend. Unser Weg in die Zukunft wird nicht einfach und leicht sein. Wells hat das nie behauptet. Die Tatsache, daß die Menschen gemein sind, bedeutet noch lange nicht, daß das Universum es auch ist. Jeffers hat nie behauptet, daß dem so ist.

Bei allem, was wir auf Erden oder am Himmel unternehmen, haben wir die Wahl zwischen zwei Tendenzen, die ich grau bzw. grün nennen möchte. Die Trennlinie zwischen grau und grün ist unscharf. Nur an den äußersten Punkten des Spektrums können wir ohne Einschränkung sagen, daß dies grün und jenes grau ist. Der Unterschied zwischen grün und grau läßt sich leichter durch Beispiele als durch Definitionen fassen. Fabriken sind grau, Gärten sind grün. Physik ist grau, Biologie ist grün. Plutonium ist grau, Pferdemist ist grün. Bürokratie ist grau, Pioniersiedlungen sind grün. Selbstreproduzierende Maschinen sind grau, Bäume und Kinder sind grün. Die menschliche Technologie ist grau, die Technologie Gottes ist grün. Klone sind grau, Kladen sind grün. Armeedienstvorschriften sind grau, Gedichte sind grün.

Wieso sagen wir nicht einfach, grau ist schlecht und grün ist gut, und finden so einen schnellen Weg zum Heil, indem wir uns der grünen Technologie verschreiben und alles Graue verbieten? Die Antwort ist einfach - weil eine Technologie, die den materiellen Bedürfnissen der Welt entsprechen soll, nicht nur schön, sondern auch billig sein muß. Wir täuschen uns, wenn wir glauben, daß die Ideologie «Grün ist schön» uns die schwierigen Entscheidungen der Zukunft ersparen wird; genausowenig haben andere Ideologien in der Vergangenheit uns vor schwierigen Entscheidungen bewahrt.

Hier auf der Erde ist die Sonnenenergie eines der großen, menschlichen Bedürfnisse. Jedes Land, ob reich oder arm, schwimmt in einem Überfluß von Sonnenenergie; was uns jedoch fehlt, ist eine billige und allgemein zugängliche Technologie, um diese Energie in Brennstoffe und Elektrizität umzuwandeln, die wir für unser tägliches Leben brauchen. Die Umwandlung von Sonnenlicht in Brennstoff oder Elektrizität ist wissenschaftlich ein triviales Problem. Im Prinzip gibt es viele, verschiedene Technologien, die diese Umwandlung vornehmen können. Aber alle diese Technologien sind teuer. Wir können es uns nicht leisten, sie in einem solchen Umfange einzusetzen, daß ein beträchtlicher Teil unseres Energiebedarfs dadurch, anstatt aus unseren rasch schwindenden Gas- und Ölreserven gedeckt werden könnte.

Nachdem Ted Taylor seine Arbeit über Diebstahl und Sicherheitsprobleme im nuklearen Bereich abgeschlossen hatte, beschloß er, die restlichen Jahre seines Arbeitslebens den Fragen der Sonnenenergie zu widmen. Er hat sich ein System von Solarbecken ausgedacht, das, wenn es sich wirklich realisieren läßt, gegenüber allen vorhandenen Sonnenenergie-Technologien eine drastische Verbilligung bedeuten würde. Die Grundidee besteht darin, große, von Dämmen umschlossene Wasserbecken zu bauen und sie mit durchsichtigen Plastikluftmatrazen abzudecken, so daß das Wasser durch das Sonnenlicht erwärmt und gegen abkühlende Winde und Verdunstung geschützt ist. So bleibt das Wasser im Sommer wie im Winter heiß. Seine Wärmeenergie kann zur Beheizung der Häuser verwendet oder in Elektrizität umgewandelt werden, oder es kann mit Hilfe einfacher Wärmemaschinen, die im Handel erhältlich sind, in chemische Brennstoffe umgesetzt werden. Wenn alles nach Plan funktioniert, wird das ganze System die Sonnenenergie, die auf die Becken fällt, mit einer Wirtschaftlichkeit von ungefähr fünf Prozent in Brennstoff und Elektrizität umwandeln, und zwar zu einem Preis, der mit Kohle und Öl konkurrieren kann.

Ich will keine Prognosen darüber anstellen, ob Teds Projekt sich tatsächlich realisieren läßt. Unzählige technische Probleme, von den wirtschaftlichen und rechtlichen Hindernissen ganz zu schweigen, müssen erst aus dem Weg geräumt werden, bevor wir erkennen können, ob die theoretischen Hoffnungen, die wir auf das Projekt setzen, zu verwirklichen sind. Ich stelle lediglich die hypothetische Aussage zur Diskussion, daß diese Becken, falls sie so funktionieren, wie wir hoffen, die ganze Energiewirtschaft der Welt auf den Kopf stellen werden. Länder, die über einen Überfluß an Sonnenschein und Wasser verfügen – und das sind vor allem die armen Länder der feuchttropischen Zonen –, werden mit der Zeit so reich werden, wie die ölexportierenden Länder es heute sind. Und ihr Reichtum wird selbsttragend sein und nicht auf einem endlichen Vorrat unersetzlicher Resourcen beruhen.

Glücklicherweise ist diese wirtschaftliche Transformation der Welt nicht abhängig vom Erfolg der Pläne Ted Taylors. Es ist nicht besonders wichtig, ob nun gerade Teds Ideen sich realisieren lassen oder nicht. Rund um die Welt arbeiten Hunderte von anderen Gruppen an anderen Ideen und Plänen. Um die Welt zu verändern, genügt ein billiges, erfolgreiches System. Und das muß keineswegs von Ted stammen. Das einzige, auf das wir sorgfältig achten müssen ist, daß wir allen Gruppen, die Ideen vorbringen, die Gelegenheit geben, ihre Leistungsfähigkeit zu demonstrieren. Niemand darf aus ideologischen Gründen entmutigt oder ausgeschlossen werden.

Teds Technologie ist eher grau als grün. An ihrer Wiege stand die Nützlichkeit Pate, nicht die Schönheit. Es ist interessant sich vorzustellen, wie Teds System die physische Erscheinung unseres Planeten verändern würde, wenn es wirklich einmal ein wirtschaftlicher Erfolg und in großem Umfang realisiert würde. Nehmen wir die extremste und unwahrscheinlichste Variante, daß nämlich die ganze Welt beschließt, so viele Solarbecken zu bauen, daß wir damit unseren gesamten Jahresbedarf an Energie decken und unseren heutigen Öl-, Gas-, Kohle- und Uranverbrauch ganz dadurch ersetzen könnten. Dazu müssten wir ungefähr ein Prozent der Landflächen unseres Planeten mit Becken und Plastik bedecken. Das entspricht ungefähr jenem Teil der Vereinigten Staaten, der heute mit Straßen zubetoniert ist. Die Investitionskosten eines solchen Systems wären denen einer entsprechenden Straßenfläche ebenfalls vergleichbar. Mit anderen Worten, um über einen weltweiten, permanent erneuerbaren Energievorrat zu verfügen, müßten wir nur in weltweitem Umfang noch einmal die finanziellen und ökologischen Opfer bringen, welche die Vereinigten Staaten dem Automobil gebracht haben. Das amerikanische Volk hielt die Kosten des Automobils für annehmbar. Ob es bereit wäre, denselben Preis noch einmal für eine saubere und unerschöpfliche Energiequelle zu bezahlen, wage ich nicht abzuschätzen. Wahrscheinlich wird man in vielen ärmeren Ländern, in denen der Energieverbrauch geringer und alternative Versorgungsquellen nicht vorhanden sind, Teds Becken für ein glänzendes Geschäft halten. Es mag sogar Menschen geben, die lieber Plastikbecken sehen als Straßen. Es ist auf jeden Fall einfacher, zwischen den Becken spazieren zu gehen, als eine Straße zu überqueren.

Die graue Technologie ist also nicht ohne Wert und Hoffnung. Sie bietet den tropischen Ländern der Karibik und des Indischen Ozeans eine Aussicht, der Armut zu entkommen. Und es ist denkbar, daß die graue Technologie innerhalb von fünfundzwanzig Jahren, grob geschätzt die Zeit, die wir brauchten, um unsere Autobahnen zu bauen, eine wesentliche Umstrukturierung des amerikanischen Energieverbrauchs, vom Erdöl zur Sonnenenergie, bewirken könnte. Aus vielen Gründen ist es wichtig, daß diese Umstrukturierung rasch vor sich geht, bevor der Ölvorrat der Welt aufgebraucht ist.

Wenn wir jedoch weiter in die Zukunft blicken als fünfundzwanzig oder fünfzig Jahre, so gibt die grüne Technologie noch zu ganz anderen Hoffnungen Anlaß. Vor allem auf dem Gebiet der Sonnenenergie kann die grüne Technologie letzten Endes alles übertreffen, was die graue Technologie leisten kann. Vor langer Zeit hat Gott den Baum erfunden, eine Einrichtung, um Luft, Wasser und Sonnenlicht in Brennstoffe und andere nützliche Chemikalien umzuwandeln. Ein Baum ist vielseitiger und wirtschaftlicher als alles, was unsere graue Technologie bis heute zu bieten hat. Der größte Nachteil, den Bäume als Sonnenenergiesysteme haben, ist der, daß wir nicht wissen, wie wir sie nutzen können, ohne sie zu zerstören und damit die Landschaft zu verunstalten. Der Ernteprozeß ist unwirtschaftlich und bietet überdies einen unerfreulichen Anblick. Die Chemikalien, welche die Bäume naturgegeben produzieren, passen nicht so leicht in die Verbrauchs- und Distributionsmuster einer ölabhängigen Wirtschaft.

Stellen wir uns ein Sonnenenergiesystem vor, das auf einer grünen Technologie basiert, nachdem wir die DNA-Sprache lesen und schreiben gelernt haben, so daß wir Wachstum und Metabolismus der Bäume umprogrammieren können. Alles, was über dem Erdboden zu sehen ist, ist ein Tal voller Redwood-Bäume, ein Tal so schattig und still wie die Muir Woods unter dem Mount Tamalpais in Kalifornien. Diese Bäume wachsen nicht so schnell wie die natürlichen Redwoods. Anstatt hauptsächlich Zellulose zu synthetisieren, produzieren ihre Zellen reinen Alkohol, oder Oktan, oder andere chemische Stoffe, die wir benötigen. Während ihre Säfte durch ein Gefäßsystem nach oben steigen, sickert der Brennstoff, den sie synthetisieren, durch ein anderes Gefäßsystem hinunter in ihre Wurzeln. Unter der Erde formen die Wurzeln ein lebendiges Netz von Pipelines, welches die Brennstoffe hinunter ins Tal transportiert. An weitverzweigten Punkten schließen sich diese lebendigen Pipelines an tote an, welche dann den Brennstoff aus dem Tal hinaustransportieren, überallhin, wo er benötigt wird. Wenn wir einmal über die Technologie, Bäume umzuprogrammieren, verfügen, können wir überall dort, wo es Land gibt, das natürliche Wälder tragen kann, solche Plantagen schaffen. Wir können Brennstoffe aus kalifornischen Redwoods gewinnen, aus Ahornplantagen in New Jersey, aus Plantanen in Georgia, aus Kiefernwäldern in Kanada. Wenn diese Plantagen einmal stehen, sind sie möglicherweise unverwüstlich, halten sich selber im Stand und brauchen lediglich die normale Pflege eines Försters, damit sie gesund bleiben. Wenn wir annehmen, daß die Umwandlung von Sonnenlicht in chemische Brennstoffe eine Gesamtwirtschaftlichkeit von einem halben Prozent hat, was der Nutzleistung natürlicher Wälder vergleichbar ist, dann könnte der gesamte heutige Energieverbrauch der Welt gedeckt werden, indem wir Brennstoff-Plantagen auf ungefähr zehn Prozent der Landfläche anlegen. In den feuchten Tropen könnte man mit weniger Land dieselbe Brennstoffleistung erreichen.

Ted Taylor hat vorgeschlagen, die hundert Wohnungen, die den Familien der Gastwissenschaftler am Institute for Advanced Study in Princeton zur Verfügung stehen, über ein Solarbeckensystem mit Heizung, Heißwasser und Elektrizität zu versorgen. Er hofft, ein solches System mit einem totalen Kostenaufwand von ungefähr fünftausend Dollar pro Familie bauen zu können. Die bestehende Ölheizung soll in Reserve gehalten werden, damit die Gastwissenschaftler des Instituts nicht erfrieren, falls die Solarbecken in Schwierigkeiten geraten. Dieser Demonstrationsentwurf für hundert Familien ist nicht einfach ein reduziertes Versuchsbetriebsexperiment. Es ist ein Test des Solarbeckensystems in seiner natürlichen Größenordnung. Was Teds Idee so attraktiv macht, ist, daß Solarbecken schon in Hundert-Familien-Einheiten kostentragend sind. Größere, zentralisierte Betriebe bringen keinen Vorteil. Auch wenn die ganze Welt ihre Energie aus Solarbecken bezöge, wäre das System dezentralisiert, und die einzelnen Einheiten wären ungefähr von derselben Größe wie die Einheit, die wir in Princeton zu bauen hoffen.

Zum gegenwärtigen Zeitpunkt erwägen wir noch keinen Plan, unsere Institutswälder in eine Plantage künstlicher Bäume umzuwandeln, um Brennstoff für den Institutsbedarf zu gewinnen. Das wird viel später kommen, wenn überhaupt. Wenn man uns die Wahl gibt, spazieren die meisten von uns lieber unter Bäumen als zwischen plastikgedeckten Becken. Doch bis die Technologie der künstlichen Bäume entwickelt ist, wird es noch lange dauern - vielleicht fünfzig Jahre, vielleicht hundert, vielleicht auch zweihundert. Der Entwicklungsprozeß wird wahrscheinlich schwierig und umkämpft sein, es wird viele Fehler geben, viele Mißerfolge, viele Experimente, die erfolgversprechend beginnen und plötzlich in obskuren und komplizierten Schwierigkeiten steckenbleiben. Die genetische Programmierung einer einzelnen Spezies zu verstehen, ist nur der erste Schritt. Damit künstliche Bäume in einer natürlichen Umgebung überleben und gedeihen können, muß der Programmierer ihre ökologischen Beziehungen zu Tausenden von anderen Arten verstehen, die zwischen ihren Blättern, Ästen oder im Boden zwischen ihren Wurzeln leben. Vielleicht wird es immer mehr eine Kunst als eine Wissenschaft sein, künstliche Bäume zu programmieren und zu züchten. Für Leute, die Brennstoff-Plantagen anlegen wollen, genügt es vielleicht nicht, die DNA-Sprache und die Kunst des Programmierens zu beherrschen, sie brauchen auch noch grüne Hände. Auch das ist ein Vorteil der grünen Technologie. Doch der Sonnenenergiebedarf der Menschheit ist dringend. Wir können nicht noch hundert Jahre darauf warten. Und wenn Plastikbecken rascher funktionieren als künstliche Bäume, müssen wir eben Plastikbecken bauen und die Bäume unseren Enkeln überlassen.

Wenn die Menschheit von der Erde in den Weltraum übersiedelt, nehmen wir unsere Probleme mit. Und die Verwendung der Sonnenenergie wird eines unserer wesentlichen Probleme bleiben. Im Weltraum wie auf der Erde muß eine Technologie billig sein, wenn sie mehr als ein Spielzeug für die Reichen sein will. Im Raum wie auf der Erde werden wir die Wahl haben zwischen grauen oder grünen Technologien, und die wirtschaftlichen Zwänge, die unsere Wahl auf der Erde beschränken, werden ihre Entsprechungen im Weltraum haben.

Die Technologie, mit deren Hilfe wir heute im Weltraum Sonnenenergie verwenden, beruht auf photoelektrischen Zellen, die aus Silizium hergestellt werden. Sie eignen sich ausgezeichnet für wissenschaftliche Instrumente, sind jedoch für den menschlichen Alltagsbedarf viel zu teuer. Solarbecken mögen auf Erden billig und leistungsfähig sein, für den Weltraum sind sie keine geeignete Technologie. Es trifft sich, daß das Sonnensystem ziemlich scharf in zwei Zonen zerfällt: eine innere in der Nähe der Sonne, die viel Sonnenlicht und wenig Wasser hat, und eine äußere, weit von der Sonne entfernte Zone, in der Wasser reichlich und Sonnenlicht knapp ist. Die Erde liegt im Grenzbereich der beiden Zonen und ist, soweit wir wissen, der einzige Ort, an dem sowohl Wasser wie Sonnenlicht reichlich vorhanden sind. Es ist zu vermuten, daß sich aus diesem Grund auf der Erde Leben entwickeln konnte. Aus demselben Grunde ist auch anzunehmen, daß Solarbecken auf Erden nützlicher sind als irgendwo sonst im Sonnensystem.

Wonach wir Ausschau halten sollten, sind Technologien, die die Ökonomie der Weltraumfahrt drastisch verändern können. Die Kosten von Raumfahrtunternehmungen müssen gesenkt werden, und nicht nur um einen Faktor fünf oder zehn, sondern um einen Faktor hundert oder tausend; erst dann kann die Menschheit an eine großangelegte Expansion in den Weltraum denken. Es ist anzunehmen, daß geeignete Technologien für die innere und für die äußere Zone voneinander verschieden sein müßten. Die innere Zone mit ihrem Überfluß an Sonnenlicht und Mangel an Wasser eignet sich eher für die graue Technologie. In jenen für den Menschen so unwirtlichen Regionen des Sonnensystems können große Maschinen und Regierungsprojekte sich am besten entwickeln. Sich selbst reproduzierende Automaten aus Eisen, Aluminium und Silizium brauchen kein Wasser. Sie können sich auf dem Mond oder dem Merkur oder im Raum dazwischen ungehindert vermehren und gigantische Industrieanlagen entwickeln, ohne damit die Ökologie der Erde zu belasten. Sie können sich von Sonnenlicht und Felsgestein ernähren und brauchen keine anderen Rohmaterialien, um zu wachsen. Sie werden im Weltraum frei schwebende Städte als Lebensraum für die Menschen bauen. Sie werden ganze Ozeane voll Wasser von den Satelliten der äußeren Planeten, wo es im Überfluß vorhanden ist, in die innere Zone schaffen, wo es benötigt wird.

In mancher Beziehung kann eine Ausbreitung der grauen Technologie in dieser inneren Zone des Sonnensystems dazu beitragen, die ökologischen Probleme der Menschheit auf der Erde zu lindern. Die Vorräte an Materie und Sonnenlicht, die in der inneren Zone zur Verfügung stehen, übersteigen alles, was auf der Erdoberfläche verfügbar ist um viele Potenzen von zehn. Die Erde kann direkt aus dem Weltraum mit seltenen Mineralien und Industrieprodukten, ja selbst mit Lebensmitteln und Brennstoffen versorgt werden. Die Erde kann als besiedelte Parklandschaft oder unberührte Wildnis erhalten bleiben, während großangelegte Abbau- und Produktionsanlagen auf den Mond und die Asteroiden verbannt werden. Dem Bevölkerungsproblem der Erde ist allerdings durch Emigration ins All nicht beizukommen. Dieses Problem muß, unabhängig davon, ob eine Emigration stattfindet oder nicht, auf der Erde gelöst werden. Aber die Möglichkeit auszuwandern, könnte indirekt eine große Hilfe bedeuten, um diese Probleme in den Griff zu bekommen. Für die Menschen, die auf der Erde zurückbleiben, wäre es vermutlich psychologisch und politisch einfacher, strenge Beschränkungen ihres Bevölkerungswachstums zu akzeptieren, wenn diejenigen, die ein unwiderstehliches, emotionales Bedürfnis nach einer großen Familie haben, anderswohin ausweichen können.

Wohin werden sich die Auswanderer wenden? Die graue Technologie bietet keine befriedigende Antwort auf diese Frage. Mit Hilfe der grauen Technologie können Raumstationen im Stil von O'Neills «Island One» gebaut werden, Konservendosen aus Metall und Glas, in denen die Menschen ein hygienisches, behütetes Leben führen, abgeschirmt von der Wildheit des Neulandes und des Weltraums. Und wir werden von Glück reden können, wenn die Menschen in diesen Metall- und Glaskonserven den Menschen in Huxleys *Schöner neuer Welt* nicht immer ähnlicher werden. Die Menschheit braucht einen größeren und freieren Lebensraum. Wir leben nicht vom Brot alleine. Das fundamentale Problem der menschlichen Zukunft ist nicht ökonomischer, sondern geistiger Natur, es ist das Problem der Vielgestaltigkeit. Wie können wir auf unserer übervölkerten Erde oder in den Metall- und Glaskonserven, die unsere heutige Raumtechnologie uns als Lebensraum im All bereitstellt, noch Platz für Vielgestaltigkeit finden?

Auf sozialer Ebene bedeutet Vielgestaltigkeit eine Vielfalt von Sprachen und Kulturen bewahren und Freiraum für Neuentwicklungen schaffen, und das angesichts der gleichmacherischen Einflüsse der modernen Kommunikations- und Massenmedien. Auf biologischer Ebene bedeutet Vielgestaltigkeit, den Eltern das Recht zugestehen, die Technologie der Genmanipulation zu benützen, damit ihre Kinder gesünder oder begabter werden, als sie selber und länger leben. Die Konsequenz einer solchen, durch die Eltern frei wählbaren, genetischen Vielgestaltigkeit wäre vermutlich die Spaltung der Menschheit in einen Klados nicht kreuzungsfähiger Arten. Es ist schwer vorstellbar, daß irgendeine unserer gesellschaftlichen Institutionen der Zerreißprobe, die eine solche Spaltung bedeuten würde, gewachsen wäre. Die Spannungen wären jenen vergleichbar, die durch die Verschiedenheit der menschlichen Hautfarbe ausgelöst werden, nur noch hundertmal schlimmer. Solange die Menschheit auf diesen Planeten beschränkt ist, muß die Ethik einer brüderlichen Gemeinschaft der Menschen den Vorrang haben vor unserem Streben nach Vielgestaltigkeit. Unsere kulturelle Vielgestaltigkeit wird unerbittlich zurückgedrängt; die biologische Vielgestaltigkeit wird zu gefährlich und kann deshalb nicht geduldet werden.

Auf die Dauer ist die einzige Lösung, die ich für das Problem der Vielgestaltigkeit sehen kann, die Expansion ins Universum mit Hilfe der grünen Technologie. Die grüne Technologie weist uns in die richtige Richtung: weg von der Sonne und hin zu den Asteroiden und den Riesenplaneten und weiter hinaus, wo der Raum grenzenlos ist und das Neuland unermeßlich. Grüne Technologie bedeutet, daß wir nicht in Konserven leben, sondern unsere Pflanzen, unsere Tiere und uns selber daran gewöhnen, frei im Universum, so wie wir es vorfinden, zu leben. Die Nomaden in der Mongolei entwickelten eine lederne Haut und schmale Augenschlitze, um den rauhen Winden der asiatischen Steppen zu trotzen. Wenn einige unserer Enkel eine noch widerstandsfähigere Lederhaut und noch schmalere Augenschlitze entwickeln, so können sie vielleicht einmal mit unbedecktem Gesicht den Winden des Mars entgegentreten. Die Frage, die unser Schicksal entscheiden wird, ist nicht, ob wir uns im Weltall ausbreiten werden. Die Schicksalsfrage für uns ist: Wollen wir eine Spezies sein oder eine Million? Selbst eine Million Arten könnte die ökologischen Lebensräume, die auf das Auftreten von Intelligenz warten, nicht ausschöpfen.

Wenn wir uns der grünen Technologie bedienen, so ist unsere Expansion ins Universum nicht nur eine Ausbreitung von Menschen und Maschinen, sondern eine Expansion des ganzen Lebens, das die Geisteskräfte des Menschen für seine eigenen Zwecke einsetzt. Wenn sich das Leben in einem neuen Lebensraum ausbreitet, so geschieht das nie mit einer einzelnen Spezies. Es manifestiert sich in einer Vielfalt von Arten, die sich, sobald sie Fuß gefaßt haben, noch weiter ausbreiten und spezialisieren. Wenn wir uns über die Galaxis ausbreiten, werden wir diesen alten Gesetzmäßigkeiten des Lebens folgen.

Damit auf einem Asteroiden, im luftleeren Raum und im blassen Licht einer fernen Sonne ein Baum wachsen kann, müssen wir die Haut seiner Blätter verändern. In jedem Organismus ist die Haut der entscheidende Teil, der sorgfältig auf die Anforderungen der Umgebung abgestimmt werden muß. Auch diese Idee ist nicht neu:

> Mein Gespräch mit den Eingeborenen:
> «Woher kommt Ihr?» fragte ich sie. «Wir sind von einem anderen Planeten übersiedelt.» – «Wie kam es, daß Ihr hierhergekommen seid und in einem Vakuum lebt, wo doch Eure Körper für das Leben in einer Atmosphäre geschaffen sind?» – «Wie wir hierhergekommen sind, kann ich nicht erklären, das ist zu kompliziert. Aber ich kann Dir sagen, daß unsere Körper sich nach und nach verändert und dem Leben in einem Vakuum angepaßt haben, so wie Eure Wassertiere nach und nach Landtiere wurden, Eure Landtiere nach und nach zu fliegen begannen. Auf Planeten entwickeln sich im allgemeinen zuerst Wassertiere, dann Tiere, die Luft einatmen, und zuletzt Vakuumtiere.» – «Wie ernährt Ihr Euch?» – «Wir ernähren uns und wachsen wie Pflanzen, indem wir das Sonnenlicht benutzen.» – «Das verstehe ich immer noch nicht, eine Pflanze absorbiert Säfte aus dem Boden und Gase aus der Luft und braucht das Sonnenlicht nur, um diese Dinge in lebendes Gewebe umzuwandeln.» – «Siehst Du diese grünen Gebilde an unserem Körper, die aussehen wie wunderschöne Smaragdflügel? Sie sind voller Chloroplast, das auch die Pflanzen grün macht. Es gibt auch bei Euch einige wenige Tiere, die so etwas haben. Unsere Flügel haben eine gläserne Haut, die luftdicht und wasserdicht ist, das Sonnenlicht aber trotzdem durchläßt. Das Sonnenlicht dissoziiert Kohlendioxid, das im Blut, das durch unsere Flügel fließt, aufgelöst wird und als Katalysator für tausend andere chemische Reaktionen wirkt, durch die wir mit allen Substanzen, die wir brauchen, versorgt werden ...»

Das Zitat stammt aus Konstantin Tsjolkowskijs *Träume von Himmel und Erde,* das 1895 in Moskau erschienen war, sieben Jahre vor Wells' Vortrag über die Entdeckung der Zukunft.

Woraus die Asteroiden bestehen, wissen wir noch nicht. Viele von ihnen weisen eine sehr dunkle Färbung und optische Merkmale auf, die an eine bestimmte Meteoritenart, den kohlenstoffhaltigen Chondrit, erinnern. In ihrer Zusammensetzung sind diese kohlenstoffhaltigen Chondriten unserem Erdboden nicht unähnlich, sie enthalten Wasser, Kohlenstoff und andere für das Leben wesentliche Chemikalien. Vielleicht haben wir Glück und die schwarzen Asteroiden bestehen tatsächlich aus kohlenstoffhaltigem Chondritmaterial. Von irgendwo im Sonnensystem müssen die kohlenstoffhaltigen Chrondriten kommen, und wenn es die schwarzen Asteroiden wären, so verfügten wir plötzlich über Millionen kleiner Welten, die von der Erde leicht erreichbar sind und auf denen entsprechend programmierte Bäume Wurzeln schlagen und in dem Boden, so wie sie ihn vorfinden, gedeihen können. Mit den Bäumen werden andere Pflanzen und Tiere und Menschen kommen, eine endlose Vielfalt von Ökologien; und jede kleine Welt ist frei zu experimentieren, sich vielgestaltig zu variieren, so wie sie das für nötig findet.

Auch die graue Technologie des Menschen ist Teil der Natur. Sie war und wird wesentlich sein, um uns den Sprung von der Erde ins Weltall zu ermöglichen. Die graue Technologie war der Trick, den die Natur erfand, um dem Leben den Weltraum zu öffnen. Die grüne Technologie der Genmanipulation war ebenfalls ein Trick der Natur, der sicherstellen sollte, daß sich das Leben rasch und zweckmäßig, anstatt langsam und zufällig, seiner neuen Umgebung anzupassen vermag, so daß es nicht nur die Erde hinter sich lassen, sondern sich im Universum auch ausbreiten, vielgestaltig entwickeln und frei bewegen kann. Alle unsere Fähigkeiten haben ihren Platz im großen Plan der Natur und dienen ihren Zwecken.

Wohin gehen wir, wenn die Asteroiden einmal hinter uns liegen? Die Satelliten des Jupiter und des Saturn sind reich an Eis und organischen Nährstoffen. Sie sind kalt und weit von der Sonne entfernt. Trotzdem könnten Pflanzen dort leben, wenn wir ihnen beibringen, wie lebende Treibhäuser zu wachsen. Es ist nicht einzusehen, wieso eine Pflanze nicht in der Lage sein soll, ihr eigenes Gewächshaus zu produzieren, so wie eine Schildkröte ihren Panzer oder eine Auster ihre Schale. Wenn wir auch Jupiter und Saturn hinter uns gelassen haben, kommen wir ins Reich der Kometen. Manches spricht dafür, daß der Raum um das Sonnensystem von einer gewaltigen Anzahl von Kometen bevölkert ist, kleinen Welten mit einem Durchmesser von wenigen Kilometern, die fast ganz aus Eis und für das Leben unentbehrlichen Chemikalien bestehen. Wir nehmen einen dieser Kometen nur wahr, wenn er zufällig eine Störung seiner Bahn erfährt und im Sturzflug der Sonne zuschießt. Nach einer groben Schätzung gelangt ungefähr ein Komet pro Jahr in die unmittelbare Umgebung der Sonne, wo er mit der Zeit verdampft und zerfällt. Wenn wir uns vorstellen, daß der Vorrat an fernen Kometen ausreicht, um diesen Prozeß über die Milliarden von Jahren aufrechtzuerhalten, die das Sonnensystem besteht, so muß die Gesamtpopulation von lose mit der Sonne verbundenen Kometen in die Milliarden gehen. Die kombinierte Oberfläche dieser Kometen ist dann mindestens hundertmal größer als die der Erde. Vielleicht sind die Kometen und nicht die Planeten der wichtigste, potentielle Lebensraum im Sonnensystem.

Es kann sein, daß andere Sterne ebenso viele Kometen haben wie die Sonne; wir haben weder Beweise dafür noch dagegen. Wenn die Sonne in dieser Beziehung jedoch kein Einzelfall ist, dann sind Kometen über unsere ganze Galaxis verteilt, und die Galaxis ist ein viel gastlicherer Ort für interstellare Reisen, als sich die meisten Menschen vorstellen. Die durchschnittliche Reisezeit zwischen bewohnbaren Inseln im Ozean des Raums ist dann nicht mehr in Lichtjahren zu messen, sondern in der Größenordnung von einem Lichttag oder noch weniger.

Unabhängig davon, ob die Kometen sich als bequeme Zwischenstationen bei der Verbreitung des Lebens über die Galaxis anbieten oder nicht, können die interstellaren Distanzen auf die Dauer kein Hindernis sein für diese Expansion. Wenn das Leben gelernt hat, sich gegen die Kälte und das Vakuum des Weltraums abzukapseln, kann es interstellare Reisen überstehen und sich überall dort aussäen, wo ihm Sternenlicht, Wasser und wesentliche Nährstoffe zur Verfügung stehen. Und wo immer Leben ist, werden auch unsere Nachkommen sein und helfen, anleiten und adaptieren. Die Anpassung an Planeten verschiedener Größen oder an interstellare Staubwolken wird Probleme schaffen, für die das Leben eine Lösung finden muß. Vielleicht werden unsere Nachkommen lernen, Gärten im Sternenwind oder in Supernovaresten anzulegen. Das einzige, was unsere Nachkommen nicht tun können, ist die Expansion des Lebens aufzuhalten, wenn sie einmal richtig begonnen hat. Für kurze Zeit wird die Macht, diese Expansion zu kontrollieren, in unseren Händen liegen, doch letztlich wird das Leben seinen eigenen Weg gehen, ob mit oder ohne unsere Hilfe. Die Begrünung der Galaxis wird zu einem irreversiblen Prozeß.

Wenn wir einmal eine Million verschiedener, über die ganze Galaxis verteilter Arten sind, wird die Frage «Kann der Mensch Gott spielen, ohne den Verstand zu verlieren?» etwas von ihrem Schrecken verlieren. Wir werden zwar Gott spielen, aber nur als Lokalgottheiten, nicht als Herren des Universums. Die Quantität bietet eine gewisse Sicherheit. Es wird einige unter uns geben, die dem Wahnsinn verfallen und ebenso wahnwitzige Imperien schaffen wie Dr. Moreaus Insel. Andere werden «auf den Morgenstern scheißen». Es wird Konflikte und Tragödien geben. Doch auf die Dauer werden sich diejenigen, die den Verstand nicht verlieren, besser anpassen und eher überleben als die andern.

Ich habe so über die Begrünung der Galaxis geschrieben, als ob es unser Schicksal wäre, die ersten intelligenten Wesen zu sein, an denen sich die Natur versuchte. Wenn in der Galaxis bereits andere Intelligenzen vorhanden sind, wird alles anders aussehen. Dann wird sich in der Galaxis eine noch viel reichere Vielfalt der Lebensstile und Kulturen entwickeln. Wir müssen nur sorgfältig vermeiden, daß wir mit unserer Expansionswelle unsere Nachbarn überschwemmen und beeinträchtigen. Bevor wir damit beginnen, uns über das Sonnensystem auszubreiten, müssen wir die Galaxis gründlich mit unseren Teleskopen erforschen und so weit über unsere Nachbarn Bescheid wissen, daß wir ihnen als Freunde und nicht als Eindringlinge entgegentreten können. Das Universum ist so groß, daß es uns allen genügend Lebensraum bietet. Wenn wir jedoch - was zumindest ebenso wahrscheinlich ist - allein sind in unserer Galaxis und keine intelligenten Nachbarn haben, so ist das Leben der Erde immer noch reich und vielgestaltig genug, um jeden Winkel, jede Ritze des Universums auszufüllen.

Die Expansion des Lebens im Universum ist ein Anfang, kein Ende. Gleichzeitig mit der quantitativen Ausdehnung seines Habitats wird sich das Leben auch qualitativ verändern und entwickeln und in neue Dimensionen des Seelischen und Geistigen vorstoßen, von denen wir uns keine Vorstellung machen können. Die Landgewinnung ist nicht als Selbstzweck wichtig, sondern als Voraussetzung, die es dem Leben erlaubt, in millionenfach verschiedener Form mit Intelligenz zu experimentieren.

Im Jahre 1929 schrieb der Kristallograph Desmond Bernal ein kleines Buch, *The World, the Flesh and the Devil (Die Welt, das Fleisch und der Teufel),* in dem er die Expansion des Lebens im All als eine der Hauptaufgaben beschreibt, welche die Menschheit erwarten. Er war - wie ich - ratlos, wenn er sich vorzustellen versuchte, was nachher kommen könnte. Sein Buch schließt, wie das bei jeder Zukunftsbeschreibung unvermeidlich ist, mit einer Frage:

> Wir wünschen uns die Zukunft geheimnisvoll und voller übernatürlicher Kräfte; und eben dieses, der gegenständlichen Welt so ganz fremde Streben ist es, das diese materielle Zivilisation aufgebaut hat und sie weiter in die Zukunft hinein aufbauen wird, solange noch ein Zusammenhang zwischen Streben und Handeln besteht. Doch können wir darauf zählen? Oder besser, haben wir nicht hier das Kriterium, das die Richtung der menschlichen Entwicklung entscheiden wird? Wir sind im Begriff, die Auswirkungen unseres Handelns und ihre wahrscheinlichen Konsequenzen für die Zukunft erkennen zu können; wir betrachten die Zukunft noch ängstlich, erkennen sie jedoch zum ersten Male als eine Funktion unseres eigenen Handelns. Sollen wir uns nach dieser Einsicht von etwas abwenden, das das eigentliche Wesen unserer frühesten Wünsche verletzt, oder genügt die Erkenntnis unserer neuen Kräfte, um jene Wünsche in den Dienst der Zukunft zu stellen, welche diese Kräfte werden herbeiführen müssen?

22

Zurück zur Erde

Jeder, der einen großen Plan verfolgt, das Leben von der Erde über das Universum auszudehnen, täte gut daran, Geist und Lebensstil jener Menschen sorgfältig zu beobachten, die es fertigbringen, in den Wildnissen dieser Erde im Einklang mit der Natur zu leben. Das Universum ist ein Archipel, in dem kleine Inseln bewohnbaren Landes durch die unermeßlichen Meere des Raums voneinander getrennt sind. An den Pazifikküsten Kanadas und Alaskas, von Vancouver bis Glacier Bay erstreckt sich ein Insel-Archipel, der so etwas wie ein Mikrokosmos des Universums ist. Diese Gedanken bewegten mich, ein Tagebuch zu führen, als ich 1975 eine Reise zu den kanadischen Pazifikinseln unternahm, wo mein Sohn und seine Freunde leben.

Montag. 5.30 Uhr Abreise von Vancouver mit Ken Brower und meiner Tochter Emily, um die erste Fähre nach Nanaimo zu erreichen. Ken fuhr dem Vancouver Island entlang nach Norden bis Kelsey Bay. Nachmittagsfähre von Kelsey Bay nach Beaver Cove, Ankunft 19.30. In Beaver Cove erwartete uns mein Sohn George. Ich hatte ihn drei Jahre lang nicht gesehen, und mir schoß ein Vers aus Hugh Kingsmills Parodie auf A.E. Housmans «Shropshire Lad» durch den Kopf:

> What, still alive at twenty-two,
> A clean upstanding lad like you.

> Was, mit zweiundzwanzig Jahren noch lebendig,
> Ein Kerl wie du, so wacker und verständig.

Da es spät und die Flut ungünstig war, war George nicht in seinem neuen Sechssitzer-Kajak gekommen, sondern im Motorboot mit seinem Freund Will, der auf Swanson Island lebt. George hatte uns ursprünglich nach Hanson Island bringen wollen, doch Wills Boot hatte eine Motorpanne, und so verbrachten wir alle die Nacht bei Will. Das war ein Glücksfall; wir saßen die halbe Nacht und hörten Wills Geschichten zu.

Will stammt aus einem Duchoborzen-Dorf und hatte das Pionierhandwerk von seinen russischsprechenden Eltern gelernt. Vor vier Jahren war er mit seiner Frau nach Swanson Island gekommen, mit nichts als zwei Paar Händen. Heute haben sie ein festes, gemütliches Wohnhaus für sich selbst, ein Gästehaus für ihre Freunde, eine Landwirtschaft mit einem Raupentraktor, zwei Boote und eine Schmiede mit einer großen Sammlung von Werkzeugmaschinen.

Seine zwei Quadratmeilen Land bezahlte Will, indem er einen

winzigen Teil der Bäume, die darauf stehen, fällte und verkaufte. Außerhalb seines Gehöfts besteht die ganze Insel aus unberührtem Wald. Das Gehöft selber ist mit Holzschnitzereien seiner Frau, das Haus mit von Will angefertigtem Schmiedeeisen geschmückt.

Das Gespräch kam auf eines meiner Lieblingsthemen, die Kolonialisierung des Weltraums. Ich sagte zu Will, daß wir Menschen wie ihn und seine Frau brauchen werden, um die Asteroiden zu besiedeln. Er meinte: «Wohin ich gehe, ist mir egal. Was ich brauche ist ein Ort, wo ich am Ende eines Jahres sehen kann, was ich gemacht habe.»

Dienstag. Gegenüber von Wills Gehöft, zwei Meilen über den Blackfish Sound steht Pauls Haus auf Hanson Island. Auch Paul lebt alleine auf seiner Insel mit seiner Frau und seinem siebenjährigen Sohn Yasha. Paul und Will sind so verschieden, wie zwei Menschen das nur sein können. Paul ist jeder Zoll ein Intellektueller. Sein Haus ist eine wackelige Angelegenheit, aus Holz- und Glasstücken irgendwie zusammengesetzt. Eine Seite ist nur mit einer Plastikplane abgedeckt und leckt fürchterlich, wenn es regnet. Im trockenen Teil gibt es einige schöne Teppiche, Bücher und eine zweihundertfünfzig Jahre alte Geige.

Wir kamen am Vormittag auf Pauls Insel an und fanden dort Georges Kajak vor Anker liegen. George hatte den letzten Winter damit zugebracht, ihn zu bauen, das Modell hatte er von den Indianern der Aleuten übernommen, die sich besser als irgend sonst jemand in diesen Wassern zu bewegen wußten. Der Kajak ist blau und mit indianischen Tiermotiven bemalt. Er besitzt drei Masten und drei Segel. George ging mit uns ins Innere der Insel und zeigte uns den Baum, aus dem er die Planken für seinen Kajak geschnitten hatte. Jede Planke ist fünfunddreißig Fuß lang, gerade, glatt und glänzend. Die andere Hälfte des Baums liegt noch da, genug für ein zweites Boot von derselben Größe.

Am Nachmittag fuhren wir mit Yasha im Kajak hinaus, um die Wale zu sehen. Da es windstill und seine Mannschaft im Umgang mit dem Paddel ungeübt war, warf George den Außenbordmotor an. Es freute mich zu sehen, daß er kein Purist ist. Er bemerkte nur, daß wir wählen müßten, entweder Wale oder Motor, aber nicht beides. Wir wählten den Motor und konnten die Wale nur aus einiger Entfernung beobachten.

Als die Sonne unterging, legten wir uns in den Zelten, die George für uns auf einem Felsvorsprung über dem Meer aufgeschlagen hatte, zum Schlafen nieder. Der Abend war still und klar und bald konnten wir das rhythmische Pusten der Wale hören, über das wir schließlich einschliefen.

Mittwoch. Mittags begann es zu regnen und regnete ungefähr zwölf Stunden lang. Ich war froh, das Pionierleben nicht nur bei Sonnenschein und blauem Himmel zu erfahren. George fuhr mit uns zum Fischen und hatte rasch einen fünfzehn Pfund schweren Schnappbarsch an der Angel, was für ein gutes Abendessen für uns alle reichte. Den Nachmittag verbrachte er damit, Salate und Saucen zuzubereiten. Der Fisch wurde über Pauls Holzofen gebacken.

Am Nachmittag kam Jim mit seiner Freundin Allison und ihrem sieben Monate alten Baby. Jim ist der Mann, von dem George das Bootbauen gelernt hat. Als George siebzehn Jahre alt war, arbeitete er ein Jahr für Jim und half mit, die *D'Sonoqua* zu bauen, eine Achtundvierzig-Fuß-Brigg mit Kajütenraum für zehn Personen. Als sie fertig war, lebten Jim und George mit einer Gruppe ihrer Freunde ein Jahr auf der *D'Sonoqua* und kreuzten mit ihr die Küste auf und ab. Dann fand George, daß er alt genug war, sein eigener Meister zu sein, und ging.

Ich sah Jim zum ersten Mal. Aus Georges Briefen hatte ich viel von ihm gehört und erwartete einen ebenso starken Pioniertyp wie Will. Die Wirklichkeit sah anders aus. Im strömenden Regen kam Jim an Krücken den Strand herauf. Er leidet an einem Rückenschaden und kann kaum gehen. Im letzten November hatte er die *D'Sonoqua* in einer Sturmnacht in der Nähe des Indianerdorfes, von dessen Gottheit sie ihren Namen hat, auf die Felsen gesetzt. Der Gott war zornig in jener Nacht, sagte er. Mit ihm an Bord waren Allison, im siebten Monat schwanger, sowie zwei kleine Mädchen, die Töchter Allisons. Jim brachte sie alle sicher an Land. Aber das Schiff war verloren. Heute, neun Monate später, ist die *D'Sonoqua* nicht weit von Hanson Island gestrandet. Im Schiffsboden gähnen Löcher, die Inneneinrichtung ist verfault und zerschmettert. Aber Jim hat sie noch nicht aufgegeben. Jede freie Minute schleppt er sich hin, um an ihr zu arbeiten, und träumt davon, sie wieder ins Wasser zu bringen. Noch ist er Kapitän der *D'Sonoqua.* Als Jim und Allison gingen, war es stockdunkel. Ich blickte ihnen nach, wie sie langsam im schwarzen, strömenden Regen den Strand hinunter zu ihrem Boot gingen, Jim auf seinen Krücken, Allison das Kind im Arm. Es kam mir vor wie der letzte Akt von *König Lear,* wo der dem Wahnsinn verfallene, alte König und seine treue Tochter Cordelia hinweggeführt werden, ihrem Verderben entgegen; und Lear sagt:

> Upon such sacrifices, my Cordelia,
> The gods themselves throw incense.
>
> Auf solche Opfer, o Cordelia, streu'n
> Die Götter selbst den Weihrauch.

Tragik ist diesen Inseln nicht fremd.

Donnerstag. Am Morgen regnete es immer noch. Emily und ich lagen behaglich in unseren Zelten, während George seine Geschicklichkeit demonstrierte und in einer offenen Feuerstelle im strömenden Regen mit nassem Holz aus dem Wald, einem Messer und einem einzigen Streichholz ein Feuer anzündete, auf dem er uns Pfannkuchen zum Frühstück machte.

Am Nachmittag trat die Sonne wieder hervor, und wir konnten eine längere Fahrt mit dem Kajak unternehmen. Diesmal war etwas Wind aufgekommen, und wir probierten die Segel aus. Mit Rückenwind segelte der Kajak gut, doch ohne Kiel kam er bei Gegenwind nicht voran. George hat ein Paar Tragflächen konstruiert, welche, als Ausleger an den Seiten befestigt, genügend Halt auf dem Wasser bieten werden, damit er gegen den Wind segeln kann. Doch es wird noch einen Monat dauern, bis er die Ausleger fertig und die ganze Sache zusammengebaut hat. In der Zwischenzeit haben wir gelernt, geschickter mit dem Paddel umzugehen.

Da der Donnerstag unser letzter Abend war, besuchten wir Paul und seine Familie. Als es fast dunkel war, begannen die Wale zu singen. Paul hatte im Wasser Hydrophone installiert und sie mit Lautsprechern in seinem Haus verbunden. Der Gesang begann leise und wurde immer lauter, je mehr sich die Wale dem Ufer näherten. Der ganze Haushalt war plötzlich in Aufruhr. Paul griff seine Flöte, rannte hinaus, kletterte auf einen über dem Wasser hängenden Baumstamm und begann zu spielen. Neben Paul rannte der kleine Yasha und durchschnitt die Melodien mit schrillen Schreien. Und lauter, immer lauter antwortete der Chor der Walstimmen aus der offenen Haustür. George nahm Emily in einem kleinen Kanu mit aufs Meer hinaus, um die Wale aus der Nähe zu sehen. Sie saßen im Kanu, nicht weit vom Ufer, und George begann ebenfalls, seine Flöte zu spielen. Die Wale kamen näher und hielten in einer Entfernung von ungefähr zehn Metern an, es schien, als ob ihnen die Musik gefiele, sie aber das Kanu nicht zum Kentern bringen wollten. Das Konzert dauerte ungefähr eine halbe Stunde. Danach zählten wir die Wale, als sie wieder aufs offene Meer hinausschwammen, im ganzen waren es ungefähr fünfzehn Stück. Sie gehörten zu einer Spezies, die gemeinhin als Killerwale bekannt sind, doch Paul nennt sie nur bei ihrem offiziellen Namen, Schwertwale.

Freitag. Unser letzter Tag. Es war damals gerade kurz nach Neumond, so daß die Gezeiten stärker waren als normal. Wir erwachten früh, die Sonne schien, und wir saßen auf unserem Fels über dem Wasser und sahen den Morgenvögeln zu. Eisvögel glitten unter unseren Füßen dahin, Adler schwebten über unseren Köpfen. Zwischen Hanson Island und Swanson Island, ungefähr eine Meile vom Ufer, herrscht eine starke Gezeitenströmung. An jenem Morgen war sie besonders wild und hinterließ einen weißen Streifen auf dem blauen Meer. Einige Zeit später sahen wir, wie sich ein kleiner, schwarzer Punkt diesem weißen Wasserstreifen näherte, gleichzeitig hörten wir das ferne Tuckern eines Motors. George sah mehr als Emily und ich. Ruhig sagte er: «Die Leute müssen Nerven haben, in einem offenen Boot in solches Wasser zu gehen.» Sekunden nachdem er das gesagt hatte, verschwand der schwarze Fleck, das Tuckern hörte auf. George schritt sofort zur Tat. Er nahm Ken mit und rannte zu Pauls Motorboot, einer unsinkbaren Gummikonstruktion, und war innerhalb von zwei Minuten unterwegs. Vom Ufer aus war während der nächsten halben Stunde nichts zu sehen. Ich weckte Paul und half ihm, seinen Ofen anzuheizen. Dann tauchte das Gummiboot wieder auf, und wir konnten vier Gestalten darin erkennen. Sie kamen an Land, und ich half dem alten Mann, den Strand hinauf zu wanken, seine Hände in den meinen waren kalt wie Eis. Dabei dachte ich an Dover Sharp. Mit diesen beiden, die er gerettet hatte, wog George den einen auf, den ich im Stich gelassen hatte. Wir wickelten sie in Decken und setzten sie an den Ofen.

Ein alter Mann und ein junger Mann, beide streikende Holzfäller, hatten beschlossen, in ihrem Aluminiumboot hinauszufahren, um Muscheln auszugraben. Der Morgen war herrlich, klar und ruhig; daß man an einem solchen Morgen kentern kann, hätten sie nie für möglich gehalten. Glücklicherweise hatten sie den Verstand gehabt, sich an ihrem gekenterten Boot festzuhalten, und nicht versucht, an Land zu schwimmen. Doch wie George sagte, waren sie dem Ende nahe, als er sie fand. Der alte Mann war unfähig, Arme oder Beine zu bewegen. Niemand kann in diesem eiskalten Wasser lange überleben. Während sie sich erholten, kochte George auf dem Ofen heißen Tee und Pfannkuchen. Dann funkte er ihren Familien, damit sie ein Boot schicken und die beiden nach Hause holen konnten. Später erzählte mir der alte Mann, wie es gewesen war. Er meinte, am Ende zu sein, und war bereit, unterzugehen. Als das Gummiboot erschien, hatte er an eine Vision geglaubt. Erst als Ken und George ihn ins Boot zogen, konnte er an die Rettung glauben. Am Nachmittag redeten wir bei einer Tasse Tee weiter miteinander. Er war ein intelligenter und belesener Mann und fragte mich ausführlich nach meinem Leben und meiner Arbeit in Princeton. Bis ich schließlich sagte: «Mir scheint heute, das Beste, was ich in Princeton getan habe, war, diesen Jungen großzuziehen.»

Gegen Abend ging ein großes, starkes Schleppboot vor Anker, um die beiden Holzfäller abzuholen. In der Zwischenzeit hatten George und Ken das gekenterte Boot in Sicherheit gebracht, es auf

Swanson Island an Land gezogen, den Motor zerlegt und die Innereien in Süßwasser gespült. So konnten die beiden Holzfäller mit intaktem Boot und Motor, gerüstet für einen anderen Tag, nach Hause zurückkehren.

Auch für uns war es Zeit geworden, abzureisen. George brachte uns mit dem Gummiboot nach Beaver Cove, an die Nachtfähre. Es war ihm peinlich, uns mit leeren Händen nach Hause zu schicken. Eigentlich hatte er am letzten Tag mit uns Lachse fangen wollen, um uns zwei große Exemplare mitzugeben, einen für seine Freunde in Vancouver und einen für die Familie in Princeton. Ich sagte: «Du brauchst Dich nicht zu entschuldigen, heute hast Du nach Größerem gefischt als nach Lachs.» Und das war unser Abschied.

23

Das Argument der Zweckmäßigkeit

Heute unterstehen Wissenschaftler einem Tabu, das es ihnen verwehrt, Wissenschaft und Religion zu vermischen. Das war nicht immer so. Nachdem Thomas Wright die Existenz von Galaxien entdeckt hatte, kündete er diese Entdeckung 1750 in dem Buch *An Original Theory or New Hypothesis of the Universe (Eine Neue Theorie oder Neue Hypothese des Universums)* an und schreckte dabei vor einem theologischen Argument nicht zurück, um eine astronomische Theorie zu stützen:

Denn wie die Schöpfung, so ist auch der Schöpfer verherrlicht, und wir dürfen infolge einer Unendlichkeit und einer unendlichen und überall wirksamen Kraft schließen, daß so wie die sichtbare Schöpfung vermutlich voll ist von Sternensystemen und Planetenwelten, so ist, in ähnlicher Weise, die endlose Unermeßlichkeit eine unbegrenzte Fülle von Schöpfungen, dem bekannten Universum nicht unähnlich ... Daß dies aller Wahrscheinlichkeit nach der wahre Sachverhalt sein mag, wird bis zu einem gewissen Grad bewiesen durch die vielen wolkigen Flecken, die wir gerade noch wahrnehmen können, soweit außerhalb unserer gestirnten Regionen, in denen zwar erkennbar helle Räume, aber kein einzelner Stern oder besondere Konstellation, auszumachen ist; diese dürften aller Wahrscheinlichkeit nach äußere Schöpfungen sein, die an die bekannten grenzen, aber zu weit entfernt sind, als daß wir sie mit unseren Teleskopen erreichen könnten.

Fünfunddreißig Jahre später wurden Wrights Spekulationen durch William Herschels genaue Beobachtungen bestätigt. Wright berechnete auch die Anzahl der bewohnbaren Welten in unserer Galaxis:

Alles in allem dürften wir dann mit Sicherheit mit 170000000 rechnen und dennoch deutlich innerhalb der Grenzen sein, die Kometen ausgenommen, die ich für den weitaus zahlreichsten Teil der Schöpfung halte.

Seine Bemerkung über die Kometen ist ebenfalls zutreffend, obwohl er nicht sagt, wie er auf die Zahl gekommen ist. Für ihn war die Existenz so vieler bewohnbarer Welten nicht nur eine wissenschaftliche Hypothese, sondern der Anlaß zu moralischen Überlegungen:

In dieser gewaltigen Himmelsschöpfung dürfte die Katastrophe einer Welt wie der unseren, oder sogar die totale Auflösung eines Weltensystems, für den großen Schöpfer der Natur nicht mehr bedeuten als für uns die alleralltäglichsten Unfälle in unserem Leben, und aller Wahrscheinlichkeit nach dürften solche letzten, umfassenden Weltgerichte dort so häufig sein wie Geburt oder Tod bei uns auf der Erde. Dieser Gedanke hat etwas so Herzerfreuendes an sich, daß ich, ich muß es gestehen, nie die Sterne betrachten kann, ohne mich zu fragen, wieso nicht jedermann ein Astronom ist, und wieso Männer, mit Einsicht und Vernunft begabt, eine Wissenschaft vernachlässigen, an der sie von Natur aus so viel Anteil haben und die dazu geschaffen ist, den Horizont zu erweitern, die sie, fast wie ein Beweis, von ihrer

Unsterblichkeit überzeugen und sie ohne jede Angst mit all den kleinen Unzulänglichkeiten versöhnen müßte, die der menschlichen Natur eigen sind.

All das scheint die unermeßliche, augenscheinliche Vorsehung am gestirnten Firmament zu versprechen: Was sollten wir dann nicht tun, um unser natürliches Geburtsrecht zu bewahren und ein solches Erbe zu verdienen, von dem wir leider glauben, daß das alles geschaffen wurde, nur um eine Rasse aufgeblasener, größenwahnsinniger Wesen zu erfreuen, während sie doch nur an diese Welt gebunden und wie so manche Atome an ein Sandkorn gekettet sind.

So sprach das 18. Jahrhundert. Hören wir, was uns das zwanzigste zu sagen hat, vertreten durch den Biologen Jacques Monod: «Jede Vermischung von Wissen mit Wertvorstellungen ist ungesetzlich, verboten», und den Physiker Steven Weinberg: «Je erfaßbarer das Universum erscheint, desto sinnloser erscheint es.»

Wenn Monod und Weinberg wirklich für das 20. Jahrhundert sprechen, so ist mir das achtzehnte lieber. Tatsächlich vertreten jedoch Monod und Weinberg, beide erstklassige Wissenschaftler und führende Forscher auf ihren jeweiligen Spezialgebieten, einen Standpunkt, der den Feinheiten und Vieldeutigkeiten der Physik des 20. Jahrhunderts nicht gerecht wird. Die Wurzeln ihrer Philosophischen Grundhaltung liegen im 19. und nicht im 20. Jahrhundert. Das Tabu, Erkenntnis mit Wertvorstellungen zu vermischen, entstand im 19. Jahrhundert und war eine Folge der heftigen Kämpfe zwischen den Evolutionsbiologen, angeführt von Thomas Huxley, und den Kirchenmännern, angeführt von Bischof Wilberforce. Huxley ging als Sieger aus diesem Kampf hervor, doch noch hundert Jahre später kämpften Monod und Weinberg gegen den Geist des Bischofs Wilberforce.

Die Kämpfe des 19. Jahrhunderts kreisten um die Gültigkeit eines alten Gottesbeweises, des Arguments der Zweckmäßigkeit. Dieses teleologische Argument der Zweckmäßigkeit besagt, daß die Existenz einer Uhr die Existenz eines Uhrmachers voraussetzt. Für Thomas Wright war dieses Argument auch im astronomischen Bereich gültig. Und bis ins 19. Jahrhundert waren sich Kirchenvertreter und Biologen einig darüber, es auch für den Bereich der Biologie zu akzeptieren. Die Flossen des Pinguins, der Nestbauinstinkt der Schwalbe, das Auge des Falken, sie alle verkünden wie die Sterne und die Planeten in Addisons Hymne aus dem 18. Jahrhundert, daß «die Hand, die uns schuf, göttlich ist.» Dann kamen Darwin und Huxley und behaupteten, daß der Pinguin und die Schwalbe und der Falke durch einen natürlichen Selektionsprozeß erklärt werden konnten, der auf der Basis zufälliger Erbvariationen über lange Zeiträume abläuft. Wenn Darwin und Huxley recht hatten, war damit das Argument der Zweckmäßigkeit zerschlagen. Bischof Wilberforce verachtete die Biologen, er sah in ihnen die verantwortungslosen Zerstörer des Glaubens und bekämpfte sie, indem er sie persönlich verspottete und verhöhnte. In einer öffentlichen Debatte fragte er Huxley, ob er auf der großväterlichen oder der großmütterlichen Seite von einem Affen abstamme. Die Biologen haben ihm nie vergeben und ihn nie vergessen. Der Kampf hinterließ Narben, die noch immer nicht verheilt sind.

Wenn wir nun, hundert Jahre später, auf diese Kämpfe zurückblicken, sehen wir, daß Darwin und Huxley recht hatten. Die Entdeckung der Struktur und Funktion des DNA hat die Natur der Erbvariationen, auf denen die natürliche Selektion beruht, aufgezeigt. Die Tatsache, daß DNA-Anordnungen Millionen Jahre stabil bleiben, schließt nicht aus, daß sie sich nicht trotzdem gelegentlich verändern können, was als Folge chemischer und physikalischer Gesetze erklärt wird. Es ist nicht einzusehen, wieso eine natürliche Selektion, die nach diesen Mustern verfährt, in einer Vogelspezies, die Geschmack am Fischfressen gefunden hat, nicht auch die Flossen eines Pinguins hervorbringen sollte. Zufällige Variationen, die durch den ewigen Kampf ums Überleben bestimmt werden, können die Funktion des Schöpfers übernehmen. Was die Biologen betrifft, ist das Argument der Zweckmäßigkeit tot. Sie haben ihren Kampf gewonnen. Doch leider haben sie in der Bitterkeit ihres Sieges über ihre klerikalen Kontrahenten die Sinnlosigkeit des Universums zu einem neuen Dogma erhoben. Monod formuliert dieses Dogma in der ihm eigenen Schärfe:

> Der Eckstein der wissenschaftlichen Methode ist das Postulat, daß die Natur objektiv ist. Mit anderen Worten, die *systematische* Ablehnung des Gedankens, daß wahre Erkenntnis erworben werden kann, indem man Phänomene im Hinblick auf letzte Ursachen, d.h. auf ihren Zweck hin, interpretiert.

Mit dieser Definition der wissenschaftlichen Methode wäre Thomas Wright völlig aus der Wissenschaft verbannt. Ebenso einige der lebendigsten Gebiete der modernen Physik und Kosmologie.

Es ist verständlich, daß einige moderne Molekularbiologen zu einer engen Definition wissenschaftlicher Erkenntnis gekommen sind. Ihre ungeheuren Erfolge haben sie errungen, indem sie das komplexe Verhalten von Lebewesen auf das einfachere Verhalten von Molekülen reduzierten, aus denen diese Lebewesen bestehen. Dieses ganze wissenschaftliche Gebiet beruht auf der Reduktion des Komplexen auf das Einfache, der Reduktion der scheinbar zweckmäßigen Bewegungen eines Organismus auf die rein mechanischen Bewegungen seiner Bestandteile. Für den Molekularbiologen ist eine Zelle eine chemische Maschine, und die Protein- und Nukleinsäure-Moleküle, die ihr Verhalten bestimmen, sind kleine Teile eines Uhrwerks, die in wohldefinierten Zuständen existieren und auf ihre Umgebung reagieren, indem sie von einem Zustand in den anderen wechseln. Jeder Student der Molekularbiologie lernt sein Handwerk, indem er mit Modellen spielt, die aus Plastikkugeln und Stöpseln bestehen. Diese Modelle sind ein unentbehrliches Hilfsmittel, um Struktur und Funktion der Nukleinsäuren und Enzyme zu studieren. Für alle praktischen Belange sind sie eine nützliche Veranschaulichung der Moleküle, aus denen wir gebaut sind. Vom Standpunkt eines Physikers gehören diese Modelle jedoch ins 19. Jahrhundert. Jeder Physiker weiß, daß Atome in Wirklichkeit keine kleinen, harten Kügelchen sind. Während die Molekularbiologen mit Hilfe dieser mechanischen Modelle ihre spektakulären Entdeckungen machten, entwickelte sich die Physik in eine ganz andere Richtung.

Für die Biologen war jede stufenweise Größenreduktion ein Schritt auf ein zunehmend einfacheres und mechanischeres Verhalten hin. Eine Bakterie ist mechanischer als ein Frosch, ein DNA-Molekül mechanischer als eine Bakterie. Doch die Physik des 20. Jahrhunderts hat gezeigt, daß weitere Größenreduktionen eine gegenteilige Wirkung haben. Wenn ein DNA-Molekül in seine Atombestandteile zerlegt wird, so verhalten sich diese Atome weniger mechanisch als das Molekül. Es gibt ein berühmtes Experiment, das Einstein, Podolsky und Rosen 1935 ursprünglich als Gedankenexperiment konzipiert hatten, um die Schwierigkeiten der Quantentheorie vor Augen zu führen. Es zeigt, daß die Vorstellung, ein Elektron könne in einem objektiven Zustand, unabhängig von einem Experimentator, existieren, unhaltbar ist. Das Experiment wurde auf verschiedene Weisen, mit verschiedenen Arten von Teilchen durchgeführt, und die Resultate zeigen deutlich, daß der Zustand eines Teilchens nur eine Bedeutung hat, wenn ein präzises Beobachtungsverfahren für diesen Zustand vorgeschrieben wird. Über die Rolle, die dem Beobachter bei der Beschreibung subatomarer Prozesse zukommt, gibt es unter den Physikern viele verschiedene philosophische Standpunkte und Interpretationsweisen. Doch alle Physiker stimmen mit den experimentellen Tatsachen überein, nach denen es hoffnungslos ist, eine von der Beobachtungsmethode unabhängigen Zustandsbeschreibung zu suchen. Wenn wir uns mit Objekten befassen, die so winzig sind wie Atome und Elektronen, kann der Beobachter oder Experimentator nicht mehr aus der Beschreibung der Natur ausgeschlossen werden. In diesem Bereich erweist sich Monods Dogma, «Der Eckstein der wissenschaftlichen Methode ist das Postulat, daß die Natur objektiv ist», als unzutreffend.

Wenn wir Monods Postulat ablehnen, heißt das keineswegs, daß wir die Leistungen der Molekularbiologie schmälern oder die Doktrin des Bischofs Wilberforce unterstützen wollen. Wir sagen nicht, daß Zufall und mechanische Umverteilungen von Molekülen nicht aus Affen Menschen machen können. Wir stellen nur fest, daß, wenn wir als Physiker versuchen, das Verhalten eines einzelnen Moleküls bis in alle feinsten Einzelheiten zu beobachten, die Worte «zufällig» und «mechanisch» in ihrer Bedeutung von unserer Beobachtungsweise abhängig sind. Die Gesetze der subatomaren Physik lassen sich nicht einmal formulieren, ohne auf den Beobachter zu verweisen. «Zufall» kann nicht definiert werden, es sei denn als Maß der Unwissenheit, mit der der Beobachter der Zukunft entgegentritt. Die Gesetze lassen in der Beschreibung eines jeden Moleküls Raum für die Vernunft.

Es ist bemerkenswert, daß die Vernunft bei unserer Wahrnehmung der Natur auf zwei verschiedenen Ebenen in Erscheinung tritt. Auf der höchsten Ebene, der Ebene des menschlichen Bewußtseins, ist sich unser Verstand des komplizierten Flußes elektrischer und chemischer Abläufe in unserem Gehirn irgendwie direkt bewußt. Auf der niedrigsten Ebene, der Ebene der einzelnen Atome und Elektronen, ist ebenfalls die Vernunft eines Beobachters mit der Beschreibung der Ereignisse verknüpft. Dazwischen liegt die Ebene der Molekularbiologie, auf der mechanische Modelle ausreichen und die Vernunft irrelevant erscheint. Als Physiker kann ich jedoch nicht umhin, zu vermuten, daß zwischen den beiden Erscheinungsformen der Vernunft in meinem Universum ein logischer Zusammenhang bestehen muß. Ich muß annehmen, daß der Prozess, den wir in der Atomphysik «Beobachtung» nennen, etwas mit der Tatsache zu tun hat, daß wir uns unseres Verstandes bewußt sind. Ich bin also der Meinung, daß unser Bewußtsein nicht nur eine passive, durch die chemischen Vorgänge in unserem Gehirn vorangetriebene Begleiterscheinung ist, sondern ein aktives Agens, das die Molekularkomplexe zwingt, zwischen zwei Quantenzuständen zu wählen. Mit anderen Worten, Vernunft ist bereits in jedem Elektron inhärent, und die menschlichen Bewußtseinsprozesse unterscheiden sich lediglich graduell, nicht aber qualitativ von den Auswahlprozessen, die zwischen Quantenzuständen stattfinden und die wir «Zufall» nennen, wenn sie von Elektronen getroffen werden.

Jacques Monod hat ein Wort für Leute, die denken wie ich und denen seine tiefste Verachtung gilt. Er nennt uns «Animisten», Geistergläubige. «Der Animismus», sagt er, «gründete einen Bund zwischen der Natur und dem Menschen, eine tiefe Allianz, außerhalb deren nichts als entsetzliche Einsamkeit ist. Müssen wir dieses Band zerreißen, weil es das Postulat der Objektivität zu erfordern scheint?» Monod meint, ja: «Der alte Bund ist zerbrochen; endlich weiß der

Mensch, daß er alleine in die gefühllose Unermeßlichkeit gestellt ist, aus der er nur durch Zufall entstanden ist.» Ich meine, nein. Ich glaube an den Bund. Es ist unbestritten, daß wir uns im Universum durch Zufall entwickelt haben, doch die Idee des Zufalls selbst ist letztlich nur eine Verschleierung unserer Unwissenheit. Ich fühle mich nicht als Fremdling in diesem Universum. Je länger ich das Universum beobachte und die Einzelheiten seines Aufbaus studiere, desto mehr Anzeichen finde ich, daß das Universum um unser Kommen gewußt haben muß.

In den Gesetzen der Kernphysik finden sich einige schlagende Beispiele numerischer Zufälle, die geradezu darauf angelegt scheinen, das Universum bewohnbar zu machen. Die Anziehungskraft der Kernkräfte reicht eben aus, um die elektrische Abstoßung zwischen positiven Ladungen in den Kernen gewöhnlicher Atome wie Sauerstoff oder Eisen zu überwinden. Andererseits sind die Kernkräfte gerade nicht mehr stark genug, um zwei Protonen (Wasserstoffkerne) zu einem gebundenen System zusammenzubinden, das, wenn es existierte, Diproton genannt würde. Wären die Kernkräfte um ein Geringes stärker, als sie das sind, gäbe es das Diproton, und fast der ganze Wasserstoff im Universum hätte sich zu Diprotonen und schwereren Kernen verbunden. Wasserstoff wäre ein seltenes Element, und Sterne wie die Sonne, die über gewaltige Zeiträume durch eine langsame Verbrennung von Wasserstoff leben, könnten nicht existieren. Wären andererseits die Kernkräfte wesentlich schwächer, als sie das sind, könnte Wasserstoff gar nicht brennen, und es gäbe keine schweren Elemente. Wenn, was wahrscheinlich scheint, die Entwicklung des Lebens von einem Stern wie der Sonne abhängt, der über Milliarden Jahre eine regelmäßige Energieversorgung garantieren kann, dann müßte die Kraft der Kernkräfte innerhalb eines eher schmalen Bereichs liegen, um Leben überhaupt möglich zu machen.

Ein ähnlicher, aber unabhängiger numerischer Zufall taucht in Verbindung mit der schwachen Wechselwirkung auf, durch die Wasserstoff in der Sonne tatsächlich brennt. Die schwache Wechselwirkung ist millionenmal schwächer als die Kernkraft. Sie ist eben schwach genug, daß der Wasserstoff in der Sonne langsam und gleichmäßig brennt. Wäre die schwache Wechselwirkung wesentlich stärker oder wesentlich schwächer, wären wiederum alle Lebensformen, deren Existenz von sonnenähnlichen Sternen abhängt, in Schwierigkeiten.

Die Tatsachen der Astronomie enthalten noch einige weitere numerische Zufälle, die sich zu unserem Vorteil auswirken. Zum Beispiel ist das Universum in solchen Größenverhältnissen gebaut, daß die durchschnittliche Entfernung zwischen den Sternen einer durchschnittlichen Galaxis wie der unseren ungefähr zwanzig Millionen Millionen Meilen beträgt, nach menschlichen Maßstäben eine ungeheure Distanz. Behauptet nun ein Wissenschaftler, daß die Sterne über diese gewaltigen Entfernungen hinweg einen entscheidenden Einfluß auf die Möglichkeit menschlicher Existenz haben, wird er verdächtigt, an Astrologie zu glauben. Und doch trifft es zu, daß wir nicht hätten überleben können, wenn die durchschnittliche Entfernung zwischen Sternen nur zwei Millionen Millionen anstatt zwanzig betrüge. Wären die Entfernungen um einen Faktor zehn kleiner gewesen, bestünde eine hohe Wahrscheinlichkeit, daß irgendwann, im Verlauf der vier Milliarden Jahre, in denen die Erde besteht, ein anderer Stern so nahe an der Sonne vorbeigekommen wäre, daß er mit seinem Gravitationsfeld die Umlaufbahnen der Planeten gestört hätte. Um das Leben auf der Erde zu zerstören, wäre es gar nicht notwendig, die Erde aus dem Sonnensystem herauszureißen. Es würde genügen, die Erde in eine leicht exzentrische, elliptische Umlaufbahn zu ziehen.

Die ganze, reiche Vielgestaltigkeit der organischen Chemie beruht auf einem delikaten Gleichgewicht zwischen elektrischen und quantenmechanischen Kräften. Dieses Gleichgewicht existiert nur, weil die Gesetze der Physik ein «Ausschließungsprinzip» enthalten, das es zwei Elektronen untersagt, denselben Zustand einzunehmen. Wenn die Gesetze so abgeändert würden, daß sich Elektronen nicht mehr gegenseitig ausschlössen, könnte nichts, was an unserer Chemie wesentlich ist, überleben. Daneben gibt es noch viele andere glückliche Zufälle in der Atomphysik. Ohne solche Zufälle könnte Wasser nicht in der Form von Flüssigkeit existieren, könnten Ketten von Kohlenstoffatomen keine komplexen, organischen Moleküle, könnten Wasserstoffatome keine zerbrechlichen Brücken zwischen Molekülen bilden.

Aus der Existenz all dieser physikalischen und astronomischen Zufälle schließe ich, daß das Universum ein unerwartet gastlicher Ort für Lebewesen ist, die darin heimisch werden möchten. Als Wissenschaftler, der von den Denk- und Sprachgewohnheiten des zwanzigsten und nicht des achtzehnten Jahrhunderts geprägt ist, will ich nicht behaupten, daß die Architektur des Universums die Existenz Gottes beweist. Ich behaupte nur, daß die Architektur des Universums im Einklang steht mit der Hypothese, daß Vernunft in der Funktionsweise eben dieses Universums eine wesentliche Rolle spielt.

Wir hatten zu einem früheren Zeitpunkt zwei Ebenen erwähnt, auf denen sich Vernunft in der Beschreibung der Natur manifestiert. Auf der Ebene der subatomaren Physik ist der Beobachter unauflöslich mit der Definition seiner Beobachtungsobjekte verbunden. Auf der Ebene der unmittelbaren menschlichen Erfahrung sind wir uns unserer eigenen Vernunft bewußt, und es kommt uns nicht ungelegen, anzunehmen, daß die anderen Menschen und die Tiere über eine Vernunft verfügen, die sich nicht völlig von der unseren unterscheidet. Nun sind wir auf eine dritte Ebene gestoßen, die diesen beiden hinzuzufügen ist. Die eigenartige Übereinstimmung zwischen der Struktur des Universums und den Bedürfnissen des Lebens und der Intelligenz ist eine dritte Manifestation der Bedeutung, die der Vernunft im Konzept des Ganzen zukommt. So weit können wir als Wissenschaftler gehen. Es gibt Anzeichen dafür, daß Vernunft auf drei Ebenen wichtig ist. Hinweise auf eine tiefere, zusammenfassende Hypothese, die diese drei Ebenen verbinden würde, haben wir nicht. Einzelne unter uns mögen bereit sein, weiter zu gehen. Einige mögen die Hypothese einer universalen Vernunft oder Weltseele in Betracht ziehen, die den Manifestationen, die wir beobachten, zugrunde liegt. Wenn wir diese Hypothese allen Ernstes erwägen, sind wir, nach Monods Definition, Animisten. Die Existenz einer solchen Weltseele ist jedoch eine religiöse und keine wissenschaftliche Frage.

Als meine Mutter über fünfundachtzig Jahre alt war, konnte sie nicht mehr gehen wie früher. Sie mußte sich mit kurzen Spaziergängen in der näheren Umgebung ihres Hauses begnügen. Ihr Lieblingsspaziergang führte in jenen Jahren zu einem nahen Friedhof, der eine schöne Aussicht über das alte Winchester und die umliegenden Hügel bot. Hierher begleitete ich sie oft und hörte zu, wie sie heiter über ihren näherrückenden Tod sprach. Wenn sie die Torheiten der Menschheit betrachtete, wurde sie manchmal ziemlich heftig. «Wenn ich diese Welt heute betrachte», sagte sie einmal, «kommt sie mir vor wie ein Ameisenhaufen, auf dem zu viele Ameisen herumkrabbeln. Das beste wäre vielleicht, überhaupt Schluß damit zu machen.» Ich protestierte, und sie lachte. Nein, meinte sie, egal wie wütend sie auf die Ameisen war, mit dem Ameisenhaufen könnte sie nie Schluß machen. Den fand sie viel zu interessant.

Manchmal sprachen wir über die Natur der menschlichen Seele und die Kosmische Einheit aller Seelen, an die ich mit fünfzehn Jahren so fest geglaubt hatte. Meiner Mutter mißfiel der Ausdruck Kosmische Einheit; das war zu hochtrabend. Sie sprach lieber von einer Weltseele. Sie stellte sich vor, selber ein Stück dieser Weltseele zu sein, dem die Freiheit gegeben worden war, unabhängig zu wachsen und sich zu entwickeln, solange sie am Leben war. Nach dem Tode hoffte sie, sich wieder mit der Weltseele zu vereinen; dann würde sie ihre persönliche Identität aufgeben, ihre Erinnerungen und ihre Intelligenz aber bewahren. Die Erkenntnis und Weisheit, die sie in ihrem Leben erworben hatte, würden dann der Weltseele zufließen und sie reicher machen an Erkenntnis und Weisheit. «Aber woher weißt Du, ob die Weltseele Dich überhaupt zurückhaben will?» fragte ich. «Vielleicht bist Du der Weltseele nach all den Jahren zu zäh und unverdaulich, und sie will nichts mehr mit Dir zu tun haben.» «Da mach Dir keine Sorgen», sagte meine Mutter. «Es mag ein wenig dauern, aber ich werde meinen Weg zurückfinden. Ein bißchen mehr Verstand kann der Weltseele nicht schaden.»

24

Träume von Himmel und Erde

Moist Pacific winds, condensing upon the rain forest,
Enshroud descending tongues of ice ...
On one beach, abundant firewood; at another, a better sunset,
Dependable clam beds, or a chance at abalone ...
Sixty-mile days, the blowing of the wind;
For three weeks we leave no footprints,
Encamped in storm,
Our path flowing as water ...
In fog,
No need for radar,
But only the alertness of the senses;
The echo of hidden rocks,
The steepness of the swells upon the shallows ...

Feuchte Pazifikwinde verdichten sich über dem Regenwald,
Umhüllen herabsteigende Eiszungen ...
An dem einen Strand reichlich Brennholz; an einem anderen ein bess'rer
Sonnenuntergang,
Zuverlässige Muschelbeete, oder, wenn wir Glück haben, Abalone ...
Sechzig-Meilen-Tage, das Brausen des Windes;
Drei Wochen keine Fußspuren,
Unser Lager der Sturm,
Unser Pfad fließend wie Wasser ...
Im Nebel,
Wir brauchen kein Radar,
Nur die wache Gespanntheit der Sinne;
Das Echo verborgner Felsen,
Die Steilheit der Dünung über den Untiefen.

Das sind Ausschnitte aus einem langen Gedicht, das mir mein Sohn George vor einigen Wochen schickte, bevor er für die Sommerzeit nach Norden aufbrach. Den ganzen Winter hatte er in seiner Werkstatt in den Wäldern bei Vancouver hart gearbeitet und sechs seetüchtige Kanus gebaut. Nun sind die sechs Boote unterwegs nach Norden und erkunden die Inseln und Buchten entlang der Küste von Alaska; elf Abenteurer, bereit ihr Leben den Geschöpfen, die George gebaut hatte, anzuvertrauen. Es wird drei oder vier Monate dauern, bis ich wieder von ihm höre. Ich bin nicht besorgt um seine Sicherheit; selbst wenn er alleine unterwegs ist, sorge ich mich nicht. Diesmal trägt er die Verantwortung für zwölf Menschen, und ich weiß, daß er sie alle lebendig zurückbringen wird.

Eine halbe Welt trennt uns voneinander; ich schlafe in meinem Zimmer im Hotel Dan in Haifa, Israel. Das Hotel ist riesig und luxuriös und voll von amerikanischen Touristen. Wenn man im großen Speisesaal sitzt und den Gesprächen zuhört, könnte man glauben,

Kalifornien nie verlassen zu haben. Ich meide die Touristen soweit wie möglich, aber ich genieße die Annehmlichkeiten des Hotels. Ich hatte am Israel Institute of Technology, in Haifa nur Technion genannt, einige Vorlesungen über Physik und Astronomie gegeben. Heute hatte ich einen mathematischen Vortrag gehalten, der nur für Experten bestimmt war. Ich bin ein theoretischer Astronom, der Umgang mit Papier und Bleistift ist mir vertrauter als das Teleskop. Eine Galaxis ist für mich nicht nur ein gewaltiger Sternenschwarm am Himmel, eine Galaxis ist für mich auch eine Reihe von Differentialgleichungen, deren Verhalten wir noch nicht verstehen. In meinem Vortrag hatte ich über die Gleichungen gesprochen, welche die Dynamik einer Galaxis beschreiben sollten. Etwas ist hier rätselhaft. Wenn wir die Gleichungen durch einen Computer lösen lassen, zeigen die Lösungen stark instabile Bewegungsabläufe der Sterne. Wenn wir die wirklichen Galaxien am Himmel betrachten, ist von diesen Bewegungsabläufen nichts zu sehen. In der Wissenschaft ist eine solche Diskrepanz immer ein wichtiger Anhaltspunkt; sie weist darauf hin, daß etwas Wesentliches übersehen wurde, daß etwas Neues darauf wartet, entdeckt zu werden. Im Falle der Galaxien gibt es zwei mögliche Erklärungen für diese Diskrepanz. Entweder ist unsere Mathematik falsch, oder die Galaxien werden durch eine gewaltige Konzentration von Materie stabil gehalten, die mit unseren Teleskopen nicht zu sehen ist. Ich argumentierte für die zweite Alternative. Ich glaube, daß unsere Mathematik stimmt und eine solche unsichtbare Materie vorhanden sein muß. Es war schwierig, die israelischen Experten davon zu überzeugen. Sie sind jung und scharf und skeptisch. Sie spürten einige Schwachstellen in der Mathematik auf. Zum Schluß einigten wir uns darauf, daß dies eine offene Frage ist. Um sie zu lösen, brauchen wir bessere mathematische Einsicht und auch präzisere Beobachtungen der Galaxis. Den ganzen Tag gingen am Technion die Argumente hin und her. Es war ein langer, heißer Tag, und es war eine Wohltat, am Abend in mein klimatisiertes Zimmer im Hotel Dan zurückzukehren. Ich fiel aufs Bett und war sofort eingeschlafen. Wenn die Vernunft schläft, geh'n seltsame Geister um ...

George sitzt auf dem Rücksitz des eleganten, kleinen, zweisitzigen Raumschiffs, das er soeben fertig konstruiert hat. Wir starten zum ersten Probeflug. Er überläßt mir das Steuer. Da George direkt hinter mir sitzt, fürchte ich mich nicht davor, das Raumschiff zu fliegen. Er kann jederzeit von hinten herübergreifen und den Steuerknüppel packen, wenn ich mich dumm anstelle. Ich drücke auf den Startknopf, und wir sind unterwegs. Wir bewegen uns eine wacklige Startrampe hinauf, die wie der Anfang der großen Achterbahn im

San Diego Belmont Park aussieht. Nachdem wir die Rampe verlassen haben, gleiten wir durch das Innere eines großen Gebäudes. Es ist ein Auditorium mit vielen, leeren Sitzreihen. Mitten im Dach ist eine Öffnung, und in wenigen Sekunden sind wir draußen und steuern in den Nachthimmel hinauf. Nach und nach gewöhnen sich meine Augen an die Dunkelheit, und ich sehe das Universum der Sterne und Galaxien um uns ausgebreitet. Ich sause vorwärts, tauche von Galaxie zu Galaxie, umschiffe manchmal einen Stern, der in unsere Bahn gerät. Es scheint mir noch gar nicht lange her zu sein, daß George ein kleiner Junge war, der sich vor der Dunkelheit fürchtete, und ich an seinem Bett saß, um ihn zu beruhigen. Und nun ist er ein erfahrener Luftschiffer, der seine Befehle gibt, und ich bin der Pilotenneuling, der sich seiner Sorgfalt und Geschicklichkeit anvertraut. Ich fühle mich sicher im Cockpit und überlasse ihm die Entscheidung, wohin wir fliegen. Wenn etwas schiefgehen sollte, wird George es schon richten.

«Laß uns Brieftauben spielen», sagte George. «Also gut», sage ich. Beim Brieftauben-Spiel werden die Astronomie-Kenntnisse auf die Probe gestellt. Die Spielregeln sind einfach. Man springt mit einem Satz auf gut Glück in einen unbekannten Teil des Universums, aus dem man dann den Heimweg wieder finden muß, indem man versucht, astronomische Objekte wiederzuerkennen, die man schon einmal gesehen oder über die man in Büchern gelesen hat. Das Raumschiff verfügt über eine besondere Vorrichtung, um dieses Spiel zu spielen. Man kann auf einen Sprungknopf drücken und es vollführt einen Zufallssprung. «Los, spring», sagt George. Ich drücke auf den Knopf.

Noch während des Sprungs beginnen sich die Formationen der Sterne und Galaxien um uns abrupt zu verändern. Der halbe Himmel ist plötzlich erfüllt von einer schwarzen Staubwolke. Auf der von der Staubwolke abgewandten Seite kann ich Galaxien erkennen, die sich ins Unendliche erstrecken. Nichts am Himmel ist mir vertraut. Ich stürze auf die hellste Galaxie zu und sehe auf ihrer anderen Seite undeutlich einen Haufen neugeborener Sterne, der mir bekannt vorkommt. Dann treibt eine weitere Staubwolke über unseren Bug, und der Sternhaufen verschwindet aus unserem Gesichtsfeld. Ich steuere rasch auf die nächste Galaxie zu. Weit weg, hinter endlosen Sternenketten erspähe ich Formen, die bekannte Konstellationen sein könnten. Sobald wir näherkommen, zerfallen sie jedoch in noch nie gesehene Formationen.

Erfüllt von der Herrlichkeit dieser ungezählten Galaxien, kreuzen wir lange Zeit durch das Universum. Ich weiß nicht, wo ich bin, aber ich verspüre keine Angst. George sitzt gelassen hinter mir, schweigsam wie immer. Ich brauche mir keine Sorgen zu machen. So mache ich mir einen Spaß daraus, mir die allerauffälligsten, astronomischen Gegenstände auszudenken, von denen ich gelesen habe, und meine Chancen abzuwägen, zufällig nahe genug an einen von ihnen heranzukommen, um ihn erkennen zu können. Da ist einmal der Komahaufen von Galaxien, Hunderte von dichtgebündelten Galaxien, in deren Mitte sich zwei Riesengalaxien befinden. Dann der hellste sichtbare Quasar, 3C273. Dann die Riesengalaxis M87 mit ihrem glühenden Gasstrahl und ihrem Ring von Kugelhaufen. Ich schmeichle mir, daß ich mich sofort zurechtfinden werde, sobald wir nur einmal zufällig in unsere eigene, kleine Ecke des Universums gelangen. Vielleicht kann ich George sogar dies und das über Astronomie beibringen. Mit einem Radioteleskop wäre das Spiel natürlich viel einfacher. Die meisten dieser Quasare und Riesengalaxien sind als Funkquellen viel ausgeprägter, als sie es als visuelle Objekte sind. Nur mit der Hilfe unserer Augen wird das Spiel sehr lange dauern. Doch wir haben Zeit. Nach einer Weile werden meine Augen müde, den Himmel nach Orientierungshilfen abzusuchen. Ich entspanne mich und lasse das Schiff langsam zwischen den Sternen dahintreiben. Wir treiben so ruhig wie damals in Georges Kanu an jenem windstillen Augustnachmittag im Pazifik.

Eine unermeßliche Stille, ein unermeßlicher Abgrund von Zeit zieht über uns hinweg. Unser Spiel ist vergessen. George und ich sind keine Brieftauben mehr. Unsere Heimat ist nicht mehr bloß weit entfernt, sondern auch längst vergangen. Es gibt kein Zurück mehr. Wir sind freie Geister, überall im Universum ist unsere Heimat. Wir brauchen nicht mehr miteinander zu sprechen. Wir haben unsere alte Heimat, die Erde, verlassen, und die Wortschranken, die uns voneinander trennten, sind nicht mehr.

Ich blicke aus dem Cockpit-Fenster und überblicke die Reihen der Galaxien, majestätisch leuchtend wie eh und je. Dann plötzlich eine kaum wahrnehmbare Bewegung – langsam zuerst, wie der Zeiger einer Uhr, bewegen sich die Galaxien, sie werden schneller und schneller, nach einer langen Zeit kann ich sehen, daß sie sich von uns entfernen, weiter und weiter weg, bis sie in der Ferne dahinschwinden, hinweggefegt wie Blätter im Sturm. Es ist die Expansion des Universums, die wir miterleben. George und ich erleben als erste Menschen diese Expansion bis zu ihrem Ende mit. Lange Zeit schauen wir, wie die Galaxien dahinrasen, in der Ferne immer kleiner und schwächer werden und schließlich verschwinden. Wir bleiben allein und schweigend in unserem kleinen Schiff zurück. Um uns nichts als schwarz gähnende Unendlichkeit …

Ich fahre mit meinem israelischen Freund über die Golan-Höhen. Dies ist meine erste ruhige Stunde, seit ich im Hotel Dan meinen Traum von den Galaxien träumte. Außer uns rührt sich nichts auf den Höhen. Das Land ist wie ausgestorben. Von Zeit zu Zeit kommen wir an den Ruinen syrischer Bauernhäuser und Dörfer vorbei, die 1967 verlassen worden waren. Hier gab es 1973 heftige Kämpfe. Die ausgestorbene Landschaft scheint mir voller Geister, Geister der Dorfbewohner und Bauern, die hier lebten, Geister der Soldaten, die hier starben. Mein israelischer Begleiter mag ähnlichen Gedanken nachhängen. Wir fahren schweigend dahin. Wir kennen uns gut genug, um einander bei unseren Meditationen nicht zu stören. In der Ferne türmt sich steil die Masse des Berges Hermon. Noch trotzt der Schnee an manchen Stellen der Junisonne. Der Berg steht in einer Ecke des umkämpften Gebiets, Israelis auf der einen Seite, Syrer auf der anderen, so wie der F6 in dem Stück von Auden und Isherwood zwischen dem britischen Sudoland und dem ostnischen Sudoland steht. Ich frage mich, ob es am Fuß des Hermon ein Kloster gibt, so wie das Kloster in dem Theaterstück. Aber nein, es ist der Sinai, der ein Kloster hat. Schade. Um den Sinai zu besuchen, habe ich keine Zeit. Ich wäre gern zu jenem Kloster gegangen, um ins Kristall des Abtes zu schauen. Im Theaterstück sagt der Abt: «Alle Menschen sehen darin ein Fragment ihrer eigenen Natur und erhaschen einen Schimmer jener Kräfte, durch deren Wirken die Zukunft vorhergesagt wird.» Vielleicht war dies mir in Haifa begegnet. Vielleicht war mein Traum von den Galaxien mein Blick ins Kristall gewesen. «Daran ist nichts Übernatürliches», sagt der Abt, «enthüllt wird nur, was wir vor uns selber verborgen hielten.» Langsam fahren wir die schmalen Straßen des Golan entlang, während ich mir die Einzelheiten meiner Reise durch die Galaxien einzuprägen suche. Was der Abt sagte, ist wahr. Ein Traum zeigt uns verborgene Zusammenhänge zwischen Dingen, die unser wacher Verstand in getrennten Kategorien unterbringt.

Und doch bin ich immer noch nicht zufrieden. Wie M.F. nach seinem ersten Blick ins Kristall möchte ich den Abt zurückrufen, um einen zweiten Blick zu tun. Die Vision des Universums, die ich in meinem Traum sah, war nur eine von vielen Möglichkeiten, ein geistloses, mechanisches Universum, ein Universum, das Steven Weinberg im Sinne hatte, als er schrieb: «Je erfaßbarer das Universum erscheint, desto sinnloser erscheint es.» Durch dieses Universum reisten George und ich wie Touristen. So wie ich auch durch den Golan reise, ohne hierherzugehören, ohne etwas zu beeinflussen. Diese Vision kann ich nicht akzeptieren. Wir sind keine Touristen in unserem Universum. Ich glaube nicht, daß das Universum geistlos ist.

Ich glaube, daß diese Vision nur einen Aspekt, und nicht den tiefsten, unserer Natur spiegelt. Wir sind nicht nur Zuschauer, wir spielen eine Rolle im Drama des Universums. Ich wünschte, ich könnte noch einen Blick ins Kristall werfen.

Während wir den langen Abstieg von den Golan-Höhen gegen den See von Galiläa beginnen, denke ich, wie angemessen es ist, daß ich in dieses Land Israel gekommen bin, um meinen Träumen nachzugehen. Dreitausend Jahre war es ein Land der Seher und Propheten. Selbst das Hotel Dan mit all seinen Komfort-Touristen steht auf demselben Hügel, auf dem einst der Prophet Elija Feuer vom Himmel herabrief, um die Propheten des Baal zu beschämen. Der Name Elija weckt Kindheitserinnerungen. Mein Vater pflegte seine Familie jeden Sommer zum Three Choirs Festival mitzunehmen, wo eine Woche lang Chormusik zu hören war. Das Festival fand in einem dreijährigen Zyklus abwechselnd in den Kathedralen von Gloucester, Worcester und Hereford statt. Da mein Vater jedes Jahr ein neues Werk für das Festival komponierte, erhielten wir Freikarten zu allen Konzerten, einschließlich der Proben. Mir gefielen die Proben am besten, weil man da nie wußte, was als nächstes geschehen würde. Neben den neuen Werken meines Vaters und anderer junger Komponisten war die Standardkost des Festivals Bach, Händel, Mendelssohn und Elgar. Mit besonders genußvoller Hingabe sangen die Chöre drei Werke, die Stützen der englischen Chortradition, Händels *Messias,* Mendelssohns *Elija* und Elgars *Dream of Gerontius.* Mendelssohn hatte den *Elija* für das Birmingham Festival von 1846 geschrieben und die Erstaufführung dirigiert. Der Erfolg war riesig, das Werk ist seither bei englischen Chören besonders beliebt. Ein Jahr später starb Mendelssohn im Alter von achtunddreißig Jahren.

Die dramatischsten und bewegendsten Stellen des *Elija* kommen nach der Konfrontation mit den Baal-Priestern. Nach seinem großen Triumph frohlockt Elija nicht, er ist niedergeschlagen: «Er aber ging hin in die Wüste eine Tagereise weit und kam und setzte sich unter einen Wacholder und wünschte sich zu sterben und sprach: Es ist genug, so nimm nun, Herr, meine Seele; ich bin nicht besser als meine Väter.» Da kommt ein Engel und stärkt ihn, und er geht vierzig Tage durch die Wüste bis zum Berge Horeb. «Der Herr sprach: Geh heraus und tritt hin auf den Berg vor den Herrn! Und siehe der Herr wird vorübergehen. Und ein großer, starker Wind, der die Berge zerriß und die Felsen zerbrach, kam vor dem Herrn her; der Herr aber war nicht im Winde. Nach dem Wind aber kam ein Erdbeben; aber der Herr war nicht im Erdbeben. Und nach dem Erdbeben kam ein Feuer; aber der Herr war nicht im Feuer. Und nach dem Feuer kam ein stilles sanftes Sausen.» Mendelssohns Musik und diese Worte aus dem Alten Testament klingen in meinem Kopf, während wir nach Galiläa hinunterkommen. In meinem Traum in Haifa habe ich die Größe und die Leere des Universums gesehen. Ich habe den starken Wind und das Erdbeben und das Feuer gesehen; aber das stille sanfte Sausen habe ich nicht gehört. Ich habe die Galaxien an mir vorüberziehen sehen; aber der Herr war nicht in den Galaxien. An diesem Punkt werden meine Meditationen unterbrochen. Wir sind im Ein-Gev-Kibbuz am östlichen Ufer des Sees von Galiläa angekommen, über dem Wasser liegen die Hügel, auf denen Jesus von Nazareth ging. Wir setzen uns ans Ufer und essen unser Mittagessen, wohlschmeckenden, frischen Fisch. Ich schiebe Elija beiseite und widme mich meinem Fisch.

Zwei Wochen später, nach vielen Vorlesungen und Reisen, erscheint mir das Kristall zum zweiten Mal. Wieder bin ich nach einem anstrengenden Tag in einem Hotel eingeschlafen. Diesmal sehe ich das Universum aus einer ganz anderen Perspektive. Das stille sanfte Sausen kommt zu mir, wie es zu Elija kam, unerwartet …

Ich sitze in unserer Küche zu Hause in Amerika beim Mittagessen mit meiner Frau und den Kindern. Wie so oft beschwere ich mich über die Bürokratie. Seit Jahren haben wir uns bei untergeordneten Dienststellen beklagt und nie eine Antwort bekommen. «Wieso gehst Du eigentlich nicht direkt zum Chef?» fragt meine Frau. «An Deiner Stelle würde ich einfach den Hauptsitz anrufen.» Ich greife zum Telephon und wähle die Nummer. Das ist eine große Überraschung für die Kinder. Sie wissen, wie sehr ich das Telephonieren verabscheue und necken mich deswegen gerne. Normalerweise habe ich alle möglichen Entschuldigungen, um einem Anruf auszuweichen, besonders wenn es jemand ist, den ich nicht persönlich kenne. Doch jetzt wage ich es ohne langes Zaudern. Da sie mich diesmal wegen meiner Telephonphobie nicht auslachen können, sitzen die Kinder still dabei. Zu meinem Erstaunen meldet sich die Sekretärin sofort und fragt mit freundlicher Stimme, was ich wünsche. Ich sage, daß ich gerne einen Termin hätte. Sie antwortet: «Gut, ich habe Sie für heute um fünf Uhr eingetragen.» Ich frage: «Darf ich die Kinder mitbringen?» Sie sagt: «Selbstverständlich.» Während ich den Hörer auf die Gabel zurücklege, wird mir mit Schrecken bewußt, daß wir nur noch eine Stunde Zeit haben, um uns vorzubereiten.

Ich frage die Kinder, ob sie mitkommen wollen. Ich sage ihnen, daß wir mit Gott sprechen werden und sie sich anständig aufführen sollten. Nur die beiden jüngeren Mädchen sind interessiert. Froh nicht die ganze Schar dabeizuhaben, verabschiede ich mich rasch von den anderen, damit sie es sich nicht noch anders überlegen können. Wir sind also nur zu dritt. Wir schlüpfen unbemerkt aus dem Haus und machen uns auf den Weg in die Stadt, wo das Büro ist.

Das Büro ist ein großes Gebäude. Das Innere sieht aus wie eine Kirche, nur die Decke fehlt. Wenn man nach oben schaut, verliert sich das Gebäude in der Ferne wie ein Liftschacht. Wir halten einander an den Händen, schwingen uns in die Luft und schweben den Schacht hinauf. Ich blicke auf die Uhr und sehe, daß wir bis fünf Uhr nur noch ein paar Minuten Zeit haben. Zum Glück schweben wir rasch aufwärts, und es sieht so aus, als ob wir pünktlich da sein würden. Die Uhr zeigt genau fünf Uhr, als wir am oberen Ende des Schachts ankommen und in einen gewaltigen Thronsaal treten. Der Saal hat weißgetünchte Wände und schwere, schwarze Eichenbalken. Uns gegenüber, am anderen Ende des Saals, führt eine Treppe zum Thron hinauf. Der Thron ist riesig, aus Holz mit geflochtenen Rücken- und Seitenlehnen. Ich trete langsam darauf zu, die beiden Mädchen hinter mir. Sie sind ein wenig nervös und ich auch. Es scheint niemand dazusein. Ich schaue abermals auf die Uhr. Wahrscheinlich hatte Gott nicht erwartet, daß wir so pünktlich sein würden. Wir stehen am Fuß der Treppe und warten, daß etwas geschieht.

Es geschieht gar nichts. Nach einigen Minuten beschließe ich, einmal die Treppen hochzusteigen und den Thron näher zu betrachten. Die Mädchen sind schüchtern und warten unten. Ich steige hinauf, bis meine Augen auf gleicher Höhe mit der Sitzfläche sind. Da sehe ich, daß der Thron gar nicht leer ist. Auf dem Sitz liegt ein drei Monate altes Kind und lächelt mich an. Ich nehme es auf den Arm und zeige es den beiden Mädchen. Sie rennen die Stufen herauf und wiegen es abwechselnd. Nachdem sie es mir zurückgegeben haben, bleibe ich noch einige Minuten bei ihm, halte es, ohne ein Wort zu sagen, im Arm. In dieser Stille wird mir nach und nach bewußt, daß die Fragen, die ich eigentlich hatte vorbringen wollen, beantwortet sind. Sanft lege ich das Kind auf den Thron zurück und sage auf Wiedersehen. Die Mädchen halten meine Hände, zusammen steigen wir die Stufen hinab.

Bibliographische Hinweise

Diese Hinweise erheben keinen Anspruch auf Vollständigkeit. Ich füge sie hier an, um den Text nicht mit Fußnoten belasten zu müssen.

Vorwort

The Collected Works of Leo Szilard: Scientific Papers (Bd. I der Szilard Schriften), Hrsg. B.T. Feld und G. Weiss Szilard (Cambridge, Mass.: M.I.T. Press, 1972), Vorwort, S.xix.

1. Die verzauberte Stadt

E. Nesbit, *The Magic City* (London: MacMillan, 1910). Dt. Übers. *Die Verzauberte Stadt* (Oldenburg: Stalling, 1981)
Über Edith Nesbit und ihre Freunde, Eleanor Marx und Edward Aveling, sind eine Reihe von Büchern geschrieben worden. Vgl. *The Times Educational Supplement* (London), August 15, 1958, S. 1259; Doris L. Moore, *E. Nesbit, a Biography,* rev. Ausg. (Philadelphia: Chilton Books, 1966).

J.M. Keynes, *Newton, the Man,* Royal Society of London «Newton Tercentenary Celebrations, 15 July 1946» (Cambridge University Press, 1947), S. 27-34. Den Vortrag in Cambridge hielt Keynes 1942; er starb 1946 und hinterließ ein Manuskript, das sein Bruder, Geoffrey Keynes, anläßlich der Feierlichkeiten der Royal Society vorlas.

Robert M. Pirsig, *Zen and the Art of Motorcycle Maintenance: An Inquiry into Values* (New York: Morrow, 1974); dt. Übers. *Zen und die Kunst sein Motorrad zu warten* (Ffm, Fischer Taschenbuchverlag, Nr. 2020).

T.S. Eliot, *The Cocktail Party* (London: Faber und Faber, 1950), S. 162; dt. Übers. *Die Cocktail Party,* in *Dramen* (Frankfurt, Suhrkamp, st. 191, 1966) S. 301.

2. Fausts Erlösung

George Dyson, «The Canterbury Pilgrims» Chor-Partitur (Oxford University Press, 1930).

H.T.H. Piaggio, *An Elementary Treatise on Differential Equations and Their Applications* (London: G. Bell and Sons, 1920).

E.T. Bell, *Men of Mathematics* (London: Gollancz, 1937), Kap. 20.

P. Terentius Afer, *Heautontimorumenos* (Münster: Aschendorff, 1975).

3. Der Kinderkreuzzug

Der offizielle, britische Regierungsbericht, *The Strategic Air Offensive Against Germany, 1939-1945,* von Sir Charles Webster und Noble Frankland (4 Bde.; London: Her Majesty's Stationary Office, 1961), ist im allgemeinen zutreffend und objektiv.

Der erste Band enthält einen ausgezeichneten Abriß der politischen und militärischen Entscheidungen der Vorkriegszeit, die zur Gründung des Bomberkommandos als einer unabhängigen strategischen Streitmacht führten. Eine kritischere Betrachtung der Bombardierungen gibt Anthony Verrier in *The Bomber Offensive* (rev. Ausg.; London: Pan Books Ltd., 1974). Der offizielle Bericht der Operational Research Sections, *The Origin and Development of Operational Research in the Royal Air Force* London: Her Majesty's Stationary Office, Air Publication 3368, 1963) ist ungenau und unkritisch.
Ich verdanke dem australischen «War Memorial» in Canberra die Erlaubnis, die Ausstiegsluke der Lancaster 460 G der australischen Luftwaffe auszumessen, die 1944, nach 90 Einsätzen beim Bomberkommando, nach Australien geflogen worden war. Die Breite der Halifax Ausstiegsluke ist aus dem Gedächtnis wiedergegeben und ist möglicherweise unrichtig.

Kurt Vonnegut, *Slaughterhouse-Five; or, The Children's Chrusade; a Duty-Dance with Death* (New York: Seymour Lawrence/Delacorte, 1969). Dt. Übers. *Schlachthof 5* (Reinbek: Rowohlt, rororo 1524, 1972).

4. Das Blut eines Dichters

John Drinkwater, *Abraham Lincoln* (New York: Houghton Mifflin, 1919).

Frank Thompsons Briefe und Gedichte erschienen in *There is a Spirit in Europa ... A Memoir of Frank Thompson,* zusammengestellt von T.J. Thompson und E.P. Thompson (London: Gollancz, 1947). Franks Tod wurde von Raina Scharowa in der London *News-Chronicle* vom 8. März 1945 beschrieben. Ein weniger günstiges Bild von Franks Aktivitäten in Bulgarien gibt Stowers Johnson, *Agents Extraordinary* (London: Robert Hale, 1975).

A.S. Eddington, *New Pathways in Science* (Cambridge University Press, 1935), Kap. 8.

Die Bombardierung Japans mit Feuerbomben wird beschrieben in der offiziellen amerikanischen Geschichte, *The Army Air Forces in Word War 2, vol. 5.* Ein maßgeblicher Bericht über die Bombardierungen aus deutscher Sicht findet sich in Hans Rumpf, *Der Hochrote Hahn* (Darmstadt: E.S. Mittler, 1952). Rumpf leitete die Feuerbekämpfung auf deutscher Seite und ist zu Recht stolz auf die Leistung seiner Leute. Oberstleutnant MacGowan starb im September 1979; sein Nachruf wurde im British Medical Journal vom 8. Dezember 1979 veröffentlicht. Im Ersten Weltkrieg war er Pilot und geriet zweimal in deutsche Kriegsgefangenschaft, aus der er zweimal flüchtete. Als Stabsarzt im Zweiten Weltkrieg flog er 47 Einsätze über Deutschland mit. Er machte es sich zur Aufgabe, Besatzungen zu begleiten, die einen schlechten Flug hinter sich hatten.

The Pacific-Matterhorn to Nagasaki, Hrsg. W.F. Craven und J.L. Cate (University of Chicago Press, 1948–1958).

5. Wissenschaftliche Lehrjahre

Oppenheimers Bemerkung über Lomanitz findet sich auf S. 127 von *In the Matter of J. Robert Oppenheimer, U.S.A.E.C. Transcript of Hearing Before Personnel Security Board* (Washington, D.C.: U. S. Government Printing Office, 1954), auf das in Zukunft als «Oppenheimer Transcript» verwiesen wird. Oppenheimers Bemerkung, daß die Physiker die Sünde kennengelernt haben, erscheint erstmals in einer

Vorlesung, «Physics in the Contemporary World,» *Technology Review, 50,* 201 und 231 (1948), nachgedruckt im *Bulletin of the Atomic Scientists, 4,* 65 und 85 (1948). Die Bemerkung wurde zwei Mal in *Time* zitiert, am 23. Februar und am 8. November 1948. Die Ausgabe vom 8. November erschien mit einem Bild Oppenheimers auf der Titelseite.

Martin J. Sherwin, *A World Destroyed: The Atomic Bomb and the Grand Alliance* (New York: Knopf, 1975), schildert die politische Geschichte der Atombombe, wie sie in den Papieren Roosevelts und Churchills erscheint, die den Historikern erst ab 1970 und zum Teil noch später zugänglich waren. Kap. 8 befaßt sich mit den Diskussionen, die zum Einsatz der Bomben in Hiroschima und Nagasaki führten. In einem Vorwort lobt Hans Bethe Sherwins historische Genauigkeit und formuliert seinen eigenen Standpunkt zu den moralischen Fragen.

6. Eine Fahrt nach Albuquerque

1975 gab Richard P. Feynman eine Vorlesung an der Universität von Kalifornien in Santa Barbara, mit dem Titel, «Los Alamos from Below: Reminiscences of 1943-1945.» Sie wird in einem Vorlesungsband veröffentlicht, den Lawrence Badasch an der Universität von Kalifornien in Santa Barbara zusammenstellt. In der Zwischenzeit ist sie in *Engineering and Science* (Alumni Magazin des California Institute of Technology) 39, 11-39 (Januar 1976) erschienen. Sie vermittelt den besten Eindruck vom Los Alamos der Kriegsjahre.
Eine technische Einführung in Feynmans physikalische Denkweise, wie er sie mir 1948 darlegte, gibt R.P. Feynman *Quantum Electrodynamics* (New York: Benjamin, 1962). Dabei handelt es sich um Ausarbeitungen von Vorlesungen, die Feynman 1953 am California Insitute of Technology gab. Leider sind die spekulativeren und idiosynkratischeren Aspekte seines Denkens in den Ausarbeitungen nicht mehr lebendig.

7. Die Besteigung des F6

T.S. Eliot, *Murder in the Cathedral* (New York: Harcourt, Brace, 1935); Dt. Übers. *Mord im Dom* (Frankfurt, Suhrkamp, st 191, 1966).

W.H. Auden and Christopher Isherwood, *The Ascent of F6* (London: Faber and Faber, 1936).

Oppenheimers Bemerkung über «technisch verlockende» Waffen findet sich auf S. 81 des Oppenheimer Transcripts.

Philip M. Stern, *The Oppenheimer Case: Security on Trial* (New York: Harper & Row, 1969) gibt eine vollständige und gut dokumentierte Geschichte der Oppenheimer Hearings.

George Herberts Sonett findet sich in seinem 1633 erschienenen Buch *The Temple.*

8. Präludium in es-Moll

Edward Teller, «The Work of Many People», *Science, 121,* 267-75 (Feb. 1955). Tellers Stellungnahme zum Fall Oppenheimer findet sich auf S. 710 des Oppenheimer Transcripts. Die beiden Erklärungen Oppenheimers zur Wasserstoffbombe stehen auf S. 242 und S. 229 des Transcripts.

9. Das kleine rote Schulhaus

Technische Details des TRIGA Reaktors werden beschrieben in T.B. Taylor, A.W. McReynolds und F.J. Dyson, «Reactor with Promt Negative Temperature Coefficient and Fuel Element Therefor», U.S. Patent Nr. 3127325 (31. März 1964). In *Perspectives in Modern Physics: Essays in Honor of Hans A. Bethe,* Hrsg. R.E. Marshak (New York: Interscience, 1966), erschien ein Beitrag von Frederic de Hoffmann, «High Conversion High-Temperature Reactors», in dem die Theorie des Hoch-Temperatur-Graphit-Reaktors beschrieben wird.

Eine lebhafte Schilderung der Entwicklungsgeschichte des modernen Flugzeugs findet sich in Nevil Shute, *Slide Rule, the Autobiography of an Engineer* (London: Heinemann, 1954).

10. Saturn 1970

Ausschnitte aus diesem Kapitel sind erschienen in F.J. Dyson, «Menschheit und Weltall», *Physikalische Blätter,* 26, 7–14, der Deutschen Physikalischen Gesellschaft.

Willy Ley, *Vorstoß ins Weltall – Rakete und Raumschiffahrt* (Wien: Universum, 1948).

Eine kurze technische Beschreibung des Projekts Orion erschien in J.C. Nance, «Nuclear Pulse Propulsion», Proceedings of the 11th Nuclear Science Symposium of the Institute of Electrical and Electronic Engineers (October 1964). Für die Geschichte des Projekts vgl. F.J. Dyson, «Death of a Project», *Science, 149,* 141-144 (1965).

Zu Tsjolkowskijs Vorschlägen zum Sonnensegeln vgl. *Works on Rocket Technology by K.E. Tsjolkowskij* (Moskau: Verlagshaus der Verteidigungsindustrie, 1947), NASA Technical Translation TTF-243 (Washington, D.C., 1965), S. 208–209. Der Vorschlag erschien in einem Buch, *Investigation of Universal Space by Reactive Devices* (Kaluga, 1926), das eine überarbeitete Ausgabe der 1903 und 1911 verfaßten Artikel desselben Titels ist.

L. Friedman et al., «Solar Sailing – The Concept made Realistic», Proceedings of the American Institute of Aeronautics and Astronautics 16th Aerospace Science Meeting (Huntsville, Ala., January 1978), beschreibt das Heliogyro und die Mission eines Rendezvous mit dem Halleyschen Kometen und gibt auch Hinweise auf ältere Literatur zu diesem Thema.

11. Pilgerväter, Heilige und Raumfahrer

Dieses Kapitel ist entnommen aus F.J. Dyson, *Proc. American Phil. Soc., 122,* 63–68 (1978), publ. von der American Philosophical Society.

William Bradford, *Of Plymouth Plantation, 1620–1647,* Hg. Samuel E. Morison (New York: Knopf, 1952).

Brigham Young, *History of the Church of Jesus Christ of Latter-Day Saints, Period II, from the Manuscript History of Brigham Young and other Original Documents,* Bd. 7, Hrsg. B.H. Roberts (Salt Lake City: Deseret News, 1960); *Messages of the First Presidency of the Church of Jesus Christ of Latter-Day Saints, 1833–1964,* Bd. 1, Hrsg. James R. Clark (Salt Lake City: Bookcraft, 1965).

Gerard K. O'Neill, *The High Frontier, Human Colonies in Space,* (New York: Morrow, 1977); dt. Übers. *Unsere Zukunft im Raum* (Bern: Hallwag, 1977).

E.H. Phelps Brown and Sheila V. Hopkins, «Seven Centuries of Building Wages» and «Seven Centuries of the Prices of Consumables, compared with Builders' Wage-Rates» in *Essays in Economic History,* Bd. 2, Hrsg. E.M. Carus-Wilson (London: Edward Arnold, 1962).

12. Frieden stiften

Ausschnitte aus diesem und dem folgenden Kapitel sind erschienen in *SALT: Problems and Prospects,* Hrsg. Morton, A. Kaplan (Morristown, N.J.: General Learning Press, 1973), Kap. 9.

F.J. Dyson, «The Future Development of Nuclear Weapons», *Foreign Affairs, 38,* 457–464 (1960).

Louis B. Sohn, «Zonal Disarmament and Inspection», *Bulletin of the Atomic Scientists, 18,* Nr. 7, 4–10 (September 1962).

N.S. Chruschtschow, «The Present International Situation and the Foreign Policy of the Soviet Union», Bericht vor dem Obersten Sowjet am 12. Dezember 1962, *Prawda,* 13. Dezember, 1962, übers. in *Current Digest of the Soviet Press, 14,* Nr. 51 und Nr. 52 (1962).

13. Verteidigungsethik

George F. Kennan, «Reflections on Our Present International Situation», (Woodmont, Conn.: Promoting Enduring Peace, Inc., 1959).

Ann H. Cahn, *Eggheads and Warheads: Scientists and the ABM* (Cambridge, Mass.: M.I.T. Press, 1971), untersucht vom Standpunkt eines Historikers den Anteil der Wissenschaftler am politischen Kampf um die Raketenabwehr.

James Eayrs, «Arms Controll on the Great Lakes», *Disarmament and Arms Control, 2,* 372-404 (1964), schildert die Geschichte des Rush-Bagot Abkommens.

14. Die Ermordung Dover Sharps

Robert J. Lifton, *Death in Life: the Survivors of Hiroshima* (New York: Random House, 1967).

M. Willrich und T.B. Taylor, *Nuclear Theft: Risks and Safeguards* (Cambridge, Mass.: Bollinger Publishing Co., 1974).

John McPhee, *The Curve of Binding Energy* (New York: Farrar, Straus and Giroux, 1974).

15. Dr. Moreaus Insel

H.G. Wells, *The Island of Doctor Moreau* (London: Heinemann, 1896), Kap. 12. dt. Übers. *Die Insel des Dr. Moreau* (Hamburg, Wien: Zsolnay, 1976).

J.B.S. Haldane, *Daedalus, or Science and the Future* (London: Kegan Paul, 1924).

Aldous Huxley, *Brave New World* (London: Chatto and Windus, 1932). Dt. Übers. *Schöne neue Welt* (Stuttgart: Fischer, TB 26, 1980).

Matthew S. Meselson, «Behind the Nixon Policy for Chemical and Biological Warfare», *Bull. Atomic Scientists, 26,* 23–34 (Januar 1970), und «Gas Warfare and the Geneva Protocol of 1925», *Bull. Atomic Scientists, 28,* 33–37, (Februar 1972). Diese Artikel enthalten Ausschnitte aus Meselsons Aussagen vor dem Kongreßkomitee.

«Research with Recombinant DNA» (Washington, D.C.: National Academy of Sciences, 1977) ist ein Bericht über die Verhandlungen des öffentlichen Forums über rekombiniertes DNA, das im März 1977 stattfand, als die Kontroverse ihren Höhepunkt erreicht hatte. Die Schlußworte dieses Kapitels stammen aus einem Brief Meselsons vom 7. September 1978.

16. Areopagitica

Der vollständige Text meiner Aussage findet sich in «Science Policy Implications of DNA Recombinant Molecule Research», Hearings Before the Subcommittee on Science, Research and Technology of the Committee on Science and Technology, U.S. House of Representatives, 95th Congress (Washington, D.C.: U.S. Government Printing Office, 1977), S. 837–858.

17. Der Ferne Spiegel

Jerome B. Agel, *The Making of Kubrick's 2001* (New York: New American Library, 1970). Arthur C. Clarke, *2001, A Space Odyssey* (New York: New American Library, 1968). dt. *Übers. 2001 – Odyssee im Weltraum* (München: Heyne, Science Fict. 3259).

Lewis Caroll, *Phantasmagoria and Other Poems* (London: MacMillan, 1919, urspr. erschienen 1869), S. 153.

Barbara W. Tuchman, *A Distant Mirror: The Calamitous 14th Century* (New York: Knopf, 1978). dt. Übers. *Der ferne Spiegel. Das dramatische 14. Jahrhundert* (Düsseldorf: Claassen, 1980).

Albert Einstein, Michele Besso, *Correspondance 1903–1955,* Hrsg. Pierre Speziali (Paris: Hermann, 1972), Brief 215, S. 538.

18. Gedankenexperimente

Ausschnitte aus diesem Kapitel sind erschienen in F.J. Dyson, «The Next Industrial Revolution», *The Key Reporter, 42,* Nr. 3,2–8 (1977), publ. v. United Chapters of Phi Beta Kappa.

John von Neumann, «The General and Logical Theory of Automata», S. 288–328, Bd. 5 der *Collected Works,* Hrsg. A.H. Taub (New York: Macmillan 1961–1963); *Theory of Self-Reproducing Automata,* herausgegeben und vervollständigt von Arthur W. Burks (Urbana: University of Illinois Press, 1966). Von Neumann starb 1957 und hinterließ Manuskript-Fragmente über selbstreproduzierende Automaten, die Burks zusammentrug und zu einem Buch ausarbeitete.

Edward F. Moore, «Artificial Living Plants», *Scientific American, 195,* Nr. 4, 118–126 (Oktober 1956).

Isaac Asimov, *The Martian Way and Other Stories* (Garden City, N.Y.: Doubleday, 1955). Dt. Übers. *Wasser für den Mars* (München: Goldmann, Goldmanns Science Fiction 050, 1960).

19. Außerirdische Intelligenzen

Das Buch, *Interstellar Communication,* Hrsg. A.G.W. Cameron (New York: Benjamin, 1963), enthält die im Text erwähnten Arbeiten: G. Cocconi und P. Morrison, «Searching for Interstellar Communications» (Kap. 15), E. Purcell, «Radioastronomy and Communication Through Space» (Kap. 13), F.J. Dyson, «Search for Artificial Stellar Sources of Infrared Radiation» (Kap. 11).

Ein Abriß der bis 1977 erzielten Fortschritte und weiterer Zukunftsprojekte findet sich in *The Search for Extraterrestrial Intelligence,* Hrsg. P. Morrison, J. Billingham and J. Wolfe, NASA publication SP-419 (Washington, D.C.: U.S. Government Printing Office, 1977).

R.P. Kraft, «Binary Stars among Cataclysmic Variables, III. Ten Old Novae», *Astrophys. Journal, 139,* 457-475 (1964).

N.S. Kardaschew, «Transmission of Information by Extraterrestrial Civilizations», *Soviet Astronomy, AJ, 8,* 217-221 (1964).

Aspekte der Konstruktion künstlicher Biosphären werden besprochen in F.J. Dyson, «The Search for Extraterrestrial Technology», S. 641-655 in *Perspectives in Modern Physics* (vgl. Hinweise zu Kap. 9).

Olaf Stapledon, *Last and First Men, and Star Maker* (New York: Dover Reprint, 1968), S. 380.

20. Kladen und Klone

Der Titel dieses Kapitels stammt aus S.M. Stanley, «Clades and Clones in Evolution: Why We Have Sex», *Science, 190,* 382-383 (1975).

Olaf Stapledon, *Last and First Men,* S. 175-179.

Eleanor Ruggles, *Gerard Manley Hopkins, a Life* (London: John Lane, 1947) Kap. 6.

Dylan Thomas, *Deaths and Entrances* (London: Dent and Sons, 1946), S. 66. Dt. Übers. *Death and Entrances,* (Heidelberg: Kerle Verlag, 1952, dt.-engl.), S. 90/91.

21. Die Begrünung der Galaxis

H.G. Wells, «The Discovery of the Future», *Nature, 65,* 326-331 (1902).

Robinson Jeffers, *The Double Axe and Other Poems, Including Eleven Suppressed Poems* (New York: Liveright, 1977), S. 56-57, 105, 137.

K.E. Tsjolkowskij, *Dreams of Earth and Sky* (Moskau: Gontscharow, 1895; Hrsg. v. B.N. Worob'jewa; Moskau: UdSSR Akademie der Wissenschaften, 1959) S. 43-44.

J.D. Bernal, *The World, the Flesh and the Devil: An Enquiry into the Future of the Three Enemies of the Rational Soul,* 2. Aufl. (Bloomington: Indiana University Press, 1969), S. 80-81.

Ein Jahr bevor Bernals Buch erschien, veröffentlichte Robert Nast eine noch kühnere Untersuchung der Zukunft des Lebens und der Intelligenz, *Kosmische Hypothesen* (Leipzig: A. und R. Huber's Verlag, 1928). Nasts Buch ist nie übersetzt oder nachgedruckt worden. Ich habe mich oft gefragt, ob Stapledon es gekannt hat.

22. Zurück zur Erde

Für Kingsmills Housman-Parodie vgl. Michael Holroyd, *Hugh Kingsmill, a Critical Biography* (London: Unicorn Press, 1964), S. 140. Die Identifizierung des Autors verdanke ich Mike O'Loughlin.

23. Das Argument der Zweckmäßigkeit

Thomas Wright, *An Original Theory or New Hypothesis of the Universe* (1750), Faksimile Nachdruck mit einer Einführung von M.A. Hoskin (London: MacDonald; New York: American Elsevier, 1971) S. 76 und S. 83-84.

Jacques Monod, *Le Hasard et la Nécessité* (Paris: Editions du Seuil, 1970). Dt. Übers. *Zufall und Notwendigkeit. Philosophische Fragen der modernen Biologie.* (München: Deutscher Taschenbuch Vlg. , Allg. Reihe 1069, 1975).

Steven Weinberg, *The First Three Minutes* (New York: Basic Books, 1977). S. 154. Dt. Übers. *Die ersten drei Minuten. Der Ursprung des Universums.* (München: Piper, 1979).

A. Einstein, B. Podolsky und N. Rosen, «Can Quantum-Menchanical Description of Physical Reality be Considered Complete?» *Physical Review, 47,* 777-780 (1935); Entgegnung von N. Bohr unter demselben Titel, *Physical Review, 48,* 696-702 (1935).

24. Träume von Himmel und Erde

J.P. Ostriker und P.J.E. Peebles, «A Numerical Study of the Stability of Flattened Galaxies: Or, Can Cold Galaxies Survive?» *Astrophys. Journal, 186,* 467-480 (1973), formulierten als erste deutlich das Paradoxon der galaktischen Stabilität und der Hypothese unsichtbarer, stabilisierender Materie.

Für *Elias,* vgl. 1. Buch der Könige 19: 4,11,12.